普通高等教育建筑类专业系列教材

建筑构造

上　册

主　编　郭清华　夏　斐
副主编　刘海艳　陈　敏
参　编　杨倩苗　赵岱峰　程立诺　王雅坤

机械工业出版社

本书主要介绍了民用建筑的以下内容：民用建筑的构造组成、设计要求、分类和模数化设计等；墙体的类型及细部构造做法；楼地层的相关内容及构造做法；墙面和楼地面的饰面装修种类与做法；民用建筑中楼梯的设计和构造、电梯、自动扶梯的相关内容；屋顶的排水方式和设计、几种屋面的构造做法；门窗的设计和构造；地基与基础的类型和构造；太阳能采暖技术与建筑一体化设计。本书按照教育部规定的建筑学专业的培养目标和现行的建筑规范进行编写，内容翔实，深入浅出，可操作性强。每章均有扩展阅读，章后附有思考与练习题。

本书在内容上突出了新技术、新材料、新结构与新工艺的运用，并从理论和构造图上加以解释和说明。本书配有 PPT 课件、教学大纲、思考与练习题答案等丰富的教学资源，免费提供给选用本书作为授课教材的教师，需要者请登录机械工业出版社教育服务网（www.cmpedu.com）注册后下载。

本书可作为高等院校建筑学、城乡规划、室内设计、风景园林等专业的教材，也可作为建筑设计、建筑施工的工程技术人员和土建类成人高等教育师生的参考书。

图书在版编目（CIP）数据

建筑构造. 上册/郭清华，夏斐主编. —北京：机械工业出版社，2023.12

普通高等教育建筑类专业系列教材

ISBN 978-7-111-74569-3

Ⅰ.①建…　Ⅱ.①郭…②夏…　Ⅲ.①建筑构造-高等学校-教材　Ⅳ.①TU22

中国国家版本馆 CIP 数据核字（2024）第 016987 号

机械工业出版社（北京市百万庄大街 22 号　邮政编码 100037）

策划编辑：刘春晖　　　　责任编辑：刘春晖

责任校对：杨　霞　陈　越　　封面设计：马若濛

责任印制：刘　媛

北京中科印刷有限公司印刷

2024 年 5 月第 1 版第 1 次印刷

184mm×260mm · 17.25 印张 · 421 千字

标准书号：ISBN 978-7-111-74569-3

定价：55.00 元

电话服务　　　　网络服务

客服电话：010-88361066　　机　工　官　网：www.cmpbook.com

010-88379833　　机　工　官　博：weibo.com/cmp1952

010-68326294　　金　书　网：www.golden-book.com

封底无防伪标均为盗版　　机工教育服务网：www.cmpedu.com

前 言

如今，建筑领域的变化日新月异，新的建造技术、新的材料不断出现，加上数字技术的应用，以及实现碳达峰碳中和目标等都对建筑提出新的要求。党的二十大报告中指出，要“积极稳妥推进碳达峰碳中和”“推进工业、建筑、交通等领域清洁低碳转型”。作为建筑技术重要内容的建筑构造也要与时俱进，在建筑领域采取低碳策略，减少碳排放，降低建筑能源消耗，并将新能源应用于建筑中。为此，本书介绍了一些生态建筑的节能做法，如在墙体章节中介绍了装配式保温复合外墙板的节能做法，在楼地层章节中介绍了预制楼板的节能新做法，在饰面装修章节中介绍了太阳能低温辐射地板的节能构造做法，在门和窗章节中介绍了建筑遮阳的节能做法，在屋顶章节中介绍了坡屋面的构造、刚性防水屋面的构造、金属板屋面的构造等，内容全面的同时结合新材料、新的构造做法，介绍了太阳能采暖技术的建筑构造。一些建筑节能构造的做法来源于编者的科研成果、实际应用的经验总结以及国内外文献中的建筑节能前沿技术。另外，本书按照现行的建筑规范进行编写。每章均有扩展阅读，章后有思考与练习题。

本书由山东科技大学、山东农业大学、山东建筑大学、东营职业学院组成的“建筑构造（上册）”课程建设团队共同编写，编写分工如下：第 1 章由山东科技大学陈敏主持编写；第 2 章、第 5 章、第 6 章、第 8 章和第 9 章由山东科技大学郭清华主持编写；第 3 章由山东农业大学刘海艳主持编写；第 4 章、第 7 章由山东科技大学夏斐主持编写。山东建筑大学杨倩苗、东营职业学院赵岱峰、山东科技大学程立诺与王雅坤参与了部分章节的编写工作。

本书由郭清华负责全书统稿，由山东科技大学赵景伟教授主审。本书的编写承蒙有关院校和各设计、施工单位的大力支持，谨此表示感谢。

由于本书编写团队水平有限，书中难免会有不足之处，恳请读者批评指正，以便再版时修改、完善。

编 者

目 录

CHAPTER 1 第1章

绪　论

学习目标

通过本章学习，了解大量性民用建筑的特点、建筑物的各种影响因素及房屋建筑构造的基本特点；重点掌握民用建筑物的构造组成及作用，掌握框架结构的构造组成；掌握建筑物的几种分类，了解建筑相关的分类标准；掌握建筑物的质量标准和等级，建筑统一模数制的概念；理解建筑构造的设计原则。

1.1　建筑的构造组成

建筑的物质实体一般由承重结构、围护结构、饰面装修及附属部件组合构成。

1）承重结构，可分为基础、承重墙体（在框架结构建筑中承重墙体则由柱、梁代替）、楼板、屋面板等。

2）围护结构，可分为外围护墙、内墙（在框架结构建筑中为框架填充墙和轻质隔墙等）等。

3）饰面装修，一般按其部位分为内外墙面、楼地面、屋面、顶棚等。

4）附属部件，一般包括楼梯、电梯、自动扶梯、门窗、遮阳、阳台、栏杆、隔断、花池、台阶、坡道、雨篷等。

建筑的构造组成如图1-1和图1-2所示。

建筑的物质实体按其所处部位和功能的不同，又可分为基础、墙和柱、楼盖层和地坪层、饰面装修、楼梯和电梯、屋盖、门窗等。

1. 基础

基础是房屋底部的承重结构，与地基接触，其作用是将房屋上部的荷载全部传递给地基。因此，基础要求稳定、坚固、可靠。

2. 墙和柱

墙是建筑物的承重和维护构件，柱是框架结构或排架结构的主要承重构件。墙分为外墙和内墙。承重的外墙和内墙，承受屋顶和楼板传递的荷载给基础；非承重的外墙起着抵御自然界各种因素对室内侵袭的作用，非承重的内墙起着分隔房间、隔声、遮挡视线

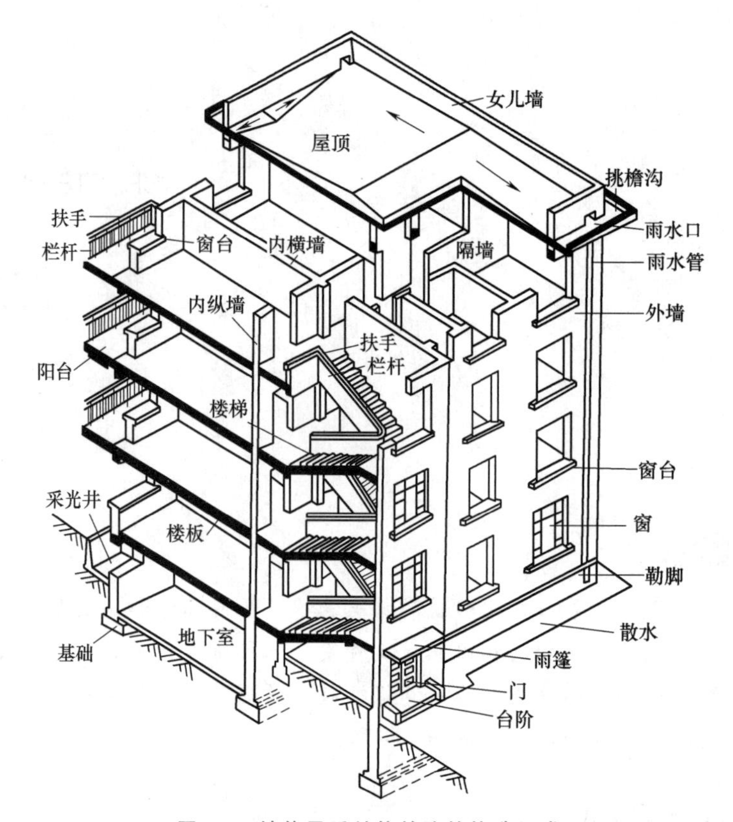

图 1-1　墙体承重结构的建筑构造组成

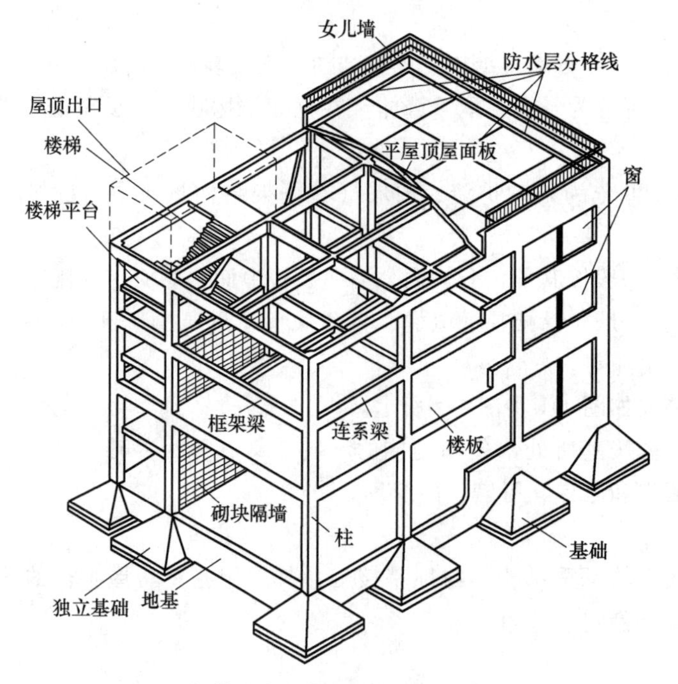

图 1-2　钢筋混凝土框架结构的建筑构造组成

等作用。因此，要求墙和柱应具有足够的强度、稳定性、保温性、隔热、隔声、防火、防水等性能。

3. 楼盖层和地坪层

楼盖层通常包括楼板、梁、设备管道、顶棚等。楼板既是承重构件，又是水平分隔楼层空间的构件。楼板支承人、家具和设备的荷载，并将这些荷载传递给承重墙、梁或柱。当建筑没有地下室或楼板不架空时，地坪层就是地基与底层空间之间的分隔构件，支承着人和家居设备的荷载，并将这些荷载传递给地基。所以，要求地坪层具有均匀传力、防潮、防水、坚固、耐久、易清洁等特点，楼盖层应具有足够的强度和刚度，且满足隔声、防火、防潮等要求。

4. 饰面装修

饰面装修是依附于内外墙、柱、顶棚、楼板、地坪等之上的面层装饰，其主要作用是美化建筑表面、保护构件、改善建筑物理性能等，应满足美观、坚固、热工、声学、光学、卫生等要求。

5. 楼梯和电梯

楼梯是房屋的垂直交通工具，它的作用是供人们上下楼层和发生紧急事故时可疏散人流，要求应有足够的强度、足够的通行能力、坚固和安全。自动扶梯则是楼梯的机电化形式，用于传送人流，但不能用于消防疏散。电梯是建筑的垂直运输工具。消防电梯则用于紧急事故时的消防扑救，需满足消防安全的要求。

6. 屋盖

屋盖通常包括防水层、保温层、屋面板、梁、设备管道、顶棚等。屋面板既是承重构件，又是分隔顶层内外空间的外围护结构。屋面板支承屋面设施及风霜雨雪荷载，并将这些荷载传递给承重墙或梁柱，所以应具有足够的强度和刚度，其面层性能应能抵御风霜雨雪的侵袭和减少太阳辐射热的影响。此外上人屋面还需满足使用的要求。

7. 门窗

门主要用于开闭室内外空间，并通行或阻隔人流，应满足交通、消防疏散、防盗、隔声、热工等要求。窗主要用于采光和通风，并应满足防水、隔声、防盗、热工等要求。

除上述七个部分以外，还有一些附属部分，如阳台、雨篷、台阶、坡道等。在设计工作中，还把建筑的各组成部分划分为建筑构件和建筑配件。建筑构件主要是指墙、柱、梁、楼板、屋架等承重结构，而建筑配件则是指屋面、地面、墙面、门窗、栏杆、花格、细部装修等。

1.2 建筑的类型

建筑的类型在宏观上习惯分为民用建筑、工业建筑和农业建筑。民用建筑按照使用功能、修建量及规模、层数、耐火等级、耐久年限等有不同的分类方法。

1.2.1 按建筑的使用功能分类

1. 居住建筑

居住建筑是指供人们日常居住生活使用的建筑物，包括住宅、别墅等。

2. 公共建筑

公共建筑包括行政办公建筑、文教建筑、托幼建筑、医疗建筑、商业建筑、观演建筑、体育建筑、展览建筑、旅馆建筑、交通建筑、通信建筑、园林建筑、纪念性建筑等。

1.2.2　按建筑的修建量及规模分类

1. 大量性建筑

大量性建筑是指量大面广、与人们生活密切相关的建筑，修建量大，如住宅、学校、商店、医院等。

2. 大型性建筑

大型性建筑是指规模宏大的建筑，如大型办公楼、大型体育馆、大型剧院、大型火车站和航空港、大型博览馆等。这些建筑规模大、耗资大，与大量性建筑比起来，其修建量是有限的。但这类建筑对城市的面貌影响较大。

以下规模的建筑属于大型性建筑：

1）按工业和民用建筑工程分类，大型性建筑包括以下几类：建筑物层数大于或等于25层；建筑物高度大于或等于100m；单跨跨度大于或等于30m；单体建筑面积大于或等于3万m^2。

2）按住宅小区或建筑群体工程分类，大型性建筑为建筑群建筑面积大于或等于10万m^2的建筑。

3）按其他一般房屋建筑工程分类，大型性建筑为建筑单项工程合同额大于或等于3000万元的建筑。

1.2.3　按建筑的高度和层数分类

民用建筑根据其建筑的高度和层数分为单层、多层和高层民用建筑。

根据GB 50016—2014《建筑设计防火规范》（2018年版）的规定，高层建筑是指建筑高度大于27m的住宅建筑和建筑高度大于24m的非单层厂房、仓库和其他民用建筑。

高层民用建筑根据其使用性质、火灾危险性、疏散和扑救难度等，又分为一类高层民用建筑和二类高层民用建筑。一类高层民用建筑在耐火极限、消防设施和安全疏散等方面要求更高。

根据GB 50016—2014《建筑设计防火规范》（2018年版）的规定，把高层民用建筑分为一类高层民用建筑和二类高层民用建筑，它们的具体区分规则如下：

（1）住宅建筑　建筑高度大于54m的为一类高层住宅；建筑高度大于27m，但小于或等于54m的为二类高层住宅。

（2）公共建筑　建筑高度大于50m的二层及以上的为一类高层公共建筑；建筑高度大于24m，但小于或等于50m的非单层建筑为二类高层公共建筑。建筑高度大于24m的医疗建筑、独立建造的老年人照料设施、重要的公共建筑为一类高层公共建筑。

1.2.4　按民用建筑的耐火等级分类

按照现行GB 50016—2014《建筑设计防火规范》（2018年版），建筑物的耐火等级根据主要构件的燃烧性能和耐火极限确定，共分四级，一级最好，四级最差。

性质重要的或规模宏大的或具有代表性的建筑，通常按一、二级耐火等级设计，大量性的或一般的建筑按二、三级耐火等级设计，很次要的或临时建筑按四级耐火等级设计。

（1）构件的燃烧性能　构件的燃烧性能分为以下四类：

1）不燃烧体，是指用不燃烧材料做成的构件。不燃烧材料是指在空气中受到火烧或高温作用时不起火、不微燃、不炭化的材料，如建筑中采用的金属材料和天然或人工的无机矿物材料。

2）难燃烧体，是指用难燃烧材料做成的构件或用燃烧材料做成而用非燃烧材料做保护层的构件。难燃烧材料是指在空气中受到火烧或高温作用时难起火、难微燃、难碳化，当火源移走后燃烧或微燃立即停止的材料，如沥青混凝土、经过防火处理的木材、用有机物填充的混凝土和水泥刨花板等。

3）可燃烧体，是指用可燃烧材料做成的构件。可燃烧材料在燃烧时发生的烟和气体较多，材料会出现部分融溶现象。

4）易燃烧体，是指用易燃烧材料做成的构件。易燃烧材料是指在空气中受到火烧或高温作用时极易被点燃，并且燃烧速度快，并释放出大量烟和气体，如木材等。

根据 GB 8624—2012《建筑材料及制品燃烧性能分级》，建筑材料及制品的燃烧性能等级分为 A 级、B_1 级、B_2 级、B_3 级，分别对应不燃、难燃、可燃、易燃四个不同的性质，见表 1-1。

表 1-1　建筑材料及制品的燃烧性能等级

燃烧性能等级	名称	燃烧性能等级	名称
A	不燃烧体（制品）	B_2	可燃烧体（制品）
B_1	难燃烧体（制品）	B_3	易燃烧体（制品）

（2）构件的耐火极限　耐火极限是对任一建筑构件按时间-温度标准曲线进行耐火试验，从受到火的作用时起，到失去支持能力或完整性被破坏或失去隔火作用时为止的这段时间，用 h 表示。建筑构件的耐火极限不仅决定于其材料，同时也与其他条件有关，如墙体的厚度，钢筋混凝土构件中混凝土保护层的厚度。耐火稳定性是指在标准耐火试验条件下，承重或非承重建筑构件在一定时间内抵抗坍塌的能力。耐火完整性是指在标准耐火试验条件下，当建筑分隔构件一面受火时，能在一定时间内防止火焰和热气穿透火灾或在背火面出现火焰的能力。耐火隔热性是指在标准耐火试验条件下，当建筑分隔构件一面受火时，能在一定时间内使其背火面温度不超过规定值的能力。

（3）民用建筑的耐火等级分级　民用建筑的耐火等级分为四级，不同耐火等级建筑物构件的燃烧性能和耐火极限不应低于表 1-2 的规定。

表 1-2　建筑物构件的燃烧性能和耐火极限　（单位：h）

构件名称		燃烧性能和耐火极限			
		一级	二级	三级	四级
墙	防火墙	不燃烧体 3.00	不燃烧体 3.00	燃烧体 3.00	不燃烧体 3.00
	承重墙	不燃烧体 3.00	不燃烧体 2.50	燃烧体 2.00	难燃烧体 0.50
	非承重外墙	不燃烧体 1.00	不燃烧体 1.00	燃烧体 0.50	燃烧体
	楼梯间的墙，电梯井的墙，住宅分户墙	不燃烧体 2.00	不燃烧体 2.00	燃烧体 1.50	难燃烧体 0.50
	疏散走道两侧的隔墙	不燃烧体 1.00	不燃烧体 1.00	不燃烧体 0.50	难燃烧体 0.25
	房间隔墙	不燃烧体 0.75	不燃烧体 0.50	燃烧体 0.50	难燃烧体 0.25

（续）

构件名称	燃烧性能和耐火极限			
	一级	二级	三级	四级
柱	不燃烧体 3.00	不燃烧体 2.50	不燃烧体 2.00	难燃烧体 0.50
梁	不燃烧体 2.00	不燃烧体 1.50	燃烧体 1.00	难燃烧体 0.50
楼板	不燃烧体 1.50	不燃烧体 1.00	燃烧体 0.50	燃烧体
屋顶承重构件	不燃烧体 1.50	不燃烧体 1.00	燃烧体	燃烧体
疏散楼梯	不燃烧体 1.50	不燃烧体 1.00	燃烧体 0.50	燃烧体
顶棚（包括顶棚格栅）	不燃烧体 0.25	不燃烧体 0.25	燃烧体 0.15	燃烧体

1.2.5　按建筑的设计使用年限分类

建筑物的耐久年限主要根据建筑物的重要性和建筑物的质量要求而定，是作为建设投资、建筑设计和选用材料的重要依据。

民用建筑的合理使用年限主要是指建筑主体结构的设计使用年限，分为以下四类：

一类建筑，设计使用年限为 5 年，适用于临时性建筑。

二类建筑，设计使用年限为 25 年，适用于易于替换结构构件的次要建筑。

三类建筑，设计使用年限为 50 年，适用于普通建筑和构筑物。

四类建筑，设计使用年限为 100 年，适用于纪念性和特别重要的建筑物。

1.2.6　按建筑的主要承重结构材料分类

（1）木结构　建筑物的主要承重构件采用木材。

（2）钢筋混凝土结构　建筑物的主要承重构件采用钢筋混凝土构件。

（3）钢结构　建筑物的主要承重构件采用钢材。

（4）混合结构　建筑物的主要承重构件为两种或两种以上材料，如砖木结构、砖混结构、钢-钢筋混凝土结构等。

（5）其他结构　凡建筑物的主要承重构件不属于上述承重构件的归入此类，如塑料建筑、膜结构等。

1.3　建筑构造的影响因素和设计原则

1.3.1　建筑构造的影响因素

1. 外界环境

外界环境对建筑构造的影响包括自然界和人为的影响，一般包括以下三个方面：

（1）外界作用力　它包括人、家具和设备、风力、地震力及雨雪荷载等，这些统称为荷载。荷载是选择结构类型和构造方案，以及进行细部构造设计非常重要的依据。

（2）地域气候条件　建筑构造受日照、温度、湿度、风霜雨雪、冰冻、地下水等气候条件的影响很大。根据建筑所处地域的气候条件，在建筑构造上必须考虑相应的措施，如防水防潮、保温隔热、通风防尘、防温度变形、排水组织等。

（3）人为因素　如火灾、机械振动、噪声、撞击等的影响，在建筑构造上需采取防火、防振和隔声等相应的措施。

2. 使用者的需求

使用者的生理需求，如建筑的门洞、窗台、栏杆的高度，走道、楼梯、踏步的宽度，家具设备及内部空间声光热等的要求。使用者的心理需求则主要是使用者对构造实体、细部和空间尺度的审美心理需求。

3. 建筑技术条件

建筑技术条件包括材料技术、结构技术和施工技术等条件。这些技术条件随着社会的发展也同时发展。建筑构造做法与建筑技术条件紧密相关。根据各地特点，因地制宜，在保持传统建造手法的同时，也要紧密结合先进的建筑技术。

4. 建筑经济因素

建筑经济因素对建筑构造的影响，主要是指特定建筑的造价要求对建筑装修标准和建筑构造的影响。标准高的建筑要求其装修质量和档次也高，构造做法细致；反之，建筑构造只能采取一般的简单做法。因此，建筑的构造方式、选材、选型和细部做法需根据装修标准来确定。

1.3.2　建筑构造的设计原则

影响建筑构造的因素繁多，错综复杂的因素交织在一起，设计时需分清主次和轻重。一般来说，建筑构造应符合以下设计原则：

（1）坚固实用　在构造方案上首先保证建筑的整体承载力和刚度，安全可靠，经久耐用，其次满足使用者的使用要求。

（2）技术适宜　建筑构造从地域技术条件出发，在引入先进技术的同时，要因地制宜，不能脱离当地的实际情况。

（3）经济合理　建筑构造设计应经济合理，在选用材料时要注意就地取材，注意节约材料，降低能耗，并在保证质量的前提下降低造价。

（4）美观大方　建筑构造设计要美观大方，保证局部与整体的协调统一，并注意细部的美学表达。

1.4　建筑模数协调

为了实现建筑工业化大规模生产，使不同材料、不同形状和不同制造方法的建筑构配件具有一定的通用性和互换性，在建筑业中必须共同遵守 GB/T 50002—2013《建筑模数协调标准》。

1.4.1　模数

模数是选定的标准尺度单位，是尺寸协调中的增值单位。所谓尺寸协调，是指在房屋构配件及其组合的建筑中，与协调尺寸有关的规则，供建筑设计、建筑施工、建筑材料与制品、建筑设备等的采用，其目的是使构配件安装吻合，并有互换性。模数在应用中有基本模数、导出模数、模数数列。

基本模数是模数协调中选用的基本尺寸单位，数值规定为100mm，符号为M，即1M=100mm。建筑物和建筑部件以及建筑组合件的模数化尺寸，应是基本模数的倍数，目前世界上绝大部分国家均采用100mm为基本模数值。

导出模数分为扩大模数和分模数。扩大模数是指基本模数的整倍数，扩大模数的基数为3M、6M、12M、15M、30M、60M共六个，作为建筑参数，其相应的尺寸分别为300mm、600mm、1200mm、1500mm、3000mm、6000mm。分模数是指基本模数除以整数的数值，分模数的基数为1/100M、1/50M、1/20M、1/10M、1/5M、1/2M共六个，其相应的尺寸分别为1mm、2mm、5mm、10mm、20mm、50mm。

模数数列是以基本模数、扩大模数、分模数为基础扩展成的一系列尺寸。模数数列在各类型建筑的应用中，其尺寸的统一与协调应减少尺寸的范围，但又应使尺寸的叠加和分割有较大的灵活性。模数数列的应用范围见表1-3。

表1-3　模数数列的应用范围

模数名称	模数基数		应用范围
	代号	尺寸/mm	
分模数	1/100M	1	材料的厚度、直径、缝隙及构造细小尺寸、建筑制品的公偏差
	1/50M	2	
	1/20M	5	
	1/10M	10	缝隙、构造节点、构配件的截面、建筑制品的尺寸等
	1/5M	20	
	1/2M	50	
基本模数	1M	100	构配件截面、建筑制品、门窗洞口、建筑构配件、建筑开间、进深、柱距、层高的尺寸
扩大模数	3M	300	
	6M	600	
	12M	1200	建筑物的跨度、柱距（开间、进深）、层高、建筑构配件的尺寸
	15M	1500	
	30M	3000	
	60M	6000	

1.4.2　模数协调

为了使建筑在满足设计要求的前提下，尽可能减少构配件的类型，使其达到标准化、系列化、通用化，充分发挥投资效益，对大量性建筑中的尺寸关系进行模数协调是必要的。

1. 模数化空间网络

把建筑看作三向直角坐标系空间网络的连续系列。当三向均为模数尺寸时称为模数化空间网络，网格间距应等于基本模数或扩大模数，如图1-3所示。

2. 定位轴线

在模数化网格中，定位轴线是确定主要结构位置关系的线，如确定开间或柱距、进深或跨度的线。模数化空间网络定位轴线以外的网格线为定位线，定位线用于确定模数化构件的尺寸，如图1-4所示。

定位轴线分为单轴线和双轴线，一般常用的连续的模数化网格采用单轴线定位，当模数化网格需加间隔而产生中间区时，可采用双轴线定位，需根据建筑设计、施工要求和构件生

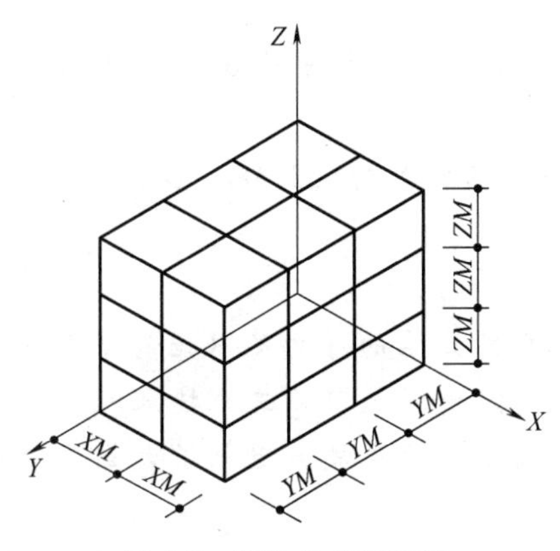

图 1-3 模数化空间网络

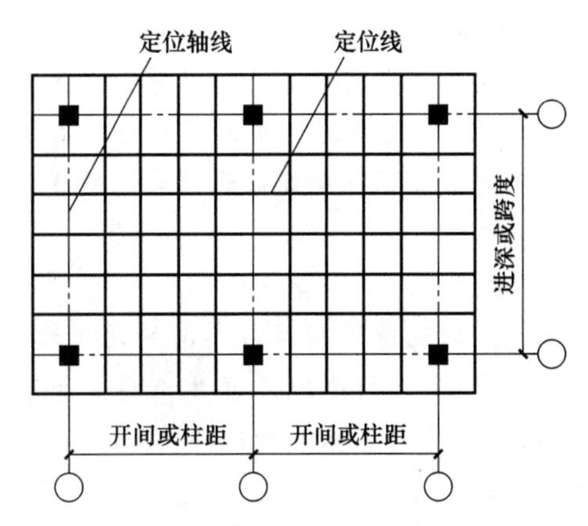

图 1-4 定位轴线和定位线

产等条件综合决定。不同的建筑结构类型（如墙承重结构、框架结构等）对定位轴线有不同的特殊要求，目的都是使其尽可能达到标准化、系列化、通用化。

3. 标志尺寸与构造尺寸的关系

（1）标志尺寸　标志尺寸应符合模数数列的规定，用以标注建筑定位轴线、定位线之间的距离（如开间或柱距、进深或跨度、层高等），以及建筑构配件、建筑组合件、建筑制品、设备等界限之间的尺寸。

（2）构造尺寸　构造尺寸是指建筑构配件、建筑组合件、建筑制品等的设计尺寸。一般情况下，标志尺寸扣除预留缝隙为构造尺寸，如图 1-5 所示。

（3）实际尺寸　实际尺寸是指建筑构配件、建筑组合件、建筑制品等生产制作后的尺寸。实际尺寸与构造尺寸间的差数应符合建筑公差的规定。

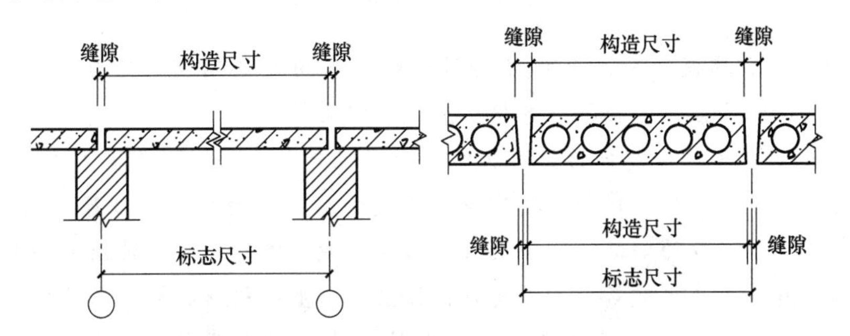

图 1-5 标志尺寸与构造尺寸的关系

◉ 扩展阅读：国家大剧院的建造

国家大剧院从 1958 年第一次立项，2007 年 12 月 22 日正式运营，总造价 30.67 亿元，由法国建筑师保罗·安德鲁主持设计，占地面积 11.89 万 m^2，总建筑面积约 16.5 万 m^2，其中主体建筑 10.5 万 m^2，地下附属设施 6 万 m^2。国家大剧院设有歌剧院、音乐厅、戏剧场以及艺术展厅、艺术交流中心、音像商店等配套设施。

国家大剧院独特的造型、高水平的施工技术、与自然和谐统一的景观效果，都成为我们的骄傲。它不仅有两个世界之最，而且其建造技术也有很多创新之处。

1. 剧院之最

1）国家大剧院拥有目前世界上最大的穹顶。整个壳体钢结构重达6475t，东西向长轴跨度212.2m，是目前世界上最大的穹顶。

2）国家大剧院是目前北京最深的建筑。大剧院地下最深处为-32.5m，成为北京最深的建筑。

2. 建造技术的创新之处

1）大剧院地下蕴藏着丰沛的地下水，这些地下水所产生的浮力足以托起整个国家大剧院。为了避免周边地基发生沉降，甚至地面建筑可能出现裂缝，工程技术人员用混凝土从地下水最高水位直到地下60m黏土层，浇筑一道地下隔水墙，避免了大剧院受地下水的影响。

2）6475t钢梁架起最大穹顶。国家大剧院壳体结构由一根根弧形钢梁组成，1.8万多块钛金属板和1200多块超白透明玻璃形成3.6万m^2的巨大天穹。这个目前世界上最大的穹顶没有使用一根柱子支撑。穹顶外层涂有自洁效果的纳米材料。

3）使用了一种叫作“音闸”的技术，解决了雨滴落在穹顶上产生噪声的问题。

4）将国家大剧院环绕的人工湖，抽取地下80m深处（地下水温保持在13℃）的水，经过封闭的循环系统，将恒温的地下水注入湖面，冬季能将人工湖的水温控制在0℃以上。同时采用水循环系统去除浊物，冬季不结冰，夏季不长藻。

此外，国家大剧院的施工还攻克了超深地基施工、剧场内部信号控制等一系列技术难题。

本章小结

1. 建筑的组成。建筑的物质实体按其所处部位和功能的不同，可分为基础、墙和柱、楼盖层和地坪层、饰面装修、楼梯和电梯、屋盖、门窗等。

2. 建筑的六种分类：按建筑的使用功能分为居住建筑和公共建筑；按建筑的修建量及规模分为大量性建筑和大型性建筑；按建筑的高度和层数分为单层、多层和高层民用建筑；按民用建筑的耐火等级分为四级，一级最好，四级最差；按建筑的设计使用年限分四类，即一类建筑、二类建筑、三类建筑、四类建筑；按主要承重结构材料分为木结构、钢筋混凝土结构、钢结构、混合结构（建筑物的主要承重构件为两种或两种以上材料，如砖木结构、砖混结构，钢-钢筋混凝土结构）、其他结构。

3. 影响建筑构造的因素繁多，设计时需分清主次和轻重。其主要影响因素有外界环境、使用者的需求、建筑技术条件、建筑经济因素。一般来说，建筑构造应符合坚固实用、技术适宜、经济合理、美观大方的设计原则。

4. 为了使建筑在满足设计要求的前提下，尽可能减少构配件的类型，达到标准化、系列化、通用化，对建筑中的尺寸关系进行模数协调。模数是选定的标准尺度单位，是尺寸协调中的增值单位。建筑模数包括基本模数、分模数、扩大模数。

5. 标志尺寸用以标注建筑定位轴线、定位线之间的距离，以及建筑构配件、建筑组合件、建筑制品、设备等界限之间的尺寸。标志尺寸扣除预留缝隙为构造尺寸。

思考与练习题

1. 建筑构造设计的主要任务是什么？
2. 建筑物的构造组成是什么？各自的构造要求有哪些？
3. 建筑的分类有哪些？各自的分类是什么？
4. 影响建筑构造的因素是什么？建筑构造的设计原则有哪些？
5. 模数、基本模数、扩大模数的概念分别是什么？
6. 标志尺寸与构造尺寸的关系是什么？

第2章 CHAPTER 2

墙　　体

学习目标

通过本章学习，了解墙的作用、分类及组成，影响墙体构造的因素，从结构和功能方面掌握墙体的设计要求；掌握块材墙的材料、砌筑方式、尺寸、构造做法；掌握块材隔墙、轻骨架隔墙、板材墙的构造做法。掌握墙体的类型及细部构造做法，包括墙脚部位的勒脚、散水、明沟的构造做法，墙体防潮的位置、做法，窗台的类型和构造做法，门窗过梁的种类和构造做法；掌握墙身加固的措施，了解变形缝的构造。

2.1　墙体的类型及设计要求

2.1.1　墙体的类型

墙体的分类有多种，主要介绍墙体按所处的位置及方向、是否受力、材料及构造方式、施工方法的不同进行分类。

1. 按所处的位置及布置方向分类

按所处的位置，墙体分为外墙和内墙。外墙又称为外围护墙，分隔室内外空间，满足建筑保温、隔热、防水防潮等要求；内墙位于房屋内部，分隔室内空间，同时满足采光、通风、隔声的要求。

按布置方向，墙体又可分为纵墙和横墙。沿建筑物长轴方向布置的墙称为纵墙，沿建筑物短轴方向布置的墙称为横墙，外横墙俗称山墙。另外，根据外墙与门窗的位置关系，水平方向窗洞口之间的墙体称为窗间墙，立面上下窗洞口之间的墙体称为窗下墙，如图2-1所示。

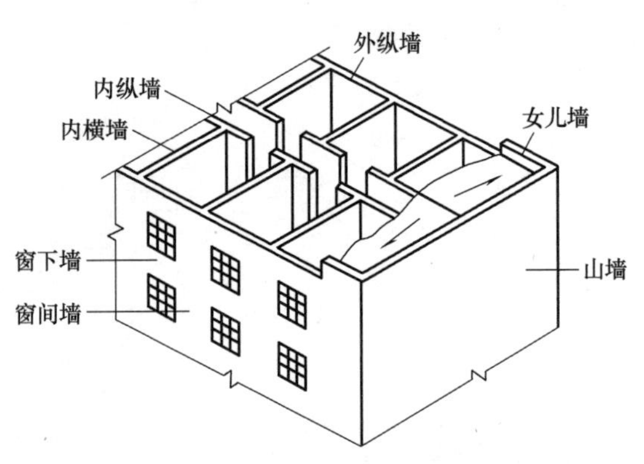

图2-1　不同位置方向的墙体

另外，外墙周边在建筑屋顶处会升高一定的高度，形成完整的一圈。这部分高出屋面的墙体俗称女儿墙。女儿墙要求有一定的高度，起维护作用。在上人屋面中，女儿墙的高度应满足安全要求。

2. 按结构竖向的受力情况分类

按结构竖向的受力情况，墙体分为承重墙和非承重墙两种。在砖混结构中，承重墙直接承受楼板及屋顶传下来的荷载。非承重墙可分为自承重墙和隔墙。自承重墙仅承受自身重力，并把自重传给基础。隔墙则把自重传给楼板层或附加的小梁。在框架结构中，非承重墙可分为填充墙和幕墙。填充墙是位于框架梁柱之间的墙体。当墙体悬挂于框架梁柱的外侧起围护作用时，称为幕墙，幕墙的自重由其连接固定部位的梁柱承担。位于高层建筑外围的幕墙，虽然不承受竖向的外部荷载，但受高空气流影响需承受以风力为主的水平荷载，并通过与梁柱的连接传递给框架系统。墙体按受力情况的分类如图 2-2 所示。

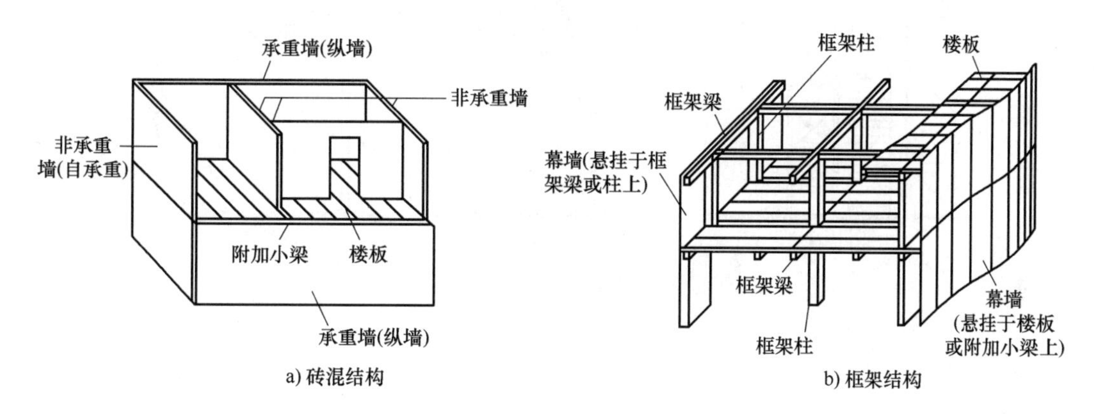

图 2-2 墙体按受力情况的分类

3. 按材料及构造方式分类

按材料及构造方式，墙体可分为实体墙、空体墙和组合墙三种（图 2-3）。实体墙由单一材料组成，如普通砖墙、实心砌块墙、混凝土墙、钢筋混凝土墙等。空体墙也由单一材料组成，即可以由单一材料砌成内部空腔，如空斗砖墙（图 2-4），也可以用具有孔洞的砌块建造墙，如空心砌块墙（图 2-5）、空心板材墙等。组合墙由两种及以上材料组合而成，如钢筋混凝土和加气混凝土构成的复合板材墙，其中钢筋混凝土起承重作用，加气混凝土起保温隔热作用。

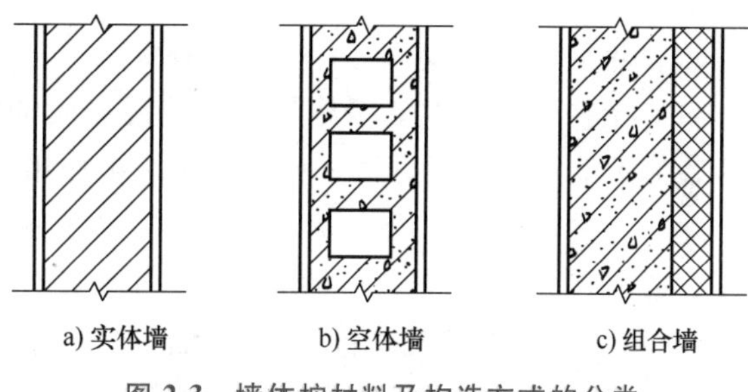

图 2-3 墙体按材料及构造方式的分类

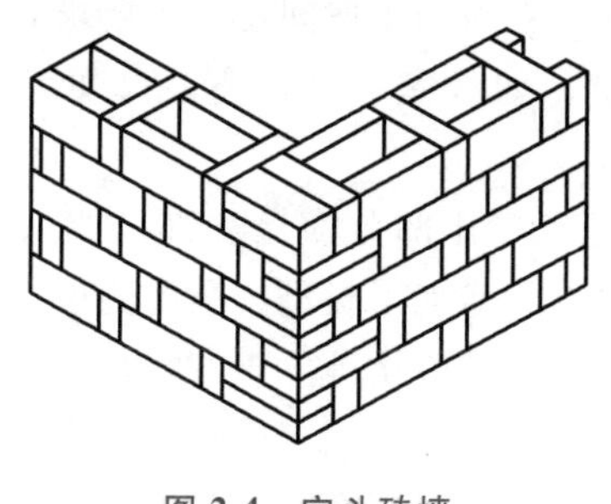

图 2-4 空斗砖墙

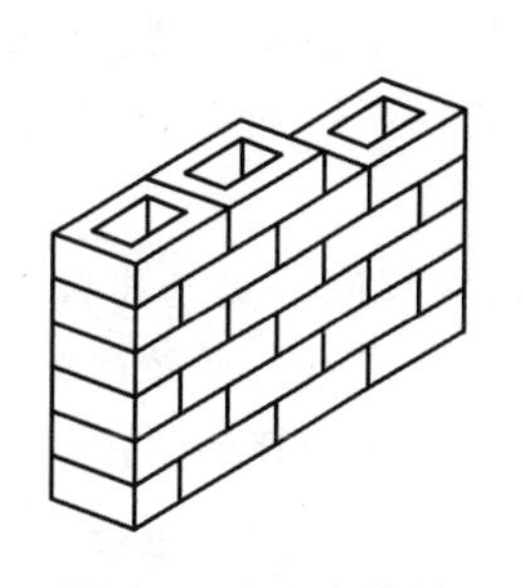

图 2-5 空心砌块墙

4. 按施工方法分类

按施工方法，墙体可分为块材墙、板筑墙及板材墙三种（图 2-6）。块材墙是用砂浆等胶结材料将砖、石砌块等块材组砌而成，如砖墙、石墙及各种砌块墙等。板筑墙是在现场立模板，如夯土墙、现浇混凝土墙等。板材墙是预先制成墙板，施工时安装而成的墙，如预制混凝土板墙、各种轻质条板内隔墙等。

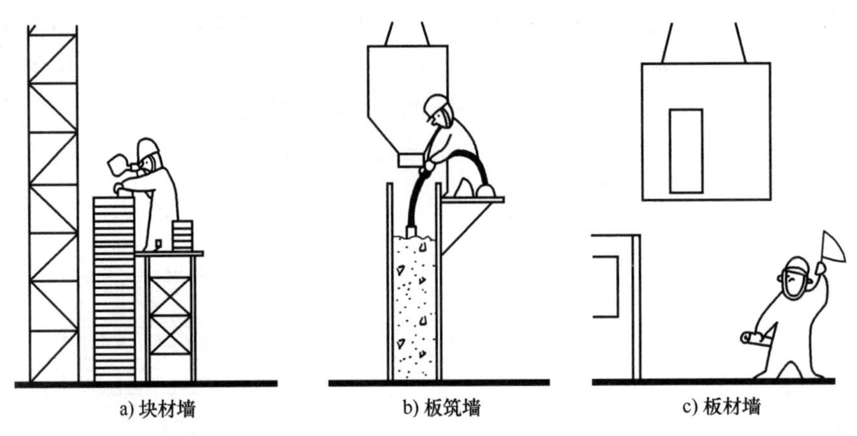

图 2-6　墙体按施工方法的分类

2.1.2　墙体的设计要求

墙体除满足结构方面的要求外，作为围护构件还应具有保温、隔热、隔声、防火、防潮等功能。

1. 结构方面的要求

（1）结构布置方案　墙体是多层砖混房屋的围护构件，也是主要的承重构件。选择合理的墙体承重结构布置方案，使之安全承担作用在房屋上的各种荷载，墙体应坚固耐久、经济合理。结构布置是指梁、板、柱等结构构件在房屋中的总体布局。砖混结构建筑的结构布置方案通常有横墙承重、纵墙承重、纵横墙双向承重、局部框架承重等几种方式（图 2-7）。

1）横墙承重方案是将楼板两端搁置在横墙上，纵墙只承担自身的重力。这种承重方案的优点是整体刚度和抗震性能好，开窗较灵活；缺点是房间开间受到楼板跨度的影响，空间组合不够灵活。它适用于房间使用面积不大，墙体位置比较固定的建筑，如住宅、宿舍、普通办公楼、旅馆等。

2）纵墙承重方案是将纵墙作为承重墙搁置楼板，而横墙为自承重墙。其优点是空间布局较灵活；缺点是整体刚度和抗震性能差，开窗受限制。它适用于房间使用上要求有较大空间，墙体位置在同层或上下层之间可能有变化的建筑，如教室、会议室、阅览室、实验室等。

3）纵横墙双向承重是将前两种方式相结合，根据需要让部分横墙和部分纵墙共同承重。这种方式的优点是平面布置灵活，整体刚度好；缺点是增加了板型，梁的高度也影响建筑的净高。它适用于开间、进深变化较多的建筑，如医院、实验楼等。该方式可以满足空间组合的需要，且空间刚度也较大。

4）局部框架承重是采用内部局部或全部框架承重、四周为墙承重的方式，又称为半框

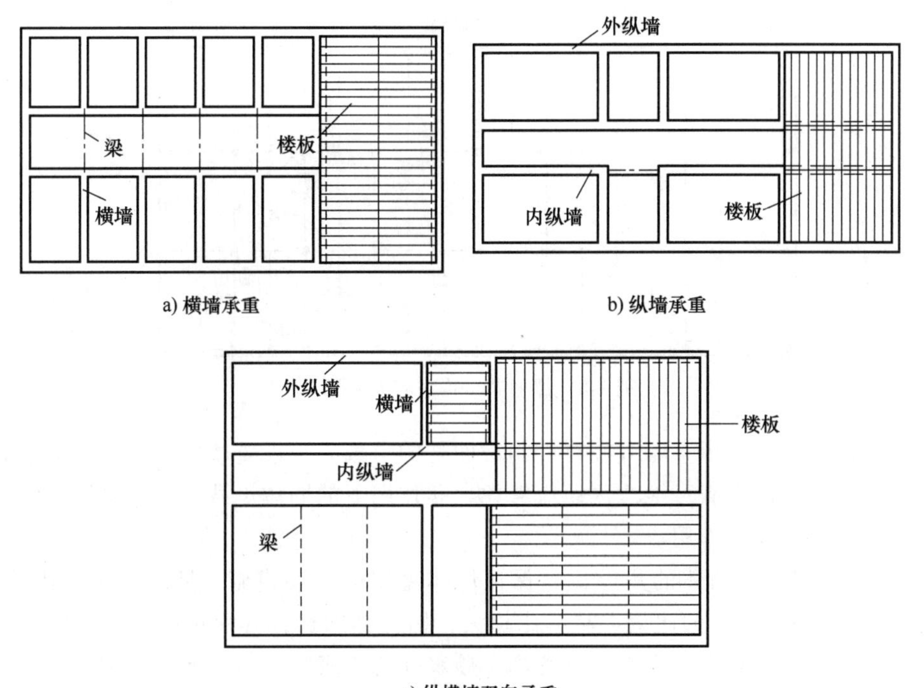

a) 横墙承重　　b) 纵墙承重

c) 纵横墙双向承重

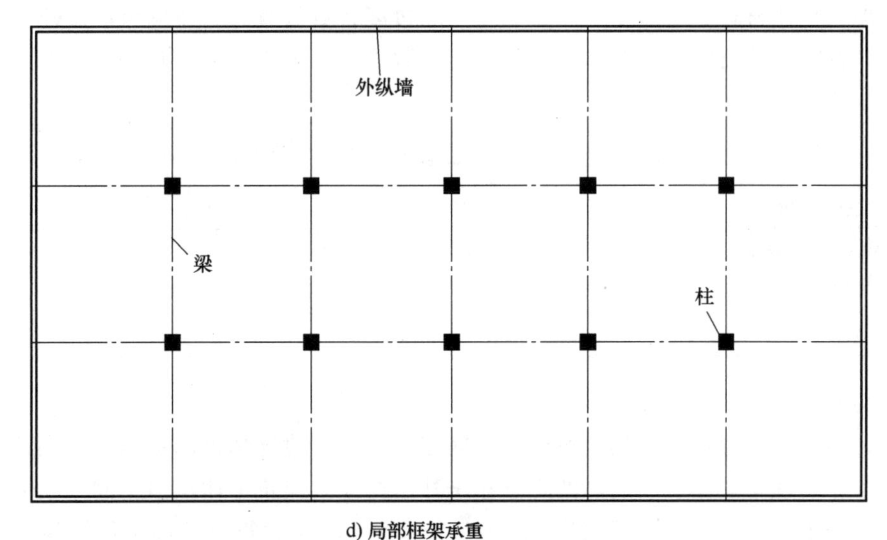

d) 局部框架承重

图 2-7　墙体承重结构布置方案

架承重。它适用于空间大的建筑，如商场、综合楼等。

纯框架结构的建筑中，荷载先通过框架梁承受楼板荷载并传递给柱，再向下依次传递给基础和地基。墙体不承受荷载，只起到围护和分隔作用。梁在框架结构中的布置有横向和纵向，以及主梁和次梁之分，楼板的荷载传给次梁，次梁传给主梁，主梁传给框架柱，如图 2-8 所示。

（2）墙体承载力和稳定性

1）承载力是指墙体承受荷载的能力。在大量性民用建筑中，一般横墙数量越多，空间

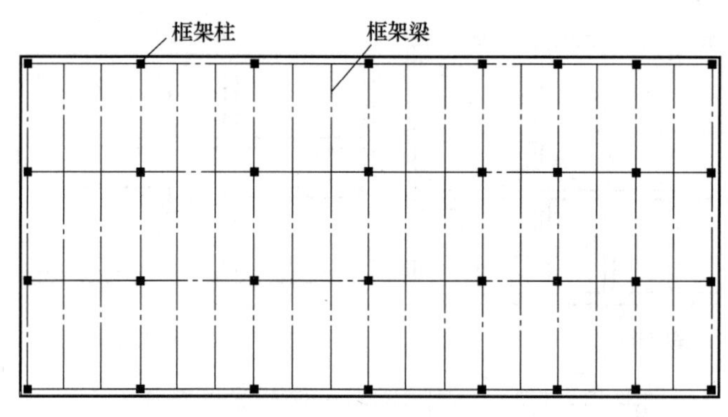

图 2-8　纯框架结构布置示意图

刚度就越大，但仍需验算承重墙或柱在控制截面处的承载力。承重墙应有足够多的承载力来承受楼板及屋顶等竖向荷载。地震区还应考虑地震作用下的墙体承载力，对多层砖混房屋一般只考虑水平方向的地震作用。

2）墙体的稳定性。墙体的高厚比是保证墙体稳定的重要措施。墙、柱高厚比是指墙、柱的计算高度 H_0 与墙厚 h 的比值。高厚比越大，构件越细长，其稳定性越差。允许高厚比限值在结构上有明确的规定，它是综合考虑了砂浆强度等级、材料质量、施工水平、横墙间距等诸多因素确定的。

砖墙是脆性材料，变形能力小，如果层数过多，重量就大，砖墙可能破碎和错位，甚至被压垮。特别是地震区，房屋的破坏程度随层数增多而加重，因而对房屋的高度及层数有一定的限制值，见表 2-1。

表 2-1　多层普通砖混结构建筑墙厚 240mm 时建筑高度和层数限制

抗震设防烈度	6 度		7 度		8 度				9 度	
设计基本烈度加速度	0.05g		0.10g/0.15g		0.20g		0.30g		0.40g	
限定项	高度/m	层数	高度/m	层数	高度/m	层数	高度/m	层数	高度/m	层数
限定值	21	7	21	7	18	6	15	5	12	4

2. 功能方面的要求

热传导的主要方式有导热、对流、辐射三种。由于建筑物外围护结构两侧存在温差，于是产生了导热现象。保温、隔热的重点在于外门窗以及建筑主体构造不同，如形成热流密集的通道、圈梁等所构成的“热桥”；另外由于门窗无法像建筑物外围护结构的其他部位那样附加保温层，所以成为导热的主要部位。

门窗的开启、缝隙等都以对流的方式传递热量。采暖居住建筑通过门窗缝渗透的耗热量占建筑物总失热量的 20%~30%。

外围护结构的保温措施主要是通过附加保温层来实现的。常用的做法是选用导热系数小、重度也小的材料来进行保温。保温材料应选用轻质高强、吸水率低或不吸水的材料。常用的保温材料有保温砂浆（如膨胀珍珠岩保温砂浆等）、保温板（如憎水型水泥膨胀珍珠岩保温板）、保温卷材（如矿棉毡等），目前应用较多的是 EPS（模塑聚苯乙烯泡沫塑料）板或颗粒板。

(1) 保温的要求　采暖建筑的外墙应有足够的保温能力。寒冷地区冬季的室内温度高于室外，热量从高温一侧向低温一侧传递。为了减少热损失，可以采取几个方面的措施。

1) 提高外墙保温能力，减少热损失。一般有三种做法：

第一，增加外墙厚度，使传热过程延缓，达到保温的目的。但是墙体加厚，会增加结构自重；多用墙体材料，占用建筑面积，使有效使用空间缩小等。

第二，选用孔隙率高、密度小的材料做外墙，如加气混凝土等。这些材料导热系数小，保温效果好，但是强度不高，不能承受较大的荷载，一般用于框架填充墙等。

第三，采用多种材料的组合墙，形成保温构造系统解决保温和承重的双重问题。外墙保温系统根据保温材料与承重材料的位置关系，有外墙外保温、外墙内保温和夹芯保温几种方式。外墙外保温有几个优点：一是施工时内部的使用不受影响；二是保护了外墙体；三是不影响室内的使用面积。目前应用较多的保温材料是 EPS（模塑聚苯乙烯泡沫塑料）板或颗粒板。此外，岩棉、膨胀珍珠岩、加气混凝土等也是可供选择的保温材料。

外墙外保温做法实例。聚苯板玻璃纤维网格布聚合物砂浆薄抹灰的做法：外墙表面粘贴（或粘钉结合）聚苯板，以聚合物砂浆作为保护层，加玻璃纤维网格布增强，装饰层采用弹性腻子和涂料（图 2-9a）。喷涂硬泡聚氨酯做法：保温材料为发泡聚氨酯，先用专用机械将配置好的聚氨酯喷涂在外墙面，经发泡、固化后形成保温层，再用聚苯颗粒浆料找平，采用玻璃纤维网格布聚合物砂浆薄抹灰和饰面涂料（图 2-9b）。

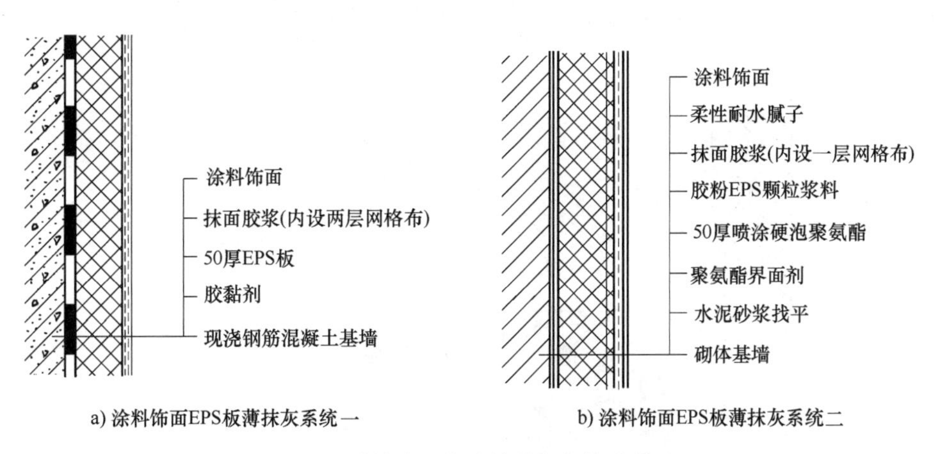

图 2-9　砖墙或混凝土墙外保温构造做法

现浇混凝土模板内置保温板做法：施工中将保温板（聚苯板）置于外模板内侧，浇筑混凝土后，通过连接件（钢筋或尼龙钢螺栓）及聚苯板的凹槽，使保温板与墙体紧密结合。这种做法又分为有网体系与无网体系：无网体系只用聚苯板，不用钢丝网架，两面喷涂界面砂浆的聚苯板向混凝土墙一面开有竖向凹槽，以提高黏结力，每平方米设 2~3 个尼龙钢螺栓，拆膜后，将板面清理干净，采用玻璃纤维网格布聚合物砂浆薄抹灰和饰面涂料（图 2-10）。有网体系是在保温板外侧有 50mm×50mm 网孔低碳冷拔钢丝网片（SBS 板），表面喷涂界面砂浆以防止钢丝锈蚀和聚苯板表面风化，每平方米用 4 根Φ 6 钢筋穿过聚苯板锚入混凝土 100mm。拆除膜后先在保温层外抹防裂砂浆，再用弹性胶黏剂粘贴面砖（图 2-11）。外墙内保温构造如图 2-12 所示。

图 2-10　现浇墙体无网保温做法

图 2-11　现浇墙体有网保温做法

2）防止外墙中出现凝结水。冬季门窗紧闭，生活用水及人的呼吸使室内湿度增高。温度越高，空气中含的水蒸气越多。当室内热空气传至冷的外墙时，水蒸气在墙内形成凝结水，使外墙的保温能力明显降低。因此，应在靠室内高温的一侧设置隔汽层，阻止水蒸气进入墙体。隔汽层常用卷材、防水涂料或薄膜等材料（图 2-13）。

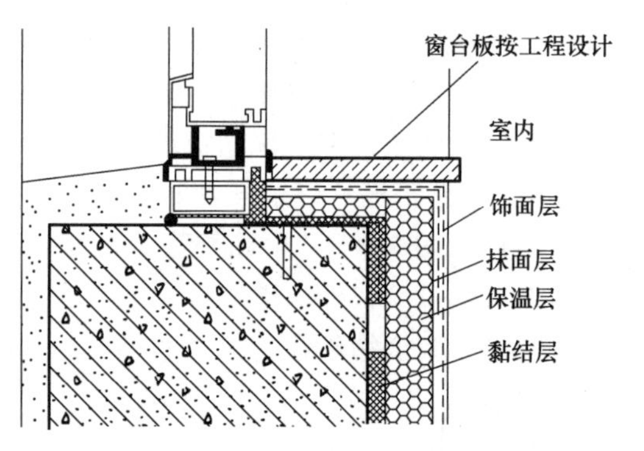

图 2-12　外墙内保温构造

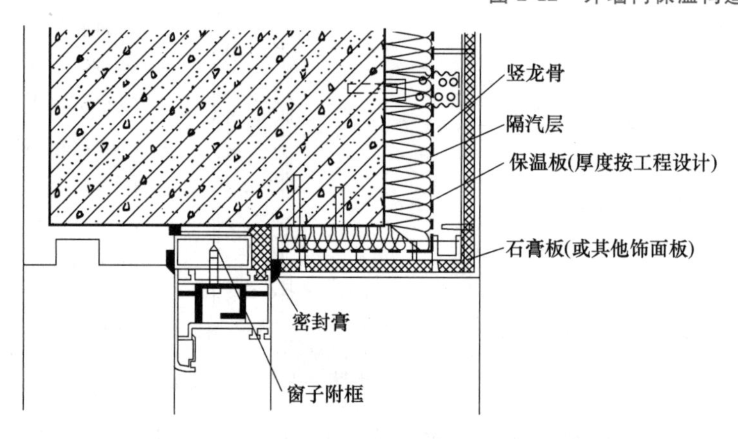

图 2-13　内保温隔汽层做法

3）防止外墙出现空气渗透。墙体的材料有很多微小的孔洞；墙体上设置的门窗等构件，因安装不严密或材料收缩等，会产生一些贯通缝。由于这些孔洞和缝隙的存在，风压及热压使外墙出现了空气渗透。为了防止外墙出现空气渗透，一般采取以下措施：选择密实度高的墙材；墙体内外加抹灰层；加强构件间的缝隙处理（图 2-14）等。

4）采用具有复合空腔构造的外墙形式，使墙体根据需要具有热工调节的性能。例如，被动式太阳房集热墙等，还可以利用遮阳、百叶和引导空气流通的各种开口的设置来强化外墙体系的热工调节能力。图 2-15 所示为被动式太阳房的墙体构造，南向房间南墙顶部和下部开设孔洞，冬季玻璃空腔内被加热的热空气上升，从顶部的孔洞进入室内，室内凉空气通过下部的开口进入空腔再加热，循环进行；夏季热空气从楼板处的旁通口散发出去，或将热空气加热水箱内的水，提供洗浴用热水。

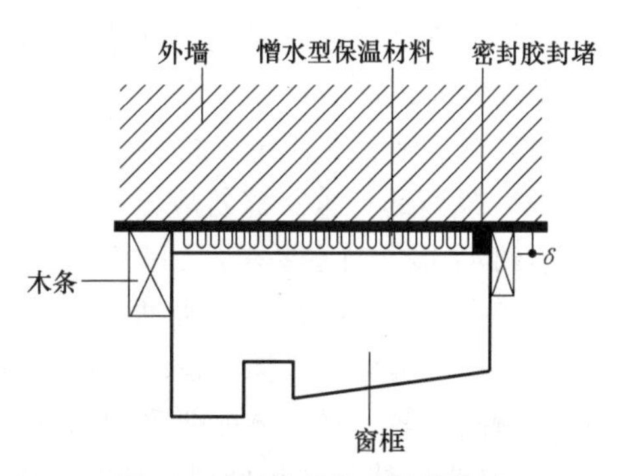

图 2-14 封堵窗墙间缝隙做法

例如，寿光市西单村小学就是利用被动式太阳房集热墙的案例。南墙面窗间墙宽 900mm、高 3450mm，在距室外地面高 430mm 处设了宽 900mm、高 3000mm 的集热墙，以自然对流的方式向室内供暖。集热墙的构造组成：首先 240mm 砖墙外侧铺设 20mm 厚聚苯乙烯保温材料，外铺纤维板，然后安装表面涂黑的折板式铁皮，外加玻璃罩密封，在铁皮与玻璃罩之间留 40mm 厚空气层，集热墙设上下风口，风口在室内一侧设可开关的风门，如图 2-16 所示。

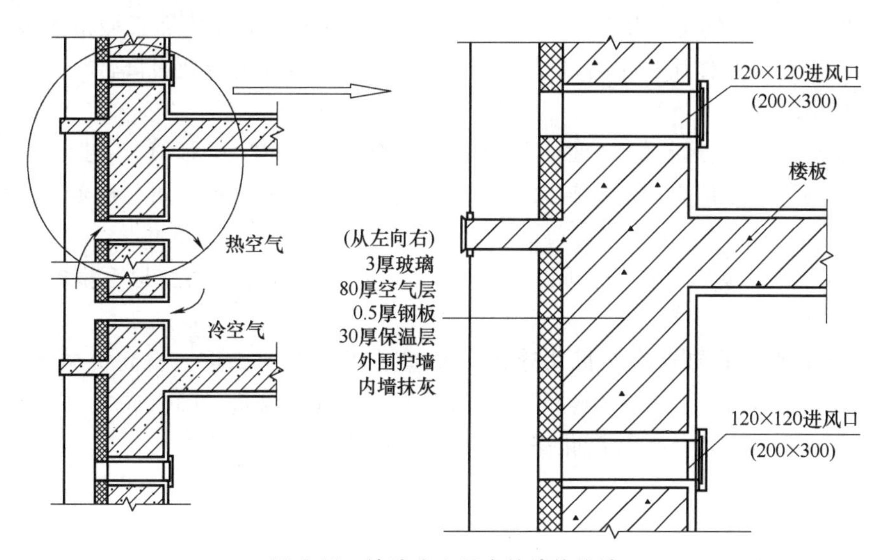

图 2-15 被动式太阳房的墙体构造

图 2-16 寿光市西单村小学

（2）隔热的要求　热的来源有夏季太阳强烈的辐射。室外热量通过外墙传入室内，使室内温度升高，产生过热现象。常用的隔热措施：选用热阻大、重量大的材料作外墙；也可以选用光滑、平整、浅色的材料，以增加对太阳的反射能力。

（3）隔声的要求　建筑应根据使用性质的不同进行不同标准的噪声控制，如城市住宅要求达到 42dB、教室要求达到 38dB 等。墙体主要隔离由空气直接传播的噪声。空气声在墙体中的传播途径有两种：一是通过墙体的缝隙和微孔传播；二是在声波作用下墙体受到振动，声音透过墙体而传播。建筑内部的噪声有说话声、家用电器声等；建筑外部的噪声有汽车声、喧闹声等。对墙体一般采取以下措施控制噪声：

1）加强墙体的密封处理，如对墙体与门窗、通风管道等的缝隙进行密封处理。

2）增加墙体的密实性及厚度，避免噪声穿透墙体及墙体振动。砖墙的隔声能力是较好的，如 240mm 厚砖墙的隔声量为 49dB。但仅仅依靠增加墙厚来提高隔声能力是不经济的。

3）采用有空气间层或多孔性材料的夹层墙。由于空气或玻璃棉等多孔材料具有减振和吸声作用，从而提高了墙体的隔声能力。

4）在建筑总平面布置中考虑隔声问题。将不怕噪声干扰的建筑靠近城市干道布置，对后排建筑可以起到隔声作用；也可以选用枝叶茂密、四季常青的绿化带降低噪声。

3. 其他方面的要求

（1）防火的要求　选择燃烧性能和耐火极限符合 GB 50016—2014《建筑设计防火规范》（2018 年版）规定的材料。在较大的建筑中应设置防火墙，把建筑分成若干区段，以防止火灾蔓延。

（2）防水防潮的要求　在卫生间、厨房、实验室等有水的房间及地下室的墙体应采取防水防潮的措施。

（3）建筑工业化的要求　在民用建筑中墙体占相当大的比重。提高机械化施工程度，提高工效，降低劳动强度，并采用轻质高强的墙材，以减轻自重、降低成本。目前我国正在大力发展装配式建筑，墙体的装配化率占比也越来越大。

2.2　块材墙构造

块材墙是用砂浆等胶结材料将砖石块材等组砌而成的，如砖墙、石墙及各种砌块墙等。块材墙具有一定的保温、隔热、隔声性能和承载能力，生产制造及施工操作简单，不需要大型的施工设备，但是现场湿作业较多、施工速度慢、劳动强度较大。

2.2.1　墙体材料

1. 常用块材

块材墙中常用的块材有各种砖和砌块。

（1）砖　砖的种类很多，从材料上有黏土砖、灰砂砖、页岩砖、煤矸石砖、水泥砖，以及各种工业废料砖，如炉渣砖等；从外观上有实心砖、空心砖和多孔砖。从其制作工艺上有烧结和蒸压养护等方式。目前常用的有烧结普通砖、蒸压粉煤灰砖、蒸压灰砂砖、烧结空心砖和烧结多孔砖（图 2-17）。

砖的强度等级按其抗压强度平均值分为 MU30、MU25、MU20、MU15、MU10 等

a) 烧结普通砖　b) 蒸压粉煤灰砖　c) 蒸压灰砂砖

d) 烧结空心砖　e) 烧结多孔砖

图 2-17　块材墙的材料

（MU30 即抗压强度平均值不小于 30.0N/mm^2）。

烧结普通砖是指各种烧结的实心砖，其制作的主要原材料可以是黏土、粉煤灰、煤矸石和页岩等，按功能有普通砖和装饰砖之分。黏土砖具有较高的强度和热工、防火、抗冻性能，但由于黏土材料占用农田，随着墙材改革的进程，对实心黏土砖的应用将逐步减少。

蒸压粉煤灰砖是以粉煤灰、石灰、石膏和细集料为原料，压制成型后经高压蒸汽养护制成的实心砖。它强度高，性能稳定，但用于基础或易受冻融及干湿交替作用的部位时对其强度等级要求较高。蒸压灰砂砖是以石灰和砂子为主要原料，成型后经蒸压养护而成，是一种比烧结砖质量大的承重砖，隔声能力和蓄热能力较好，有空心砖和实心砖。蒸压粉煤灰砖和蒸压灰砂砖的实心砖都是替代实心黏土砖的产品之一，但都不得用于长期受热（200℃以上），有流水冲刷，受急冷、急热和有酸碱介质侵蚀的建筑部位。

烧结空心砖和烧结多孔砖都是以黏土、页岩、煤矸石等为主要原料经焙烧而成的。前者孔洞率不小于 35%，孔洞为水平孔。后者孔洞率为 15%~30%，孔洞尺寸小且数量多。这两种砖都主要适用于非承重墙体，但不应用于地面以下或防潮层以下的砌体。

常用的实心砖规格（长×宽×厚）为 240mm×115mm×53mm，加上砌筑时所需的灰缝尺寸，形成 4：2：1 的尺度关系，便于砌筑时相互搭接和组合。空心砖和多孔砖的尺寸规格较多。

（2）砌块　砌块是利用工业废料（煤渣、矿渣等）、混凝土和地方材料制成的人造块材，用以替代普通黏土砖作为砌墙材料。砌块的外形尺寸比砖大，具有设备简单、砌筑速度快的优点，符合建筑工业化发展中墙体改革的要求。一般六层以下的住宅、学校、办公楼以及单层厂房等都可以采用砌块代替砖使用。

砌块按尺寸和质量的大小不同分为小型砌块、中型砌块和大型砌块。砌块系列中主规格的高度大于115mm而小于380mm的称为小型砌块，高度为380~980mm的称为中型砌块，高度大于980mm的称为大型砌块。使用中以中小型砌块居多。

砌块按外观形状可分为实心砌块和空心砌块。空心砌块有单排方孔、单排圆孔和多排扁孔三种形式（图2-18），其中多排扁孔对保温较有利。按砌块在组砌中的位置与作用可分为主砌块和各种辅助砌块。

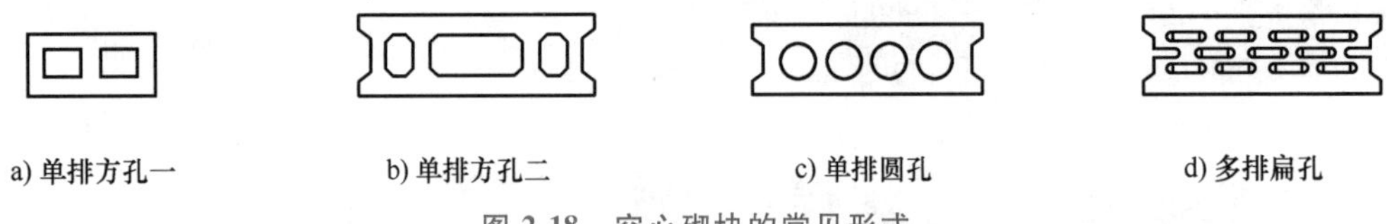

a) 单排方孔一　　b) 单排方孔二　　c) 单排圆孔　　d) 多排扁孔

图2-18　空心砌块的常见形式

根据材料的不同，常用的砌块有普通混凝土与装饰混凝土小型空心砌块、轻集料混凝土小型空心砌块、粉煤灰小型空心砌块、蒸压加气混凝土砌块和石膏砌块。吸水率较大的砌块不能用于长期浸水、经常受干湿交替或冻融循环的建筑部位。常用砖的尺寸规格标准见表2-2。

表2-2　常用砖的尺寸规格标准

类型	名称	规格(长×宽×高)/(mm×mm×mm)	备注
实心砖	烧结普通砖	主砖规格:240×115×53	
		配砖规格:175×115×53	
	蒸压粉煤灰砖	240×115×53	
	蒸压灰砂砖	实心砖:240×115×53	
空心砖		空心砖:240×115×53(90、115、175)	孔洞率不小于15%
	烧结空心砖	290×190(140)×90	孔洞率不小于35%
		240×180(175)×115	
多孔砖	烧结多孔砖	P型:240×115×53	孔洞率为15%~30%
		M型:190×190×90	

2. 胶结材料

块材需经胶结材料砌筑成墙体，使其传力均匀；同时胶结材料还起着嵌缝作用，能提高墙体的保温、隔热和隔声能力。块材墙的胶结材料主要是砂浆。砌筑砂浆要求有一定的强度，以保证墙体的承载能力，还要求有适当的稠度和保水性（即有良好的和易性），方便施工。

常用的砌筑砂浆有水泥砂浆、石灰砂浆和混合砂浆三种。砂浆的主要性能是强度、和易性、防潮性方面。水泥砂浆强度高、防潮性能好，主要用于受力和防潮要求高的墙体；石灰砂浆强度和防潮性均差，但和易性好，用于强度要求低的墙体；混合砂浆由水泥、石灰、砂拌和而成，有一定的强度，和易性也好，使用比较广泛。

一些块材表面较光滑，如蒸压粉煤灰砖、蒸压灰砂砖、蒸压加气混凝土砌块等，砌筑时需要加强与砂浆的黏结力，要求采用经过配方处理的专用砌筑砂浆，或采取提高块材和砂浆间黏结力的相应措施。

砂浆的强度等级分为七级：M30、M25、M20、M15、M10、M7.5、M5。在同一段砌体中，砂浆和块材的强度有一定的对应关系，以保证砌体的整体强度不受影响。

2.2.2 组砌方式

墙体的组砌方式是指块材在砌体中的排列。组砌的关键是错缝搭接，使上下层块材的垂直缝交错，保证墙体的整体性。如果墙体表面或内部的垂直缝处在一条线上，即形成通缝，如图 2-19 所示。在荷载作用下，通缝会使墙体的承载力和稳定性显著降低。

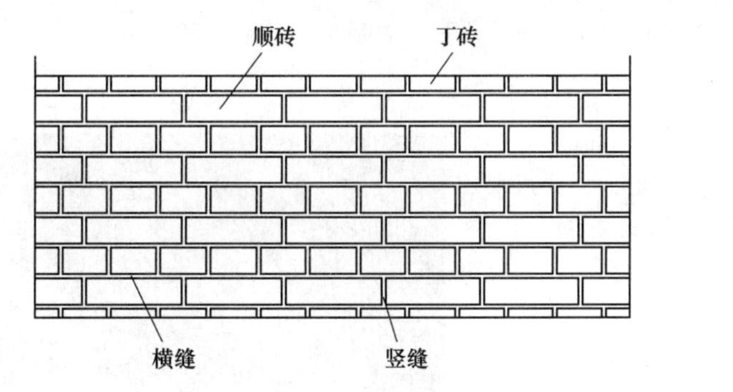

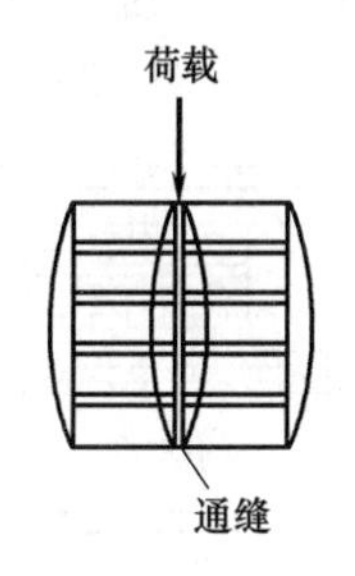

图 2-19 通缝示意图和砌筑名称

1. 砖墙的组砌

在砖墙的组砌中，砖的长方向垂直于墙面砌筑的砖叫作丁砖，砖的长度方向平行于墙面砌筑的砖叫作顺砖。上下两皮砖之间的水平缝称为横缝，左右两块砖之间的缝称为竖缝。标准缝宽为 10mm，可以在 8～12mm 进行调节。要求丁砖和顺砖交替砌筑，灰浆饱满、横平竖直。常用砖墙的砌筑方法：一顺一丁式、多顺一丁式、十字式等（图 2-20）。当墙面不抹灰做清水墙面时，应考虑不同的块材排列方式带来的墙面图案效果。

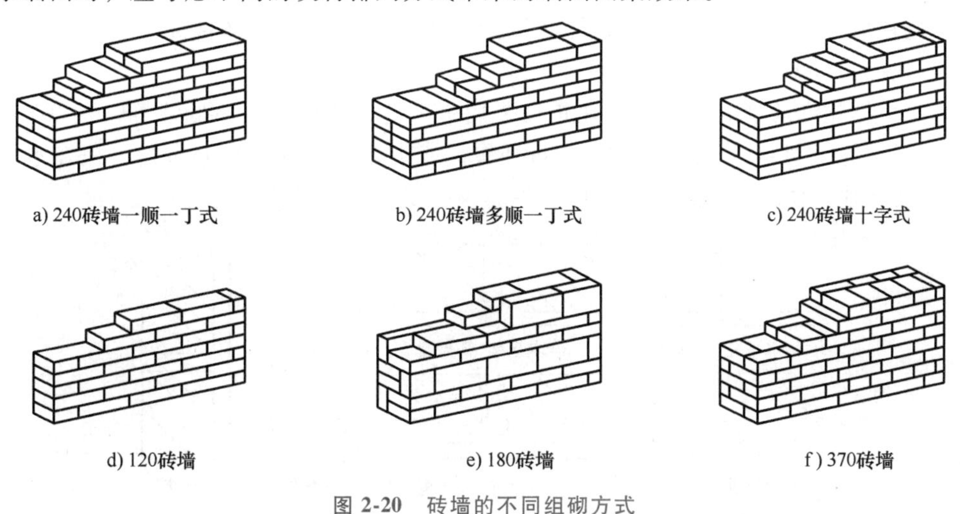

图 2-20 砖墙的不同组砌方式

2. 砌块墙的组砌

砌块墙的组砌和构造要点如下：

1）砌块墙应事先做排列设计。排列设计就是把不同规格的砌块在墙体中的安放位置用平面图和立面图加以表示。排列要求：错缝搭接、内外墙交接处和转角处应使砌块彼此搭接；优先采用大规格的砌块并尽量减少砌块的规格，允许使用极少量的普通砖来镶砌填缝；当采用空心砌块时，上下皮砌块应孔对孔、肋对肋以扩大受压面积；缝宽视砌块尺寸而定，小型砌块为 10~15mm，中型砌块为 15~20mm。

水泥砌块中，混凝土小型空心砌块的常见尺寸为 190mm×190mm×390mm，辅助块尺寸为 90mm×190mm×190mm 和 190mm×190mm×90mm 等。粉煤灰硅酸盐中型砌块的常见尺寸为 240mm×380mm×880mm 和 240mm×430mm×850mm 等。蒸压加气混凝土砌块长度多为 600mm，其中 a 系列宽度为 75mm、100mm、125mm 和 150mm，厚度为 200mm、250mm 和 300mm；b 系列宽度为 60mm、120mm 和 180mm 等，厚度为 240mm 和 300mm。砌块的排列组合形式如图 2-21 和图 2-22 所示。

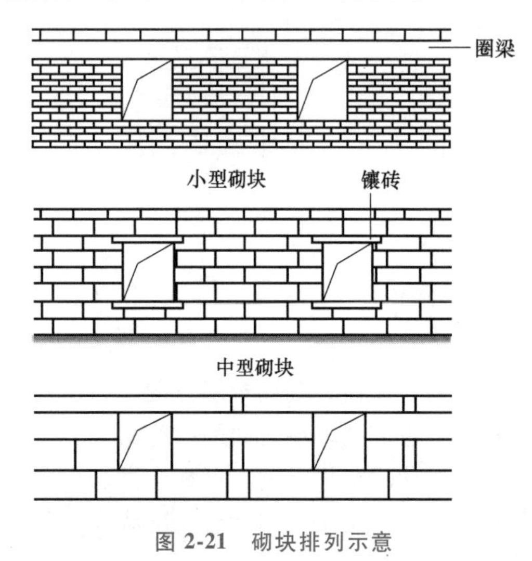

图 2-21　砌块排列示意

图 2-22　砌块墙的砌筑

2）砌块墙应按楼层每层加设圈梁。圈梁用以加强砌块墙的整体性。圈梁通常与窗过梁合并，可现浇，也可预制成圈梁砌块。

3）砌块缝型和通缝处理。砌块建筑可采用水平缝、凹槽缝或高低缝等（图 2-23）。砂浆强度等级不低于 M5。当上下皮砌块出现通缝，或错缝距离不足 150mm 时，应在水平缝通缝处加钢筋网片，使之拉结成整体（图 2-24）。

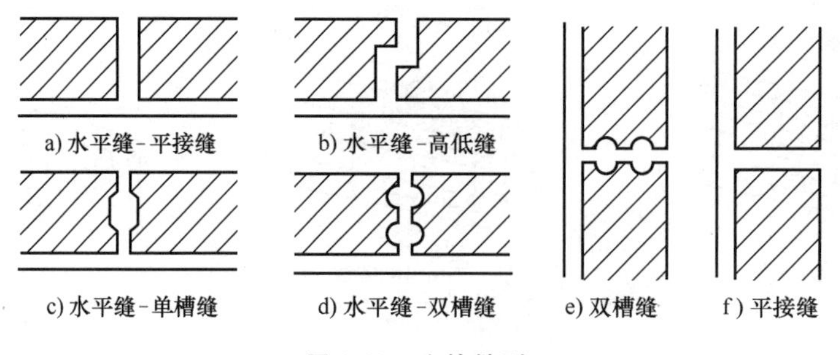

图 2-23　砌块缝型

4）砌块墙芯柱构造。当采用混凝土空心砌块时，应在房屋四大角、外墙转角、楼梯间四角设芯柱。芯柱用 C15 细石混凝土填入砌块孔中，并在孔中插入通长钢筋（图 2-25）。

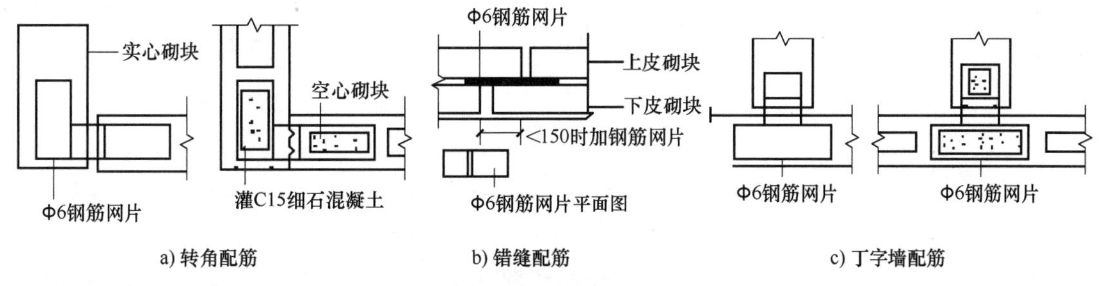

图 2-24　砌块墙通缝处理

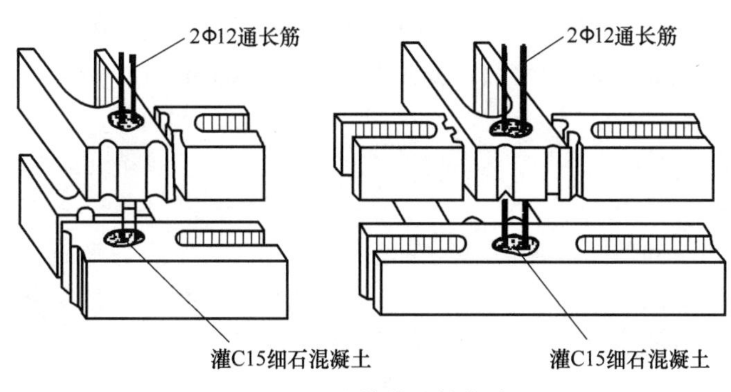

图 2-25　砌块墙芯柱构造

2.2.3　墙体尺度

墙体尺度是指厚度和墙段长两个方向的尺度。要确定墙体的尺度，除应满足结构和功能的要求外，还必须符合块材自身的规格尺寸。

1. 墙厚

墙厚主要由块材和灰缝的尺寸组合而成。以常用的实心砖规格（长×宽×厚）240mm×115mm×53mm 为例，用砖的三个方向的尺寸作为墙厚的基数，灰缝按 10mm 进行砌筑，砖厚加灰缝、砖宽加灰缝后与砖长大致形成 1∶2∶4 的比例。墙厚与砖规格的关系如图 2-26 所示。常见砖墙的厚度见表 2-3。

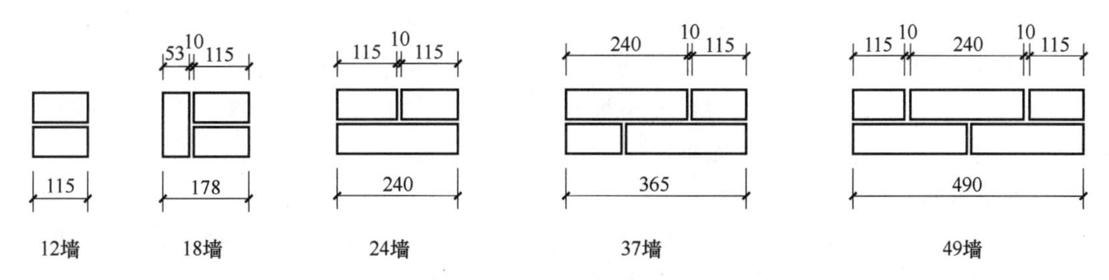

图 2-26　墙厚与砖规格的关系

表 2-3　常见砖墙的厚度

墙厚	名称	墙厚尺寸/mm
1/2 砖墙	12 墙	115
3/4 砖墙	18 墙	178

（续）

墙厚	名称	墙厚尺寸/mm
1 砖墙	24 墙	240
3/2 砖墙	37 墙	365
2 砖墙	49 墙	490

2. 洞口尺寸

洞口尺寸主要是指门窗洞口，其尺寸应按模数协调统一标准制定，这样可以减少门窗规格，有利于工厂化生产，提高工业化的程度。一般情况下，1000mm 及以内的洞口尺寸采用基本模数 100mm 的倍数，如 600mm、700mm、800mm、900mm、1000mm；大于 1000mm 的洞口尺寸采用扩大模数 300mm 的倍数，如 1200mm、1500mm、1800mm 等。

2.3　块材隔墙构造

隔墙是分隔室内空间的非承重构件。在现代建筑中，为了提高平面布局的灵活性，大量采用隔墙以适应建筑功能的变化。由于隔墙不承受任何外来荷载，且本身的重力还要由楼板或小梁来承受，因此应注意以下要求：自重轻，有利于减轻楼板的荷载；厚度薄，增加建筑的有效空间；便于拆卸，能随使用要求的改变而变化；有一定的隔声能力，使各使用房间互不干扰。

块材隔墙是用普通砖、空心砖、加气混凝土等块材砌筑而成的，常用的有普通砖隔墙和砌块隔墙。目前框架结构中大量采用的框架填充墙，也是一种非承重块材墙，既可作为外围护墙，也可作为内隔墙使用。

1. 普通砖（1/2 砖、1/4 砖）隔墙

半砖隔墙坚固耐久，有一定的隔声能力，但自重大，湿作业多，施工麻烦（图 2-27）。半砖隔墙采用 M2.5 砂浆砌筑时，高度小于或等于 3.6m，长度小于或等于 5m；采用 M5 砂浆砌筑时，高度小于或等于 4m，长度小于或等于 6m，高度大于或等于 5m 时应加固：一般沿高度每隔 0.5m 砌入两根 $\phi6$ 的钢筋，或每隔 1.2~1.5m 设一道 30~50mm 厚的水泥砂浆层，内放两根 $\phi6$ 的钢筋。顶部与楼板相接处用立砖斜砌（图 2-28）。隔墙上有门时，要用预埋件或将带有木楔的混凝土预制块砌入隔墙中以固定门框。

1/4 隔墙高度小于或等于 2.8m，长度小于或等于 3.0m，须用 M5 砂浆砌筑。一般用于不设门洞的次要房间。隔墙上部与楼板相接处，应留有约 30mm 空隙或将上两皮砖斜砌，以预防楼板结构产生挠度，致使隔墙被压坏，如图 2-28 所示。

2. 砌块隔墙

为了减少隔墙的重量，可采用质轻块大的各种砌块，目前最常用的是加气混凝土砌块、粉煤灰硅酸盐砌块、水泥炉渣空心砖等砌筑的隔墙。隔墙厚度由砌块尺寸而定，一般为 90~120mm。砌块大多具有质轻、孔隙率大、隔热性能好等优点，但吸水性强。因此，有防水、防潮要求时应在墙下先砌 3~5 皮吸水率小的砖。砌块隔墙厚度较薄，也需采取加强稳定性的措施，方法与砖隔墙类似，如图 2-28 所示。

3. 框架填充墙

框架体系的围护和分隔墙体均为非承重墙，填充墙是用砖或轻质混凝土块材砌筑在结构

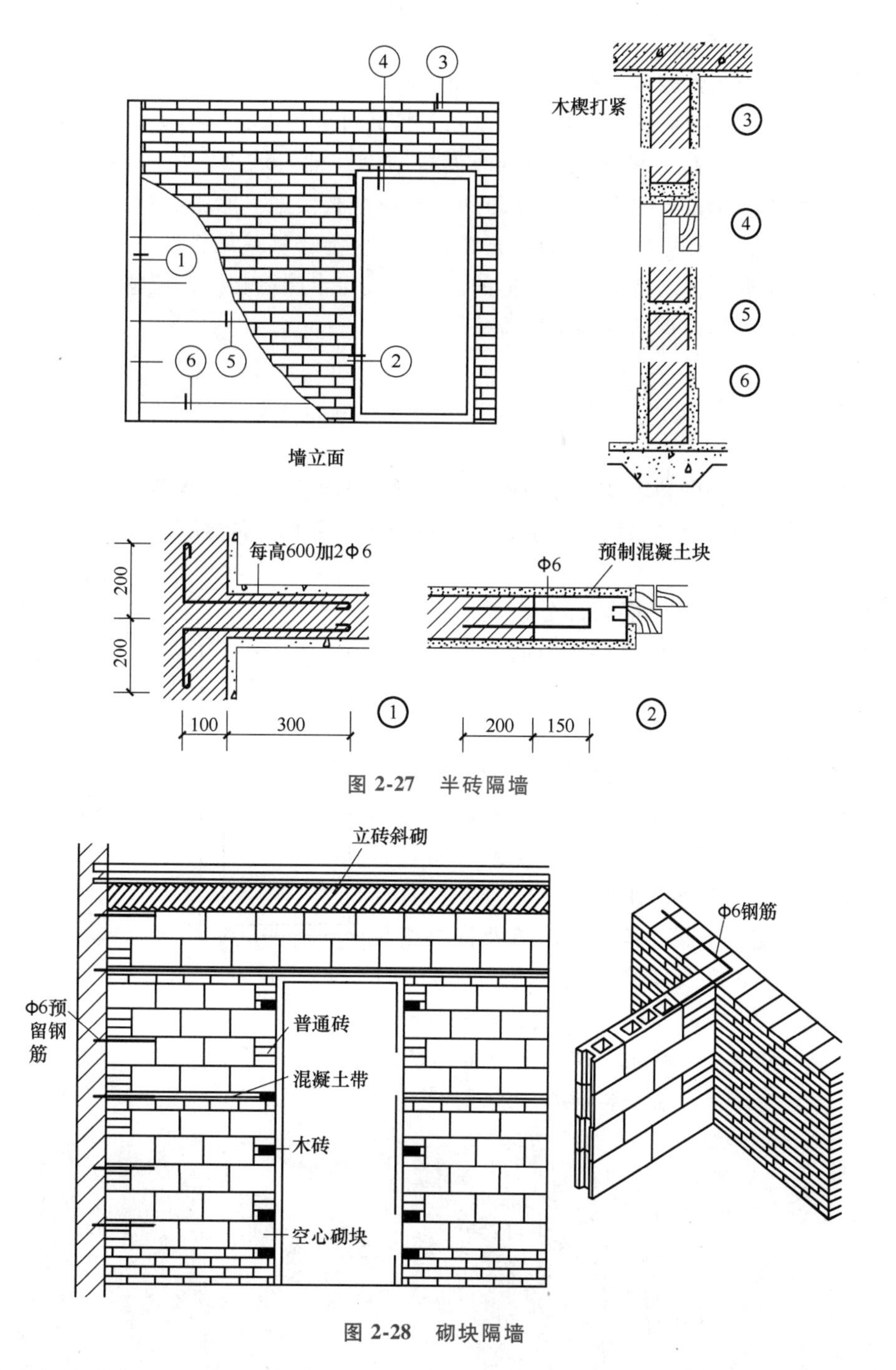

图 2-27 半砖隔墙

图 2-28 砌块隔墙

框架梁柱之间的墙体，既可用于外墙，也可用于内墙，施工顺序为框架完工后砌填充墙。

填充墙的自重传递给框架支承。框架承重体系按传力系统的构成，可分为梁、板、柱体系和板、柱体系。梁、板、柱体系中，柱子成序列有规则地排列，由纵横两个方向的梁将它们连接成整体并支承上部板的荷载。板、柱体系又称为无梁楼盖，板的荷载直接传递给柱。框架填充墙是指支承在梁上或板、柱体系的楼板上的墙，为了减轻自重，通常采用空心砖或轻质砌块，墙体的厚度视块材尺寸而定，用于有较高隔声和热工性能要求的外围护墙时不宜过薄，一般在 200mm 左右。

轻质块材通常吸水性较强，有防水防潮要求时应在墙下先砌 3~5 皮吸水率小的砖。

填充墙与框架之间应有良好的连接，以利于将其自重传递给框架支承。钢筋混凝土框架建筑内，应沿框架柱全高每隔 500~600mm 设拉结钢筋伸入墙内，拉结钢筋深入墙内的长度，6 度和 7 度时宜沿墙全长贯通，8 度和 9 度时应全长贯通。水平方向约 2~3m 需设置构造柱。8 度和 9 度时，长度大于 5m 的填充墙，墙顶应与楼板或梁拉结，独立墙段的端部及大门洞边宜设置钢筋混凝土构造柱。门框的固定方式与半砖墙相同，但超过 3.3m 以上的较大洞口需在洞口两侧加设钢筋混凝土构造柱。

2.4　轻骨架隔墙构造

骨架墙可以用于外围护墙和内分隔墙。常用的外围护骨架墙有玻璃幕墙和金属幕墙，玻璃幕墙由金属骨架和玻璃面层组成，金属幕墙由金属骨架和金属面层组成。本书主要介绍轻骨架内隔墙。

轻骨架隔墙由骨架和面层两部分组成，由于是先立墙筋（骨架）后再做面层，因而又称为立筋式隔墙（图 2-29）。

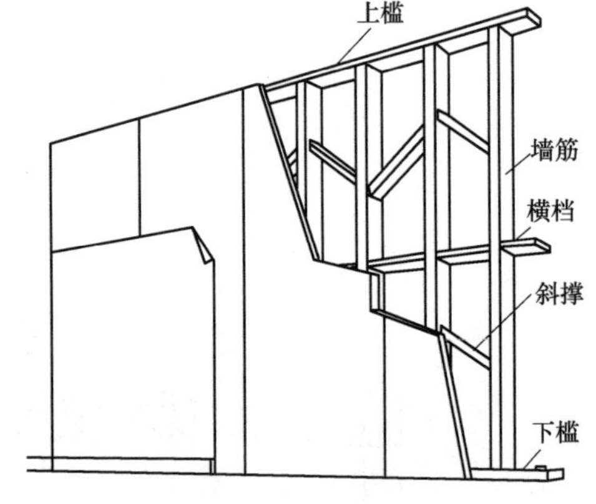

图 2-29　轻骨架隔墙构造

1. 骨架

常用的骨架有木骨架和轻钢骨架。为节约木材和钢材，出现了采用工业废料和地方材料及轻金属制成的骨架，如石棉水泥骨架、浇筑石膏骨架、水泥刨花骨架、铝合金骨架等。

木骨架由上槛、下槛、墙筋、斜撑及横档组成（图 2-29），上下槛及墙筋断面尺寸为（45~50）mm×(70~100) mm，斜撑与横档断面相同或略小些，墙筋间距常用 400mm，横档间距可与墙筋相同，也可适当放大。安装方法是先固定上下槛，再固定墙筋，后安装横档，最后固定面板，如图 2-30 和图 2-31 所示。

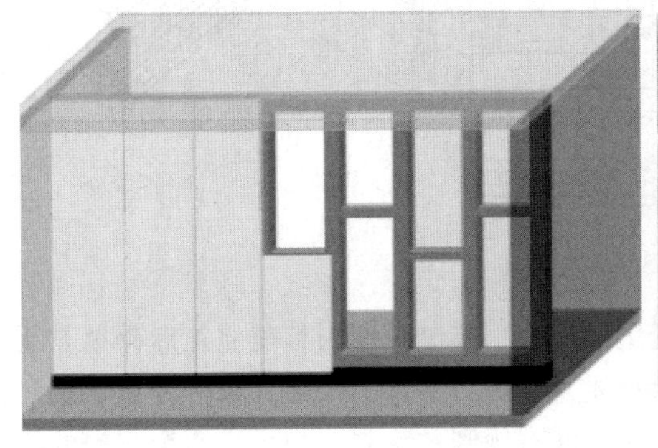

图 2-30　木骨架夹板面隔墙

轻钢骨架是由各种形式的薄壁型钢制成的，其主要优点是强度高、刚度大、自重轻、整体性好、易于加工和大批量生产，还可根据需要拆卸和组装。常用的薄壁型钢有 0.8~1mm

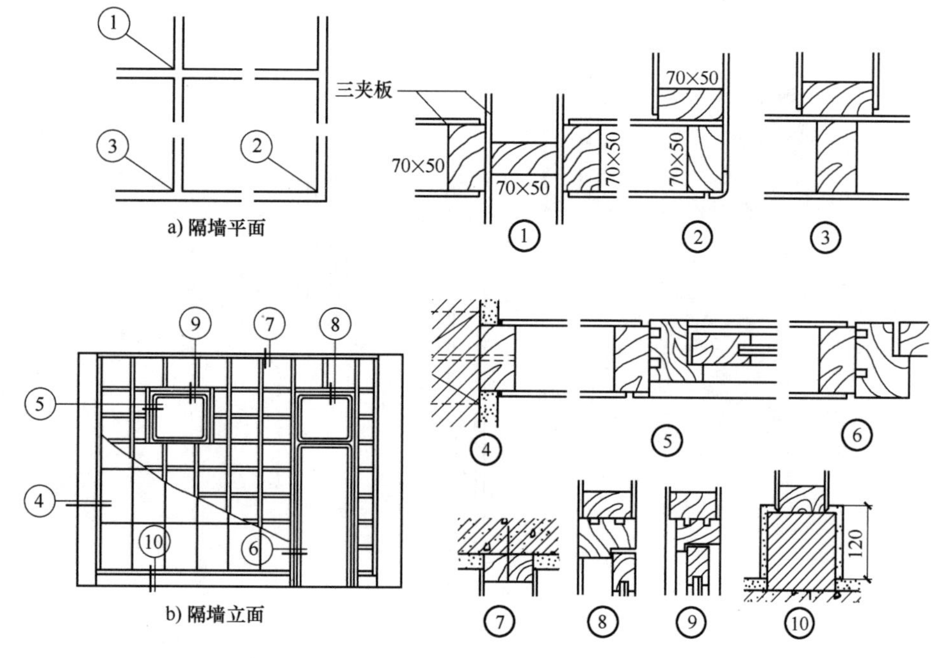

图 2-31 木骨架隔墙施工示意图

厚的槽钢和工字钢。图 2-32 所示为一种薄壁轻钢骨架的轻隔墙端部支撑连接示意图。其安装过程是先用螺钉将上下槛（也称为导向骨架）固定在楼板上，上下槛固定后安装钢龙骨（墙筋），间距为 400~600mm，龙骨上留有走线孔。竖龙骨间距一般为 300mm、400mm 或 600mm；门、窗等位置的设计，不得改变内隔墙竖龙骨定位尺寸，应设附加龙骨进行调整。隔墙高度 3m 以下用一根贯通龙骨；超过 3m 时每隔 1.2m 设置一根贯通龙骨；如有特殊使用要求可另行设计。

薄壁轻钢骨架隔墙构造如图 2-32~图 2-34 所示。

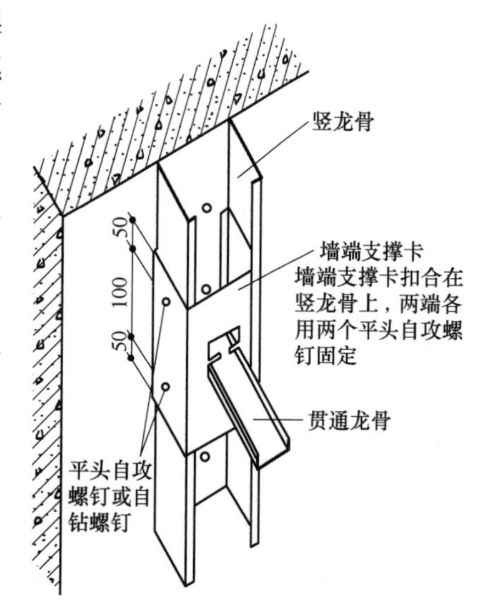

图 2-32 端部支撑连接示意图

2. 面层

轻骨架隔墙的面层一般为人造板材面层，常用的有木质板材、石膏板、硅酸钙板、水泥平板等几类。

木质板材有胶合板和纤维板，多用于木骨架。胶合板是用阔叶树或松木经过旋切、胶合等多种工序制成的，常用的尺寸有 1830mm×915mm×4mm（三合板）和 2135mm×915mm×7mm（五合板）。纤维板是用碎木加工而成的，常用的规格是 1830mm×1220mm×3mm（4.5mm）和 2135mm×915mm×4mm（5mm）。

石膏板有纸面石膏板和纤维石膏板。纸面石膏板是以建筑石膏为主要原料，加其他辅料构成芯材，外表面粘贴有护面纸的建筑板材，根据辅料构成和护面纸性能的不同，使其满足不同的耐水和防火要求。纸面石膏板不应用于高于 45℃ 的持续高温环境。纤维石膏板是以熟石膏为主要原料，以纸纤维或木纤维为增强材料制成的板材，具备防火、防潮、抗冲击等优点。

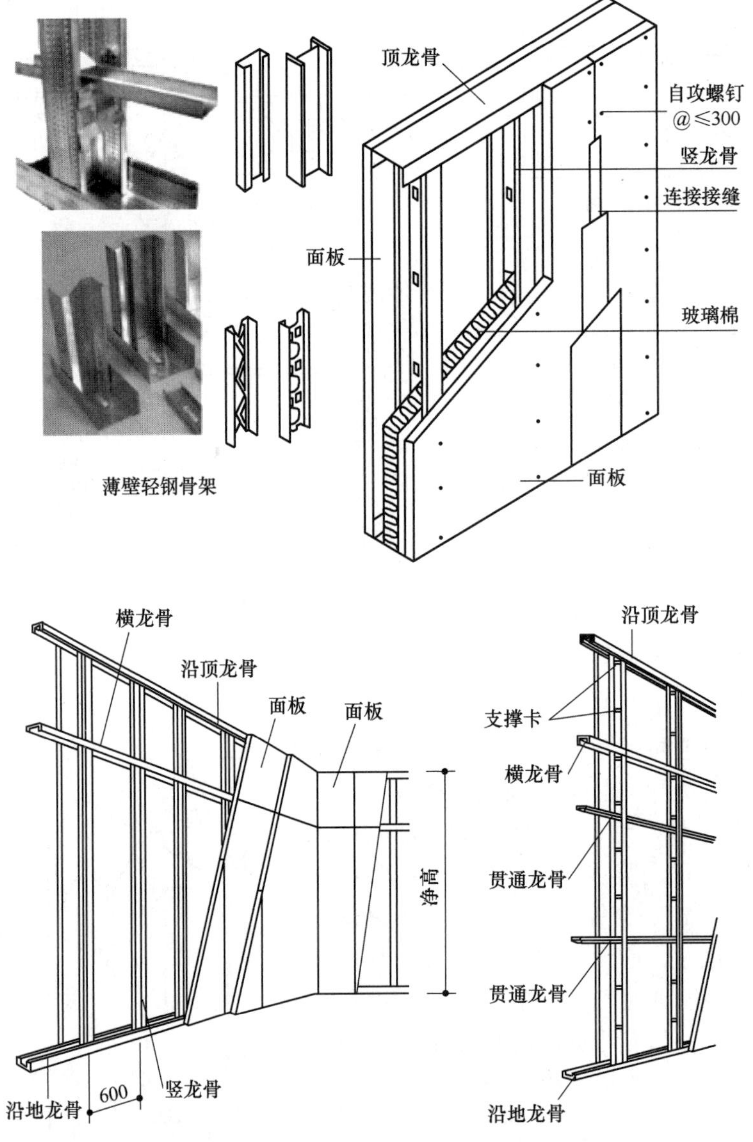

图 2-33　薄壁轻钢骨架隔墙构造

硅酸钙板全称为纤维增强硅酸钙板，是以钙质材料、硅质材料和纤维材料为主要原料，经制浆、成坯与蒸压养护等工序制成的板材，具有轻质、高强、防火、防潮、防虫、防霉、可加工性好等优点。

水泥平板包括纤维增强水泥加压平板（高密度板）、非石棉纤维增强水泥中密度与低密度板（埃特板），由水泥、纤维材料和其他辅料制成，具有较好的防火及隔声性能。含石棉的水泥加压板材收缩系数较大，对饰面层限制较大，不宜粘贴瓷砖，且不应用于食品加工、医药等建筑内隔墙。埃特板的低密度板适用于抗冲击强度不高、防火性能高的内隔墙，其防潮及耐高温性能也优于石膏板。中密度板及低密度板适用于潮湿环境或易受冲击的内隔墙。表面进行压纹设计的瓷力埃特板，大大提高了对瓷砖胶的黏结力，是长期潮湿环境下板材以瓷砖作饰面时的较好选择。

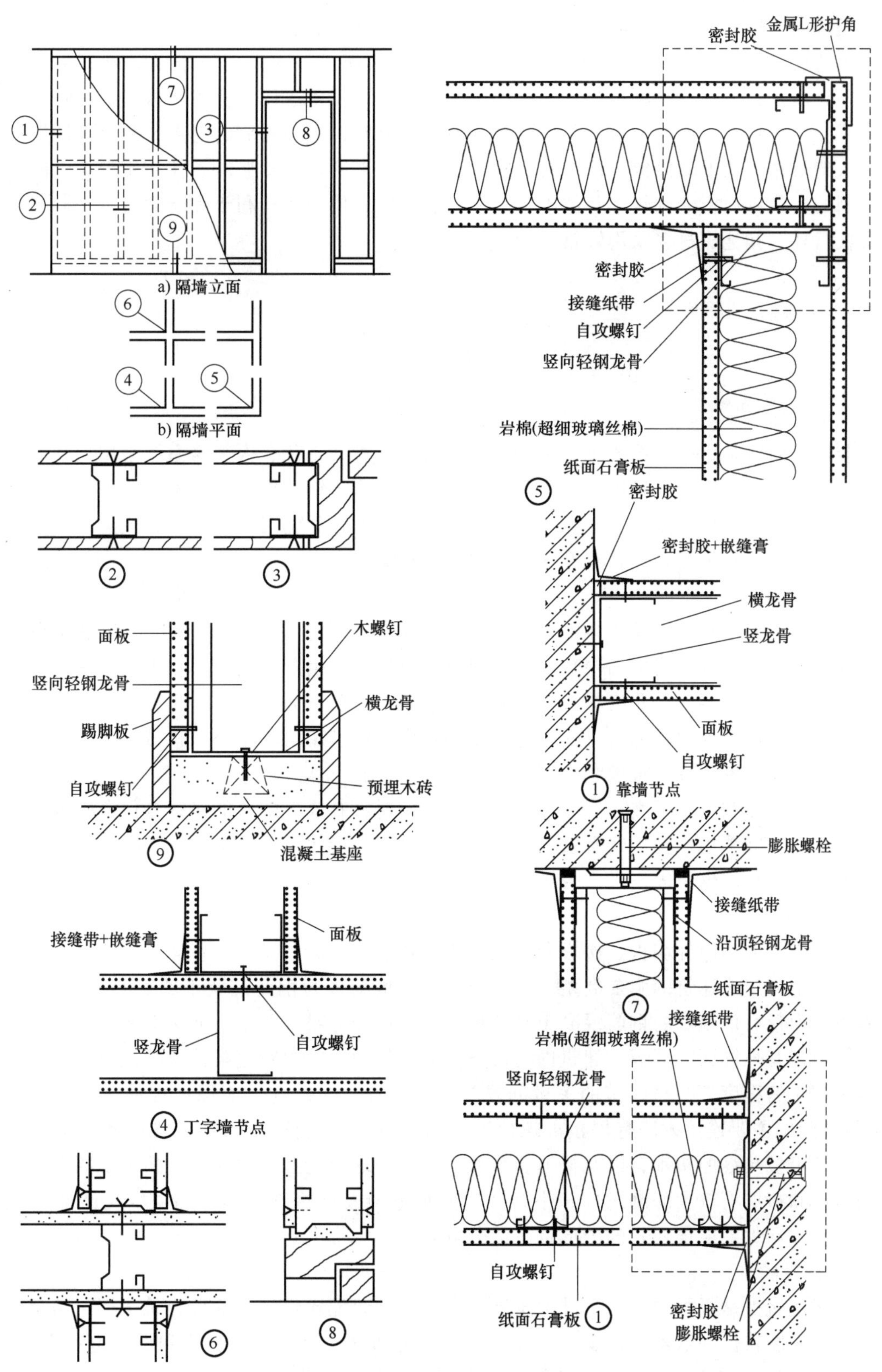

图 2-34 薄壁轻钢骨架隔墙构造案例

隔墙的名称以面层材料而定，如轻钢龙骨纸面石膏板隔墙。

人造板与骨架的关系有两种：一种是在骨架的两面或一面，用压条压缝或不用压条压缝，即贴面式；另一种是将板材置于骨架中间，四周用压条压住，称为镶板式。在骨架两侧贴面式固定板材时，可在两层板材中间填入石棉等材料，提高隔墙的隔声、防火等性能。

人造板在骨架上的固定方法有钉、粘和卡三种。采用轻钢骨架时，往往用骨架上的舌片或特制的夹具将面板卡到轻钢骨架上。这种做法简便、快捷，有利于隔墙的组装和拆卸。除木质板材外，其他板材多采用轻钢骨架。

2.5　板材墙构造

2.5.1　装配式建筑

装配式建筑是指结构系统、外维护系统、设备与管线系统、内装修系统采用预制部件在工地上装配而成的建筑。我国主要是装配式混凝土结构、钢结构和现代木结构等。装配式建筑施工快、湿作业少、受季节影响小。按预制构件的形式和施工方法分为砌块建筑、板材建筑、盒式建筑、骨架板材建筑及升板升层建筑五种类型。

1. 砌块建筑

用预制的块状材料砌成墙体的装配式建筑，适用于建造3~5层的建筑，如果提高砌块强度或配置钢筋，可适当增加层数。砌块建筑适应性强，生产工艺简单，施工简便，造价较低，可利用地方材料和工业废料。建筑砌块有小型、中型、大型之分：小型砌块适于人工搬运和砌筑，工业化程度较低，灵活方便，使用较广；中型砌块可用小型机械吊装，可节省砌筑劳动力；大型砌块现已被预制大型板材所代替。

砌块有实心和空心两类，实心砌块多采用轻质材料制成。砌块的接缝是保证砌体强度的重要环节，一般采用水泥砂浆砌筑，小型砌块还可用套接而不用砂浆的干砌法，可减少施工中的湿作业。有的砌块表面经过处理，可作清水墙。

2. 板材建筑

由预制的大型内外墙板、楼板和屋面板等板材装配而成，又称大板建筑。它是工业化体系建筑中全装配式建筑的主要类型。板材建筑的内墙板多为钢筋混凝土的实心板或空心板；外墙板多为带有保温层的钢筋混凝土复合板，也可用轻骨料混凝土、泡沫混凝土或大孔混凝土等制成带有外饰面的墙板。建筑内的设备常采用集中的室内管道配件或盒式卫生间等，以提高装配化的程度。板材建筑的关键问题是节点设计，在结构上应保证构件连接的整体性（板材之间的主要连接方法有焊接、螺栓连接和后浇混凝土整体连接）；在防水构造上要妥善解决外墙板接缝的防水，以及楼缝、角部的热工处理等问题。大板建筑的主要缺点是对建筑物造型和布局有较大的制约性；小开间横向承重的板材建筑内部分隔缺少灵活性（纵墙式、内柱式和大跨度楼板式的内部可灵活分隔）。

3. 盒式建筑

盒式建筑是从板材建筑的基础上发展起来的一种装配式建筑。这种建筑工厂化的程度很高，现场安装快。一般不但在工厂完成盒子的结构部分，而且内部装修和设备也都安装好，甚至可连家具、地毯等一概安装齐全。盒子吊装完成、接好管线后即可使用。盒式建筑的装配形式如下：

(1) 全盒式　完全由承重盒子重叠组成建筑。

(2) 板材盒式　先将小开间的厨房、卫生间或楼梯间等做成承重盒子，再与墙板和楼板等组成建筑。

(3) 核心体盒式　先以承重的卫生间盒子作为核心体，四周再用楼板、墙板或骨架组成建筑。

(4) 骨架盒式　用轻质材料制成的许多住宅单元或单间式盒子，支承在承重骨架上形成建筑；也有用轻质材料制成包括设备和管道的卫生间盒子，安置在用其他结构形式的建筑内。

盒式建筑工业化程度较高，但投资大，运输不便，且需用重型吊装设备，因此，发展受到限制。

4. 骨架板材建筑

骨架板材建筑由预制的骨架和板材组成。其承重结构一般有两种形式：一种是先由柱、梁组成承重框架，再搁置楼板和非承重的内外墙板的框架结构体系；另一种是柱子和楼板组成承重的板、柱结构体系，内外墙板是非承重的。承重骨架一般多为重型的钢筋混凝土结构，也有采用钢材和木材做成骨架和板材组合，常用于轻型装配式建筑中。骨架板材建筑结构合理，可以减轻建筑物的自重，内部分隔灵活，适用于多层和高层的建筑。

钢筋混凝土框架结构体系的骨架板材建筑有全装配式、预制和现浇相结合的装配整体式两种。保证这类建筑的结构具有足够的刚度和整体性的关键是构件连接。柱与基础、柱与梁、梁与梁、梁与板等的节点连接，应根据结构的需要和施工条件，通过计算进行设计和选择。常见的节点连接的方法有榫接法、焊接法、牛腿搁置法和留筋现浇成整体的叠合法等。

板、柱结构体系的骨架板材建筑是方形或接近方形的预制楼板同预制柱子组合的结构系统。楼板多数为四角支在柱子上；也有在楼板接缝处留槽，从柱子预留孔中穿钢筋，张拉后灌混凝土。

5. 升板升层建筑

升板升层建筑是板、柱结构体系的一种，但施工方法则有所不同。这种建筑是在底层混凝土地面上重复浇筑各层楼板和屋面板，竖立预制钢筋混凝土柱子，以柱为导杆，用放在柱子上的油压千斤顶把楼板和屋面板提升到设计高度，加以固定。外墙可用砖墙、砌块墙、预制外墙板、轻质组合墙板或幕墙等，也可以在提升楼板时提升滑动模板、浇筑外墙。升板建筑施工时的大量操作在地面进行，减少高空作业和垂直运输，节约模板和脚手架，并可减少施工现场面积。升板建筑多采用无梁楼板或双向密肋楼板，楼板同柱子连接节点常采用后浇柱帽或采用承重销、剪力块等无柱帽节点。升板建筑一般柱距较大，楼板承载力也较强，多用作商场、仓库、工场和多层车库等。升层建筑是在升板建筑每层的楼板还在地面时先安装好内外预制墙体，再一起提升的建筑。升层建筑可以加快施工速度，比较适用于场地受限制的地方。

我国装配式建筑的主要部品部件包括结构部件、维护部件、内装部件和设备部件。装配整体式混凝土框架结构包括预制柱、梁、叠合底板，钢筋连接和后浇混凝土带；装配整体式混凝土剪力墙结构包括预制内外剪力墙板、预制叠合楼板底板，钢筋连接和后浇混凝土带。

装配式建筑的主要维护部件有预制墙板和叠合楼板。预制墙板包括预制混凝土剪力墙内墙板、预制混凝土剪力墙外墙板、蒸压加气混凝土板、预制混凝土夹芯保温板、金属夹芯保温板。叠合楼板包括桁架钢筋混凝土叠合楼板、预制带肋底板混凝土叠合楼板、预应力混凝土叠合楼板。

2.5.2 板材墙板的种类与构造

板材墙是指面积较大，不依赖于骨架，直接装配而成的隔墙。目前，大多采用的为条板形状，便于运输，如各种轻质条板、蒸压加气混凝土板和各种复合板材等。

1. 轻质条板墙板

常用的轻质条板有玻璃纤维增强水泥条板、钢丝增强水泥条板、增强石膏空心条板、轻骨料混凝土条板。条板的长度通常为2200~4000mm，常用2400~3000mm。条板的宽度常用600mm，一般按100mm递增；厚度最小为60mm，一般按10mm递增，常用的有60mm、90mm、120mm。其中，空心条板孔洞的最小外壁厚度不宜小于15mm，且两边壁厚应一致，孔间肋厚度不宜小于20mm。

增强石膏空心条板不应用于长期处于潮湿环境或接触水的房间，如卫生间、厨房等。轻骨料混凝土条板用在卫生间或厨房时，墙面须做防水处理。

条板墙体厚度应满足建筑防火、隔声、隔热等功能要求。单层条板墙体用作分户墙时，其厚度不宜小于120mm；用作户内分隔墙时，其厚度不小于90mm。由条板组成的双层条板墙体用于分户墙或隔声要求较高的隔墙时，单块条板的厚度不宜小于60mm。

轻质条板墙体的限制高度：60mm厚度时为3.0m；90mm厚度时为4.0m；120mm厚度时为5.0m。

条板在安装时，与结构连接的上端用胶黏剂黏结，下端用细石混凝土填实或用一对对口木楔将板底楔紧。在抗震设防烈度为6~8度的地区，条板上端应加L形或U形钢板卡与结构预埋件焊接固定，或用弹性胶连接填实。对隔声要求较高的墙体，在条板之间以及条板与梁、板、墙、柱相结合的部位应设置泡沫密封胶、橡胶垫等材料的密封隔声。确定条板长度时，应考虑留出技术处理空间，一般为20mm。当有防水、防潮要求时，在墙体下部设垫层。增强石膏空心条板的安装如图2-35所示，轻质条板的细部构造如图2-36所示。

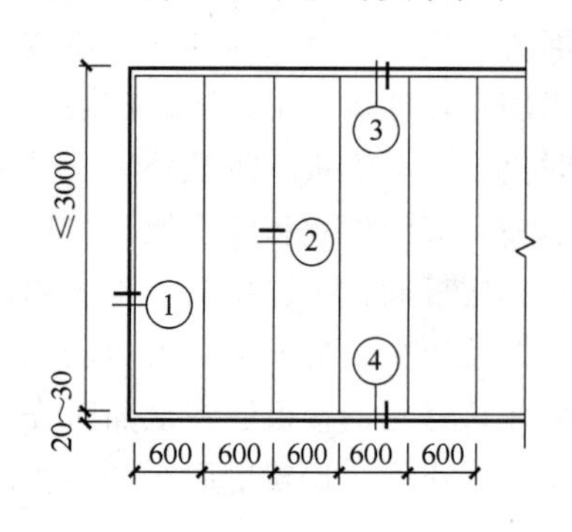

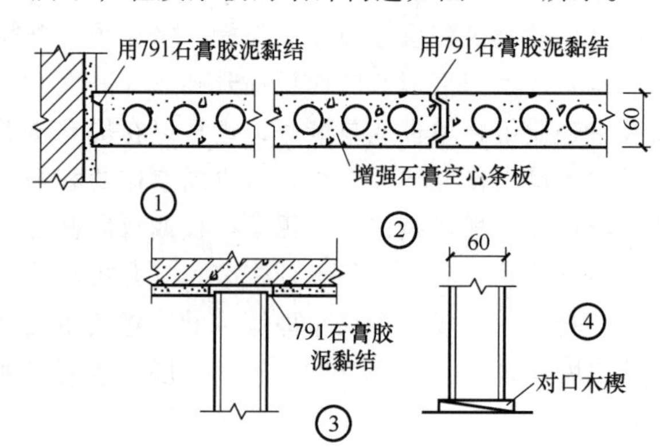

图2-35 增强石膏空心条板

在抗震设防地区，条板隔墙与顶板、结构梁、主体墙和柱子之间的连接应采用钢卡，并应使用胀管螺栓、射钉固定。钢卡的固定应符合下列规定：条板隔墙与顶板、结构梁的接缝

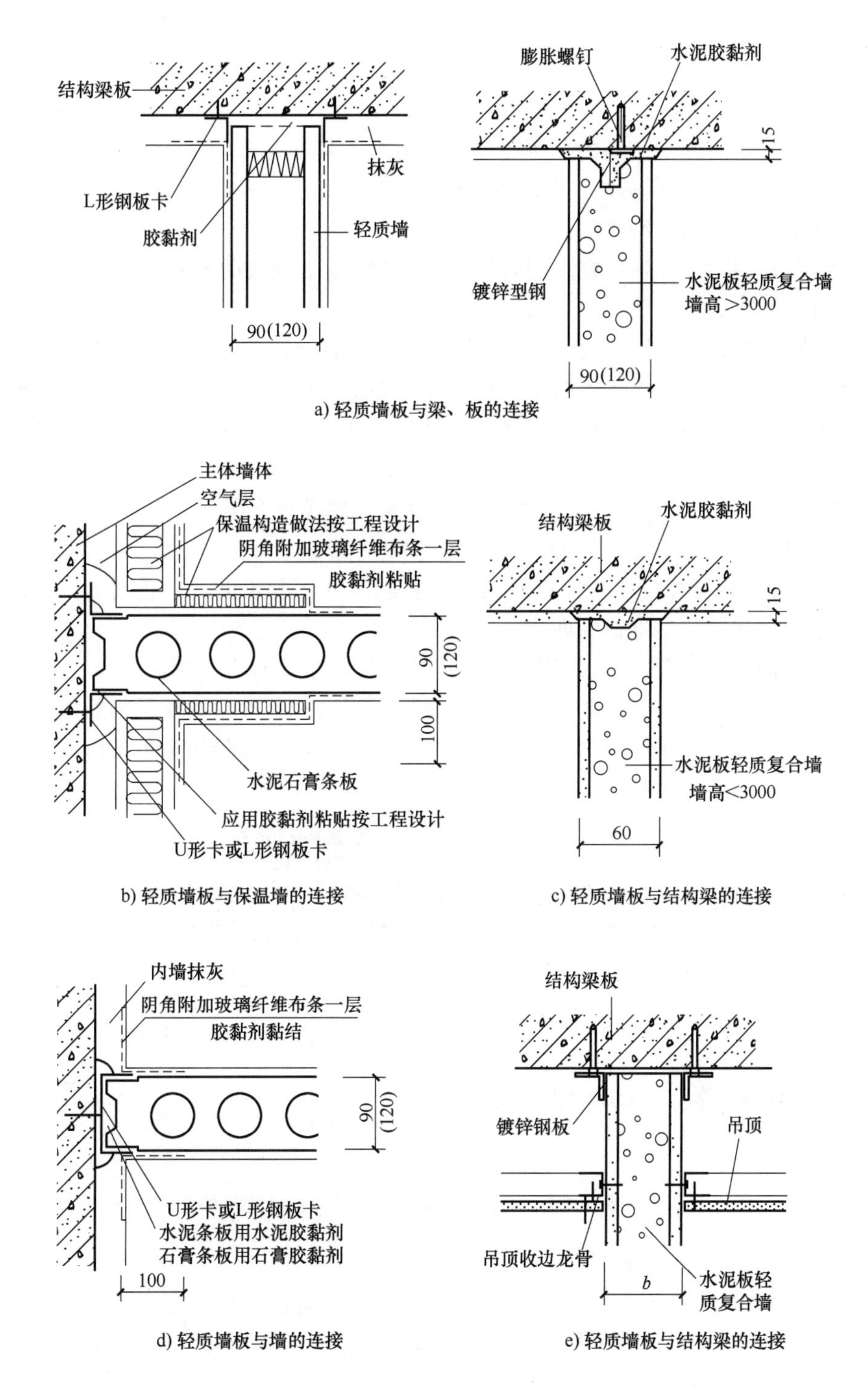

图 2-36　轻质条板的细部构造

处，钢卡间距不应大于 600mm；条板隔墙与主体墙、柱的接缝处，钢卡可间断布置，且间距不应大于 1m；接板安装的条板隔墙，条板上端与顶板、结构梁的接缝处应加设钢卡进行固定，每块条板不应少于 2 个固定点。

2. 蒸压加气混凝土墙板

蒸压加气混凝土墙板是以水泥、石灰、硅砂等为主要原料，根据结构要求配置添加不同数量经防腐处理的钢筋网片的一种轻质多孔新型的绿色环保建筑材料。经高温高压、蒸汽养护，反应生产出具有多孔状结晶的蒸压加气混凝土板，其密度比一般水泥质材料小，且具有良好的耐火、防火、隔声、隔热、保温等性能。

蒸压加气混凝土墙板的特点如下：

1）保温隔热（0.11 导热系数），其保温、隔热性能是玻璃的 6 倍、黏土的 3 倍、普通混凝土的 10 倍。

2）轻质高强（比重 0.5），为普通混凝土的 1/4、黏土砖的 1/3，比水还轻，和木材相当；立方体抗压强度大于或等于 4MPa。特别是在钢结构工程中采用蒸压加气混凝土板作围护结构就更能发挥其自重轻、强度高、延性好、抗震能力强的优越性。

3）耐火、阻燃（墙板材 4h 耐火）。

4）可加工，可锯、可钻、可磨、可钉，更容易体现设计意图。

5）吸声、隔声，以其厚度不同可降低 30～50dB 噪声。

6）耐久性好，蒸压加气混凝土板是一种硅酸盐材料，不老化、不易风化，其正常使用寿命和各类永久性建筑物的寿命相匹配。

7）绿色环保材料，蒸压加气混凝土板没有放射性，也没有有害物质溢出。

蒸压加气混凝土墙板需要配筋，内墙板用单层钢筋网片，外墙板双层钢筋网片。板的断面有平口和企口。内墙板采用竖向布板，嵌入式安装；外墙板可竖向也可横向，分为外包式和内嵌式。墙板的安装示例如图 2-37～图 2-40 所示。

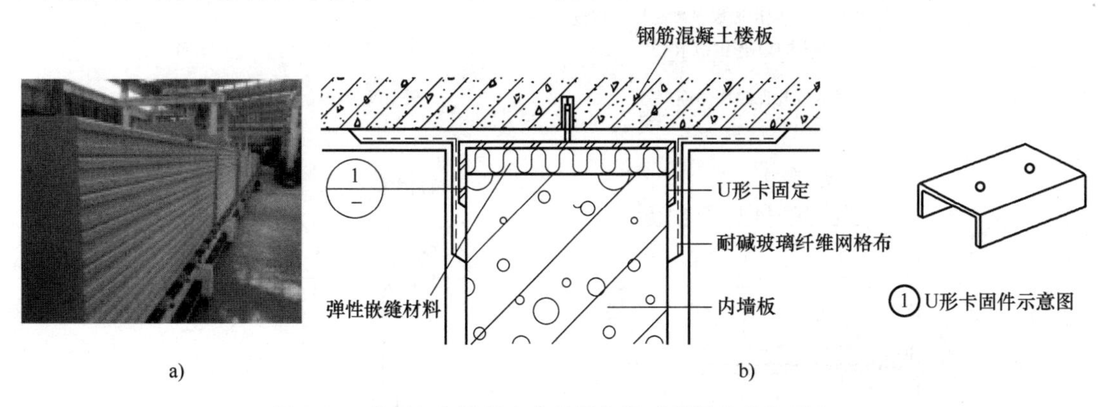

图 2-37　蒸压加气混凝土内墙板与梁或楼板的连接固定

3. 预制混凝土剪力墙墙板

墙板有无洞口内墙、带有门垛的内墙、中间有门垛的内墙、刀把形内墙几种类型（表 2-4），在工厂预制墙板，采用受力筋、预埋件和大于或等于 C30 的混凝土，墙厚一般为 200mm。采用灌浆套筒连接上下墙板的竖向钢筋如图 2-41a 所示，采用连接钢筋连接相邻内墙板的水平钢筋如图 2-41b 所示。

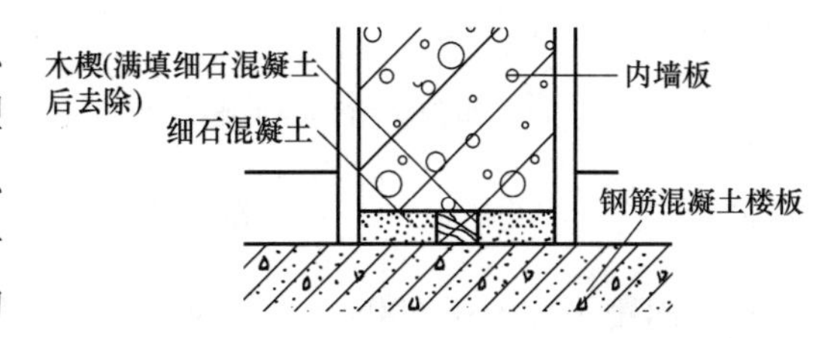

图 2-38　蒸压加气混凝土内墙板底部与楼地面的连接固定

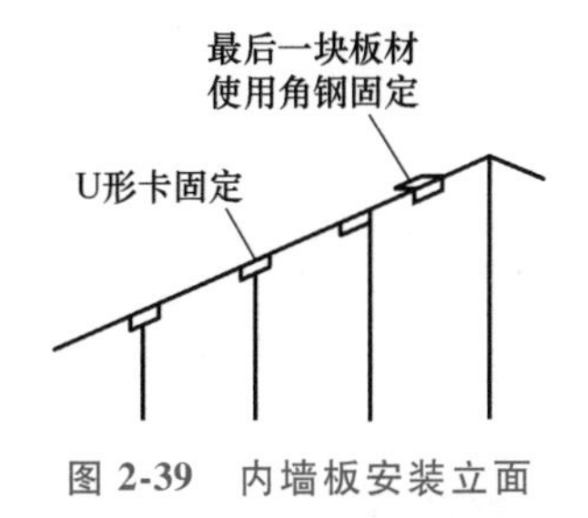

图 2-39 内墙板安装立面

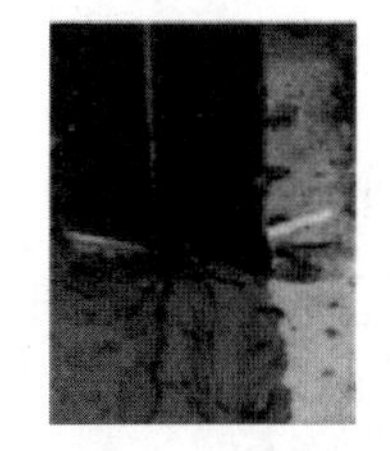

图 2-40 木楔固定施工

表 2-4 预制混凝土剪力墙内墙板规格示例 （单位：mm）

墙板类型	示意图	墙板编号	标志宽度	层高	门宽	门高
无洞口内墙		MQ-2128	2100	2800	—	—
带有门垛的内墙		MQM1-3028-0921	3000	2800	900	2100
中间有门垛的内墙		MQM2-3029-1022	3000	2900	1000	2200
刀把形内墙		MQM3-3030-1022	3300	3000	1000	2200

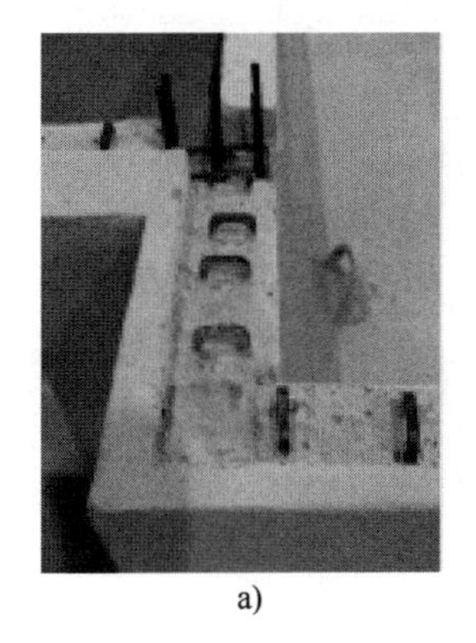

a)

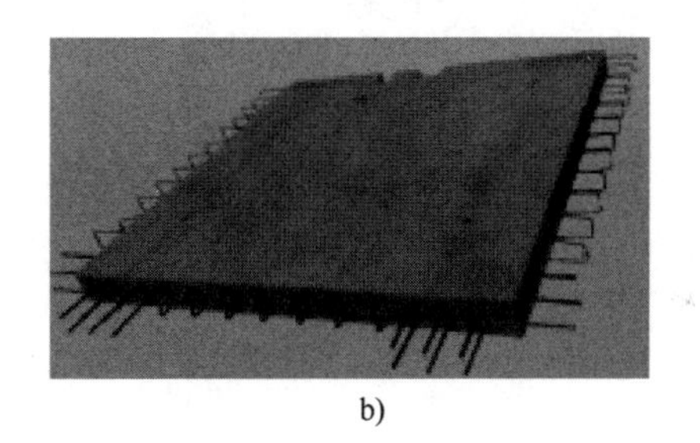

b)

图 2-41 混凝土内墙板

外墙板由内外叶板、中间夹芯保温板组成，受力作用在内叶板。外叶板的厚度为 60mm，中间夹芯材料的厚度根据本地最小热阻要求计算确定，常用的保温材料有模塑聚苯板（EPS）、挤塑聚苯板（XPS）、硬质聚氨酯泡沫塑料板（PUR）、酚醛泡沫板（PF）、发泡水泥板、泡沫玻璃板等。

墙板与柱的连接构造有柔性连接和刚性连接。柔性连接是在大型墙板上预留安装孔，同时在柱的两侧相应位置要预埋件，在板吊装前焊接连接角钢，并安上螺栓钩，吊装后用螺栓钩将上下两块板连接起来，这种连接对厂房的振动和不均匀沉降的适应性较强（图 2-42）。

刚性连接是用角钢直接将柱与板的预埋件焊接连接（图 2-43），这种方法构造简单，连接刚度大，增加了厂房的纵向刚度。不适用于抗震设防烈度为 7 度以上的地震区或可能产生不均匀沉降的厂房。

内外叶墙板有竖向连接，如图 2-44 所示。相邻内外墙板钢筋水平连接后浇混凝土，如图 2-45 所示。上下之间灌浆套筒连接。

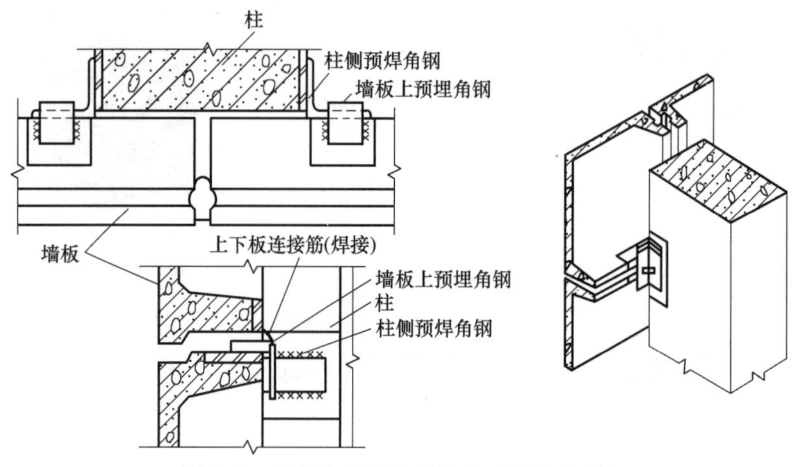

图 2-42　墙板与柱的连接构造（柔性连接）

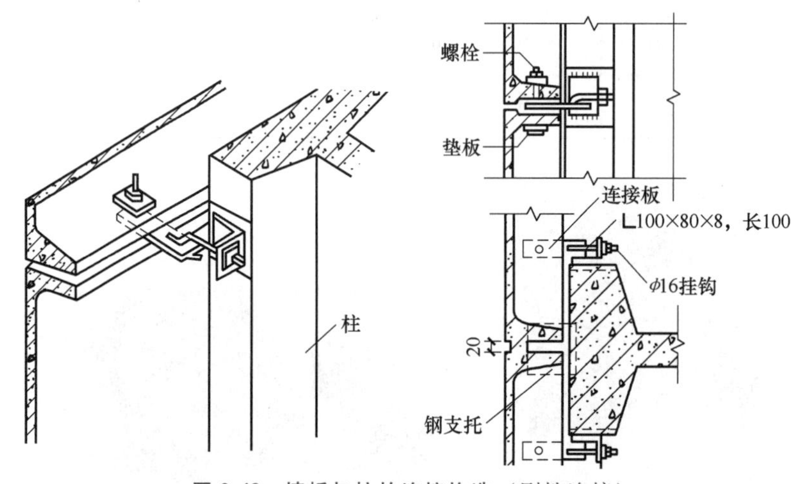

图 2-43　墙板与柱的连接构造（刚性连接）

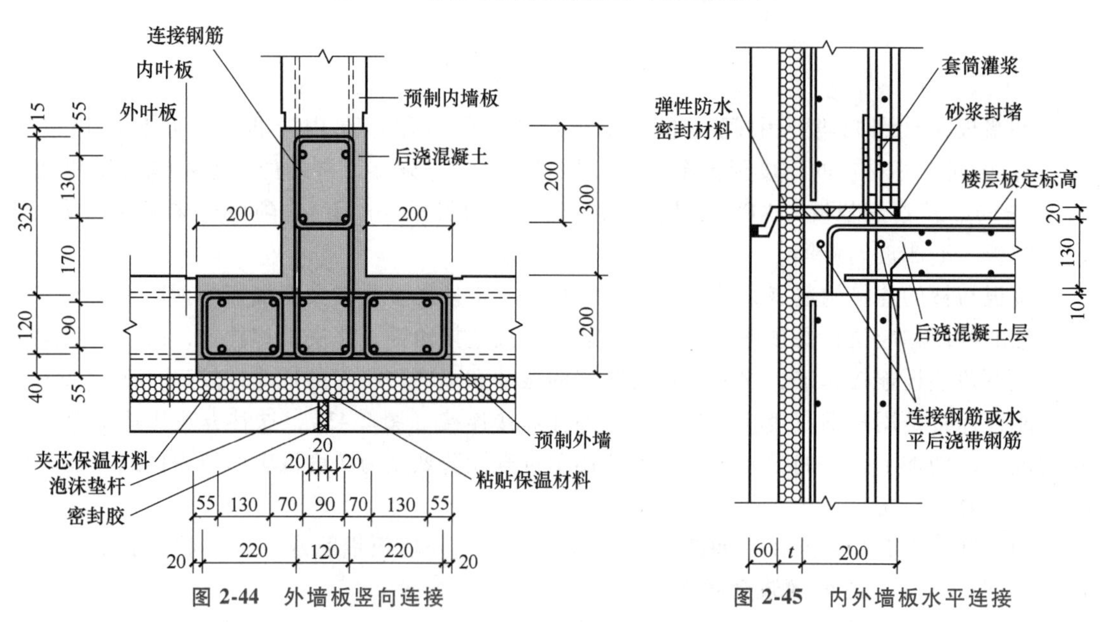

图 2-44　外墙板竖向连接

图 2-45　内外墙板水平连接

内墙板安装方法有 U 形卡法、直角钢件法、钩头螺栓法、管卡法，如图 2-46 所示。外墙板安装方法有钩头螺栓法、滑动螺栓法和内置锚法，如图 2-47 所示。

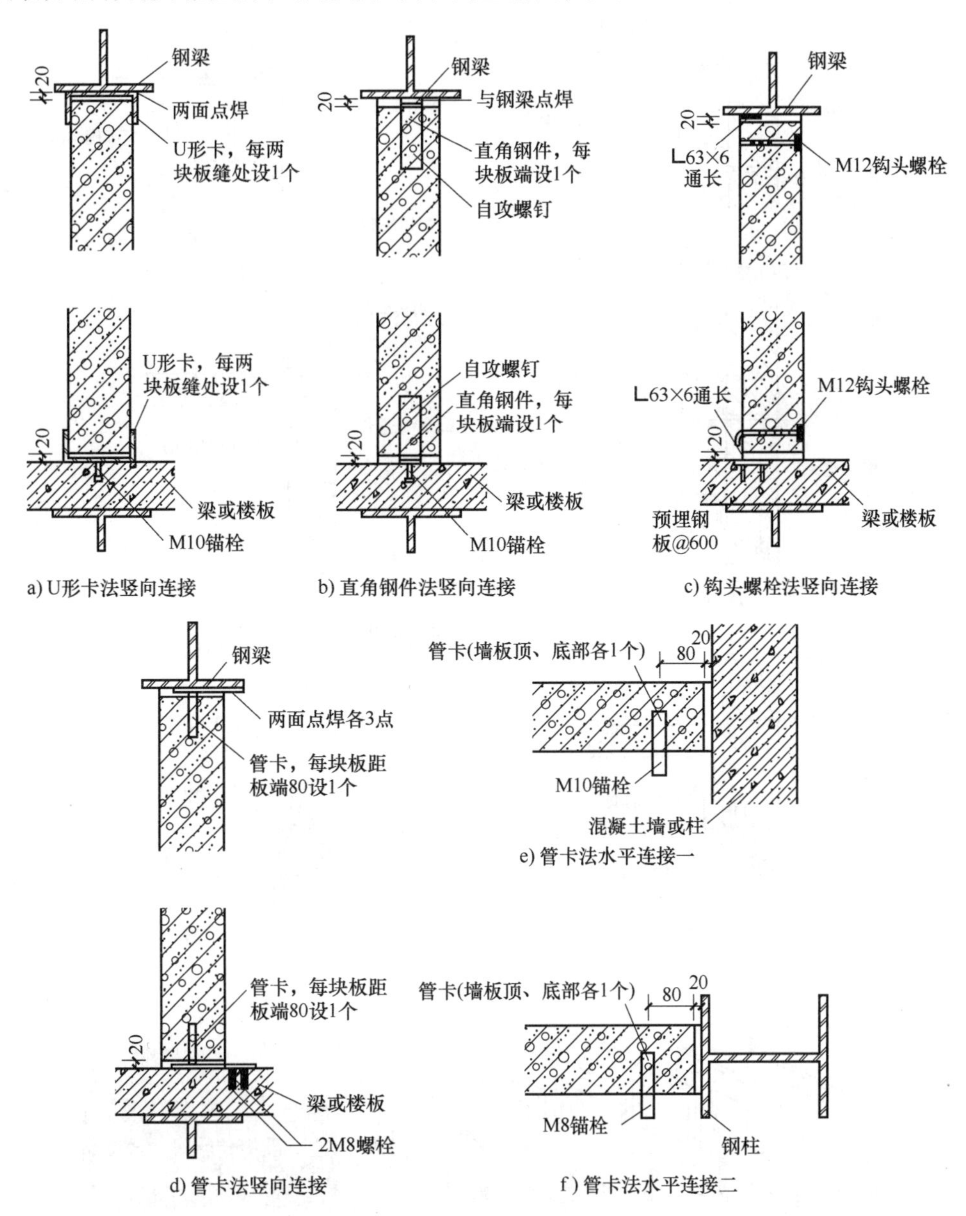

图 2-46 内墙板安装方法

4. 预制混凝土夹芯保温板

预制混凝土夹芯保温板是剪力墙板与保温层合二为一的墙板，也称为“三明治”板（图 2-48）。它由内外叶混凝土板、夹芯保温层及连接件组成，不承受剪力。因此，内外叶板较薄，一般是 60～120mm 厚；保温层厚度由计算决定，一般为 30～100mm。

封边处理是夹芯保温层在内时采用的手法；外包安装主要采用类似幕墙的外挂连接，也可采用与叠合楼板插筋并整浇的形式。预制混凝土夹芯保温板的接缝处理如图 2-49 所示。

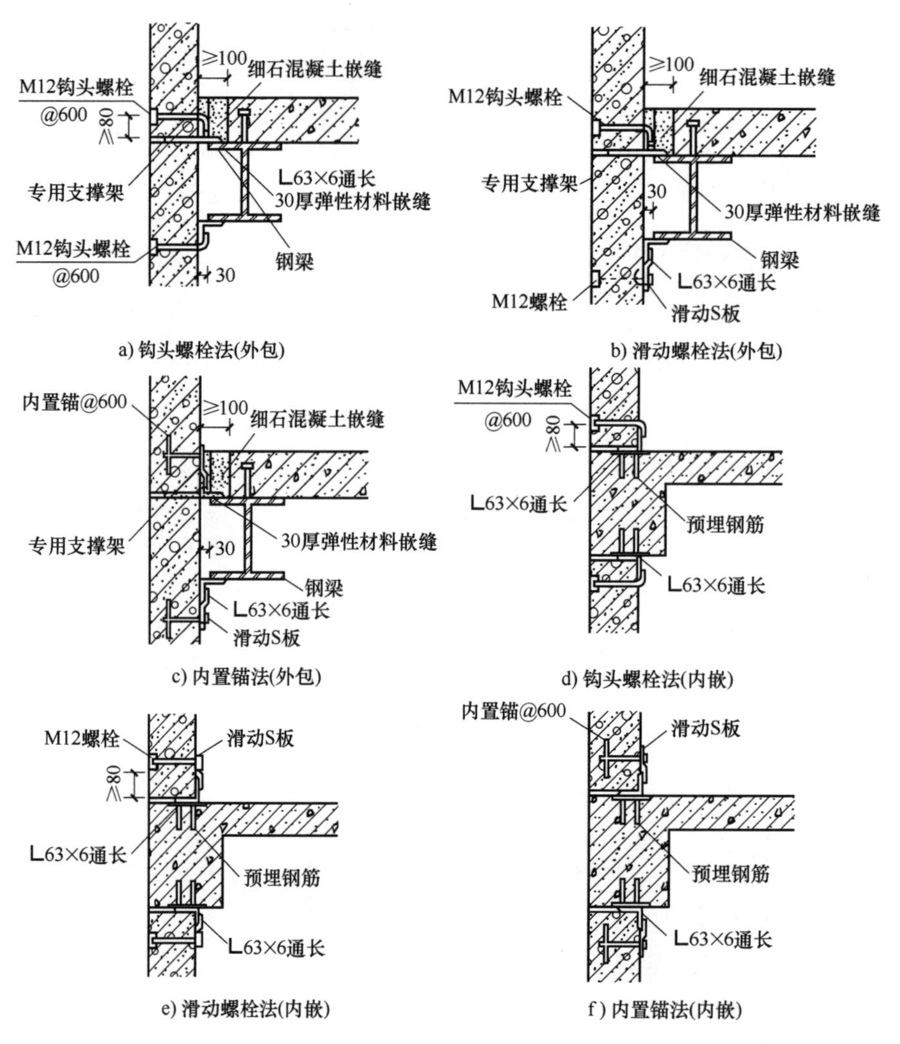

图 2-47 外墙板安装方法

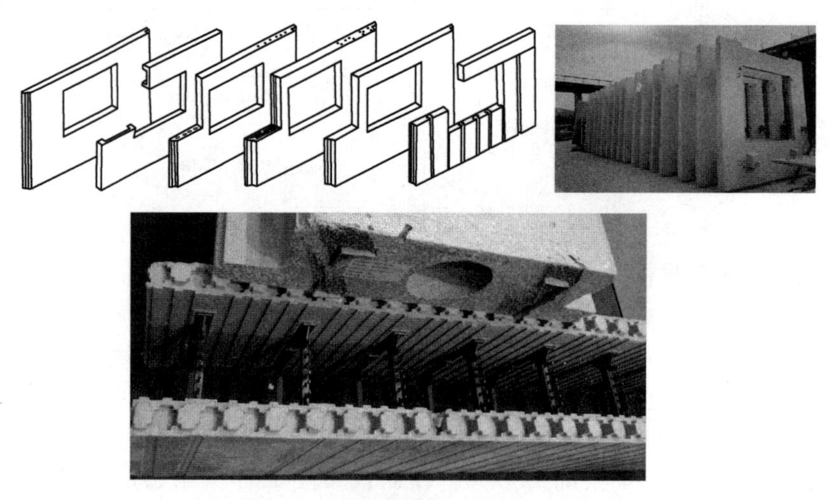

图 2-48 预制混凝土夹芯保温板

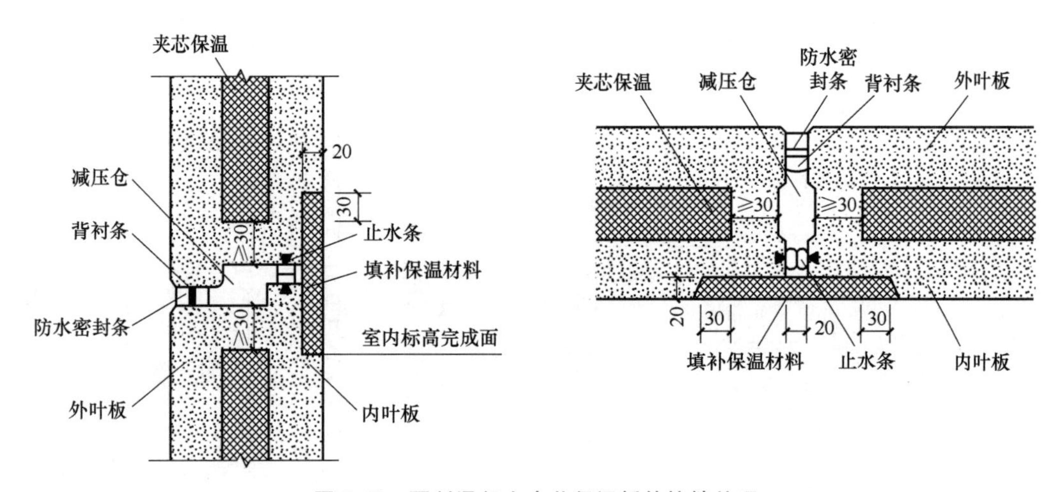

图 2-49 预制混凝土夹芯保温板的接缝处理

5. 金属夹芯保温板

金属夹芯保温板是指上下两层为金属薄板，芯材为有一定刚度的保温材料，如岩棉、硬质泡沫塑料等，在专用的自动化生产线上复合而成的具有承载力的结构板材，也称为“三明治”板，如图 2-50 所示。金属夹芯保温板选用时应考虑的主要技术指标：黏结性能，剥离性能，抗弯承载力，导热系数，耐火极限、燃烧性能。

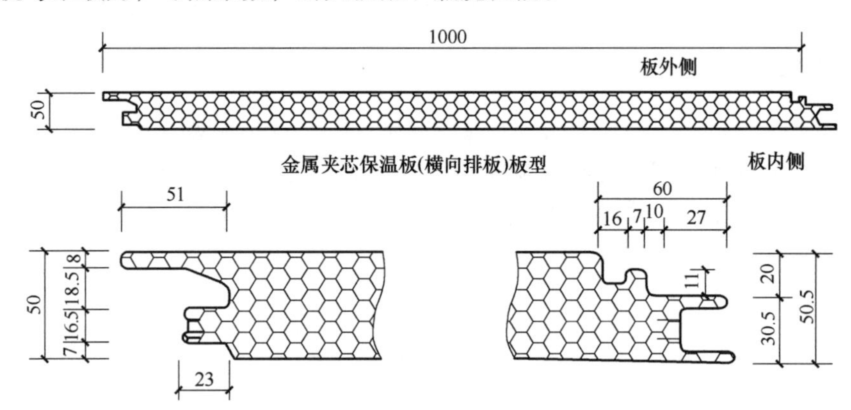

图 2-50 金属夹芯保温板的接缝处理

金属面层材料有钢板和铝合金板，芯材材质有聚氨酯夹芯板（PUR）、金属聚苯夹芯板（EPS），如金属岩棉夹芯板、金属矿棉夹芯板、金属玻璃棉夹芯板等。钢板的厚度不小于 0. 5mm，铝合金板的厚度不小于 0. 9mm。常用的金属夹芯保温板的规格如下：

1）金属面岩棉、矿渣棉复合板，厚度为 50mm、80mm、100mm、120mm、150mm、200mm，宽度为 900mm、1000mm，长度小于或等于 12m。

2）金属面聚苯乙烯复合板，厚度为 50mm、75mm、100mm、150mm、200mm、250mm，宽度为 150mm、1200mm，长度小于或等于 12m。

3）金属面硬质聚氨酯夹芯板，厚度为 30mm、40mm、50mm、60mm、80mm、100mm，宽度为 1000mm，长度小于或等于 12m。板材采用外包安装、横向布板。用连接件固定在横梁上，水平缝间采用承插式连接，垂直缝采用盖板连接，如图 2-51 所示。

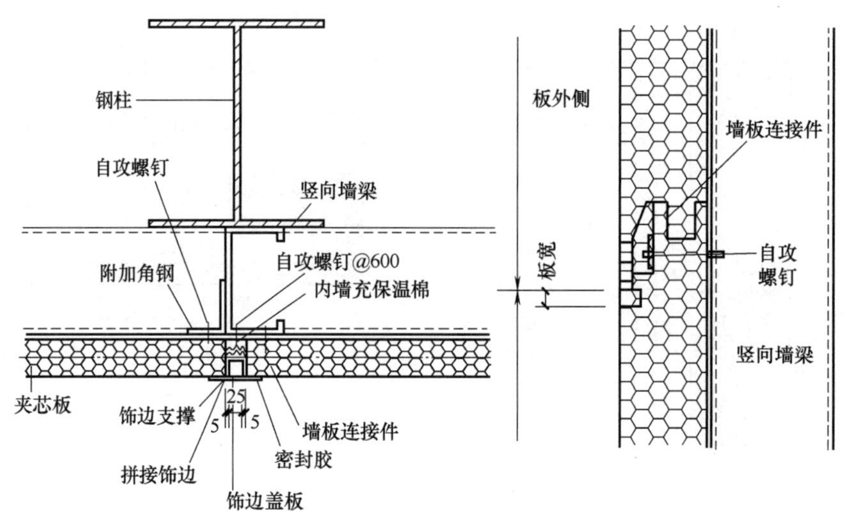

图 2-51 金属夹芯保温板的连接

2.6 墙身的细部构造

墙身的细部构造包括墙脚构造、门窗洞口构造、墙身加固构造及变形缝构造等。

2.6.1 墙脚构造

墙脚是指室内地面以下、基础以上的这段墙体，内外墙都有墙脚，外墙的墙脚又称为勒脚。由于砌体本身存在很多微孔以及墙脚所处的位置，地表水和土壤水的渗入，使墙身受潮，饰面层脱落。因此，必须做好墙脚防潮，增强勒脚的坚固及耐久性；设置散水和明沟排除房屋四周地面水，如图 2-52 所示。

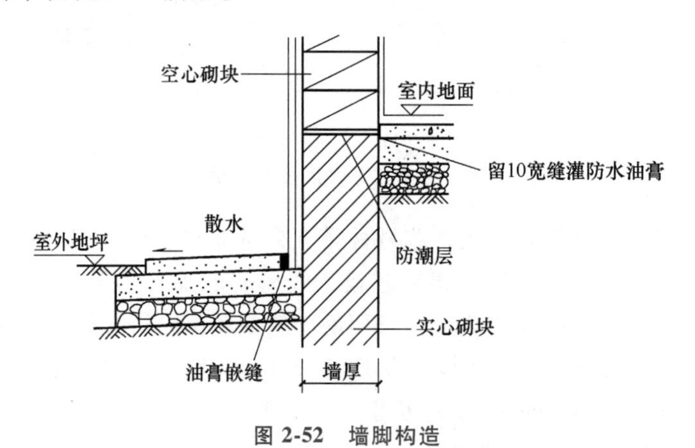

图 2-52 墙脚构造

1. 墙身防潮

墙身防潮的方法是在墙脚铺设防潮层，防止土壤和地面水渗入砖墙体。

防潮层的位置：当室内地面垫层为混凝土等密实材料时，防潮层的位置应设在垫层范围内，低于室内地坪 60mm 处，同时还应至少高于室外地面 150mm，防止雨水溅湿墙面，当室内地面垫层为透水材料（如炉渣、碎石等）时，水平防潮层的位置应平齐或高于室内地面60mm 处。当内墙两侧地面出现高差时，不但应设置两道水平防潮层，还应设竖向防潮层。墙身防潮层的位置如图 2-53 所示。

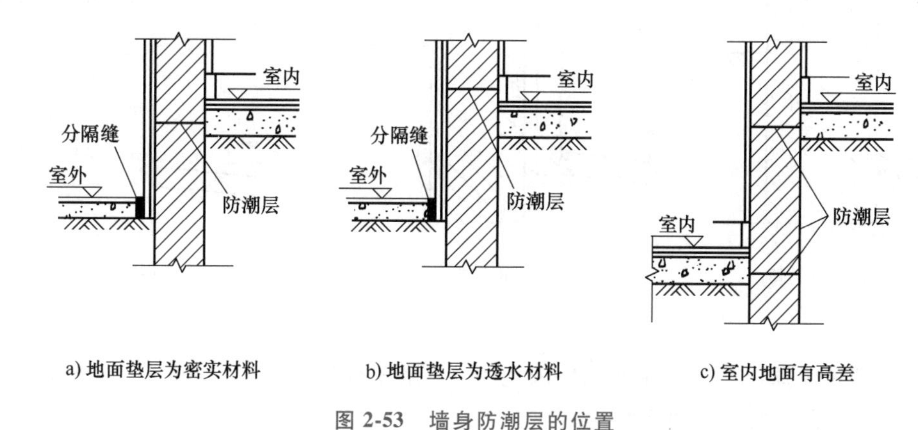

图 2-53 墙身防潮层的位置

常用的墙身防潮层的构造做法有以下三种：

第一，防水砂浆防潮层，采用 1∶2 水泥砂浆加 3%～5%防水剂，厚度为 20～25mm 或用防水砂浆砌三皮砖作防潮层。此种做法构造简单，但砂浆开裂或不饱满时影响防潮效果。

第二，细石混凝土防潮层，采用 60mm 厚的细石混凝土带，内配 3 根Φ6 钢筋，其防潮性能好。

第三，油毡防潮层，先抹 20mm 厚水泥砂浆找平层，上铺一毡二油，此种做法防水效果好，但有油毡隔离，削弱了砖墙的整体性。

如果墙脚采用不透水的材料（如条石或混凝土等），或设有钢筋混凝土圈梁时，可以不设防潮层。

2. 勒脚构造

勒脚是外墙的墙脚（图 2-54～图 2-56），受到土壤中水分的侵蚀，还受地表水、机械力等的影响，所以要求勒脚更加坚固耐久和防潮。另外，勒脚的做法、高低、色彩等应结合建筑造型，选用耐久性好的材料或防水性能好的外墙饰面。一般采用以下几种构造做法（图 2-57）。

图 2-54 抹灰勒脚

图 2-55 石材贴面勒脚

图 2-56 条石勒脚

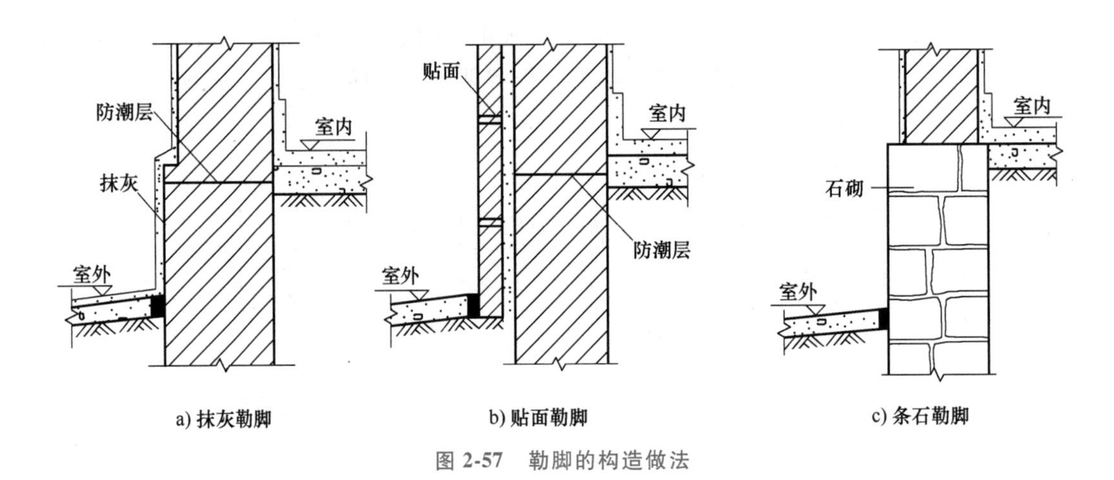

a) 抹灰勒脚　　b) 贴面勒脚　　c) 条石勒脚

图 2-57　勒脚的构造做法

（1）勒脚表面抹灰　可采用 8~15mm 厚 1∶3 水泥砂浆打底，12mm 厚 1∶2 水泥白石子浆水刷石或斩假石抹面，如图 2-54 所示。

（2）勒脚贴面　可用天然石材或人工石材贴面，如花岗石、水磨石板等。贴面勒脚耐久性强、装饰效果好，用于标准较高的建筑，如图 2-55 所示。

（3）勒脚用坚固材料砌筑　采用条石、混凝土等坚固耐久的材料做勒脚，如图 2-56 所示。

3. 外墙周围的排水处理

房屋四周可采用散水（图 2-58）和明沟排除雨水。图 2-59 所示为外墙周围的散水和明沟的构造做法。当屋面为有组织排水时，一般设散水和暗沟；当屋面为无组织排水时，一般设散水和明沟。散水应设不小于 3% 的排水坡，宽度一般为 0.6~1.0m。散水与外墙交接处应设变形缝，变形缝用弹性材料嵌缝，防止外墙下沉时将散水拉裂。

图 2-58　外墙周围的散水

明沟的构造做法可用砖砌、石砌、混凝土现浇，沟底应做纵坡，坡度为 0.5%~1%，坡向窨井。

2.6.2　门窗洞口构造

1. 门窗过梁构造

过梁是承重构件，门窗洞口上墙体的荷载通过过梁传给洞口两侧的墙或柱（图 2-60）。根据材料和构造方式的不同，常用的过梁有钢筋混凝土过梁、钢筋砖过梁和平拱砖过梁。

（1）钢筋混凝土过梁　钢筋混凝土过梁承载能力强，可用于较宽的门窗洞口，对房屋不均匀下沉或振动有一定的适应性。预制装配式过梁施工速度快，是最常用的一种。

矩形截面过梁施工制作方便，是最常用的形式（图 2-61a），过梁宽度一般同墙厚，高度按结构计算确定，但应配合块材的规格，过梁两端伸进墙内的支承长度不小于 240mm。在立面中往往有不同形式的窗，过梁的形式应配合处理。如有窗套的窗，过梁截面则为 L 形，挑出 60mm（图 2-61b）。又如带窗楣的窗，可按设计要求出挑，一般可出挑 300~500mm。

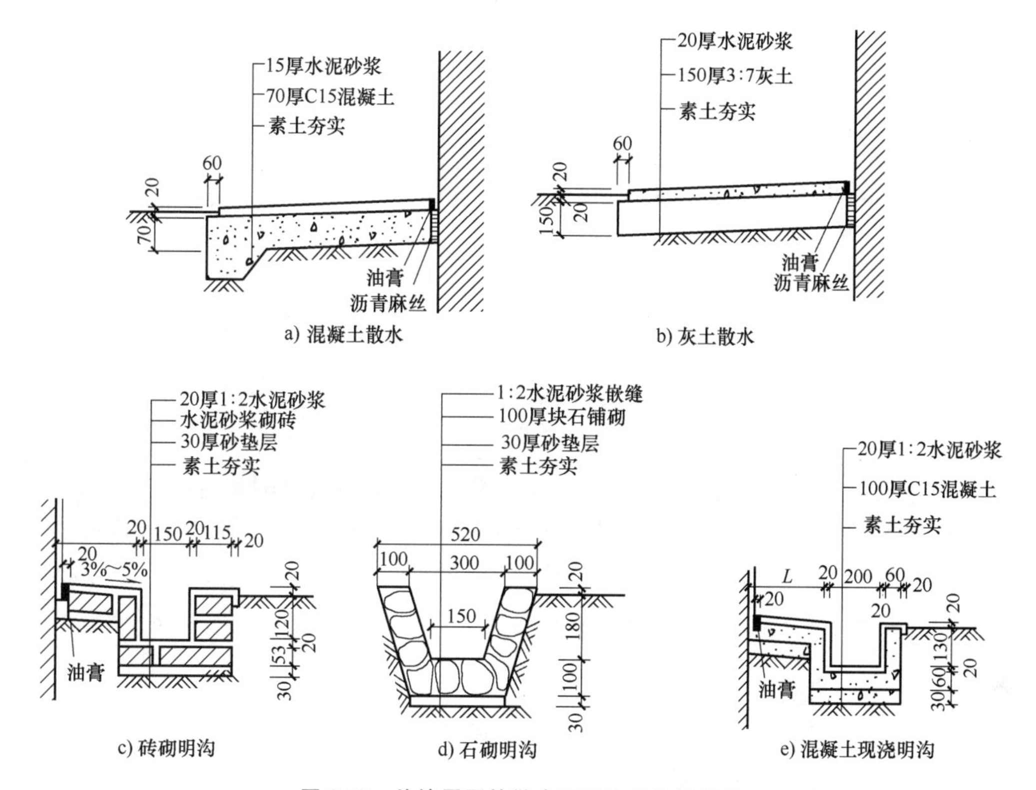

a) 混凝土散水　b) 灰土散水

c) 砖砌明沟　d) 石砌明沟　e) 混凝土现浇明沟

图 2-59　外墙周围的散水和明沟的构造做法

图 2-60　施工中的过梁

钢筋混凝土的导热系数大于块材的导热系数，在寒冷地区，为了避免在过梁内表面产生凝结水，常采用 L 形过梁，使外露部分的面积减小，或把过梁全部包起来（图 2-61c）。

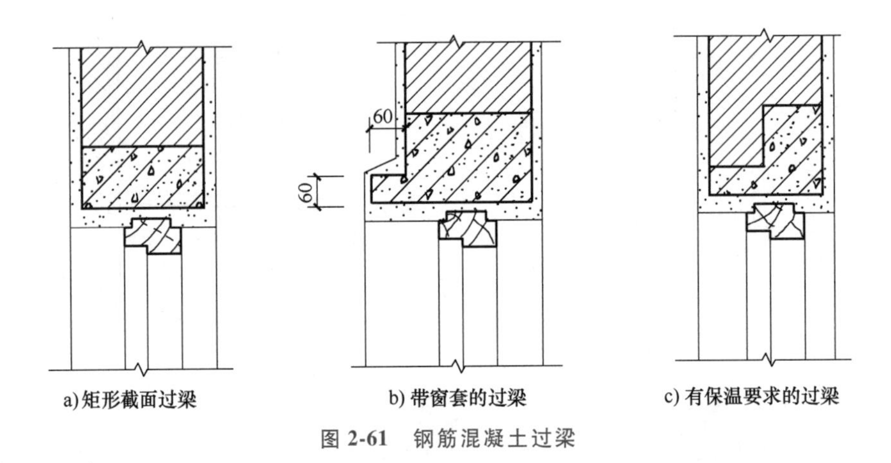

图 2-61　钢筋混凝土过梁

（2）钢筋砖过梁　钢筋砖过梁又称为苏式过梁，是在洞口顶部配置钢筋，形成能承受弯矩的加筋砖砌体；钢筋直径 6mm，间距小于 120mm；钢筋伸入两端墙内不小于 240mm；用 M5 水泥砂浆砌筑钢筋砖过梁，高度不小于 5 皮砖，且不小于门窗洞口宽度的 1/4；此过梁外观与外墙砌法相同，清水墙面效果统一。钢筋砖过梁仅用于 2m 宽以内的洞口（图 2-62）。

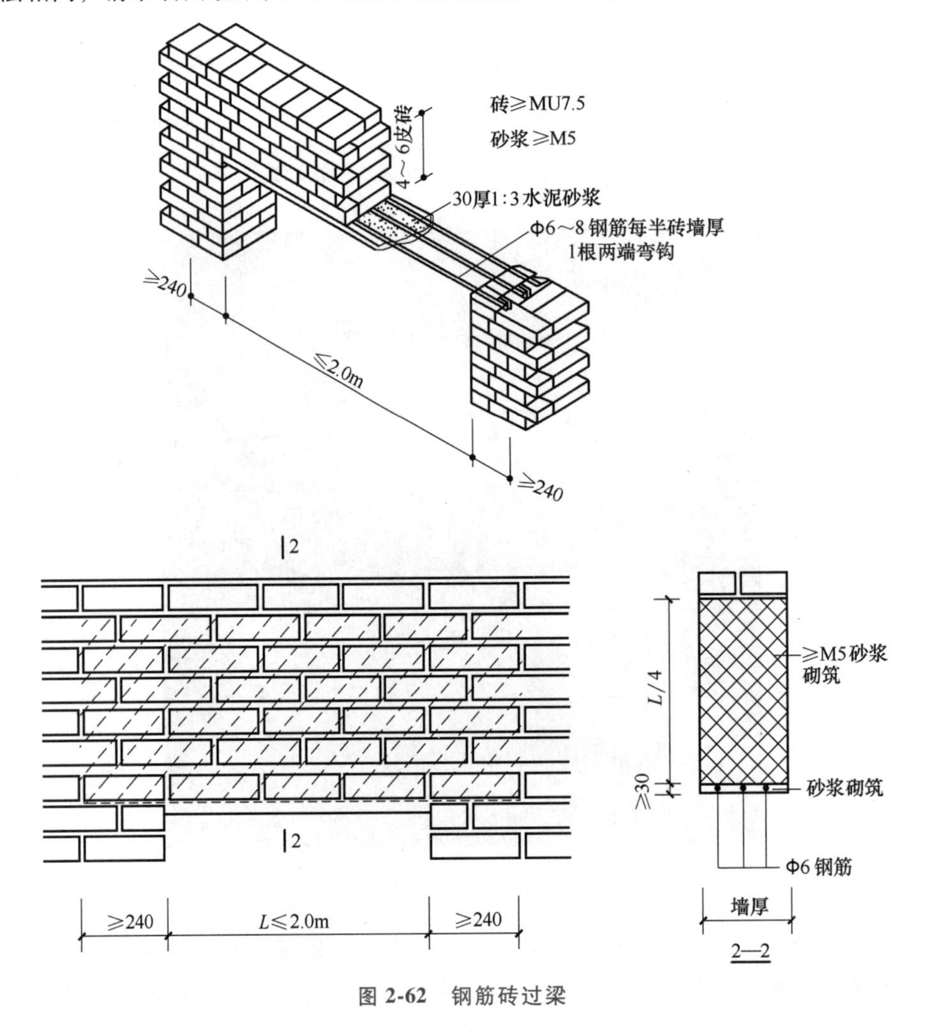

图 2-62　钢筋砖过梁

（3）平拱砖过梁　平拱砖过梁是将砖侧砌而成，灰缝上宽下窄使侧砖向两边倾斜，相互挤压形成拱的作用，两端下部伸入墙内 20～30mm，中部的起拱高度约为跨度的 1/50。平拱砖过梁的优点是节约钢筋、水泥，缺点是墙体整体性差，施工速度慢，仅能用于非承重墙上的门窗，洞口宽度应小于 1. 2mm。因此，平拱砖过梁现已很少使用（图 2-63）。砖过梁历史悠久，依据 GB 50011—2010《建筑抗震设计规范》（2016 年版），纯承重用的砖过梁已不再使用。

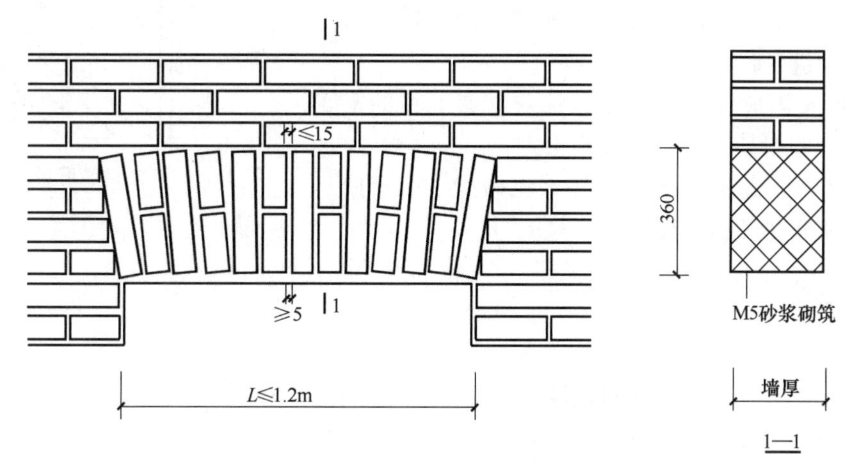

图 2-63　平拱砖过梁

除了上述三种常用的过梁，在砖石承重的建筑中，有时也会根据建筑风格和装饰的需要采用其他一些过梁形式，如传统的砖拱或石拱过梁以及结合细部设计而制作的各种形式的钢筋混凝土过梁。其中，由于砖拱过梁和石拱过梁对于建筑过梁洞口的跨度有一定的限制，并且对基础的不均匀沉降适应性较差，现多见于一些新建筑的非承重装饰墙体中。

2. 窗台构造

窗台的作用是排除沿窗面流下的雨水，防止其渗入墙身且沿窗缝渗入室内，同时避免雨水污染外墙面，为便于排水，一般设置为挑窗台。处于内墙或阳台等处的窗，不受雨水冲刷，可不必设挑窗台。

挑窗台可以用砖砌，也可以用预制钢筋混凝土砌筑。砖砌挑窗台根据设计要求可分为 60mm 厚平砌挑砖窗台（图 2-64a）及 120mm 厚侧砌挑砖窗台（图 2-64b）。也可以将最上面

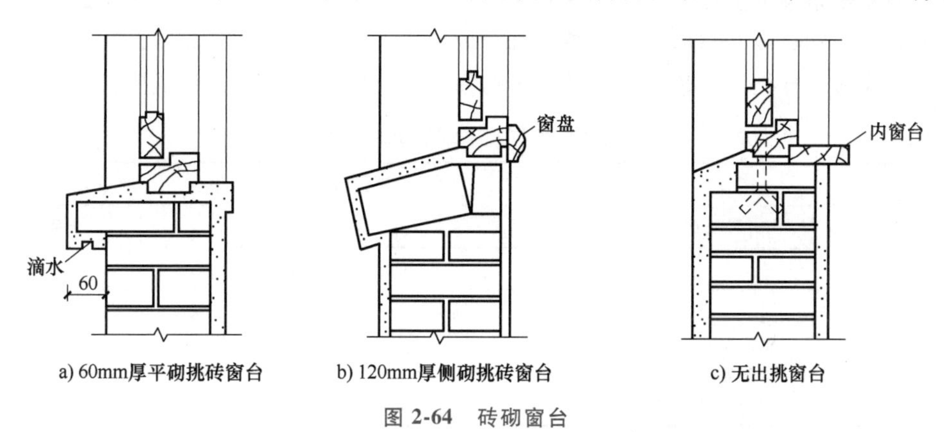

a) 60mm厚平砌挑砖窗台　b) 120mm厚侧砌挑砖窗台　c) 无出挑窗台

图 2-64　砖砌窗台

的砖退后，采用窗台不出挑的做法（图 2-64c）。预制钢筋混凝土窗台施工速度快，其构造要点与砖砌窗台相同（图 2-65）。

砖砌窗台的构造要点如下：

1）砖向外出挑 60mm，窗台长度最少每边应超过窗宽 120mm。

2）窗台表面应做抹灰或贴面处理，侧砌窗台可做水泥砂浆勾缝的清水窗台。

3）窗台表面应设排水坡度，抹灰与窗下槛的交接处采用油膏密封处理，防止雨水渗入。

4）挑窗台下做滴水槽或斜抹水泥砂浆，引导雨水垂直下落不致影响窗下墙面。

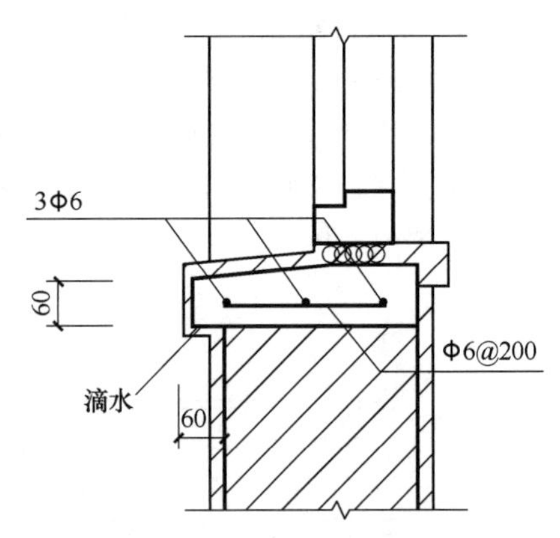

图 2-65　预制钢筋混凝土窗台

2.6.3　墙身加固构造

1. 门垛和壁柱

在墙体上开设门洞一般应设门垛，特别是在墙体转折处或丁字墙处，用以保证墙身稳定和门框安装。门垛宽度同墙厚、长度与块材尺寸规格相对应，如砖墙的门垛长度一般为 120mm 或 240mm。门垛不宜过长，以免影响室内使用。当墙体受到集中荷载或墙体过长时（如 240mm 厚、长度超过 6m)，应增设壁柱（又叫作扶壁柱)，使之和墙体共同承担荷载并稳定墙身。壁柱的尺寸应符合块材规格，如砖墙壁柱通常凸出墙面 120mm 或 240mm（图 2-66)。

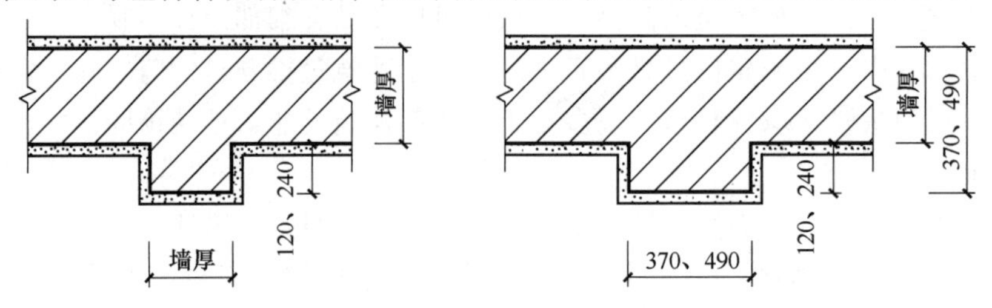

图 2-66　壁柱

2. 圈梁

圈梁的作用是增加房屋的整体刚度和稳定性，减轻地基不均匀沉降对房屋的破坏，抵抗地震力的影响。圈梁设在房屋四周外墙及部分内墙中，处于同一水平高度，其上表面与楼板底面持平，像箍一样把墙箍住。多层砖砌体房屋现浇钢筋混凝土圈梁设置要求见表 2-5。

表 2-5　多层砖砌体房屋现浇钢筋混凝土圈梁设置要求

墙体类型	设置要求		
	6 度、7 度	8 度	9 度
外墙和内纵墙	屋盖处及每层楼盖处		
内横墙	同上 屋盖处间距不应大于 4.5m 楼盖处间距不应大于 7.2m 构造柱对应部位	同上 各层所有横墙，且间距不应大于 4.5m 构造柱对应部位	同上 各层所有横墙

圈梁与门窗过梁宜尽量统一考虑，可用圈梁代替门窗过梁。砌块墙中圈梁通常与窗过梁合并，可现浇，也可预制成圈梁砌块。圈梁应闭合，若遇标高不同的洞口，应上下搭接，做成附加圈梁（图 2-67）。

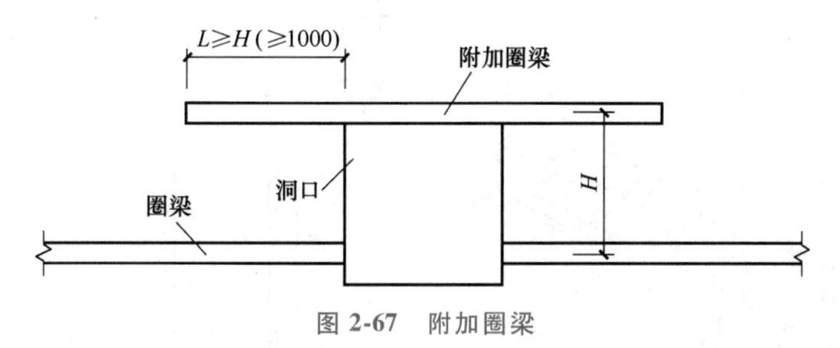

图 2-67 附加圈梁

圈梁有钢筋混凝土圈梁和钢筋砖圈梁两种。钢筋混凝土圈梁整体刚度好，应用广泛，分为整体式和装配整体式两种施工方法。圈梁宽度同墙厚，高度与块材尺寸相对应，如砖墙中一般为 180mm、240mm。钢筋砖圈梁用 M5 砂浆砌筑，高度不小于 5 皮砖，在圈梁中设置 4Φ6 的通长钢筋，分上、下两层布置。

3. 构造柱

抗震设防地区，为了增加建筑物的整体刚度和稳定性，在使用块材墙承重的墙体中，还需设置钢筋混凝土构造柱，使之与各层圈梁连接，形成空间骨架，加强墙体的抗弯、抗剪能力，使墙体在破坏过程中具有一定的延伸性，减缓墙体产生酥碎现象。构造柱是防止房屋倒塌的一种有效措施。

多层砖砌体房屋构造柱的设置部位：外墙四角、错层部位横墙与外纵墙交接处、较大洞口两侧、大房间内外墙交接处。除此之外，根据房屋的层数和抗震设防烈度不同，构造柱的设置要求见表 2-6。当多层砖砌体房屋采用单外廊或横墙较少，或者砖砌体的抗剪性能不足时，需要在相同层数和烈度条件下提高设置要求。

表 2-6 多层砖砌体房屋构造柱的设置要求

<table>
<tr><th colspan="4">房屋层数</th><th colspan="2" rowspan="2">设置部位</th></tr>
<tr><th>6 度</th><th>7 度</th><th>8 度</th><th>9 度</th></tr>
<tr><td>四、五</td><td>三、四</td><td>二、三</td><td></td><td rowspan="3">楼、电梯间四角，楼梯斜梯段上下段对应的墙体处；外墙四角和对应转角；错层部位横墙与外纵墙交接处；不小于 2.1m 的洞口两侧；大房间内外墙交接处</td><td>隔 12m 或单元横墙与外纵墙交接处；楼梯间对应的另一端内横墙与外纵墙交接处</td></tr>
<tr><td>六</td><td>五</td><td>四</td><td></td><td>隔开间横墙（轴线）与外墙交接处；山墙与内纵墙交界处</td></tr>
<tr><td>七</td><td>≥六</td><td>≥五</td><td>≥三</td><td>内墙（轴线）与外墙交接处；内墙局部较小墙垛处；内纵墙与横墙（轴线）交接处</td></tr>
</table>

构造柱的截面尺寸应与墙体厚度一致。砖墙构造柱的最小截面尺寸为 240mm×180mm，竖向钢筋一般用 4Φ12，钢箍间距不大于 250mm，随着烈度加大和层数增加，房屋四角的构造柱可适当加大截面及配筋。施工时必须先砌墙，后浇筑钢筋混凝土柱，并应沿墙高每隔 500mm 设 2Φ6 拉结钢筋，每边伸入墙内不宜小于 1000mm（图 2-68、图 2-69）。构造柱可以不单独设置基础，但应伸入室外地面下 500mm，或锚入浅于 500mm 的基础圈梁内。

块材墙由分散的块料砌筑而成，需要加强砌体自身的整体性。根据 GB 50011—2010

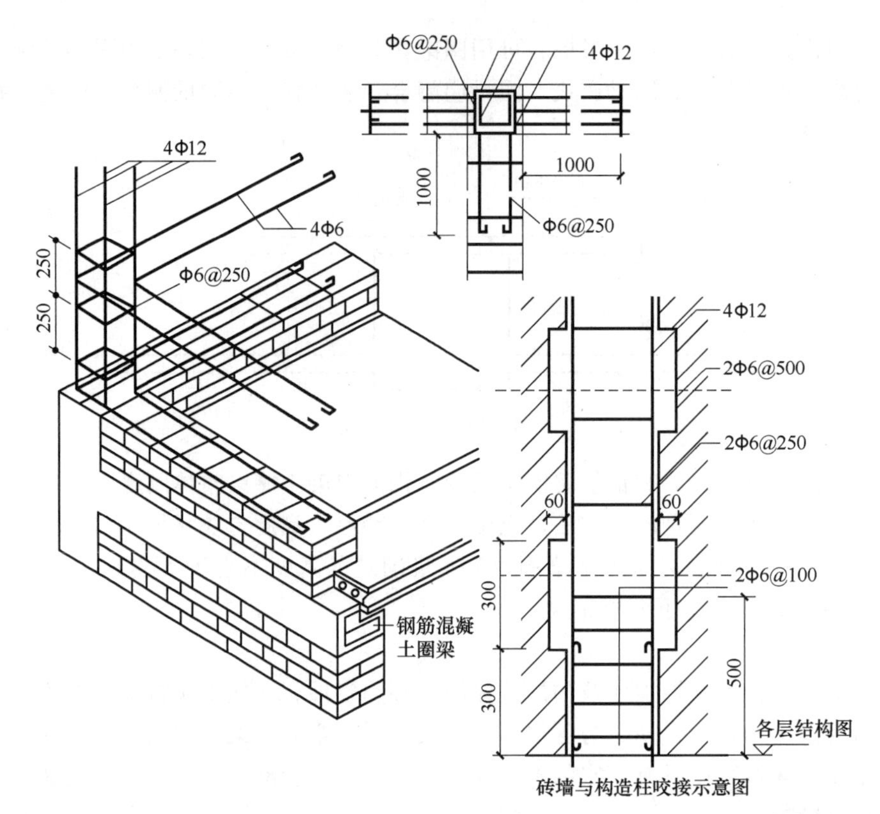

图 2-68　构造柱

《建筑抗震设计规范》(2016 年版)，砖墙构造柱与墙连接处应砌成马牙槎，沿墙高每隔 500mm 设 2ϕ6 水平钢筋和ϕ4 分布短筋平面内点焊组成的拉结网片或ϕ4 点焊钢筋网片，每边深入墙内不宜小于 1000mm。抗震设防为 6 度和 7 度时底部 1/3 楼层，8 度时底部 1/2 楼层，9 度时全部楼层，上述拉结钢筋网片应沿墙体水平通长设置。下部楼层构造柱间的拉结钢筋贯通，以提高多层砖砌体房屋的抗倒塌能力。

图 2-69　构造柱施工现场

4. 空心砌块墙芯柱

当采用混凝土空心砌块时，应在房屋四大角、外墙转角、楼梯间四角设芯柱（图 2-70）。芯柱用不低于 C20 细石混凝土填入砌块孔中，并在孔中插入通长钢筋。即便墙体不是配筋砌体，也应该在对应砖墙设构造柱的位置将若干相邻砌块的孔洞作为配筋的芯柱来处理，用以代替构造柱。混凝土小型空心砌块芯柱的最小截面不小于 130mm×130mm；中型空心砌块芯柱的最小截面为 150mm×150mm。芯柱的配筋对小型空心砌块而言，每孔 2ϕ12；对中型空心砌块而言，在 6 度和 7 度抗震设防时，每孔 1ϕ14 或 2ϕ10，8 度设防时，每孔 1ϕ16 或 2ϕ12 。芯柱的混凝土强度等级为小型空心砌块 C15、中型空心砌块 C20。

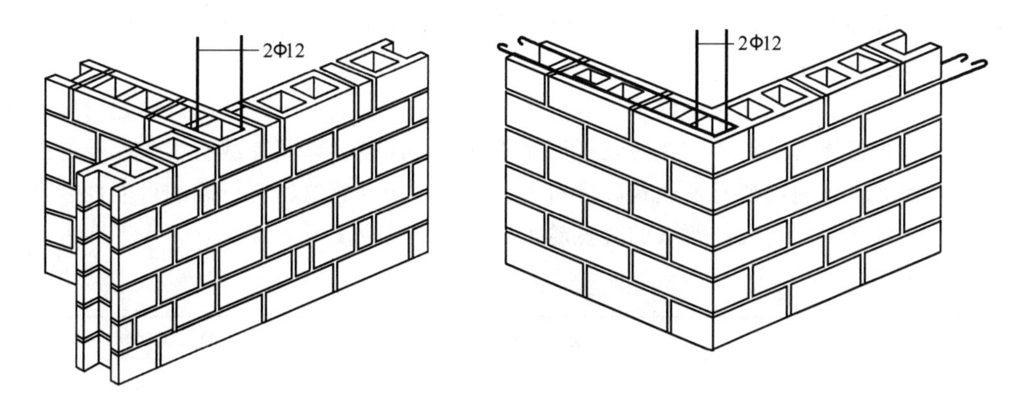

图 2-70 空心砌块墙芯柱构造

2.6.4 变形缝构造

由于温度变化、地基不均匀沉降和地震等因素易使建筑物发生裂缝或破坏，故在设计时应事先将房屋划分成若干个独立的部分，使各部分能自由地变化。这种将建筑物垂直分开的预留缝称为变形缝。变形缝包括温度伸缩缝、沉降缝和防震缝三种。

1. 变形缝的类型和设置要求

（1）温度伸缩缝　为防止温度变化、热胀冷缩而使房屋出现裂缝或破坏，在沿建筑物长度方向隔一定距离预留垂直缝隙，这种因温度变化而设置的缝叫作温度伸缩缝。

温度伸缩缝的间距与墙体的类别有关，特别是与建筑屋盖和楼盖的类型有关。整体式或装配整体式钢筋混凝土结构，因屋盖和楼盖本身没有自由伸缩缝的余地，当温度变化时，在结构的内部产生温度应力大，因而伸缩缝间距比其他结构形式小些。大量性民用建筑用的装配式无檩体系钢筋混凝土结构中有保温层或隔热层的屋盖，其温度伸缩缝的间距相对要大些，见表 2-7。

表 2-7 砌体房屋温度伸缩缝的最大间距

砌体类别	屋盖或楼盖类别		间距/mm
各种砌体	整体式或装配整体式钢筋混凝土结构	有保温层或隔热层的屋盖、楼盖	50
		无保温层或隔热层的屋盖	40
	装配式无檩体系钢筋混凝土结构	有保温层或隔热层的屋盖、楼盖	60
		无保温层或隔热层的屋盖	50
	装配式有檩体系钢筋混凝土结构	有保温层或隔热层的屋盖	75
		无保温层或隔热层的屋盖	60
	瓦材屋盖、木屋盖或楼盖、轻钢屋盖		100

注：1. 层高大于 5m 的混合结构单层房屋温度伸缩缝的间距可按表中数值乘以 1.3 后采用。但当墙体采用硅酸盐砖、硅酸盐砌块和混凝土砌筑时，不得大于 75mm。

2. 严寒地区、不采暖的温度差较大且变化频繁的地区，墙体温度伸缩缝的间距应按照表中数值予以适当减少后采用。

3. 墙体的温度伸缩缝内应嵌以轻质可塑材料，在进行立面处理时，必须使缝隙能起到伸缩作用。

温度伸缩缝是上断下不断，即基础不设缝，只将露在外面的墙体、楼盖、屋盖等构件断开，因为基础埋于地下，受气温影响较小。温度伸缩缝的宽度一般为 20~30mm。

（2）沉降缝　为防止建筑物各部分由于地基不均匀沉降引起房屋破坏所设置的竖向缝

称为沉降缝。沉降缝是上断下也断，即沉降缝从基础到屋顶全部进行设置，使两侧各部分形成独立的单元，可在垂直方向自由沉降。

沉降缝的设置部位：建筑物位于不同种类的地基土上，或在不同时间内修建的房屋各连接部位；建筑物形体比较复杂，在建筑平面转折部位和高度，以及荷载有很大差异处。

沉降缝的宽度与地基情况及建筑高度有关，地基越弱的建筑物，沉陷的可能性越高，沉陷后所产生的倾斜距离越大，要求的缝宽越大。沉降缝的宽度见表 2-8。

表 2-8　沉降缝的宽度

地基性质	房屋高度 H	缝宽 B/mm
一般地基	<5m 5~10m 10~15m	30 50 70
软弱地基	2~3 层 4~5 层 5 层以上	50~80 80~120 >120
湿陷性黄土地基		≥30~70

注：当沉降缝两侧单元层数不同时，由于高层影响，底层倾斜往往很大，因此宽度按高层确定。

（3）防震缝　抗震设防烈度为 6~9 度的地区都应设防震缝。防震缝将建筑物划分成若干体形简单、结构刚度均匀的独立单元。防震缝应设置的部位：建筑平面复杂，有较大凸出部分时；建筑物立面高差在 6m 以上时；建筑物有错层，且错开距离较大时；建筑物相邻部分结构刚度、质量相差较大时。

防震缝应沿建筑物全高设置，并用双墙使各部分结构封闭。通常基础可不分开，但对于平面复杂的建筑，或与沉降缝合并考虑时，基础也应分开。

防震缝的宽度 B，在多层砖墙房屋中，按抗震设防烈度的不同取 50~70mm。在多层钢筋混凝土框架建筑中，建筑物高度不大于 15m 时，缝宽为 70mm。当建筑物高度超过 15m 时，抗震设防烈度 7 度，建筑每增高 4m，缝宽在 70mm 的基础上增加 20mm；抗震设防烈度 8 度，建筑每增高 3m，缝宽在 70mm 的基础上增加 20mm；抗震设防烈度 9 度，建筑每增高 2m，缝宽在 70mm 的基础上增加 20mm。

当三缝合一时，构造做法按沉降缝，即从基础到屋顶全部断开；缝宽按防震缝进行设置。

2. 墙体变形缝的构造

温度伸缩缝应保证建筑构件在水平方向自由变形，沉降缝应满足构件在竖直方向自由沉降变形，防震缝主要是防止地震水平波动的影响，但三种缝的构造基本相同。变形缝的构造要点是将缝两侧建筑构件全部断开，以保证自由变形。砖混结构的变形缝可采用单墙或双墙承重方案；框架结构的变形缝可采用悬挑方案。变形缝应力求隐蔽，如设置在平面形状有变化处，应在构造上采取措施，防止风雨对室内的侵袭。

墙体变形缝的构造，在外墙与内墙的处理中，由于位置不同而各有侧重。缝的宽度不同，构造处理也不同。砖砌外墙厚度在一砖以上者，应做成错口缝或企口缝的形式；厚度在一砖或小于一砖时可做成平缝，并应用沥青麻丝填嵌缝隙（图 2-71）。当变形缝宽度较大时，外墙应设置阻火带、止水带、保温层，内墙需做防火，保温根据情况，应考虑盖缝处理，缝口可采用镀锌薄钢板或铝盖板盖缝调节，外墙面盖板的做法是墙面止水带宜用热塑性折线形橡胶条（非水平重力可定型好安装）；外墙面变形缝盖板与基座接触点应有防水胶条（便于防水）；中心螺栓（不锈钢）与盖板之间有防水垫片以防空隙进水。内墙变形缝着重表面处理，可采用木条或金属盖缝，仅一边固定在墙上，允许自由移动，如图 2-72～图 2-75 所示。

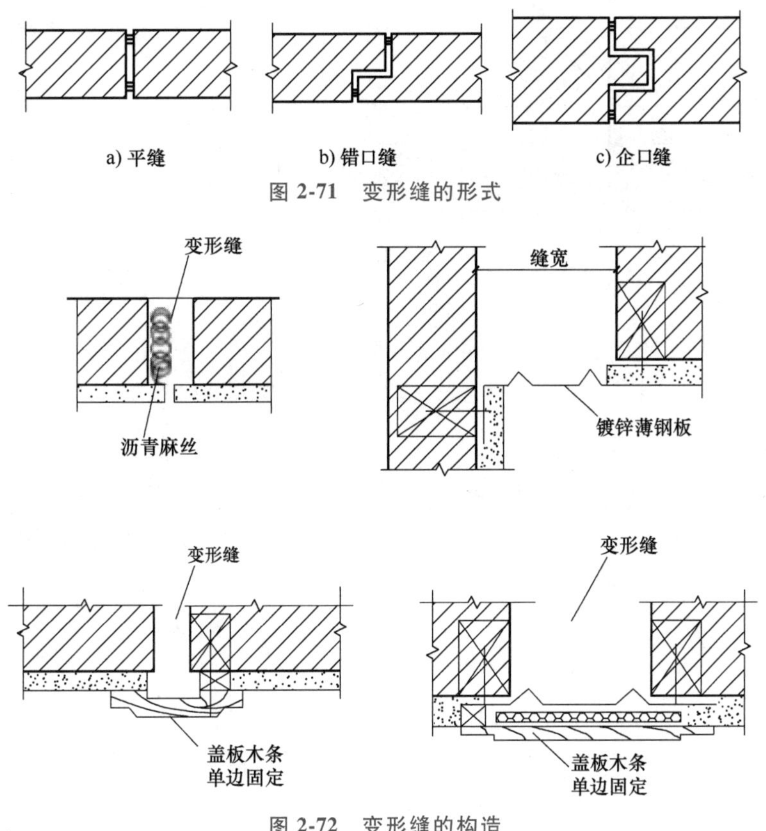

图 2-71　变形缝的形式

图 2-72　变形缝的构造

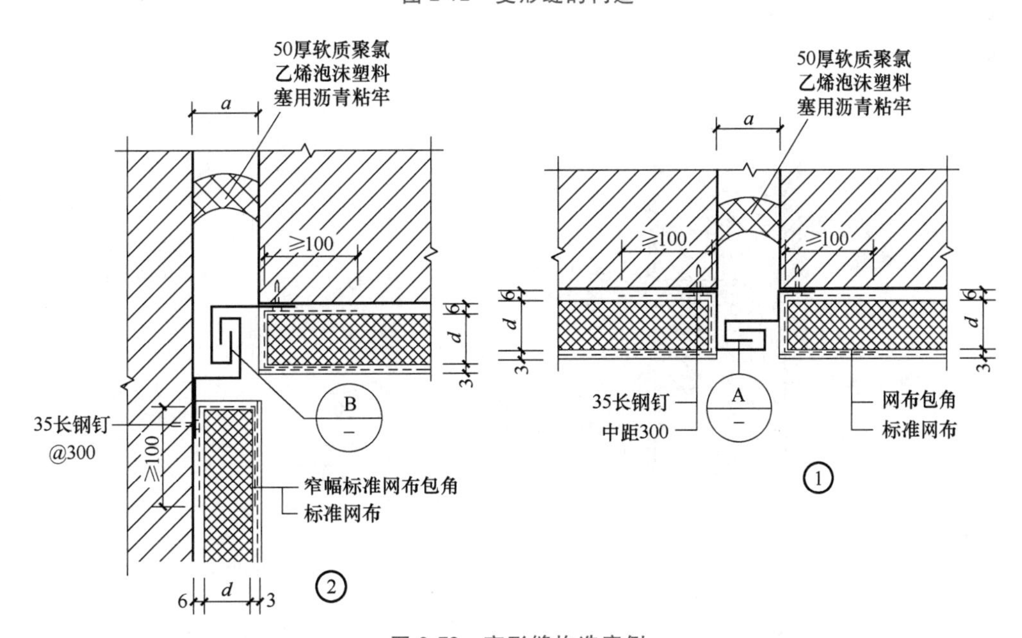

图 2-73　变形缝构造案例

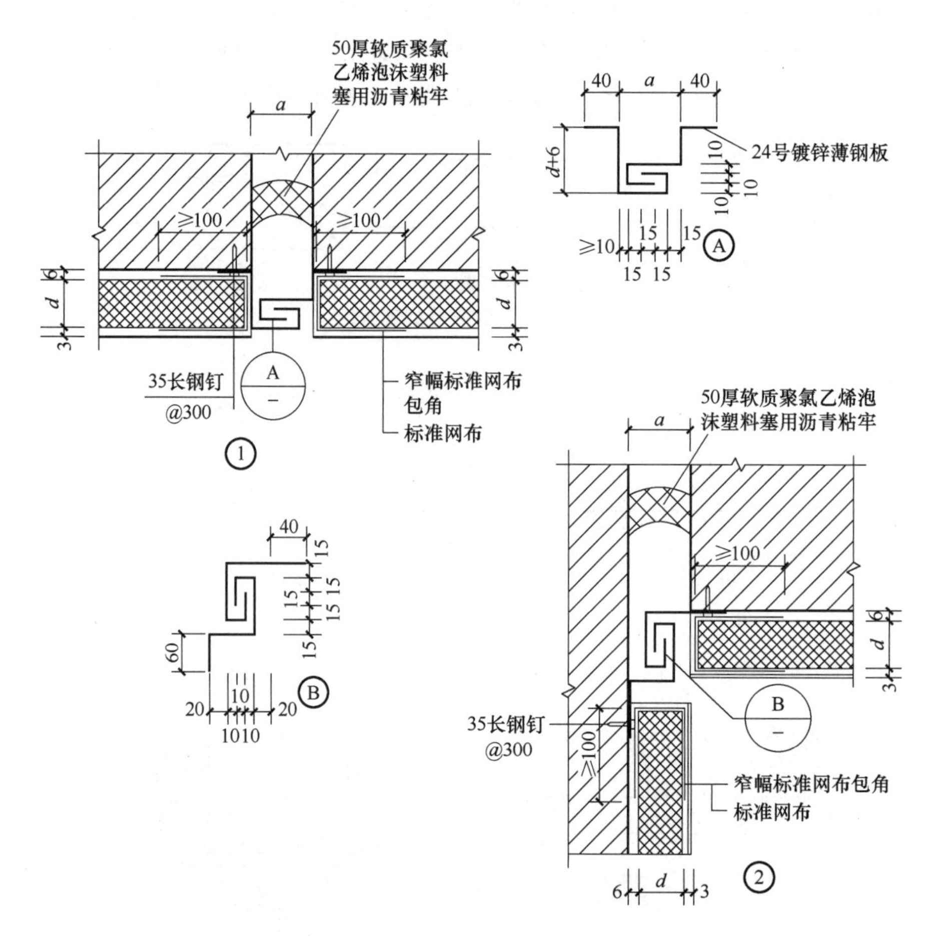

图 2-73　变形缝构造案例（续）

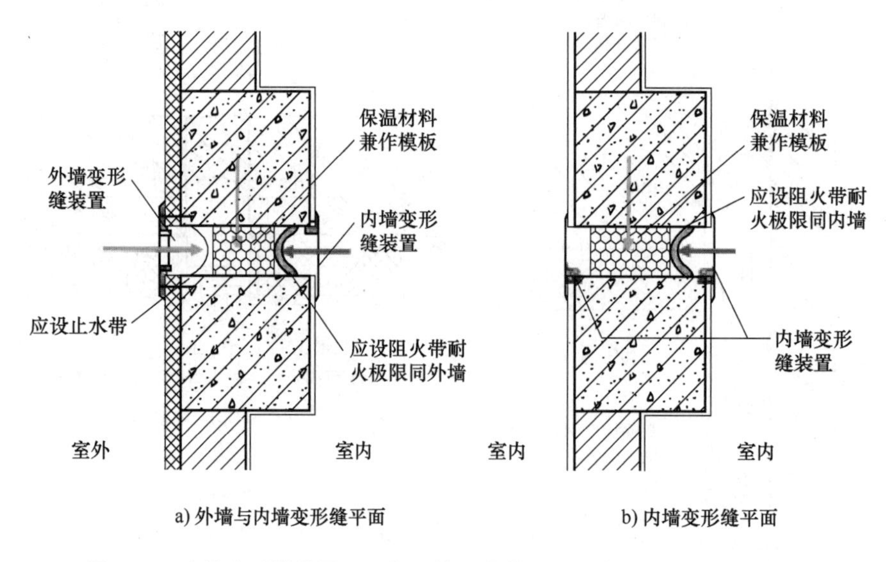

图 2-74　建筑变形缝装置不同部位的阻火带、止水带、保温构造示意图

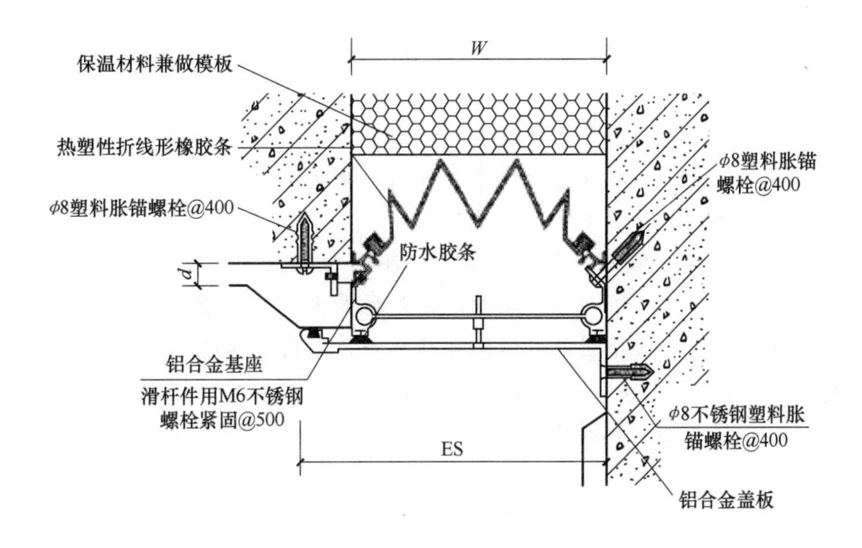

图 2-75 外墙盖板做法案例

◉ 扩展阅读：青岛胶东国际机场的建造

青岛胶东国际机场位于青岛胶州市胶东镇，2015 年 6 月 26 日奠基开工，2021 年 1 月 27 日机场试飞成功，2021 年 8 月 12 日正式通航。

青岛胶东国际机场由中建八局建设，它是国家低能耗绿色建筑示范项目，从设计、施工到投入运营全过程贯穿着绿色环保理念。施工中采用 LED 智能灯控制系统，应用绿色节能施工手段确保项目的建设绿色、低碳运行。该工程在建设过程中有 10 大项 30 小项新技术的应用与技术创新，经鉴定，5 项技术达到国际先进水平，1 项达到国内领先水平。2018 年 11 月，航站楼屋面采光和通风设计获得第六届 Active House 国际联盟大会颁发的“AH 采光卓越奖”，也是当时民航业中唯一获此殊荣的项目；2021 年 10 月，“海绵机场示范工程”“绿色照明示范工程暨绿色机场项目”入选住房和城乡建设部首批民航示范项目。

青岛胶东国际机场的建造具有以下创新之处：

(1) 造型独特寓意深刻　项目采用单体五指廊航站楼构型，海星状造型，远期“齐”字的总体布局，体现青岛地域文化，回应齐鲁悠久文明。

(2) 超薄屋面　青岛胶东国际机场航站楼创新性地采用不锈钢焊接屋面系统，建成了国内首个整体不锈钢屋面，面积约 22 万 m^2，也是目前国内最大的连续焊接不锈钢屋面单体，攻克超薄不锈钢自动焊接技术，提高了屋面系统的安装精度、抗风与防水性能，实现千吨级多支点非对称屋面网架单元拼装整体提升技术等。航站楼工程已获得“中国建筑工程钢结构金奖”，为我国大型基础设施建设提供了经验借鉴。

(3) 减噪技术　研发了“结构空腔+隔振支座”技术与阻尼减震系统，达到震振双控的目标，实现国内首例高铁时速 250km 不减速穿越航站楼，攻关下穿高铁地铁航站楼主体结构施工技术，并建立了联合施工体系，以及通过独创主体结构倒序施工及超长预应力混凝土楼面结构递推流水等系列施工技术，广泛运用逆作业工法、分块吊装等创新工艺，成功解决了现场多点施工的难题。

（4）自然采光应用良好　航站楼的玻璃幕墙，能使机场主要公共区域采用自然光，每年节省电量达152万kW·h，全年可以节省人工照明20%~30%。

（5）“海绵城市”　率先将“海绵城市”理念引入机场建设，建设19km的综合管廊，国内首例污水、燃气管道等七类市政管线全部入廊，成为全国第一个地下空间集约化开发、并应用于大型国际机场的地下综合管廊。

（6）先进的机电系统　根据不同建筑空间、不同功能区域，对航站楼内空调系统的功能要求、温湿度控制要求、使用时间、朝向、内外区等进行合理分区，为系统的合理运行及分区控制创造了条件，同时确保空调区域温度在设计范围内，通过风机变频等控制手段，达到节能的目的。

（7）运行过程绿色生态　机场雨污分离率、垃圾无害化处理率等均达到100%。

本章小结

1. 墙体是建筑物重要的承重结构，设计中需要满足强度、刚度和稳定性的结构要求。同时墙体也是建筑物重要的围护结构，设计中需要满足不同的使用功能和热工要求。墙体按不同的分类方式有多种类型，目前使用最广泛的是块材墙。墙体的承重方案有横墙承重、纵墙承重、纵横墙双向承重、局部框架承重等几种方式。外围护墙体的主要保温措施是通过附加保温层来实现的。

2. 砖墙和砌块墙都是块材墙，由砌块和胶结材料组成。砖墙的组砌方式是指块材在砌体中的排列，组砌的关键是错缝搭接，避免形成通缝。墙体尺度是指厚度和墙段长两个方向的尺度。常用的墙体厚度有12墙、18墙、24墙、37墙等，确定墙体的厚度，除应满足结构和功能要求外，还必须符合块材自身的规格尺寸。

3. 块材隔墙有普通砖（1/2砖、1/4砖）隔墙、砌块隔墙和框架填充墙。

4. 轻骨架隔墙由骨架和面层两部分组成，由于是先立墙筋（骨架）后再做面层，因而又称为立筋式隔墙。常用的骨架有木骨架和金属骨架；面层一般为人造板材面层，常用的有木质板材、石膏板、硅酸钙板、水泥平板等几类。

5. 板材隔墙施工安装方便，可结合墙体热工要求预制加工，是建筑工业化发展所提倡的隔墙类型。板材墙包括轻质条板隔墙、蒸压加气混凝土板隔墙、复合板材隔墙。

6. 墙身的细部构造有墙脚（墙身防潮、明沟、散水）的构造、门窗洞口（过梁、窗台）的构造、墙身加固（门垛、壁柱、圈梁和构造柱）的构造、变形缝的构造等。变形缝包括温度伸缩缝、沉降缝和防震缝三种。

思考与练习题

1. 简述墙体类型的分类方式及类别是什么？
2. 简述砖混结构的几种结构布置方案及特点是什么？
3. 提高外墙保温能力的措施有哪些？
4. 墙体设计在使用功能上应考虑哪些设计要求？

5. 砌块墙的组砌要求有哪些？
6. 简述墙脚水平防潮层的设置位置、设置方式及特点。
7. 墙身加固的措施有哪些？分别有哪些设计要求？
8. 何谓“变形缝”？有什么设计要求？
9. 图示内、外墙变形缝构造做法各两种。
10. 试比较几种常用隔墙的特点。

第3章 CHAPTER 3

楼　地　层

学习目标

通过本章学习，了解楼板层的组成及设计要求；掌握不同施工方法的三种钢筋混凝土楼板各自的特点；重点掌握装配式钢筋混凝土楼板的板型及板缝构造；了解地坪层的组成和构造，以及阳台的构造特点；理解阳台承重结构的布置。

3.1　概述

楼地层包括楼盖层和地坪层，是水平方向分隔房间空间的承重构件。由于它们所处的位置不同、受力不同，因而结构层有所不同。楼盖层的结构层为楼板，楼板将所承受的上部荷载及自重传递给墙或柱，并由墙或柱传递给基础；地坪层的结构层为垫层，垫层将所承受的荷载及自重均匀地传给地基（图3-1）。

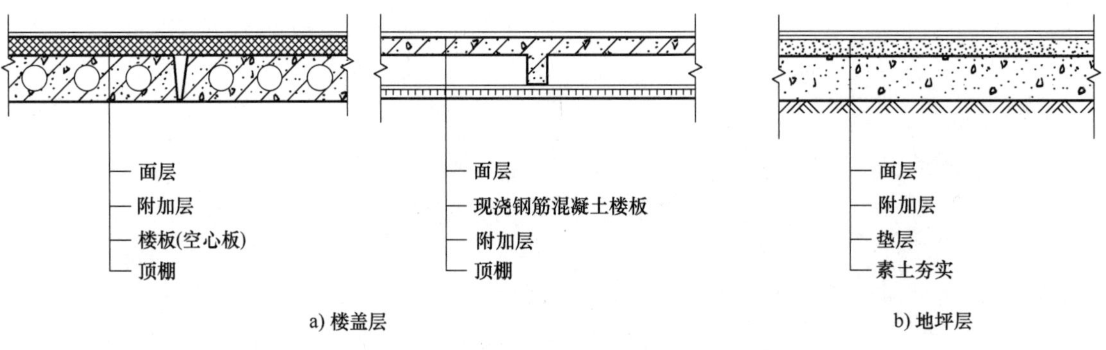

图3-1　楼地层的组成

3.1.1　楼盖层的基本组成及设计要求

1. 楼盖层的基本组成

楼盖层主要由面层、结构层和顶棚三个基本层次组成。

（1）面层　又称为楼面或地面，起着保护楼板，承受并传递荷载的作用，同时对室内有很重要的清洁及装饰作用。

（2）结构层　楼盖层的结构层为楼板，一般包括梁和板。楼板的主要功能是承受楼盖层上的全部静荷载和活荷载，并将这些荷载传递给墙或柱，同时还对墙身起水平支撑作用，增强房屋的刚度和整体性。

（3）顶棚　它是楼盖层的下面部分。根据其构造的不同，顶棚有抹灰顶棚、粘贴类顶棚和吊顶棚三种。

楼盖层往往还需设置管道敷设、防水、隔声、保温等各种附加层。

2. 楼盖层的设计要求

楼盖层的设计应满足建筑的使用、结构、施工以及经济等多方面的要求。

（1）楼板应具有足够的承载力和刚度　楼板具有足够的承载力和刚度才能保证其安全和正常使用。足够的承载力是指楼板能够承受使用荷载和自重；足够的刚度是指楼板的变形应在允许范围内。

（2）满足隔声、防火、热工等方面的要求　为了防止噪声通过楼板传到上下相邻的房间，楼板层应具备有一定的隔声能力。不同使用性质的房间对隔声的要求不同，但均应满足各类建筑房间的允许噪声级（表 3-1）和撞击声隔声标准（表 3-2）。

表 3-1　室内允许噪声级（昼间）

<table>
<tr><th>建筑类别</th><th colspan="2">房间名称</th><th colspan="12">允许噪声级(A 声级)/dB</th></tr>
<tr><td rowspan="4">住宅</td><td colspan="2"></td><td colspan="6">普通住宅</td><td colspan="6">高要求住宅</td></tr>
<tr><td colspan="2" rowspan="2">卧室</td><td colspan="3">昼间</td><td colspan="3">夜间</td><td colspan="3">昼间</td><td colspan="3">夜间</td></tr>
<tr><td colspan="3">≤45</td><td colspan="3">≤37</td><td colspan="3">≤40</td><td colspan="3">≤30</td></tr>
<tr><td colspan="2">起居室</td><td colspan="6">≤45</td><td colspan="6">≤40</td></tr>
<tr><td rowspan="5">学校</td><td rowspan="4">教学用房</td><td>有特殊安静要求的房间</td><td colspan="12">≤40</td></tr>
<tr><td>一般教室</td><td colspan="12">≤45</td></tr>
<tr><td>音乐教室、琴房</td><td colspan="12">≤45</td></tr>
<tr><td>舞蹈教室</td><td colspan="12">≤50</td></tr>
<tr><td>辅助用房</td><td>教室办公、休息室、会议室</td><td colspan="12">≤45</td></tr>
<tr><td rowspan="7">医院</td><td colspan="2"></td><td colspan="6">高要求标准</td><td colspan="6">低要求标准</td></tr>
<tr><td colspan="2" rowspan="2">病房、医护人员休息室、重症监护室</td><td colspan="3">昼间</td><td colspan="3">夜间</td><td colspan="3">昼间</td><td colspan="3">夜间</td></tr>
<tr><td colspan="3">≤40</td><td colspan="3">≤35</td><td colspan="3">≤45</td><td colspan="3">≤40</td></tr>
<tr><td colspan="2">门诊室</td><td colspan="6">≤40</td><td colspan="6">≤45</td></tr>
<tr><td colspan="2">手术室</td><td colspan="6">≤40</td><td colspan="6">≤45</td></tr>
<tr><td colspan="2">听力测听室</td><td colspan="6">—</td><td colspan="6">≤25</td></tr>
<tr><td colspan="2">入口大厅、候诊厅</td><td colspan="6">≤50</td><td colspan="6">≤55</td></tr>
<tr><td rowspan="6">旅馆</td><td colspan="2" rowspan="2"></td><td colspan="4">特级</td><td colspan="4">一级</td><td colspan="4">二级</td></tr>
<tr><td colspan="2">昼间</td><td colspan="2">夜间</td><td colspan="2">昼间</td><td colspan="2">夜间</td><td colspan="2">昼间</td><td colspan="2">夜间</td></tr>
<tr><td colspan="2">客房</td><td colspan="4">≤35</td><td colspan="4">≤40</td><td colspan="4">≤45</td></tr>
<tr><td colspan="2">会议室、办公室</td><td colspan="4">≤40</td><td colspan="4">≤45</td><td colspan="4">≤45</td></tr>
<tr><td colspan="2">用途大厅</td><td colspan="4">≤40</td><td colspan="4">≤45</td><td colspan="4">≤50</td></tr>
<tr><td colspan="2">餐厅、会客厅</td><td colspan="4">≤45</td><td colspan="4">≤50</td><td colspan="4">≤55</td></tr>
</table>

（续）

建筑类别	房间名称	允许噪声级(A声级)/dB	
办公		高要求标准	低要求标准
	单人办公室	≤35	≤40
	多人办公室	≤40	≤45
	电视电话会议室	≤35	≤40
	普通会议室	≤40	≤45
商业		高要求标准	低要求标准
	商场、商店、购物中心、会展中心	≤50	≤55
	餐厅	≤45	≤55
	员工休息室	≤40	≤45
	走廊	≤50	≤60

表 3-2　撞击声隔声标准

建筑类别	楼板部位	计权标准化撞击声压级/dB		
		高要求标准	低要求标准	
住宅	分户层间楼板	≤65	≤75	
学校	有特殊安静要求的房间与一般教室之间	≤65		
	一般教室与产生噪声的活动室之间			
	一般教室与教室之间			
医院	病房与病房之间	≤65	≤75	
	病房与手术室之间	≤65	≤75	
	听力测试室上部楼板	≤65		
办公	办公室、会议室顶部的楼板	≤65	≤75	
商业	健身中心、娱乐场所等与噪声敏感房间的楼板	≤45	≤50	
旅馆	客房与上层房间之间	特级	一级	二级
		≤55	≤65	≤75

噪声的传播途径有空气传声和固体传声两种。空气传声是通过空气来传播的，隔绝空气传声可采取使楼板密实、无裂缝等构造措施来达到。固体传声是指步履声、移动家具对楼板的撞击声、洗衣机等振动对楼板发出的噪声等，它们是通过固体（楼盖层）传递的。由于声音在固体中传递时，声能衰减很少，所以固体传声较空气传声的影响更大。因此，楼盖层隔声主要针对固体传声，隔绝楼板固体传声的主要措施如下：

1）在楼盖面铺设弹性面层，以减弱撞击楼板时所产生的声能，减弱楼板的振动，如铺设地毯、橡胶、塑料等（图 3-2）。这种方法比较简单，隔声效果也较好，同时还起到了装饰美化室内空间的作用，是采用较广泛的一种方法。

2）设置片状、条状或块状的弹性垫层，形成浮筑式楼板（图 3-3）。结构层与面层之间设弹性垫层，避免刚性连接，消除振动传递，改善隔声能力。

3）结合室内空间的要求，在楼板下设置吊顶棚（吊顶），楼板与顶棚间留有空气层，

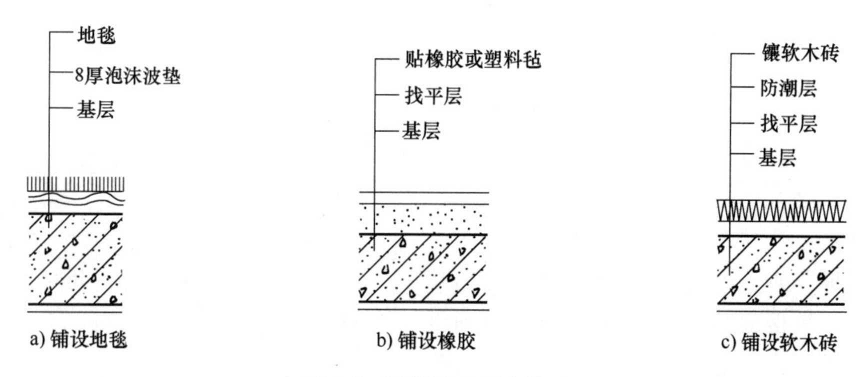

图 3-2　弹性面层隔声构造

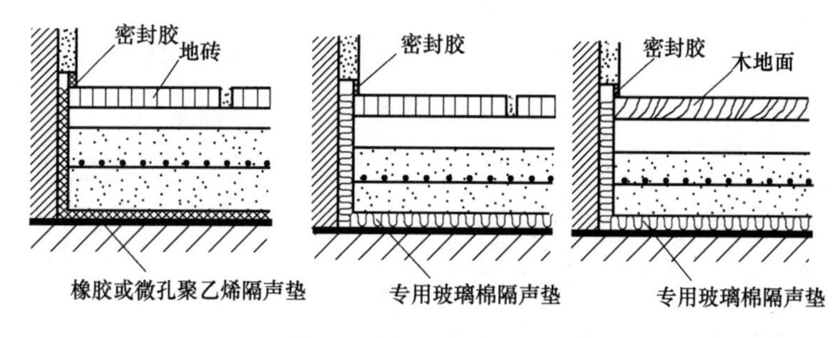

图 3-3　浮筑式楼板构造

吊顶与楼板采用弹性挂钩连接，使声能减弱。对隔声要求高的房间，还可在顶棚上铺设吸声材料，加强隔声效果（图 3-4）。

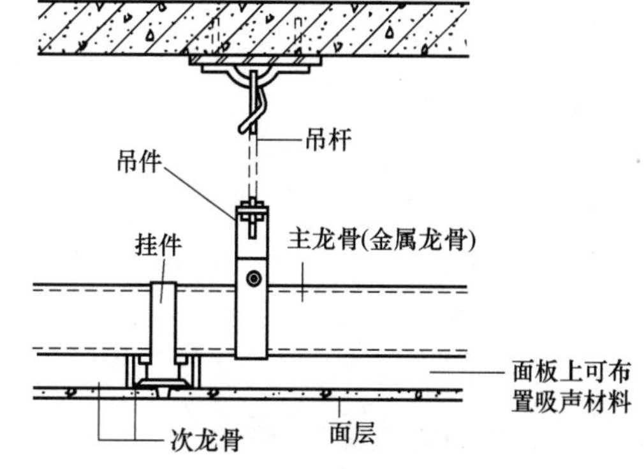

图 3-4　吊顶棚隔声构造

楼盖层不仅应根据建筑物的等级、对防火的要求进行设计，还应满足一定的热工要求。对于有一定温湿度要求的房间，常在楼盖层中设置保温层；对于厨房、卫生间等地面应处理好楼盖层的防水问题。

（3）满足建筑经济的要求　一般情况下，多层房屋楼盖的造价占房屋土建造价的 20%～30%。因此，应注意结合建筑物的质量标准、使用要求以及施工技术条件，选择经济合理的结构形式和构造方案，尽量减少材料的消耗，并为工业化创造条件，以加快建设速度。

3.1.2　楼板的类型及选用

根据使用材料的不同，楼板分木楼板、钢筋混凝土楼板、压型钢板组合楼板等。

1. 木楼板

木楼板是在有墙或梁支承的木格栅上铺钉木板，木格栅间是由增强稳定性的剪刀撑构成的（图 3-5）。木楼板具有自重轻、保温性能好、舒适、有弹性、节约钢材和水泥等优点，但易燃、易腐蚀、易被虫蛀、耐久性差，所以应对木楼板的木材进行处理才能使用。

2. 钢筋混凝土楼板

钢筋混凝土楼板具有强度高、防火性能好、耐久、便于工业化生产等优点。此种楼板形式多样，是我国应用最广泛的一种楼板。

3. 压型钢板组合楼板

压型钢板组合楼板是用钢梁和截面为凹凸形的压型钢板与现浇钢筋混凝土组合形成的整体性很强的一种楼板结构（图 3-6）。压型钢板的作用，既作为上部钢筋混凝土的模板，又起结构作用，从而增加楼板的侧向和竖向刚度，使结构的跨度加大，梁的数量减少，楼板自重减轻，施工进度加快。因此，压型钢板组合楼板在高层建筑中得到广泛的应用。

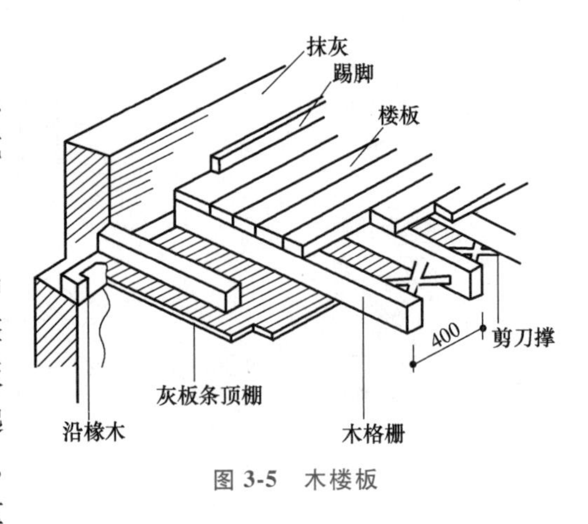

图 3-5　木楼板

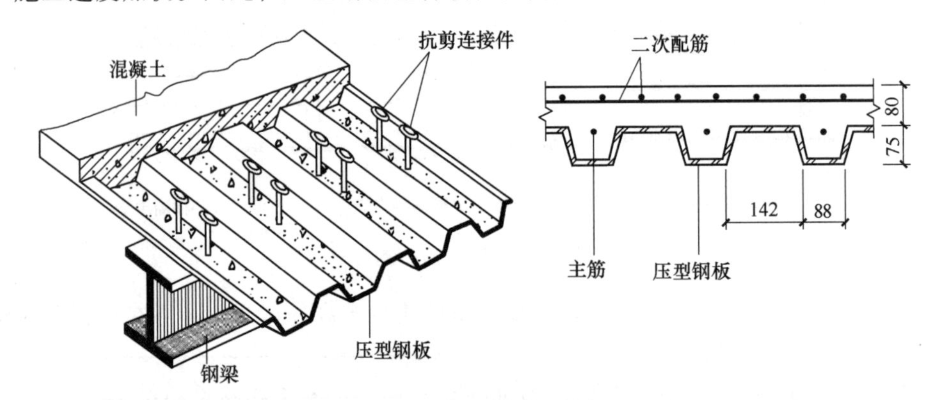

图 3-6　压型钢板组合楼板

压型钢板组合楼板的整体连接是由栓钉（又称为抗剪螺钉）将钢筋混凝土、压型钢板和钢梁组合成整体。栓钉是组合楼板的剪力连接件，楼面的水平荷载通过它传递到梁、柱、框架，所以又称为剪力螺钉。栓钉的规格、数量是按楼板与钢梁连接处的剪力大小确定的，栓钉应与钢梁牢固焊接。

3.2　钢筋混凝土楼板

根据钢筋混凝土楼板施工方法的不同，可分为装配式、现浇式和装配整体式三种。现浇式钢筋混凝土楼板整体性好，刚度大，利于抗震，梁板布置灵活，能适应各种不规则形状和需留孔洞等特殊要求的建筑，但模板材料耗用量大。装配式钢筋混凝土楼板能节省模板，劳动生产率高和施工进度快，但楼板的整体性较差，房屋的刚度也不如现浇式房屋的刚度好。一些房屋为取两者的优点，做成装配整体式钢筋混凝土楼板。

3.2.1　装配式钢筋混凝土楼板

装配式钢筋混凝土楼板是首先把楼板在工厂或预制场预先制作好，然后在施工现场进行安装。预制板的长度应与房间的开间或进深一致，长度一般为 300mm 的倍数。板的宽度根据制作、吊装和运输条件以及有利于板的排列组合确定，一般为 100mm 的倍数。板的截面尺寸、材料和配筋须经过结构计算确定。常用的装配式钢筋混凝土楼板的结构布置形式有板式结构布置和梁板式结构布置（图 3-7）。

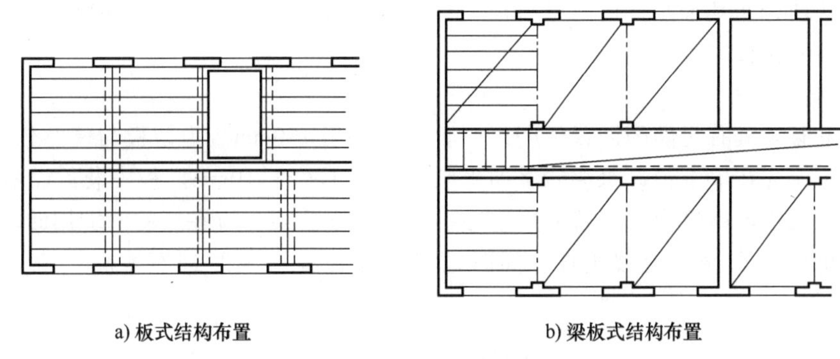

a) 板式结构布置　　b) 梁板式结构布置

图 3-7　装配式钢筋混凝土楼板的结构布置形式

1. 预制钢筋混凝土楼板的类型

常用的预制钢筋混凝土楼板，根据其截面形式可分为平板、空心板和槽形板三种类型。

（1）平板　实心平板一般用于小跨度（2400mm 左右），板的厚度为 60mm（图 3-8a）。平板板面上下平整，制作简单，但隔声效果差，常用作走道、卫生间等的楼板。

（2）空心板（图 3-8b）　目前我国预应力空心板的跨度尺寸可达 6m、6.6m、7.2m 等，板的厚度为 120~240mm。空心板的孔洞有矩形、方形、圆形、椭圆形等，矩形孔较为经济，但抽孔困难，圆形孔的板刚度较好，制作也较方便，因此使用较广。根据板的宽度，孔数有单孔、双孔、三孔、多孔。空心板的优点是节省材料、隔声隔热性能较好，缺点是板面不能任意打洞。

（3）槽形板　槽形板的板宽为 500~1200mm。跨长为 3~6m 的非预应力槽形板，板肋高

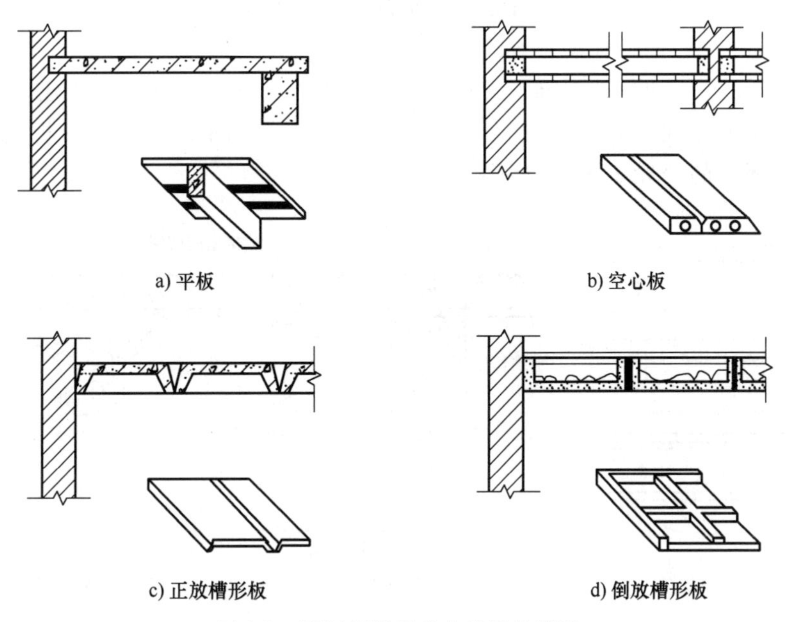

a) 平板　　b) 空心板

c) 正放槽形板　　d) 倒放槽形板

图 3-8　预制钢筋混凝土楼板的类型

为120~240mm，板的厚度仅为30mm。槽形板的跨度尺寸较大，刚度较高，自重较轻，节省材料，便于在板上开洞，但隔声效果差。当槽形板正放（肋朝下）时，板底不平整（图3-8c），可应用于厨房、卫生间、库房等处的楼板；槽形板倒放（肋朝上）时，需在板上进行构造处理，使其平整，槽内可填轻质材料起保温、隔声作用（图3-8d），可用于有保温、隔声要求的楼板。

2. 板在墙上的搁置

板在墙上必须具有足够的搁置长度，一般不宜小于100mm。为使板与墙有较好的连接，在板安装时，应先在墙上铺设水泥砂浆即坐浆，厚度不小于10mm。板安装后，板端缝内须用细石混凝土或水泥砂浆灌实。若采用空心板，在板安装前，应在板的两端用砖块或混凝土堵孔，以防止板端在搁置处被压坏，同时也可避免板缝灌浆时细石混凝土流入孔内，如图3-9所示。

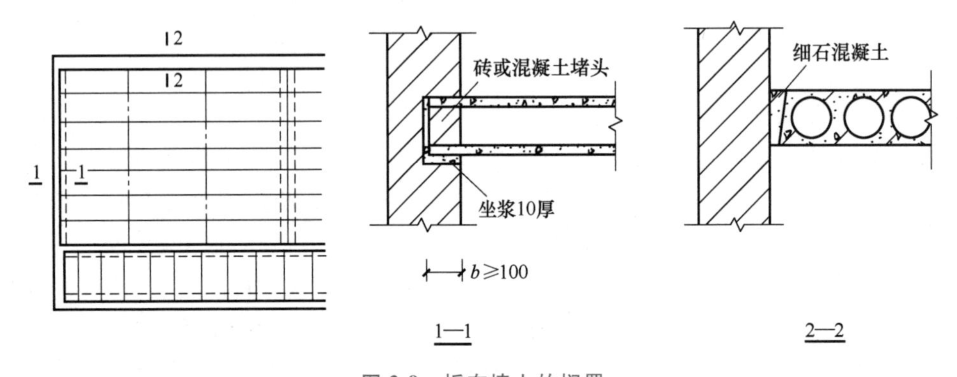

图3-9　板在墙上的搁置

3. 板在梁上的搁置

板在梁上的搁置方式有两种：一种是搁置在梁的顶面，如矩形梁；另一种是搁置在梁出挑的翼缘上，如花篮梁。后一种搁置方式，板的上表面与梁的顶面相平齐，若梁高不变，楼板结构所占的高度就比前一种搁置方式小一个板厚，使室内的净空高度增加。但应注意板的跨度并非梁的中心距，而是减去梁顶面宽度之后的尺寸。板搁置在梁上的构造要求和做法与搁置在墙上时基本相同，只是搁置长度不小于60mm，如图3-10所示。板的锚固做法如图3-11所示。板缝的处理如图3-12所示。

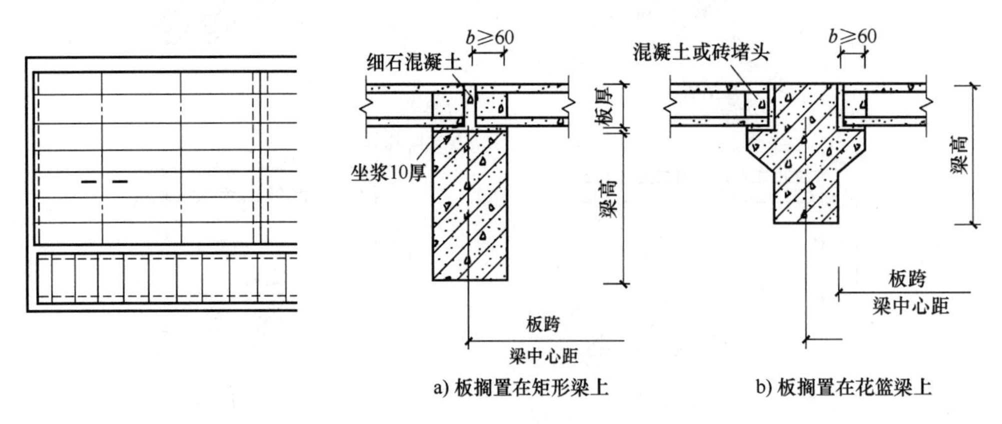

图3-10　板在梁上的搁置

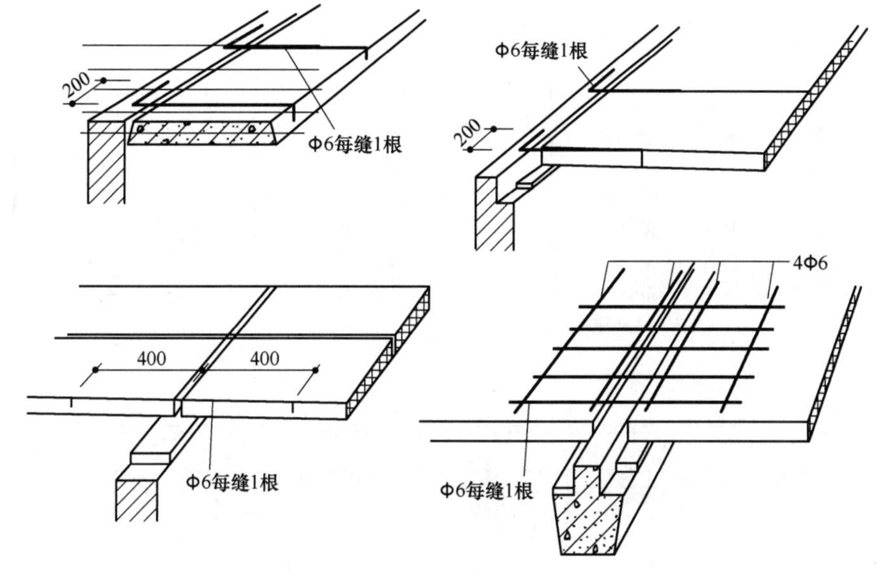

图 3-11　板的锚固做法

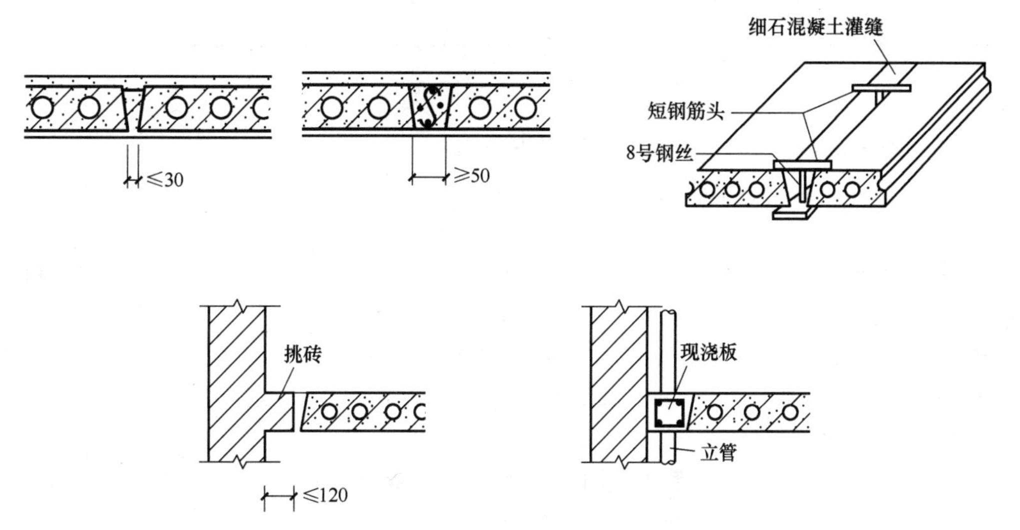

图 3-12　板缝的处理

3. 2. 2　现浇式钢筋混凝土楼板

现浇钢筋混凝土楼板是在施工现场将整个楼板浇筑成整体。现浇钢筋混凝土楼板的优点：整体性好，可塑性好，便于预留孔洞。现浇钢筋混凝土楼板按其支承条件不同，可分为板式楼板、梁式楼板、无梁楼板、压型钢板混凝土组合楼板。

1. 现浇肋梁楼板

现浇肋梁楼板由板、次梁、主梁现浇而成。根据板的受力状况不同，有单向板肋梁楼板、双向板肋梁楼板。单向板的平面长边与短边之比不小于 3，可认为这种板受力后仅向短边传递。双向板的平面长边与短边之比不大于 2，受力后向两个方向传递，短边受力大，长边受力小。如图 3-13 所示，单向板肋梁楼板，板由次梁支承，次梁的荷载传给主梁。

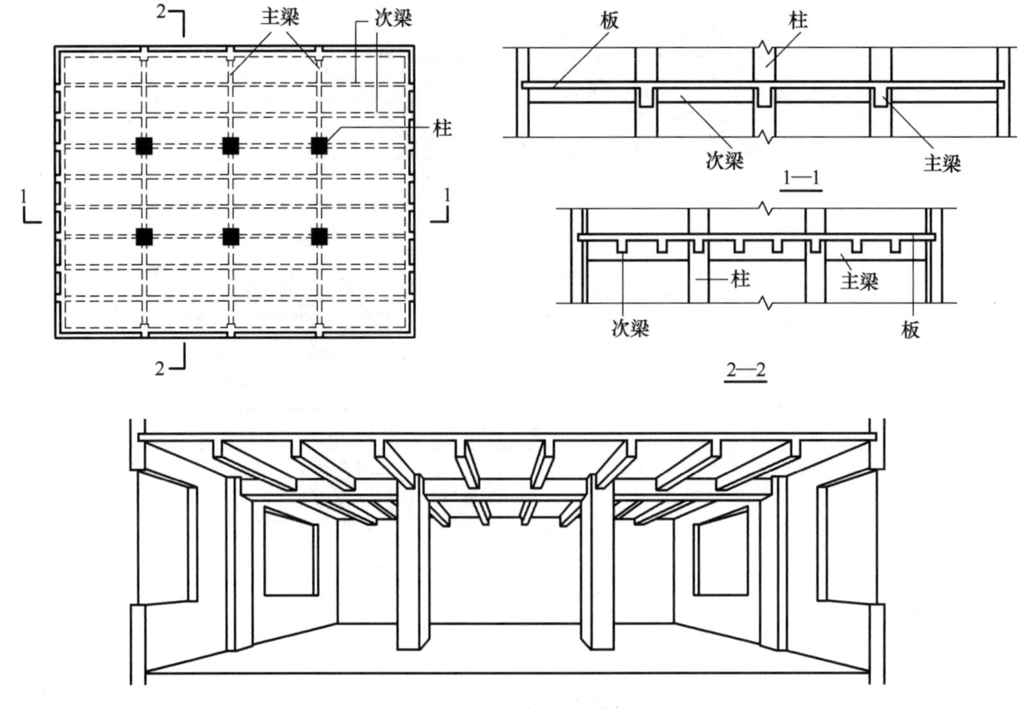

图 3-13　现浇肋梁楼板

在进行现浇肋梁楼板的布置时应遵循以下原则：

1）承重构件，如柱、梁、墙等应有规律地布置，宜做到上下对齐，以利于结构直接传力，受力合理。

2）板上不宜布置较大的集中荷载，自重较大的隔墙和设备宜布置在梁上，梁应避免支撑在门窗洞口上。

3）满足经济要求。一般情况下，常采用的单向板跨度尺寸为 1.7～2.7m，不宜大于 4m。双向板短边的跨度宜小于 4m；方形双向板宜小于 5m×5m。次梁的经济跨度为 4～7m；主梁的经济跨度为 5～8m。

单向板肋梁楼板，梁高一般为跨度的 1/18～1/8，板厚包括在梁高之内，梁宽取高度的 1/4～1/2，板的经济跨度为 3～9m。

双向板肋梁楼板，梁式楼板通常在纵横两个方向都设置梁，有主梁和次梁之分。主梁和次梁的布置应整齐有规律，并应考虑建筑物的使用要求、房间的大小与形状以及荷载作用情况等。一般主梁沿房间短跨方向布置，次梁则垂直于主梁布置。对于短向跨度不大的房间，可只沿房间短跨方向布置一种梁即可。梁应避免搁置在门窗洞口上。在设有重质隔墙或承重墙的楼板下部也应布置梁。

另外，梁的布置还应考虑经济合理性。有主次梁的结构布置中，一般主梁的经济跨度为 5～8m，高度为跨度的 1/15～1/8，宽度为高度的 1/4～1/2。次梁的跨度（即主梁的间距），一般为 4～6m，高度为跨度的 l/18～l/10，宽度为高度的 1/4～1/2。次梁的间距（即板的跨度），一般为 1.7～3.6m，不宜大于 4m。板的厚度一般为 60～80mm。

2. 井式楼板

当肋梁楼板的两个方向的梁不分主次、高度相等、同位相交、呈井字形时，则称为井式楼板（图 3-14）。井式楼板的板为双向板，所以，井式楼板也是双向板肋梁楼板。井式楼板的梁可正交也可斜交，两个方向的梁互相支撑，所以跨度大，可达到 20~30m，梁的间距一般为 3m 左右。

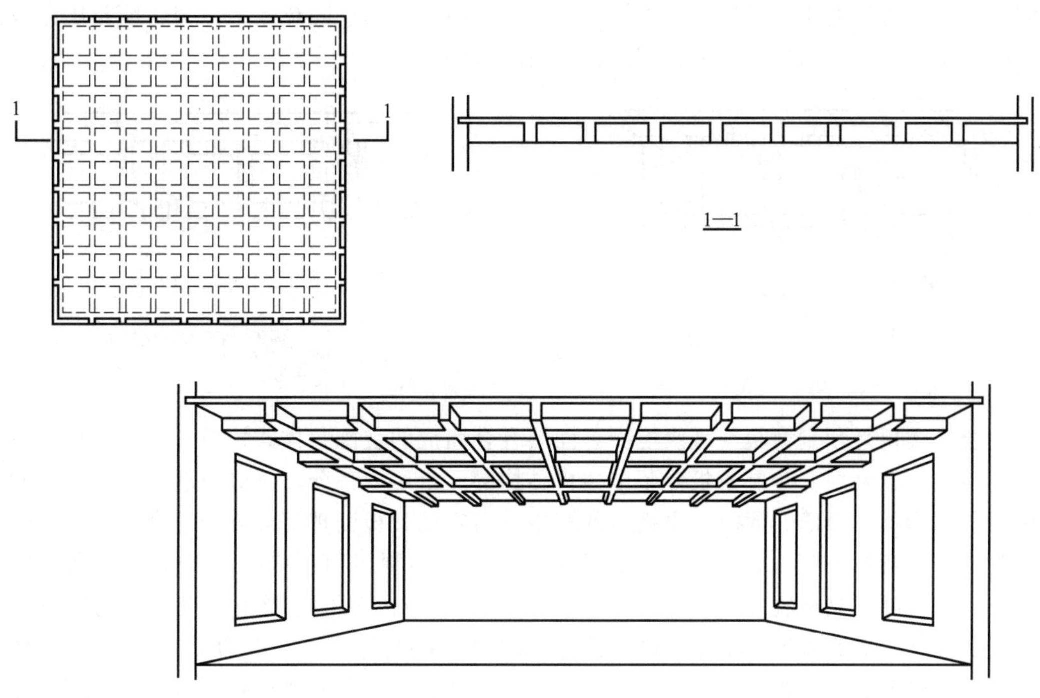

图 3-14 井式楼板

3. 无梁楼板

无梁楼板不设梁，直接将板支承于柱上（图 3-15）。无梁楼板是一种双向受力的板柱结构。为了提高柱顶处平板的受冲切承载力，往往在柱顶设置柱帽，以增加板在柱上的支承面积。无梁楼板采用的柱网通常为正方形或接近正方形，这样较为经济。通常的柱网尺寸为 6m 左右。采用无梁楼板，顶棚平整，但楼板较厚，当楼面荷载较小时不经济。无梁楼板常用于商场、仓库、多层车库等建筑内。

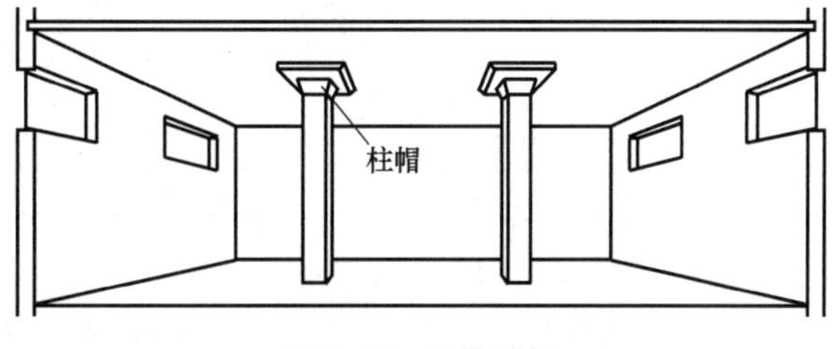

图 3-15 无梁楼板

无梁楼板的抗侧刚度较差，当层数较多或有抗震要求时，宜设置剪力墙，形成板柱-剪力墙结构。

3.2.3 装配整体式钢筋混凝土楼板

1. 密肋填充块楼板

密肋空心砖楼板通常是以空心砖或空心矿渣混凝土块作为肋间填块，并现浇密肋和板而成的楼面结构。密肋填充块楼板由密肋楼板和填充块叠合而成（图 3-16）。

密肋楼板有现浇密肋楼板、预制小梁现浇楼板等。预制小梁现浇楼板是在预制小梁上现浇混凝土板，小梁截面小而密排，通常板跨为500~1000mm，小梁高为跨度的1/25~1/20，梁宽常为70~100mm。现浇板厚为50~60mm（图3-17）。

密肋楼板由布置较密的肋（梁）与板构成，密肋楼板间填充块，常用陶土空心砖或焦渣空心砖。密肋填充块楼板地面平整，有较好的隔声、保温、隔热效果。密肋填充块楼板由于肋间距小，肋的截面尺寸不大，使楼板结构所占的空间较小。

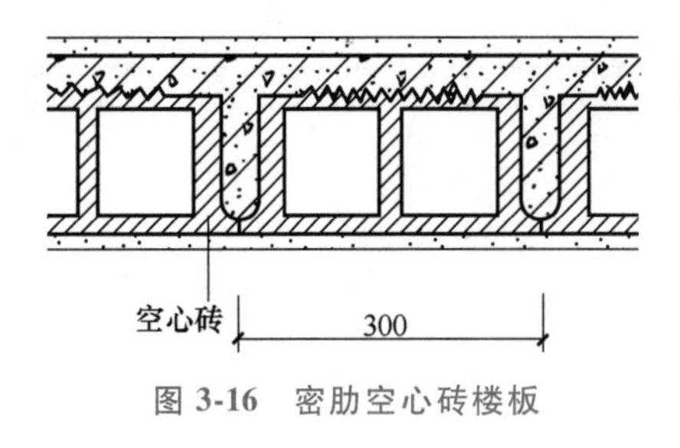

图3-16　密肋空心砖楼板

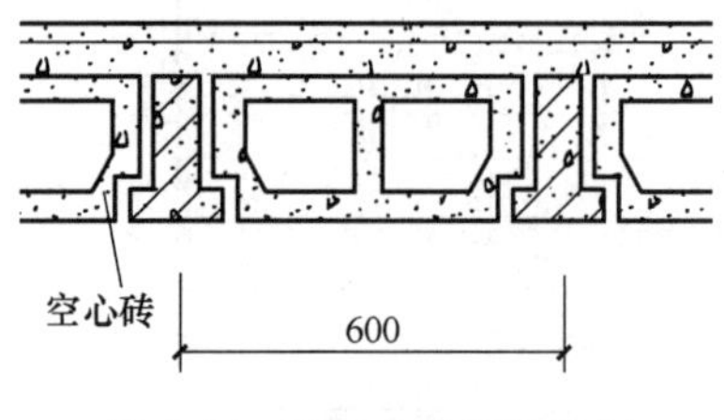

图3-17　预制小梁现浇楼板

2. 叠合式楼板

叠合式楼板是预制薄板与现浇混凝土面层叠合而成的装配整体式楼板，它省模板，整体性好，但施工较麻烦。预制薄板是整个楼板结构的一个组成部分。预应力混凝土薄板内配以高强钢丝作为预应力筋，同时也是楼板的跨中受力钢筋，板面现浇混凝土叠合层，只需配置少量的支座负弯矩钢筋。叠合式楼板的常用做法是在预制板面浇70~120mm厚钢筋混凝土现浇层，或先将预制板缝拉开60~150mm并配置钢筋，再现浇混凝土现浇层。现浇叠合层的混凝土强度等级为C20。叠合式楼板的总厚取决于板的跨度，一般为150~250mm，楼板厚度以薄板厚度的2倍为宜。为了保证预制薄板与叠合层有更好的连接，薄板上表面需做处理，常见的有两种：一种是在上表面做刻槽处理（图3-18a），刻槽直径50mm、深20mm、间距150mm；另一种是在薄板上表面露出较规则的三角形的结合钢筋（图3-18b）。

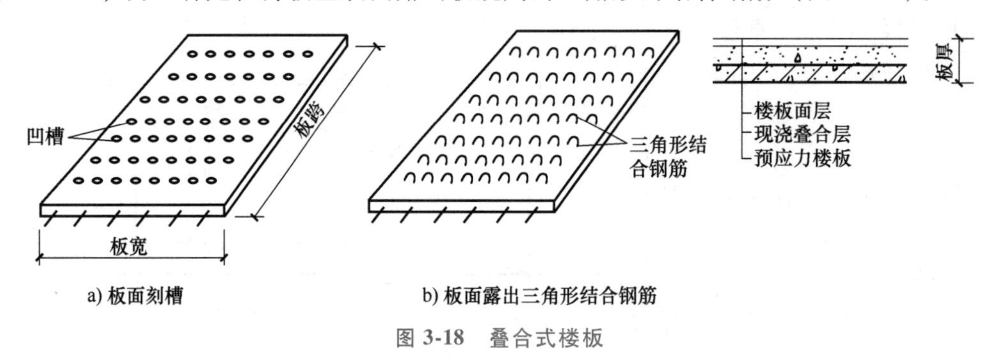

图3-18　叠合式楼板

目前，装配整体式楼板发展较快，很多预制板厂家不断推陈出新，研究并制作出新的预制板。装配整体式楼板的预制板可以是压型钢板，也可以是钢筋混凝土板。预制钢筋混凝土板有单向受力和双向受力两种，预制底板按受力分为预制混凝土底板和预制预应力混凝土底板。预制混凝土底板为增强刚度采用桁架钢筋混凝土底板；预制预应力混凝土底板分为平板、带肋板和空心板。底板厚度不小于60mm，现浇叠合板的厚度不小于60mm。跨度大于3m时采用桁架钢筋混凝土底板；跨度大于6m时采用带肋板和空心板；厚度大于180mm时采用大孔板。

（1）桁架钢筋混凝土叠合楼板　它是在普通预制平板的基础上，先增设纵向钢筋桁架，再现浇钢筋混凝土叠合层而成（图 3-19）。底板厚 60mm，叠合层厚 70～90mm。预制板宽 1200～2400mm，单向板的跨度为 2700～4200mm，双向板的跨度为 3000～6000mm，均为 300mm 模数增长。桁架钢筋混凝土叠合楼板在装配式剪力墙结构中的应用，如图 3-20 所示。

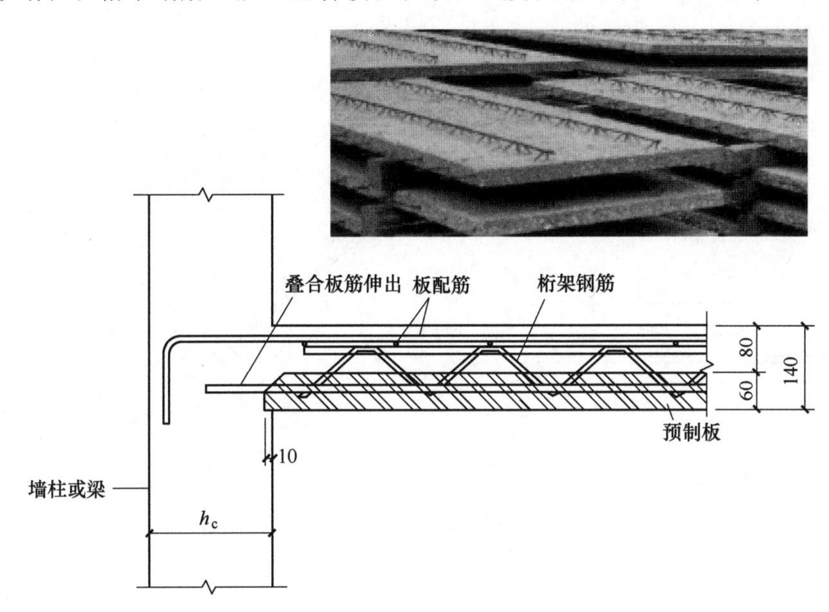

图 3-19　桁架钢筋混凝土叠合楼板

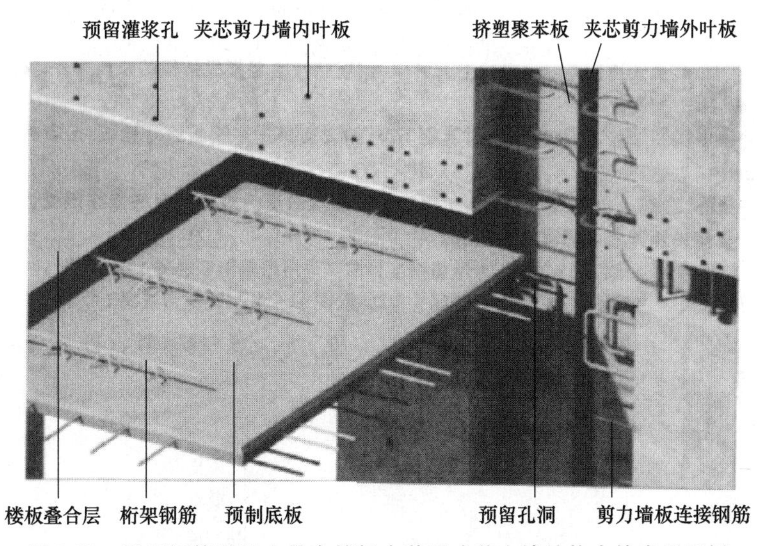

图 3-20　桁架钢筋混凝土叠合楼板在装配式剪力墙结构中的应用示例

（2）预制带肋底板混凝土叠合楼板　预制带肋底板混凝土叠合楼板是在预留洞口的预制带肋底板上配筋并浇筑混凝土叠合层形成的楼板，有预应力和非预应力两种，预应力带肋板跨度大，应用广泛。预应力混凝土带肋底板有单肋板和多肋板两种，单肋板分为宽 500mm 和 600mm 两种，板长 3000～9000mm，以 300mm 为模数递增，断面有矩形（图 3-21a）和 T 形（图 3-21b）两种，矩形用于 3.3m 之内的跨度，T 形用于 3.6m 以上的跨度。

（3）预应力混凝土叠合楼板　预应力混凝土叠合楼板是由预应力混凝土底板与现浇混

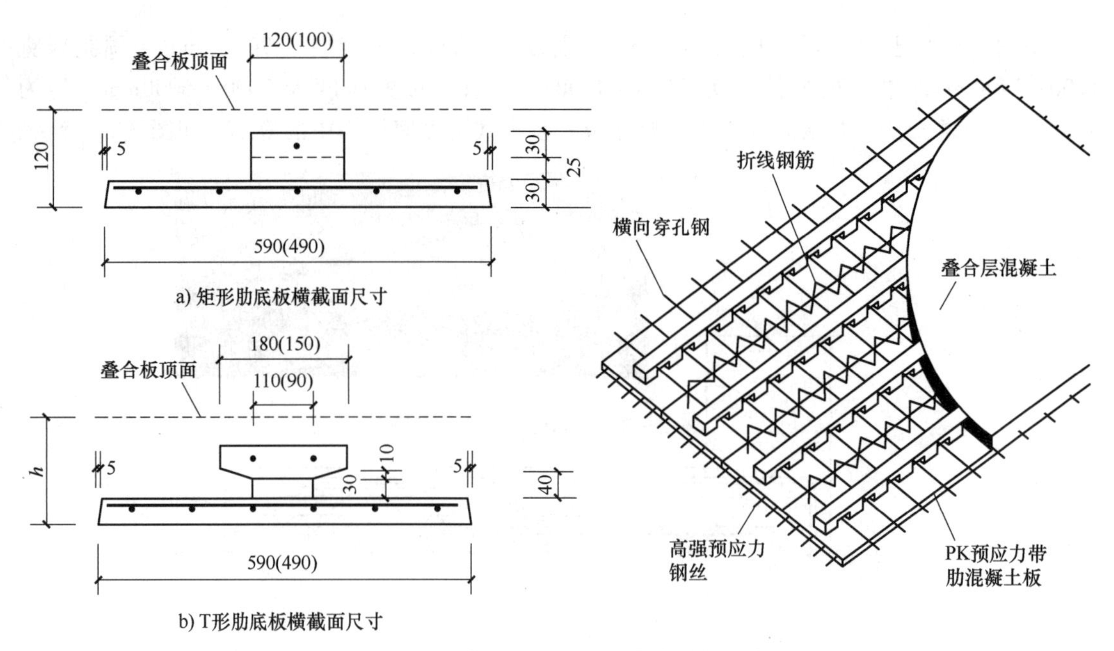

图 3-21　预制带肋底板混凝土叠合楼板示意图

凝土叠合层组合而成的装配整体式楼板。预应力混凝土底板有实心板和空心板两大类，空心板的跨度大，厚度较厚。一般来说，当叠合楼板总厚度大于 180mm 时，宜采用预应力混凝土空心板。预应力混凝土实心叠合楼板通常采用 60mm 厚底板，叠合 70mm、80mm、90mm 厚现浇层，板宽有 600mm、1200mm 两种规格，板跨度为 3000～6000mm，以 300mm 为模数递增。预应力混凝土空心板也有 600mm、1200mm 两种板宽规格，大跨度和厚度与实心板有较大区别，最大跨度可达 9900mm，板厚也增加至 260mm。

3.3　地坪层的构造

地坪层是建筑物底层与土壤相接的构件，它承受着底层地面上的荷载，并将荷载均匀地传给地基。地坪层由面层、垫层和素土夯实层构成。根据需要还可以设各种附加构造层，如找平层、结合层、防潮层、保温层、管道敷设层等，如图 3-22 所示。

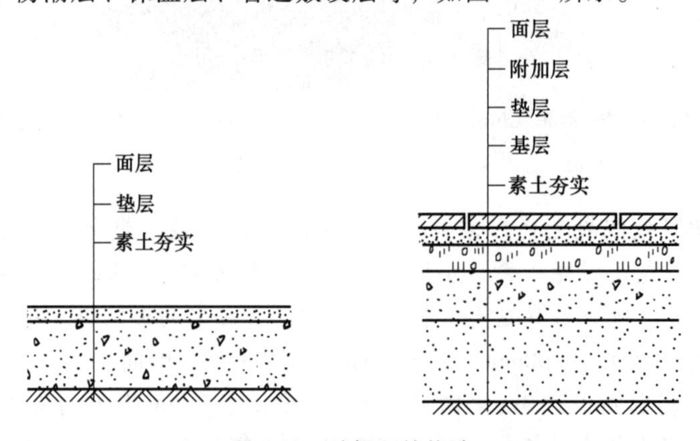

图 3-22　地坪层的构造

1. 素土夯实层

素土夯实层是地坪的基层，也称为地基。地基的填土应选用砂土、粉土、黏性土及其他有效填料，不得使用过湿土、淤泥、腐殖质土、冻土、膨胀土及有机物含量大的土。经分层夯实后，才能承受垫层传下来的地面荷载。通常是分层填 300mm 厚的素土夯实成 200mm 厚，使之能均匀承受荷载。

2. 垫层

垫层是承受并传递荷载给地基的结构层，垫层有刚性垫层和非刚性垫层之分。刚性垫层常用低强度等级混凝土，一般采用 C20 混凝土，其厚度为 80～100mm；非刚性垫层常用 50mm 厚砂垫层、80～100mm 厚碎石灌浆、50～70mm 厚石灰炉渣、70～120mm 厚三合土（石灰、炉渣、碎石）。

刚性垫层用于地面要求较高、薄、性脆的面层，如水磨石地面、瓷砖地面、大理石地面等。面积较大时考虑设置防止变形的分格缝。

非刚性垫层常用于厚而不易断裂的面层，如混凝土地面、水泥制品块地面等。

对某些室内荷载大且地基又较差并且有保温等特殊要求的地方，或面层装修标准较高的地面，可在地基上先做非刚性垫层，再做一层刚性垫层，即复式垫层。

底层地面垫层材料的厚度和要求，应根据地基土特征、地下水特征、使用要求、面层类型、施工条件及技术经济等综合因素确定。不同地基垫层的厚度要求见表 3-3。

表 3-3　不同地基垫层的厚度要求

垫层名称	强度材料等级或配合比	最小厚度/mm
混凝土	≥C15	80
三合土	1∶2∶4(石灰∶砂∶碎砖)	100
灰土	3∶7或2∶8(熟化石灰∶黏性土)	100
砂	—	60
砂土、碎石	—	100
炉渣	1∶6(水泥∶石灰)或1∶1∶6(水泥∶石灰∶炉渣)	80

3. 面层

地坪面层与楼盖面层一样，是人们日常生活、工作、生产直接接触的地方，根据不同房间对面层有不同的要求，面层应坚固耐磨、表面平整、光洁、易清洁、不起尘。地坪面层要求有较好的蓄热性和弹性；浴室、厕所则要求耐潮湿、不透水；厨房、锅炉房要求地面防水、耐火；实验室则要求耐酸碱、耐腐蚀等（表 3-4）。

表 3-4　常用面层材料强度等级和厚度

面层材料	材料强度等级	厚度/mm
混凝土(垫层兼面层)	≥C20	按垫层确定
细石混凝土	≥C20	40～60
水泥砂浆	≥M15	20
现制水磨石	≥C20	≥30
耐磨混凝土(金属骨料面层)	≥C30	50～80

（续）

面层材料		材料强度等级	厚度/mm
钢纤维混凝土		≥CF30	60
陶瓷地砖(防滑地面、釉面地面)		—	8~14
大理石、花岗石板		—	20~40
花岗岩条、块石		≥MU60	80~120
玻璃板(不锈钢压边、收口)		—	12~24
木板、竹板	单层	—	18~22
	双层	—	12~20
橡胶板		—	3

3.4　阳台及雨篷

阳台是楼房各层与房间相连并设有栏杆的室外小平台，是居住建筑中用以联系室内外空间和改善居住条件的重要组成部分。阳台主要由阳台板和栏杆扶手组成。阳台板是阳台的承重结构，栏杆扶手是阳台的围护构件，设于阳台临空一侧。

3.4.1　阳台的类型、组成及要求

阳台按使用要求不同，可分为生活阳台和服务阳台。根据阳台与建筑物外墙的关系，可分为挑（凸）阳台、凹阳台（凹廊）和半挑半凹阳台（图 3-23）。按阳台在外墙上所处位置的不同，有中间阳台和转角阳台之分。

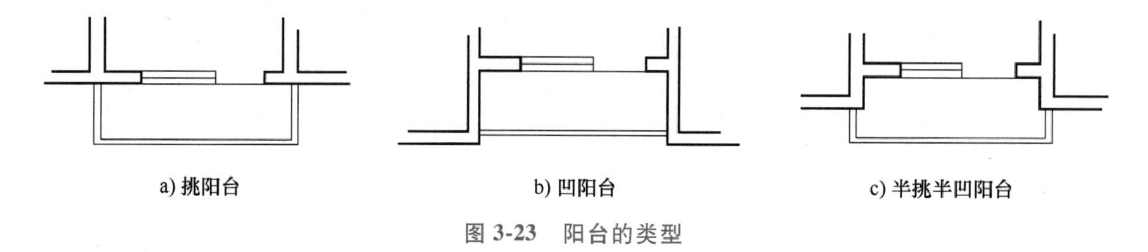

图 3-23　阳台的类型

阳台地面应低于室内地面 60mm 左右，以免雨水流入室内，并应做一定的坡度和布置排水设施，使排水顺畅（图 3-24、图 3-25）。

阳台由承重结构（梁、板）和栏杆组成。阳台的结构及构造设计应满足以下要求：挑阳台及半挑半凹阳台的承重结构均为悬臂结构，阳台挑出长度应满足结构抗倾覆的要求，阳台栏杆、扶手构造应坚固、耐久、实用、美观。

3.4.2　阳台承重结构的布置

钢筋混凝土阳台可采用现浇式、装配式或现浇与装配相结合的方式。当为凹阳台时，阳台板可直接由阳台两边的墙支承，板长与房屋开间尺寸相同，可采用与阳台进深尺寸相同的板铺设；在框架结构体系中，阳台板直接由阳台两侧的梁支承。挑阳台的结构布置可采用挑梁搭板和悬挑阳台板。

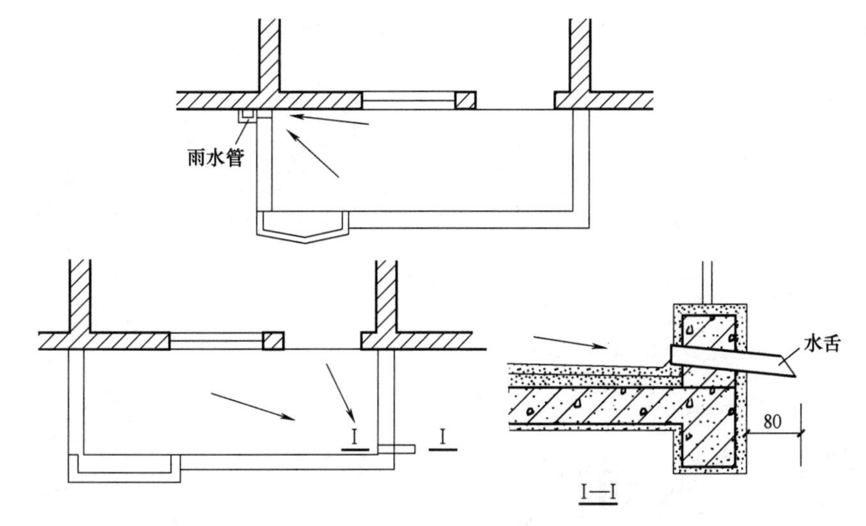

图 3-24　阳台排水处理

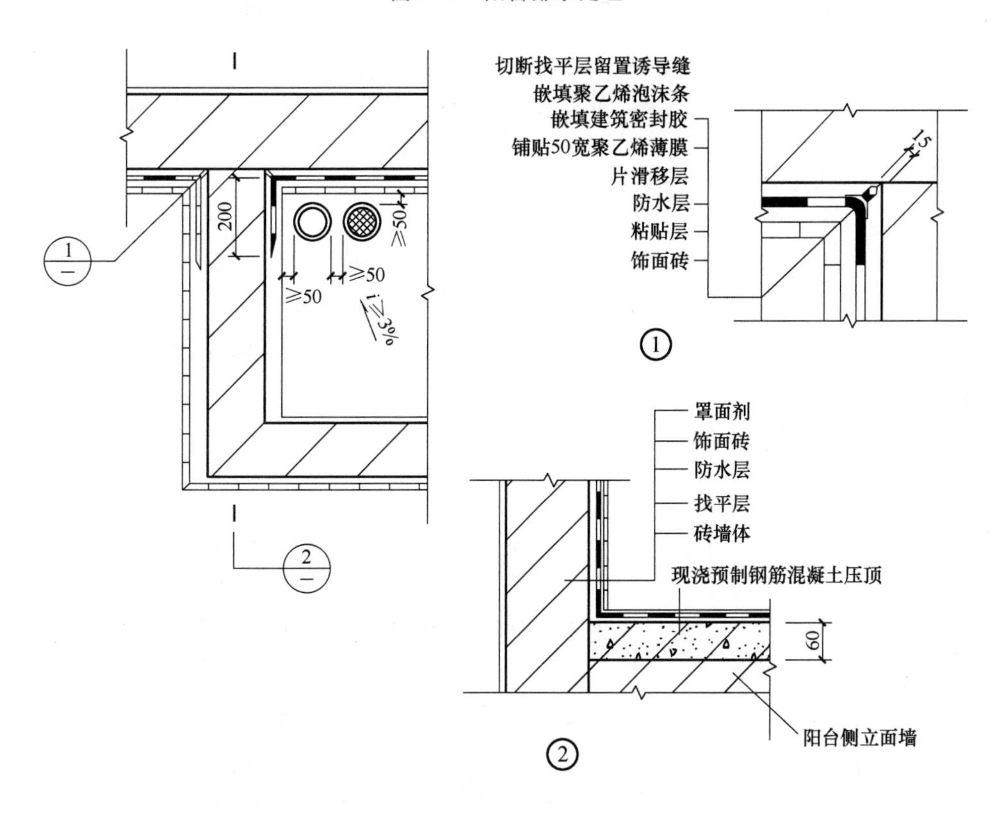

图 3-25　阳台防水细部构造示例

1. 挑梁搭板

在墙承重结构体系中，在阳台两端设置挑梁，挑梁上搭板（图 3-26）。此种方式构造简单、施工方便，阳台板与楼板规格一致。在处理挑梁与板的关系上有两种方式：第一种是挑梁外露，在阳台外侧边上加一边梁封住挑梁梁头，阳台底边平整，使阳台外形较简洁；第二种是设置 L 形挑梁，梁上搁置卡口板，使阳台底面平整，但增加了构件类型。在框架结构

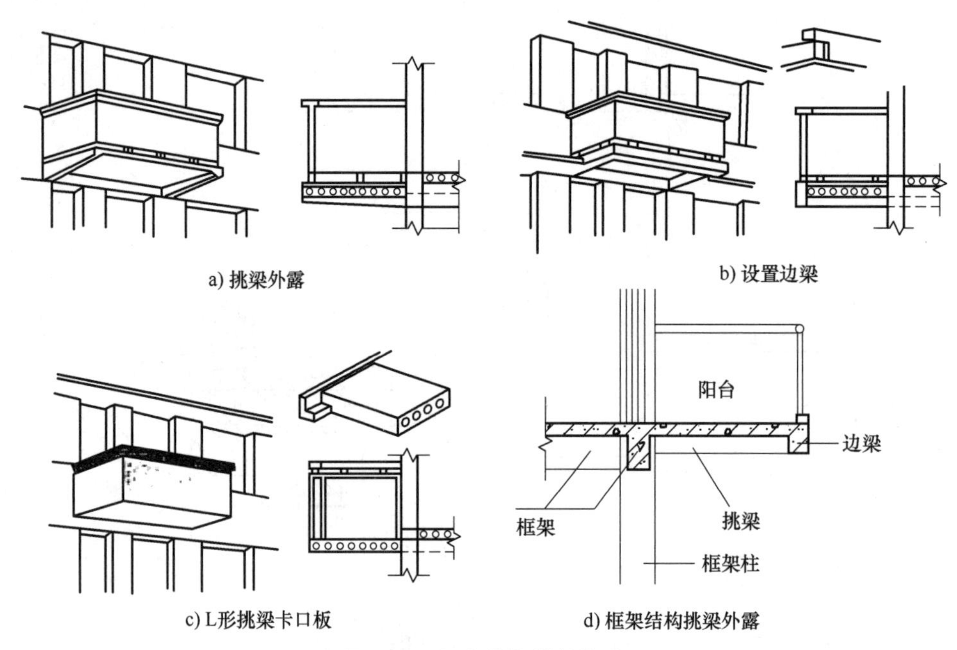

a) 挑梁外露　b) 设置边梁　c) L形挑梁卡口板　d) 框架结构挑梁外露

图 3-26　阳台挑梁搭板构造

中，主体结构的框架梁板出挑，阳台外侧为边梁。

2. 悬挑阳台板

悬挑阳台板即阳台的承重结构由楼板挑出的阳台板构成（图 3-27）。此种方式阳台板底平整，造型简洁，但阳台的出挑长度受限。悬挑阳台板具体的悬挑方式有以下两种：一种是楼板悬挑阳台板，如采用装配式楼板，则会增加板的类型（图 3-27a）；另一种方式是墙梁（或框架梁）悬挑阳台板，通常将阳台板与梁浇在一起（图 3-27b、c），在条件许可的情况

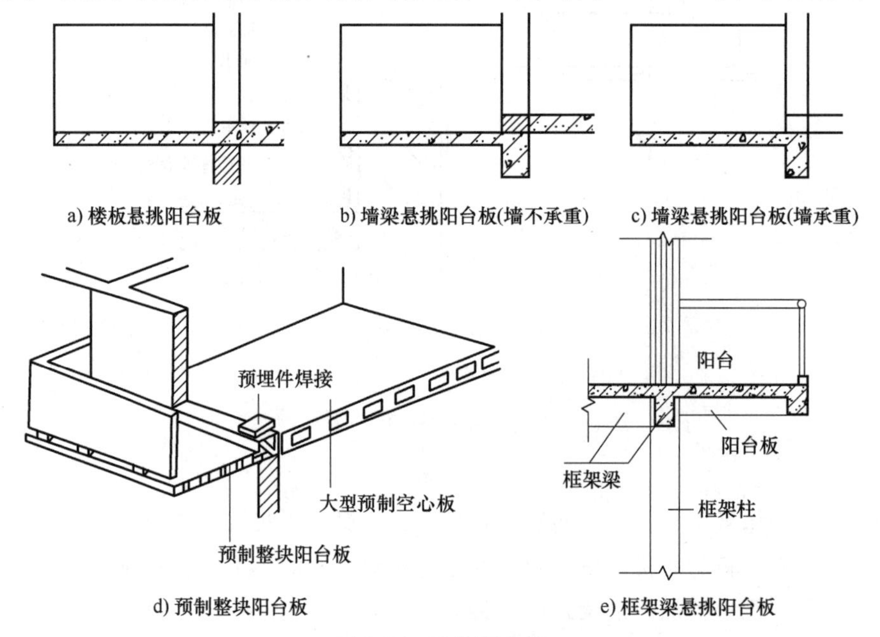

a) 楼板悬挑阳台板　b) 墙梁悬挑阳台板(墙不承重)　c) 墙梁悬挑阳台板(墙承重)　d) 预制整块阳台板　e) 框架梁悬挑阳台板

图 3-27　悬挑阳台板

下，可将阳台板与梁做成整块预制构件，吊装就位后用预埋件与大型预制空心板焊接（图 3-27d）。在框架结构中，由框架梁直接悬挑出板，整个框架结构受力一致（图 3-27e）。

3.4.3 阳台栏杆

根据 GB 55031—2022《民用建筑通用规范》的规定：24m 及以上时，栏杆不应低于 1.10m，栏杆离地面或屋面 0.10m 高度内不宜留空；有儿童活动的场所，栏杆应采用不宜攀登的构造，当采用垂直构件作栏杆时，其杆件净距不应大于 0.11m；住宅阳台栏板或栏杆的净高，六层及六层以下的不应低于 1.05m，七层及七层以上的不应低于 1.10m。封闭阳台栏板或栏杆净高也应满足阳台栏板或栏杆净高的要求。七层及以上住宅和寒冷、严寒地区住宅宜采用实体栏板。

根据阳台栏杆使用材料的不同，分为金属栏杆、砖栏杆、钢筋混凝土栏杆、玻璃栏杆、混合栏杆。金属栏杆易腐蚀，合金造价较高；砖栏杆自重大，抗震性能差；钢筋混凝土栏杆造型丰富，可虚可实，耐久，整体性好，拼装方便，应用较为广泛。

按阳台栏杆空透的情况不同，有实心栏板、空心栏杆和部分空透的组合式栏杆。栏杆的类型应结合立面造型的需要、使用要求、地区气候特点、人的心理需求、材料的供应情况等进行选择。

1. 钢筋混凝土栏杆构造

（1）栏杆压顶　钢筋混凝土栏杆通常设置钢筋混凝土压顶，并根据立面装修的要求进行饰面处理。预制钢筋混凝土压顶与下部的连接可采用预埋件焊接（图 3-28a）；也可采用榫接坐浆的方式，即在压顶底部留槽，将栏杆插入槽内，并用 M10 水泥砂浆坐浆填实，以增强连接的牢固性（图 3-28b）；还可以在栏杆上留出钢筋，现浇压顶（图 3-28c），这种方式整体性好、坚固，但现场施工较麻烦；也可采用钢筋混凝土栏板顶部加宽的处理方式（图 3-28d），其上可放置花盆。

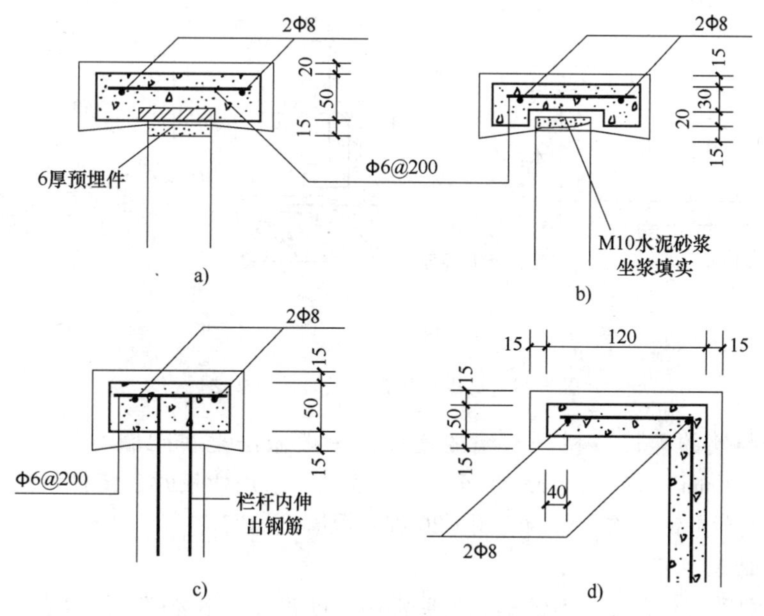

图 3-28　栏杆压顶

（2）栏杆与阳台板的连接　为了阳台排水的需要和物品由阳台板边坠落，栏杆与阳台板的连接处采用 C20 混凝土沿阳台板边现浇挡水带。栏杆与挡水带采用预埋件焊接，或榫接坐浆，或插筋连接（图 3-29）。如采用钢筋混凝土栏板，可设置预埋件直接与阳台板预埋件焊接。

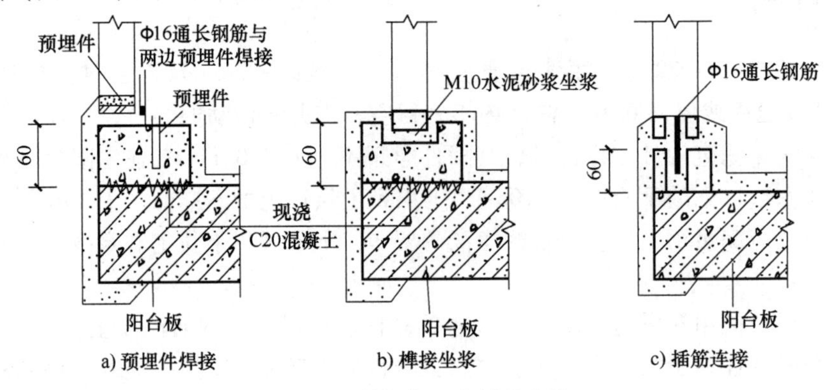

图 3-29　栏杆与阳台板的连接

（3）栏板的拼接　钢筋混凝土栏板的拼接有以下两种方式：一是直接拼接法（图 3-30），即在栏板和阳台板预埋件焊接，构造简单，施工方便；二是立柱拼接法（图 3-31），由于立柱为现浇钢筋混凝土，柱内设有立筋并与阳台预埋件焊接，所以整体刚度好，但施工较麻烦，这种方式在长外廊中采用得较多。

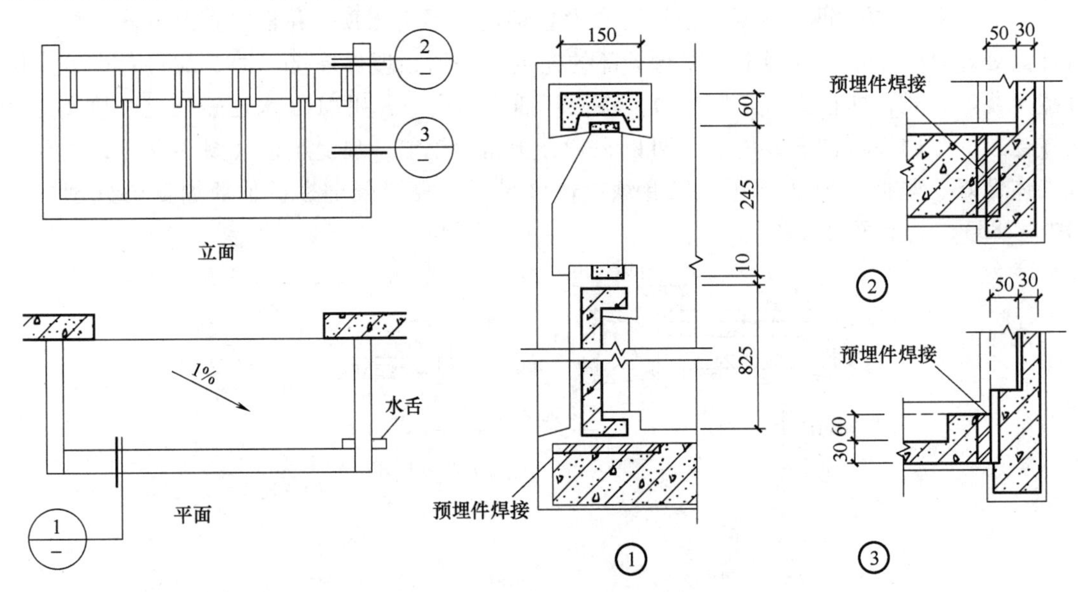

图 3-30　栏板拼接构造（直接拼接法）

（4）栏杆与墙的连接　栏杆与墙的连接的一般做法是在砌墙时预留 240mm（宽）×180mm（深）×120mm（高）的洞，将压顶深入锚固。采用栏板时，将栏板的上下肋伸入洞内，或在栏杆上预留钢筋深入洞内，用 C20 细石混凝土填实。

2. 金属及玻璃栏杆构造

金属栏杆常采用铝合金、不锈钢。玻璃常用厚度较大、不易碎裂或碎裂后不会脱落的玻璃，如各种有机玻璃、钢化玻璃等。玻璃栏杆构造案例如图 3-32 所示。

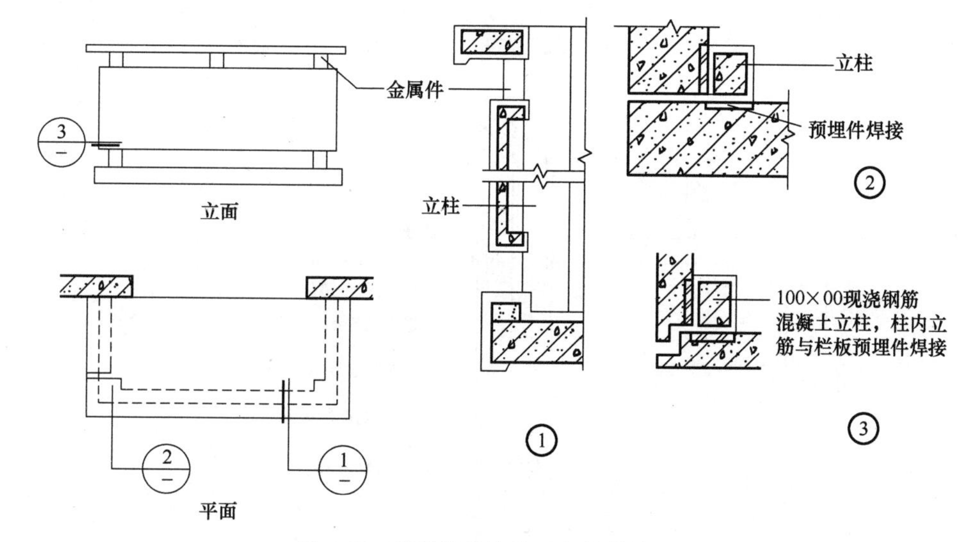

图 3-31 栏板拼接构造（立柱拼接法）

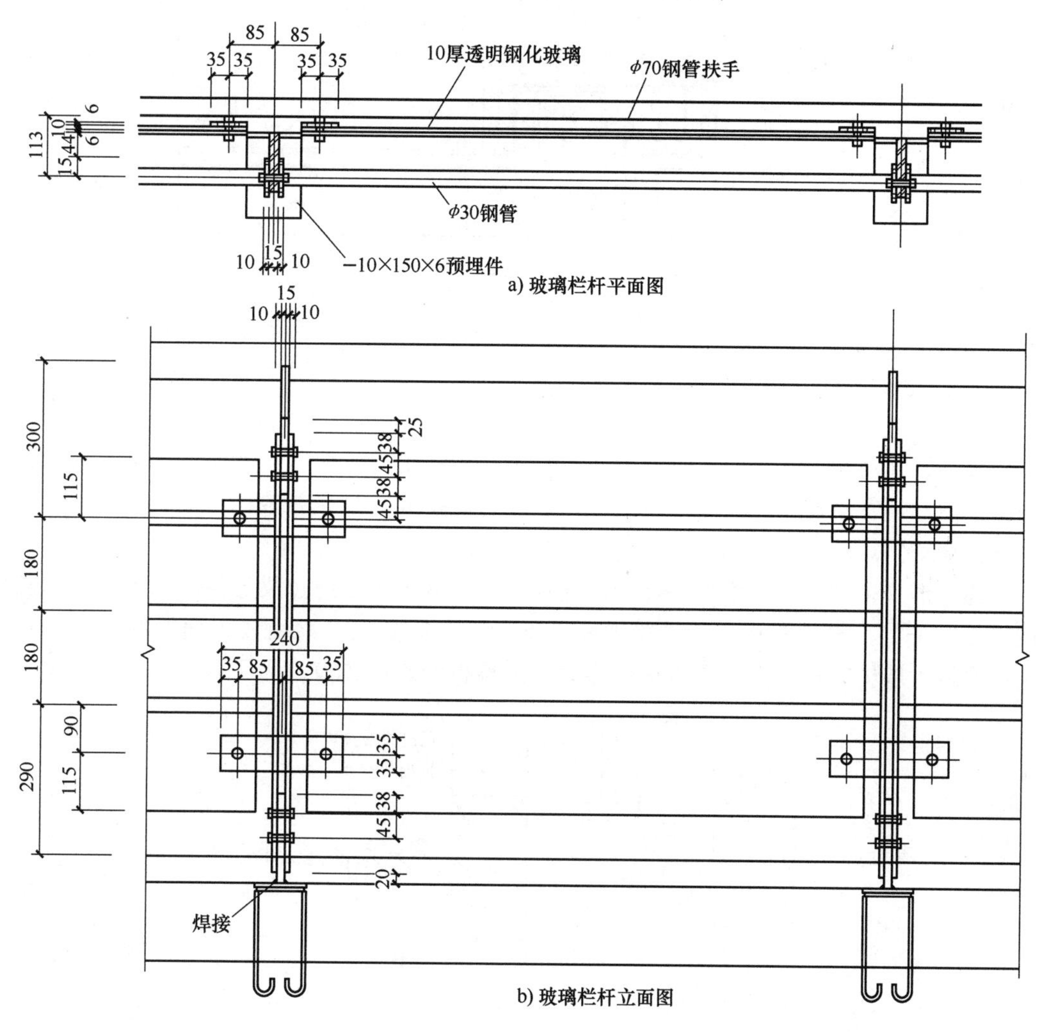

图 3-32 玻璃栏杆构造案例

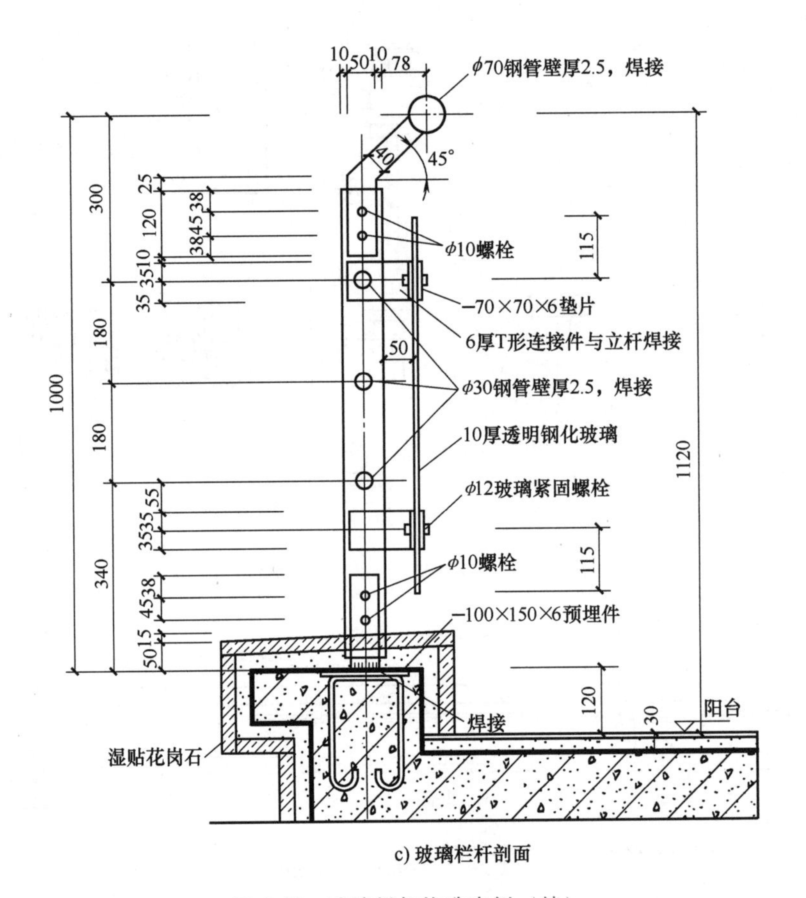

c) 玻璃栏杆剖面

图 3-32　玻璃栏杆构造案例（续）

3.4.4　雨篷

雨篷常设在房屋出入口的上方，为了当雨天人们在出入口处做短暂停留时不被雨淋，并起到保护门和丰富建筑立面造型的作用。雨篷多为悬挑式，悬挑长度为 0.9～1.5m，顶部抹 20mm 厚防水砂浆。

雨篷的形式多种多样。根据雨篷板的支撑不同，有采用门洞过梁悬挑板的方式，即悬挑雨篷（图 3-33a）。悬挑板板面与过梁顶面可不在同一标高上，梁面较板面标高较高，对于防止雨水侵入墙体有利。由于雨篷荷载不大，悬挑板的厚度较薄，为了板面排水的组织和立

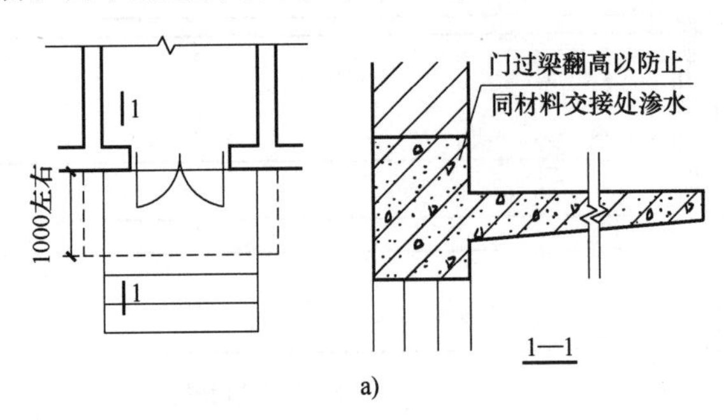

图 3-33　悬挑雨篷构造

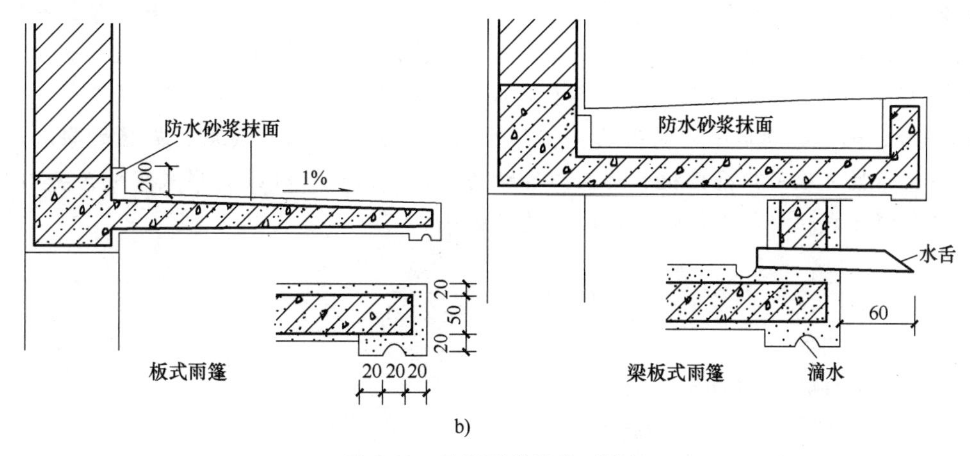

图 3-33 悬挑雨篷构造（续）

面造型的需要，板外檐常做加高处理，采用混凝土现浇或砖砌成，板面需做防水处理，并在靠墙处做泛水（图 3-33b）。

近年来，采用悬挂式雨篷和点支玻璃雨篷轻巧美观，通常用金属和玻璃材料，对建筑入口的烘托和建筑立面的美化起到很好的作用。

◉ 扩展阅读：空中造楼机的施工

工业化智能建造新技术——空中造楼机，是我国自主研发的设备平台及配套建造技术。空中造楼机及建造技术是以机械作业、智能控制方式，实现高层建筑现浇钢筋混凝土的工业化智能建造。它的一个明显特点是将全部的工艺过程，集中、逐层地在空中完成。该设备平台模拟一座移动式造楼工厂，将工厂搬到施工现场，采用机械操作、智能控制手段与现有商品混凝土供应链、混凝土高空泵送技术相配合，逐层进行地面以上结构主体和保温饰面一体化板材同步施工的现浇建造技术，用机器代替人工，实现高层及超高层钢筋混凝土的整体现浇施工建造。

空中造楼机的工作原理：造楼机与楼体通过一个个提前布好的支点连接，其搭载了可承载达数千吨的新一代智能顶模系统，新的楼层建造完成后，该系统会将造楼机和所有装备往上抬升。造楼所需材料也会垂直运输上去，随着造楼机的爬升，各项工艺逐层进行，从下到上形成工厂流水线，让百米高空的建筑施工作业如履平地。

2022 年 11 月，厦门白鹭西塔项目空中造楼机正式投入使用并顺利完成首次顶升。深圳湾区智慧广场的建造应用空中造楼机进行施工，智慧广场包括 1 栋 358. 1m 高的 65 层办公塔楼、1 栋人才公寓及商业空间，建筑面积 19. 58 万 m^2。湾区智慧广场项目于 2022 年 7 月底实现地下室全面封顶，12 月底完成超高层办公楼核心筒 20 层结构。

本章小结

1. 楼地层是水平方向分隔房屋空间的承重构件。楼板层主要由面层、楼板、顶棚三部分组成，楼板层的设计应满足建筑的使用、结构、施工及经济等方面的要求。

2. 钢筋混凝土楼板根据施工方法的不同可分为装配式、现浇式和装配整体式三种。装配式钢筋混凝土楼板常用的板型有平板、空心板、槽形板。现浇式钢筋混凝土楼板有现浇肋梁楼板、井式楼板和无梁楼板。装配整体式楼板有密肋填充块楼板和叠合式楼板。

3. 地坪层由面层、垫层和素土夯实层构成，根据需要有保温、防水等附加层。

4. 阳台、雨篷也是水平方向的构件，阳台应满足安全坚固、实用、美观的要求，中间阳台的结构布置可选用挑梁搭板和悬挑阳台板的方式。阳台栏杆按其形式可分为实心栏杆、空心栏杆和组合式栏杆。雨篷常采用过梁悬挑板式。

思考与练习题

1. 楼盖层与地坪层有什么相同和不同之处?
2. 楼盖层的基本组成及设计要求有哪些?
3. 楼板隔绝固体声的方法有哪三种? 请绘图说明。
4. 常用的装配式钢筋混凝土楼板的类型及其特点和适用范围是什么?
5. 现浇肋梁楼板的布置原则是什么?
6. 地坪层的组成及各层的作用是什么?
7. 简述挑阳台的结构布置。
8. 阳台栏杆的高度应如何考虑?
9. 简述雨篷的作用和形式。

CHAPTER 4 第4章

饰面装修

学习目标

通过本章学习，掌握五种（抹灰类、涂料类、贴面类、裱糊类和铺钉类）墙体装修的构造做法，楼地板装修的两大类型（整体地面和块料地面）的构造做法，吊顶装修的构造特点，地面变形缝的构造，辐射采暖地板的构造做法；理解不同用途材料的特点；重点掌握贴面类墙面装修和块材类地面装修的构造做法。

4.1 概述

饰面装修就是建筑在结构主体完成之后，对结构表面内外墙面、楼地面、顶棚等有关部位进行一系列的加工处理，改善人们的生产或生活环境。

4.1.1 饰面装修的作用

（1）保护作用　保护构件，防止自然、人为因素的破坏，延长使用年限。

（2）改善环境条件，满足房屋的使用功能　改善环境，创造使用条件，改善卫生条件，提高物理性能，增加有效面积（阁楼、壁柜、吊柜、搁板、壁龛等）。

（3）美观作用　美化建筑，提高艺术效果。根据室内外环境的特点，运用不同的线条、不同饰面材料的质地和色彩给人以不同的感受。

4.1.2 饰面装修的设计要求

1. 根据使用功能，确定装修的质量标准

不同等级和功能的建筑，除在平面空间组合中满足其要求外，选择相应的装修材料、构造方案和施工措施，以达到不同的标准。同等建筑，由于所处位置不同装修标准也不同，如临街面和不临街面的外墙。

2. 正确合理地选用材料

建筑装修材料在装修费用中一般占70%左右，装修工程所用材料，量大面广，品类繁多，从黏土砖到大理石、花岗岩，从普通砂、石到黄金、锦缎，价格相差巨大。除重要的公共建筑可采用较高级的装修材料外，对于大量性建筑，既要尽可能因地制宜，就地取材，降低造价，又要保证装饰效果良好。

3. 充分考虑施工技术条件

装修工程不仅要有良好的设计、材料，也要有好的施工技术条件。因此，在设计阶段统筹考虑影响装修做法的各种因素：工期长短、施工季节、具体施工队伍的技术水平，以及施工组织和施工方法等。

4.1.3　饰面装修的基层

饰面装修一般由基层和面层组成，基层即支托饰面层的结构构件或骨架，其表面应平整，并应有一定的强度和刚度。饰面层附着于基层表面起美观和保护作用，它应与基层牢固结合，且表面须平整均匀。

1. 基层处理的原则

(1) 基层应有足够的强度和刚度　为了保证饰面不至于开裂、起壳、脱落，要求基层具有足够承载力和刚度，保证饰面层附着牢固。

(2) 基层表面必须平整　饰面层平整均匀是达到美观的必要条件，对饰面主要部位的基层，如内外墙体、楼地板、吊顶骨架等，在砌筑、安装时必须平整。要求基层表面应平整、饰面材料厚度一致，防止厚度不同引起面层开裂、起壳，甚至脱落，同时影响美观、使用，甚至危及安全。

(3) 确保饰面层附着牢固　饰面层附着于基层表面应牢固可靠，防止饰面层出现开裂、起壳、脱落现象。应根据不同部位和不同性质的饰面材料，采用不同材料的基层和相应的构造连接措施，如粘、钉、抹、涂、贴、挂等使其饰面层附着牢固。

2. 基层的类型

(1) 实体基层　实体基层是指用砖、石等材料组砌或用混凝土现浇或预制的墙体以及预制或现浇的各种钢筋混凝土楼板等。砖、石基层表面粗糙，加之凹进墙面的缝隙较多，故黏结力强，其表面可以做任何一种饰面，做饰面前必须清理基层，除去浮灰，必要时用水冲净。混凝土及钢筋混凝土基层，由于这些构件是由混凝土浇筑成型，为脱模方便，其表面均加机油之类的隔离剂，加上钢模板的广泛采用，构件表面较为光滑平整，为使饰面层附着牢固，施工时必须除掉隔离剂，还须将表面打毛，用水冲去浮尘。轻质填充墙基层的装修，由于各类轻质填充墙基层与钢筋混凝土基层的热膨胀系数不同，在做抹灰面层时容易造成面层开裂、脱落，影响美观和使用，因此在基层处理时，不同基体材料相接处应铺钉金属网，金属网与各基体搭接宽度不应小于 100mm。当轻质填充墙在外墙面抹灰饰面时，基层处理应挂满钢丝网。

(2) 骨架基层　骨架隔墙、架空木地板、各种形式吊顶的基层都属于这一类型。骨架基层由于材料不同，有木骨架基层和金属骨架基层之分。构成骨架基层的骨架通常称为龙骨。木龙骨多为方木，金属龙骨多为型钢或薄壁型钢、铝合金型材等。龙骨中距视表面材料而定，一般不大于 600mm。骨架表面，通常不做大理石等较重材料的饰面层。

4.2　墙面装修

墙面装修是建筑装修中的重要内容，它不仅对提高建筑的艺术效果、美化环境起着很重要的作用，还具有保护墙体功能和改善墙体热工性能的作用。墙面装修按材料和施工方式的不同，常见的墙体饰面可分为抹灰类、涂料类、贴面类、裱糊类和铺钉类等 。

(1) 抹灰类　抹灰类包括水泥砂浆、混合砂浆、水刷石、干粘石、剁斧石（斩假石）、纸筋灰、石膏粉面、膨胀珍珠岩灰浆等。

(2) 涂料类　涂料类包括石灰浆、水泥、大白浆、石灰浆、油漆、乳胶漆、水溶性涂料等。

(3) 贴面类　贴面类包括面砖、马赛克、玻璃马赛克、水磨石板、天然石板、釉面砖、人造石板等。

(4) 裱糊类　裱糊类包括塑料墙纸、金属面墙纸、木纹壁纸、花纹玻璃纤维布、纺织面墙纸及锦缎等。

(5) 铺钉类　铺钉类包括各种金属饰面板、石棉水泥板、玻璃、胶合板、纤维板、石膏板及各种装饰面板等。

本书主要介绍常用的大量性民用建筑的墙体饰面装修的做法。

4.2.1　抹灰类墙面装修

抹灰是我国传统的饰面做法，它是将砂浆涂抹在房屋结构表面的一种装修工程，其材料来源广泛、施工简便、造价低，通过工艺的改变可以获得多重装饰效果，因此在建筑墙体装饰中应用广泛。

1. 抹灰的组成

为保证抹灰的质量，做到表面平整、黏结牢靠、色彩均匀、不开裂，在抹灰前应将基层表面的灰尘污渍等清除干净，并洒水湿润。抹灰层不能太厚，施工时须分层操作。抹灰一般分三层，即底灰（层）、中灰（层）、面灰（层）（图 4-1）。

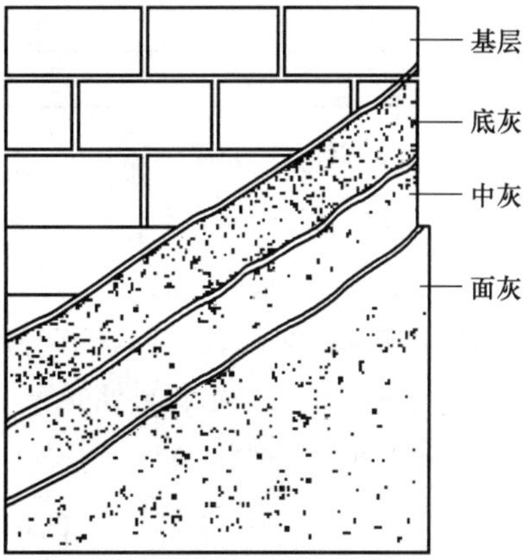

底灰又叫作刮糙，主要起与基层黏结和初步找平的作用。该层的材料与施工操作对整个抹灰质量有较大影响，其用料根据基层情况而定，其厚度一般为 5~7mm。当墙体基层为砖、石基层时，可采用水泥砂浆或混合砂浆打底；当基层为骨架板条基层时，应采用石灰砂浆做底灰，并在砂浆中掺入适量麻刀（纸筋）或其他纤维施工时将底灰挤入板条缝隙，以加强拉结，避免开裂、脱落。

图 4-1　墙面抹灰分层构造

中灰主要起进一步找平作用，材料基本与底层相同。根据施工质量要求，可以一次抹成，也可以分层操作，所用的材料与底层材料相同，中灰厚度为 5~9mm。

面灰主要起到装饰美观作用，要求平整、均匀、无裂痕。厚度一般为 2~8mm。面层不包括在面层上的刷浆、喷浆或涂料。

拉毛抹灰是一种传统的装饰抹灰，除了造成一定的肌理效果外，还用于有声学要求的礼堂、影剧院等的室内墙面（图 4-2）。

抹灰按质量要求和主要工序划分为两种标准，普通抹灰一般由底层和面层组成，当采用

a) 拉直线　b) 拉弧线　c) 滚涂　d) 拉毛

e) 刻印　f) 挤压　g) 推拉

图 4-2　水泥砂浆表面处理

高级抹灰时，还要在面层和底层之间加多层中间层，见表 4-1。

表 4-1　抹灰的两种标准

标准/层次	底灰	中灰	面灰	总厚度/mm
普通抹灰	1层	无	1层	≤20
高级抹灰	1层	数层	1层	≤25

2. 常用抹灰的种类、做法和应用

抹灰按照面层材料及做法分为一般抹灰和装饰抹灰。一般抹灰是指采用砂浆对建筑物的面层进行罩面处理，其主要目的是对墙体表面进行找平处理并形成墙体表面的图层；装饰抹灰更注重抹灰的装饰性，除具有一般抹灰的功能外，还具有特殊的装饰效果。一般抹灰常用的有石灰砂浆抹灰、水泥砂浆抹灰、混合砂浆抹灰、纸筋石灰浆抹灰、麻刀石灰浆抹灰，构造层次见表 4-2。

表 4-2　常用一般抹灰的做法及选用

类别	基层类型	厚度/mm	构造做法
一般抹灰内墙面	各类砖墙	15	面浆（或涂料）抹面，15mm 厚 1∶2.5 石灰膏砂浆打底分层抹平
	混凝土墙 混凝土空心砌块墙	15	面浆（或涂料）抹面，15mm 厚 1∶2.5 石灰膏砂浆打底分层抹平，素水泥浆一道甩毛（内掺建筑胶）
	蒸压加气混凝土砌块墙	18	面浆（或涂料）抹面，15mm 厚 1∶2.5 石灰膏砂浆打底分层抹平，3mm 厚外加剂专用砂浆打底刮糙或专用界面剂一道甩毛喷湿墙面

（续）

类别	基层类型	厚度/mm	构造做法
一般抹灰外墙面	砖墙	18	6mm 厚 1∶2.5 水泥砂浆抹面，12mm 厚 1∶3 水泥砂浆打底扫毛或划出纹道
	混凝土墙、混凝土空心砌块墙 轻骨料混凝土空心砌块墙	18	6mm 厚 1∶2.5 水泥砂浆抹面，12mm 厚 1∶3 水泥砂浆打底扫毛或划出纹道，刷聚合物水泥砂浆一道
	蒸压加气混凝土砌块墙 轻骨料混凝土空心砌块墙	22	10mm 厚 1∶2.5（或 1∶3）水泥砂浆抹面，9mm 厚 1∶3 专用水泥砂浆打底扫毛或划出纹道，3mm 厚专用聚合物砂浆底面刮糙，或专用界面处理剂甩毛喷湿墙面

装饰抹灰按面层材料的不同，可分为石渣类（水刷石、水磨石、干粘石、剁斧石），水泥、石灰类（拉条灰、拉毛灰、洒毛灰、假面砖、仿石）和聚合物水泥砂浆类（喷涂、滚涂、弹涂）等。常见的装饰抹灰饰面做法如图 4-3 所示。石渣类饰面材料是装饰抹灰中使用较多的一类，首先以水泥为胶结材料，以石渣为骨料做成水泥石渣浆作为抹灰面层，然后用水洗、斧剁、水磨等方法除去表面水泥浆皮，或者在水泥砂浆面上甩粘小粒径石渣，使饰面显露出石渣的颜色、质感，具有丰富的装饰效果。装饰抹灰外墙面的做法见表 4-3。

a) 水刷石饰面

b) 剁斧石饰面

c) 干粘石饰面

d) 弹涂饰面

图 4-3　常见的装饰抹灰饰面做法

表 4-3　装饰抹灰外墙面的做法（砖石基层）

种类	厚度/mm	构造做法
水刷石墙面	21	8mm 厚 1∶15 水泥石子（小八厘）或 8mm 厚 1∶25 水泥石子（中八厘）抹面，刷素水泥浆一道（内掺水重 5%的建筑胶），12mm 厚 1∶3 水泥砂浆打底扫毛或划出道纹
剁斧石墙面	23	斧剁斩毛两遍成活，10mm 厚 1∶2 水泥石子（米粒石内掺 30%石屑）面层赶平压实，刷素水泥浆一道（内掺水重 5%的建筑胶），12mm 厚 1∶3 水泥砂浆打底扫毛或划出纹道
干粘石墙面	20	刮 1mm 厚建筑胶素水泥浆黏结层（重量比＝水泥∶建筑胶＝1∶0.3），干粘石面层拍平压实（粒径以小八厘略掺石屑为宜，与 6mm 厚水泥砂浆层干粘石墙面连续操作），6mm 厚 1∶3 水泥砂浆打底抹平，12mm 厚 1∶3 水泥砂浆打底扫毛或划出纹道

4.2.2　涂料类墙面装修

涂料饰面是在木基层表面或抹灰饰面的面层上喷、刷涂料的饰面装修。建筑涂料材源广，装饰效果好，造价低，操作简单，工期短，工效高，自重轻，维修、更新方便，因而在饰面装修工程中得到较为广泛的应用。建筑涂料的分类如下：

1）按其主要成膜物的不同，可分为有机涂料、无机高分子涂料、有机无机复合涂料。

2）按所用稀释剂的不同，分为溶剂型涂料、水溶性涂料。

3）按建筑涂料的功能不同，分为装饰涂料、防火涂料、防水涂料、防腐涂料、保温涂料、防霉涂料、防静电涂料等。

4）按涂料的厚度和质感，分为薄质涂料、厚质涂料、复层涂料。

5）按建筑物的使用部位，可分为外墙涂料、内墙涂料、地面涂料、顶棚涂料和屋面防水涂料。

1. 无机涂料

以无机材料为主要成膜物，其主要原料来源于自然界，如碳酸钙、生石灰、滑石粉等矿物质，加入适量胶即可制成粉刷石灰浆。常用的有无机硅酸盐水玻璃涂料、聚合物水泥类涂料等。无机涂料具有保护性好、耐火、耐碱、耐老化等性能，但耐水性差，涂抹质地松弛，易起皮。无机涂料适用于内墙，有石灰浆、大白浆、色粉浆、可赛银浆等。刷浆与涂料相比，价格低廉但不耐久。

（1）石灰浆　用石灰膏化水而成，根据需要可掺入颜料。为增强灰浆与基层的黏结力，可以在浆中掺入 108 胶或聚醋酸乙烯乳液，其掺入量为 20%～30%。石灰浆涂料的施工要等到墙面干燥后进行，喷或刷两遍即成。石灰浆的耐久性、耐水性及耐污染性较差，主要用于室内墙面、顶棚饰面。

（2）大白浆　由大白粉掺入适量胶料配制而成。大白粉为一定细度的碳酸钙粉末。常用乳料有 108 胶和聚醋酸乙烯溶液，其掺入量和渗入量分别为 15% 和 8%～10%，以掺乳胶者居多。大白浆可掺入颜料而成色浆。大白浆覆盖力强，涂层细腻洁白，且货源充足，价格低，施工、维修方便，广泛使用于室内墙面及顶棚。

（3）可赛银浆　由碳酸钙、滑石粉与酪素胶配制而成的粉末状材料。产品有白、杏黄、浅绿、天蓝、粉红等。使用时先用温水将粉末充分浸泡，使酪素胶充分溶解，再用水调制成需要的浓度即可。可赛银浆质细、颜色均匀，其附着力以及耐磨、耐碱性均较好。可赛银浆主要用于室内墙面及顶棚。

2. 有机涂料

（1）水溶性涂料　水溶性涂料以水溶性合成树脂为主要成膜物，水为稀释剂，加入适量的颜料、填料及辅助材料等，研磨而成。水溶性涂料可直接溶于水中，具有一定的装饰性和保护性，一般用于室内。其原材料丰富，造价较低，施工方便。但其耐水性、耐候性较差，易起皮、开裂、脱落。

常用的水溶性涂料有聚乙烯醇水玻璃内墙涂料（俗称 106 内墙涂料）、聚乙烯醇缩甲醛（SJ-803 内墙涂料）等内墙涂料。聚乙烯醇涂料是以聚乙烯醇树脂为主要成膜物质，优点是不掉粉，造价不高，施工方便，有的还能经受湿布擦洗，主要用于内墙。

真石漆由丙烯酸树脂、彩色砂粒、各类辅助剂组成。与真材石质相似，色彩丰富，具有不燃、防火、耐久等优点，施工方便，对基层的限制较少，适用于宾馆、剧场、办公楼等场所的内外墙饰面。

（2）乳液涂料（乳胶漆）它是以一种以合成树脂为主要成膜物，加入适量的颜料、填料及辅助材料等，研磨而成。乳液涂料具有较好的耐候性、耐水性，有亚光、高光不同类型；通过添加不同助剂，有抗菌、防裂、耐污等性能；它属于高级涂料，用于内外墙；内墙用的具有防霉杀菌、净化空气等功能的纳米乳胶漆，品种多，通常以合成树脂乳液命名，如丙烯酸酯乳胶漆、聚酯酸乙烯乳胶漆、环氧树脂乳胶漆等。乳液涂料以水为分散介质，无毒，不污染环境。其特点是涂料多孔、透气，故可在干燥的基层上涂刷；干燥快、工期短；可擦洗，易清洁，装饰效果好。若加入粗填料（如云母粉、粗砂）配成厚质涂料可以用于外墙，其做法如图 4-4 所示。

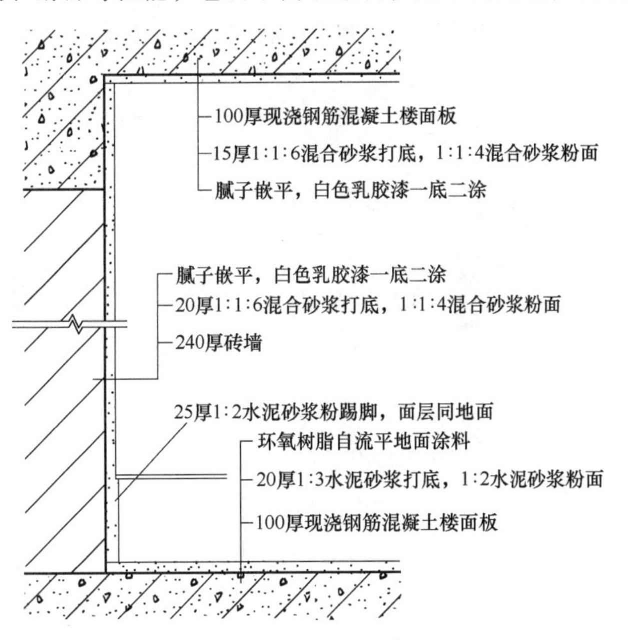

图 4-4 某室内粉刷面层做法实例

（3）溶剂性涂料　溶剂性涂料是以高分子合成树脂为主要成膜物质，有机溶剂为稀释剂，加入一定量颜料、填料及辅料，经辊轧塑化、研磨、搅拌、溶解、配置而成的一种挥发性涂料。这类涂料一般有较好的硬度、光泽、耐水性、耐蚀性以及耐老化性，但施工时有机溶剂挥发，污染环境。施工时要求基层干燥，除个别品种外，在潮湿基层上施工易产生起皮、脱落。这类涂料主要用于外墙饰面。

3. 复合涂料

复合涂料由有机涂料、无机涂料结合而成的涂料，取长补短。常用的复合涂料有丙烯酸酯乳液与硅溶胶复合涂料结合的复合涂料，苯丙乳液和硅溶胶复合涂料结合的复合涂料，丙烯酸酯乳液、环氧树脂与硅溶胶复合涂料结合的复合涂料等。它有两种复合形式：一种是混合配置；另一种是两类涂料涂层的复合装饰，先后涂抹。复合涂料一般用于室内墙面。

4. 硅藻泥内墙涂料

它是以硅藻泥为主要原材料，增加各种助剂的粉末形成的装饰涂料。其色彩柔和，具有净化空气、调节湿度、阻火阻燃、吸音降噪、保温隔热等优点，可以替代乳胶漆和墙纸；但色彩单一、质感较硬、防水性差，价格昂贵、施工工艺要求高。硅藻泥内墙涂料一般用于室内墙面。

5. 氟碳树脂涂料

它是一类性能优于其他建筑涂料的新型涂料。由于采用具有特殊分子结构的氟碳树脂，具有突出的耐候性、耐沾污性及耐腐性能。作为外墙涂料，其耐久性可达 15~20 年，可称之为超耐候性建筑涂料。氟碳树脂涂料特别适用于有高耐候性、高耐沾污性要求和有防腐要求的高层建筑及公共、市政建筑，其不足之处是价格偏高。

另外，涂料类墙面的腻子（又称为填泥）是平整墙体表面的一种装饰型材料，是一种厚浆状涂料，是涂料粉刷前必不可少的一种材料。成品腻子分一般型腻子（Y 型）和耐水型腻子（N 型）。一般型腻子由双飞粉（碳酸钙）、淀粉胶（遇水融化）、纤维素组成。耐水型腻子由双飞粉、灰钙粉、有机胶粉、保水剂等组成，具有耐水性、耐碱性和较高的黏结强度。抹灰是初找平，刮腻子是精找平，抹灰在前，刮腻子在后。刷涂料之前要用腻子三遍精找平。

混凝土墙、抹灰内墙、立筋板材墙表面工程的涂料施工的主要工序：清扫基底面层→填补缝隙、局部刮腻子→磨平→第一遍满刮腻子→磨平→第二遍满刮腻子→磨平→涂封底涂料→涂主层涂料→第一遍罩面涂料→第二遍罩面涂料。各种基层的做法如图 4-5 所示。

图 4-5　涂料墙面装修做法示例

底漆和面漆：刷底漆的主要目的是防止返碱。所谓返碱，是指水泥中的碱性物质透过涂料，渗透出来。其主要表现就是涂料表面会有一层白色的粉末。刷底漆的另一个目的是节约面漆。同样的墙面，刷与不刷底漆之间可以有 20% 的涂料节约量。底漆并不是非刷不可，一般来说，当水泥墙面有足够长的保养期时，就可以不刷。例如，三五年的老墙面，就可以不刷底漆，直接刷面漆。如果刮腻子的话，就一定要刷底漆，大部分的腻子都是碱性的。

4.2.3 贴面类墙面装修

1. 面砖饰面

面砖多数是以陶土或瓷土为原料，压制成型后经焙烧而成。由于面砖不仅可以用于墙面装饰，也可以用于地面，所以被人们称为墙地砖。常见的面砖有釉面砖、无釉面砖等。釉面砖是用于建筑内墙装饰的薄板状精陶制品，有时也称为瓷片。釉面砖的结构由两部分组成，即坯体和表面釉彩层。釉面砖除白色和彩色外，还有图案砖、印花砖以及各种装饰釉面砖等，主要用于内外墙面以及厨房、卫生间的墙裙贴面。用釉面砖装饰建筑物内墙，可使建筑物具有独特的干净卫生、易清洗和清新美观的建筑效果。

无釉面砖俗称外墙面砖，主要用于高级建筑外墙面装修。外墙面砖坚固耐用，色彩鲜艳，易清洗，防火，防水，耐磨，耐腐蚀，维修费用低。较大尺寸的面砖作为外墙装饰材料容易脱落，具有安全隐患。

面砖安装前首先将表面清洗干净，然后将面砖放入水中浸泡，贴前取出晾干或擦干。面砖安装时用 1∶3 水泥砂浆打底并划毛，后用 1∶0.3∶3 水泥石灰砂浆或用掺有 108 胶（水泥用量 5%～10%）的 1∶2.5 水泥砂浆满刮于面砖背面，其厚度不小于 10mm，最后将面砖贴于墙上，轻轻敲实，使其与底灰粘牢。一般面砖背面有凹凸纹路，更利于面砖粘贴牢固（图 4-6）。对于外墙的面砖，常在面砖之间留有一定缝隙，以利于湿气排除。内墙面为便于擦洗和防水，则要求安装紧密，不留缝隙。面砖如被污染，可用浓度为 10% 的盐酸洗刷，并用清水洗净。

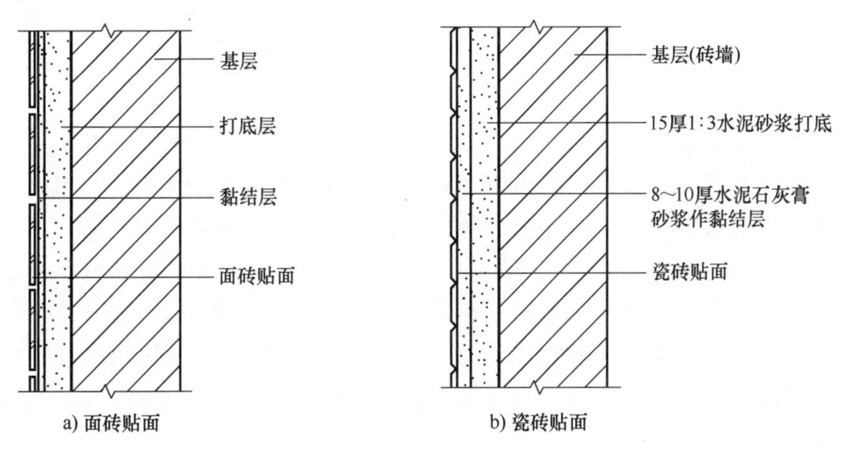

图 4-6　面砖饰面构造

2. 陶瓷马赛克饰面

陶瓷马赛克是高温烧结而成的小型块材，为不透明的饰面材料，其表面致密光滑，坚硬耐磨，耐酸耐碱，一般不易变色。它尺寸小，花色多，可拼成各种花纹图案。玻璃马赛克又称为玻璃锦砖。玻璃马赛克吸水性差，反面略向内凹，并有沟槽，断面呈梯形。

（1）饰面陶瓷类贴面的做法　作为外墙装修，首先多采用 10~15mm 厚 1：3 水泥砂浆打底、5mm 厚 1：1 水泥砂浆黏结层，然后粘贴各类装饰材料；也可在黏结层内掺入 10%以下的 107 胶，其黏结层厚可减为 2~3mm。作为内墙装修，多采用 10~15mm 厚 1：3 水泥砂浆或 1：3：9 水泥、石灰膏、砂浆打底，8~10mm 厚 1：0.3：3 水泥、石灰膏砂浆黏结层，外贴瓷砖。

（2）陶瓷马赛克和玻璃马赛克　铺贴时，首先按设计的图案将小块的面材正面向下贴于 500mm×500mm 的牛皮纸上，然后牛皮纸面向外将陶瓷马赛克贴于基层，并在牛皮纸反面每块间的缝隙中抹以白水泥浆（加 5%108 胶），最后将整块牛皮纸粘贴在黏结层上，半小时左右用水将牛皮纸洗掉。

3. 石材贴面类墙面装修

装饰用的石材有天然石材和人造石材之分，按其厚度分有厚型和薄型两种，通常厚度为 30~40mm 的称为板材，厚度为 40~130mm 的称为块材。

（1）石材的类型　常用的天然石材有大理石、花岗石和青石等。

1）大理石又称为云石。大理石的主要成分是碳酸钙，抗压强度为 700~1500kg/cm^2。化学稳定性差，极不耐酸。纯大理石为白色，称为汉白玉，含碳则呈黑色，含氧化铁则呈玫瑰色、砖红色，含氧化亚铁、铜、镍则呈绿色，含锰则呈紫色。除汉白玉、艾叶青外，其他大理石不适用于室外装修。

2）花岗石是一种长石、石英和少量云母组成的火成岩。花岗岩抗压强度为 1200~2500kg/cm^2，缺点是难于开凿。花岗石具有良好的抗酸碱和抗风化能力，耐用期可达 100~200 年。根据对石板表面加工方式的不同，花岗石可分为剁斧石、蘑菇石和磨光石三种。

3）青石是一种长期沉积形成的水成岩，材质较松散，呈风化状，具有山野风味的装饰效果。

天然石材饰面板不仅具有各种颜色、花纹、斑点等天然材料的自然美感，而且质地密实坚硬，故耐久性、耐磨性比较好，在装饰工程中的使用范围广泛。但是由于材料的品种、来源的局限性，造价比较高。

人造石材属于复合装饰材料，它具有质量小、强度高、耐腐蚀性强等优点。人造石材包括水磨石、合成石材等。人造石材的色泽和纹理不及天然石材自然柔和，但其花纹和色彩可以根据生产需要人为进行控制，可选择范围广，且造价要低于天然石材墙面。

（2）石材饰面的安装　石材在安装前首先必须根据设计要求核对石材品种、规格、颜色，进行统一编号，天然石材要用电钻打好安装孔，较厚的板材应在其背面凿两条 2~3mm 深的砂浆槽。然后板材的阳角交界处应做好 45°的倒角处理。最后根据石材的种类及厚度，选择适宜的连接方法。常用的连接方式有绑扎法和干挂法，另外还有采用聚酯砂浆或树脂胶黏结板材固定的连接方式。

绑扎法是先在墙身或柱内预埋中距 500mm 左右、双向的Φ8 呈 Ω 形的钢筋，在其上绑扎Φ6~Φ10 的钢筋网，再用 16 号镀锌钢丝或铜丝穿过事先在石板上钻好的孔眼，将石板绑扎在钢筋网上。固定石板用的横向钢筋间距应与石板的高度一致，当石板就位、校正、绑扎牢固后，在石板与墙或柱面的缝隙中，用 1：2.5 水泥砂浆分层灌缝，每次灌入高度不应超过 200mm，石板与墙柱间的缝宽一般为 30mm，如图 4-7 所示。

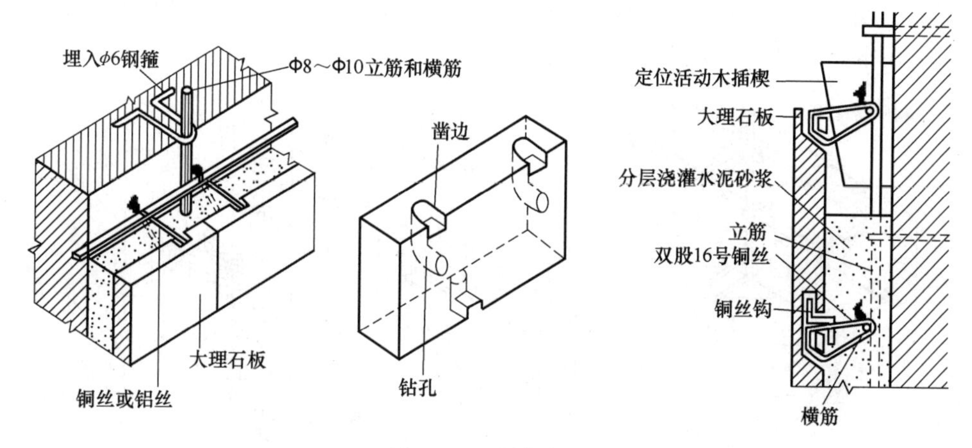

图 4-7 石材绑扎法

干挂法是首先在需要铺贴饰面石材的部位预留木砖、金属型材或者直接在饰面石材上用电钻钻孔，打入膨胀螺栓，然后用螺栓固定，或用金属型材卡紧固定，最后进行勾缝和压缝处理，如图 4-8 和图 4-9 所示。

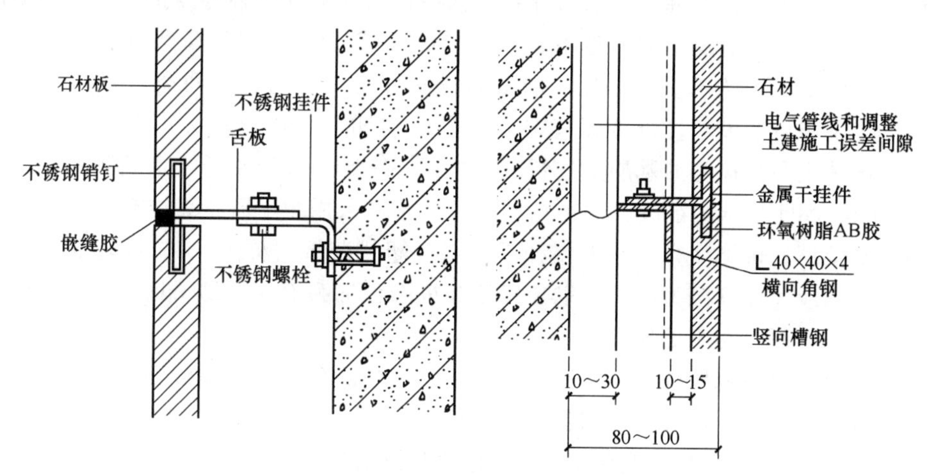

图 4-8 石材干挂法装修

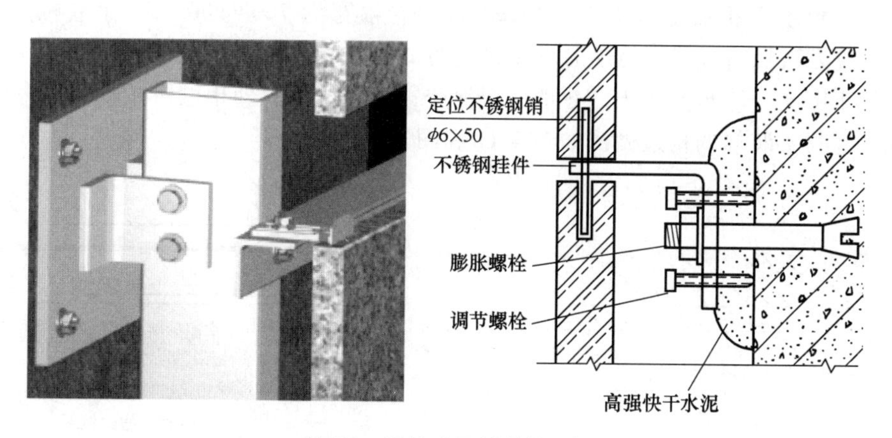

图 4-9 干挂法石材装修示例

人造石板装修的构造做法与天然石板相同，但不必在板上钻孔，而是利用板背面预留的钢筋挂钩，先用铜丝或镀锌钢丝将其绑扎在水平钢筋上，就位后再用砂浆填缝，如图 4-10 所示。

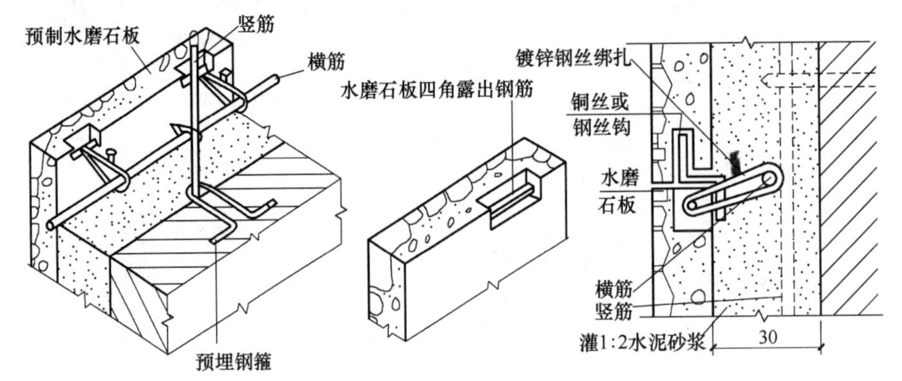

图 4-10　人造石材做法

4.2.4　裱糊类墙面装修

裱糊类是将各种装饰性墙纸、墙布等卷材裱糊在墙面上的一种饰面做法。裱糊类饰面包括墙纸、墙布、微薄木、皮革和人造革、丝绒和锦缎等。墙纸有 PVC 塑料墙纸、纺织物面墙纸、金属面墙纸、天然木纹面墙纸。墙纸的衬底分为纸底与布底两类。塑料墙纸富有质感，可擦洗。墙布包括玻璃纤维墙面装饰布（以玻璃纤维织物为基材）和织锦等材料。墙纸与墙布的裱贴主要在抹灰的基层上进行，一般用 107 胶与羧甲基纤维素配制的黏结剂，也可采用 8504 和 8505 粉末墙纸胶，而粘贴玻璃纤维布可采用 801 墙布黏结剂。

纸面纸基壁纸，价格便宜，性能差，不耐水；塑料壁纸俗称 PVC 塑料墙纸。塑料壁纸是以纸基、布基或其他纤维为底层，以聚氯乙烯或聚乙烯为面层；易于粘贴，施工简单，表面不吸水，擦洗方便，易于更换。

织物，不耐脏，不能擦洗，且裱糊用胶会从纤维中渗漏出来，潮湿环境中还会霉变。目前多以仿锦缎的塑料壁纸所代替。织物中还有麻毛织物、棉纱织物、纸条织物及软木壁纸。微薄木，厚度只有 1mm，裱糊到墙面上，具有护壁板的效果。

卷材的施工做法：首先要处理墙面，然后弹垂直线，再根据房间的高度裁纸、润纸，最后涂胶裱贴。壁纸大卷幅宽为 920～1200mm，中卷幅宽为 760～900mm，小卷幅宽为 530～600mm。拼缝方法目前多用最简单的对花拼缝方式。微薄木施工对墙面平整程度要求较高，粘贴前用清水喷洒，晾至九成干，在墙面上涂胶，粘贴好后立即用电熨斗熨平，拼缝方法与壁纸相同。卷材类装修的构造做法如图 4-11 和图 4-12 所示。

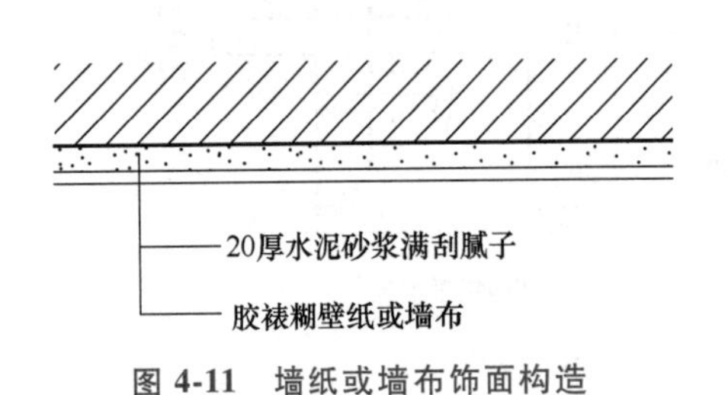

图 4-11　墙纸或墙布饰面构造

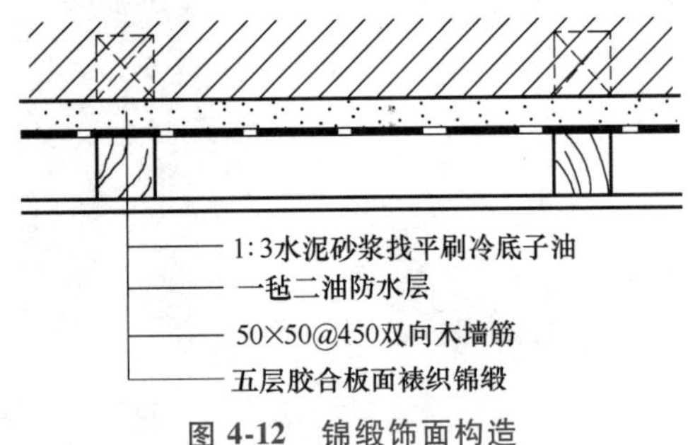

图 4-12　锦缎饰面构造

4.2.5 铺钉类墙面装修

铺钉类是指利用天然板条或各种人造薄板借助于钉、胶粘等固定方式对墙面进行的饰面做法。选用不同材质的面板和恰当的构造方式，不仅可以使墙面具有质感、美观大方、给人以不同的装饰效果，还可以改善室内声学等环境效果，满足不同的功能要求。

铺钉类墙面装修构造做法与骨架隔墙的做法类似，由骨架和面板组成。施工时先在墙面上立骨架（墙筋），再在骨架上铺钉装饰面板（图 4-13）。

铺钉类墙面装修的材料类型有护墙板、木墙裙、不锈钢板、搪瓷板、塑料板、镜面玻璃等。它安装简便、耐久性好、装饰性强，干作业；但防潮、防火性能欠佳。

（1）夹板墙裙和护壁板　胶合板有 1830mm×915mm×4mm，俗称三夹板；当为 2135mm×915mm×7mm 时，俗称五夹板。木骨架断面一般采用（20～40）mm×40mm，木骨架竖筋间距为 400～600mm，横筋间距一般取 600mm 左右，主要按板的规格来定。其常规做法：首先预埋木砖，然后钉立木骨架，最后将胶合板用镶贴、钉、上螺钉等方法固定。板缝有斜接密缝、平接留缝、压条盖缝等形式。踢脚有护壁板直做到底的，也有专门使用硬木踢脚的。其防潮措施：一般先做防潮砂浆粉刷，干后再涂一道 851 聚氨酯防水涂膜橡胶。有些墙裙还需要考虑在其上下部位留透气孔。

（2）镜面墙装饰　其做法有两种：一种是用强力胶带将小块镜面直接贴在砂浆找平层上，或用金属或木制压条黏结；另一种是在夹板面上固定玻璃，用木框、金属框固定，也可在玻璃上钻孔，用圆头泡钉固定四个角。

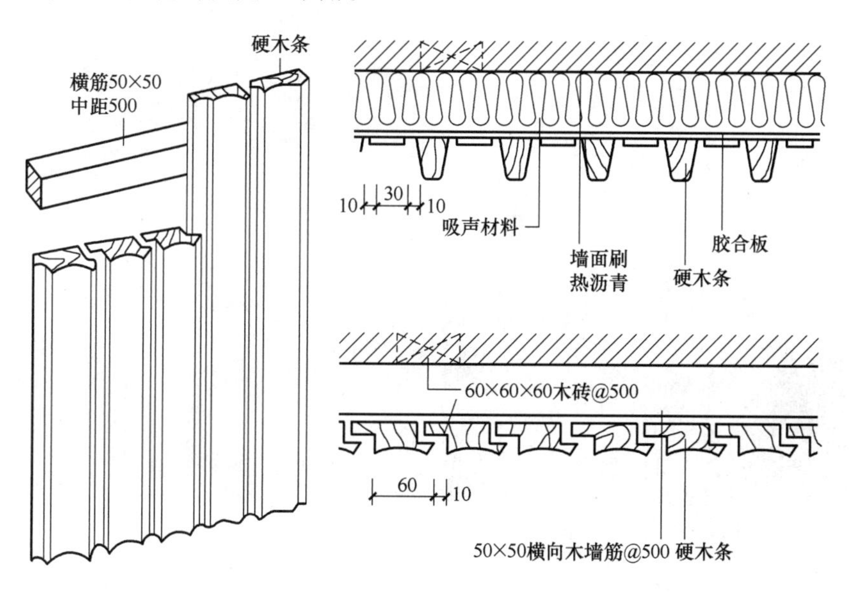

图 4-13　木质墙面装修构造

除了以上五种墙面装修外，还有一种在我国有悠久历史的用砖砌筑的清水砖墙。它在墙体外表面不做任何外加饰面，因此称为清水砖墙。为防止灰缝不饱满而可能引起的空气渗透和雨水渗入，须对砖缝进行勾缝处理。一般用 1∶1 水泥砂浆勾缝；也可在砌墙时用砌筑砂浆勾缝，称为原浆勾缝。勾缝形式有平缝、平凹缝、斜缝、弧形缝等（图 4-14）。

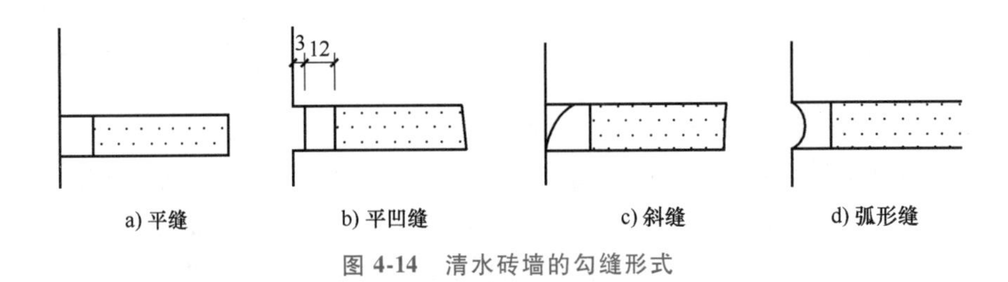

图 4-14 清水砖墙的勾缝形式

清水砖墙的外观处理，一般以色彩、质感、立面的变化取得多样化的装饰效果。目前常用的清水砖墙材料有红色和青色。其做法是用红、黄两种颜料，如氧化铁红、氧化铁黄等配成偏红或偏黄的颜色，加上颜料质量的5%聚醋酸乙烯乳液，用水调成浆刷在砖面上。这种做法往往给人以面砖的错觉，若能和其他饰面相互配合、衬托，则能取得较好的装饰效果。另外，清水砖墙砖缝多，其面积约占墙面的1/6，改变勾缝砂浆的颜色能有效地影响整个墙面色调的明暗度，如用白水泥勾白缝或水泥掺颜料勾成深色或其他颜色的缝。由于砖缝颜色突出，整个墙面质感效果也有一些变化。

要取得清水砖墙质感的变化，还可在砖墙组砌上下功夫，如采用多顺一丁砌法以强调线条；在结构受力允许条件下，改平砌为斗砌、立砌以改变砖的尺度感；或采用将个别砖成点成条地凸出墙面几厘米的拔砌方式，形成不同的质感和线型（图 4-15）。以上做法要求大面积墙面平整规矩，并严格保证砌筑质量，虽多费些工，但能取得一定的装饰效果。大面积成片的红砖墙在立面处理上可适当做一些变化。

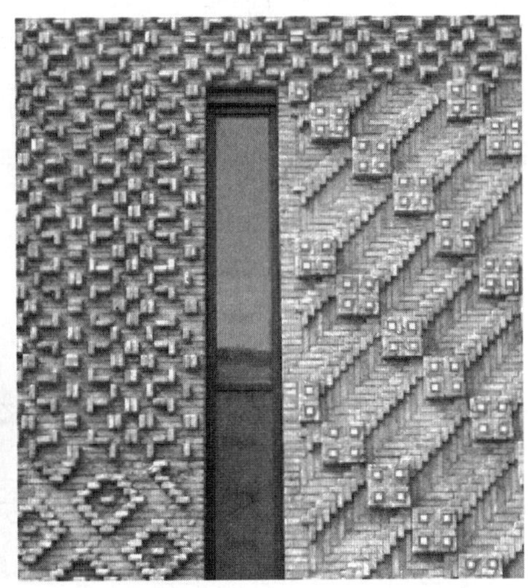

图 4-15 清水砖墙的砌筑效果

另外，在内墙抹灰中，对于易受到碰撞的部位，如门厅、走道的墙面和有防漏、防水要求的厨房、浴厕的墙面，为保护墙身，做护墙墙裙（图 4-16）；对内墙阳角、门洞转角等处则做成护角（图 4-17）。墙裙和护角高度为 2cm 左右。根据要求，护角也可用其他材料（如木材）制作。

在内墙面和楼地面交接处，为了遮盖地面与墙面的接缝、保护墙身以及防止擦洗地面时弄脏墙面，做成踢脚板，其材料与楼地面相同。常见的踢脚板的做法有三种，即与墙面粉刷

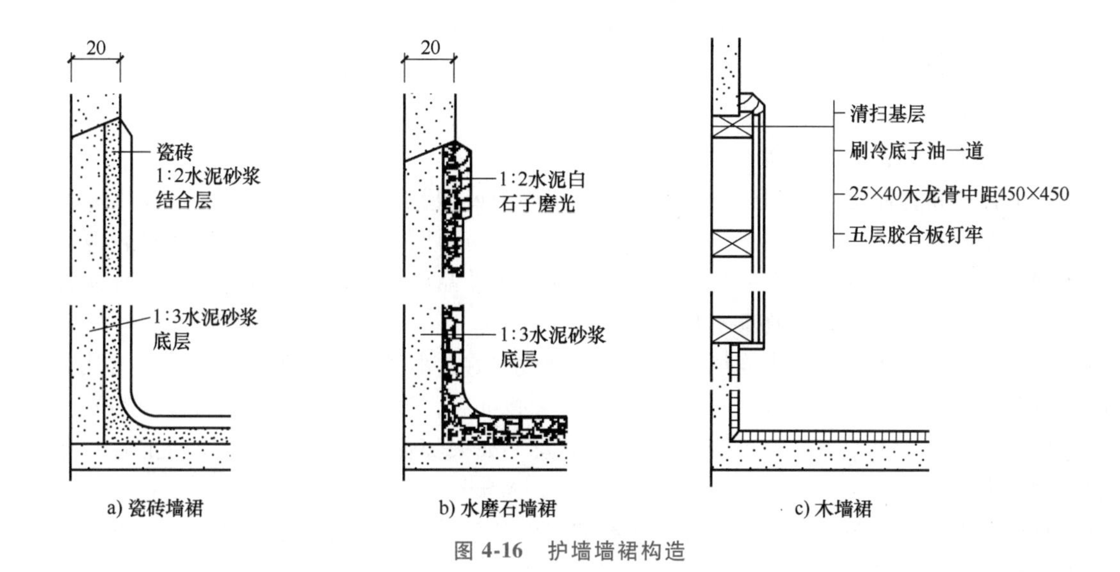

图 4-16 护墙墙裙构造

平齐、凸出、凹入（图 4-18），踢脚板高 120～150mm。为了增加室内美观，在内墙面和顶棚交接处，可做成各种外装饰线。

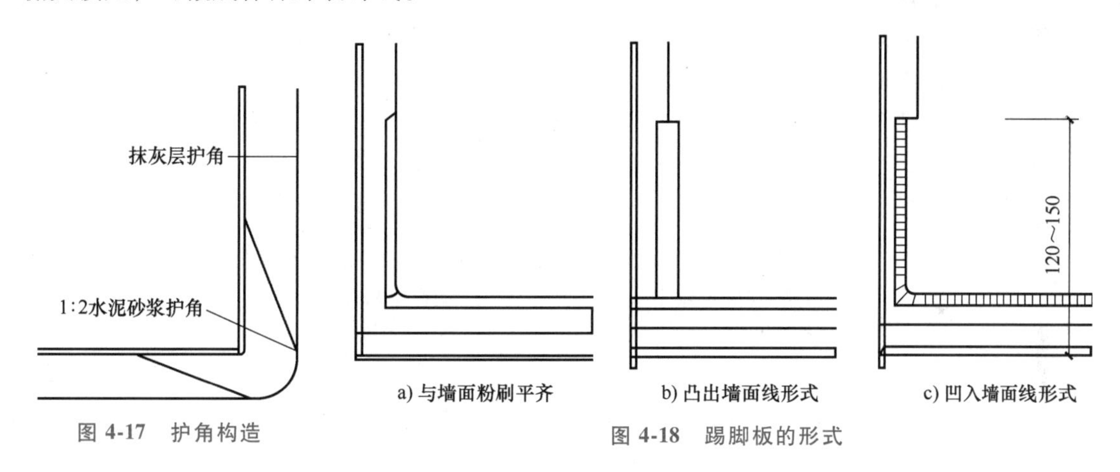

图 4-17 护角构造

图 4-18 踢脚板的形式

4.3 楼地面装修

楼地面主要是指楼层和地坪层的面层。面层一般包括面层和面层下面的找平层两部分。楼地面的名称是以面层的材料和做法命名的，如面层为水磨石，则该地面称为水磨石地面；面层为木材，则称为木地面。

地面按其材料和做法可分为两大类型，即整体地面和块料地面。

4.3.1 整体地面

整体楼地面种类多、使用广，其档次、施工难易及造价则大不相同。按其材质构成分为五大类：

（1）水泥砂浆、混凝土及水磨石面层 施工较易，造价较低，档次也较低。为防止地面

“起砂”，施工时应撒干水泥粉抹压，增加其表面强度。

（2）水泥基自流平面层　表面细腻、平整，但必须由专业公司供货、施工。

（3）各种树脂涂层面层　装修效果较好、造价适中，其基层强度及平整度要求较高。聚脲涂层使用效果好，但造价高。

（4）各种卷材面层　使用广泛、效果好。树脂类或橡胶类卷材品种很多，厚度不一。有的品种系多层复合，含纤维层，弹性好、抗拉强度高、耐磨、造价也高；有的品种较薄，含矿物颗粒、耐磨但不抗折。卷材均用专用胶粘贴。地毯品种很多，由设计选择。这种面层对基层的平整度要求高，否则效果不佳。

（5）各种树脂胶泥、砂浆面层　耐磨、装饰效果好，但要求基层强度高。基层常用C25或C30细石混凝土，在其强度达标，即达到28天强度后，先对其表面进行打磨或喷砂处理，剔除低强度层（水泥浆凝固层）后，再施工面层。如未经此道工序，其面层施工后，有开裂或起壳现象。

整体树脂面层多用于制药、医院、实验室、电子厂、精密仪器厂及食品厂等。水泥基自流平面层多用于电子厂、制药厂、超市、货运中心及停车场等。

1. 水泥砂浆地面

水泥砂浆的体积比应为1∶2，强度等级不应小于M15，面层厚度不应小于20mm；水泥应采用硅酸盐水泥或普通硅酸盐水泥；不同品种、不同强度等级的水泥不得混用，砂应采用中粗砂。当采用石屑时，其粒径宜为3~5mm，且含泥量不应大于3%。一般有单层和双层两种做法。单层做法只抹一层20~25mm厚1∶2或1∶2.5水泥砂浆；双层做法是增加一层10~20mm厚1∶3水泥砂浆找平层，表面只抹5~10mm厚1∶2水泥砂浆（图4-19）。双层做法虽增加了工序，但不易开裂。

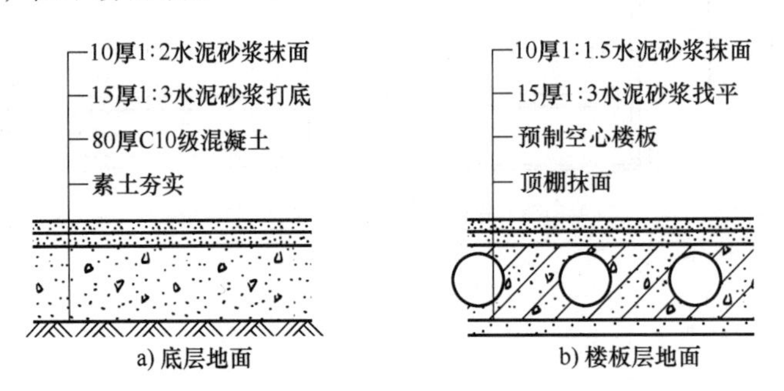

图4-19　水泥砂浆地面

水泥砂浆地面构造简单、坚固，能防潮、防水，并且造价较低。但水泥地面蓄热系数大，冬天感觉冷，空气湿度大时易产生凝结水，而且表面起灰，不易清洁。

2. 混凝土地面

混凝土地面采用的石子粗骨料，其最大颗粒粒径不应大于面层厚度的2/3，细石混凝土面层采用的石子粒径不应大于15mm；混凝土面层或细石混凝土面层的强度等级不应小于C20；耐磨混凝土面层或耐磨细石混凝土面层的强度等级不应小于C30；底层地面的混凝土垫层兼面层的强度等级不应小于C20，其厚度不应小于80mm；细石混凝土面层厚度不应小于40mm，如图4-20所示。

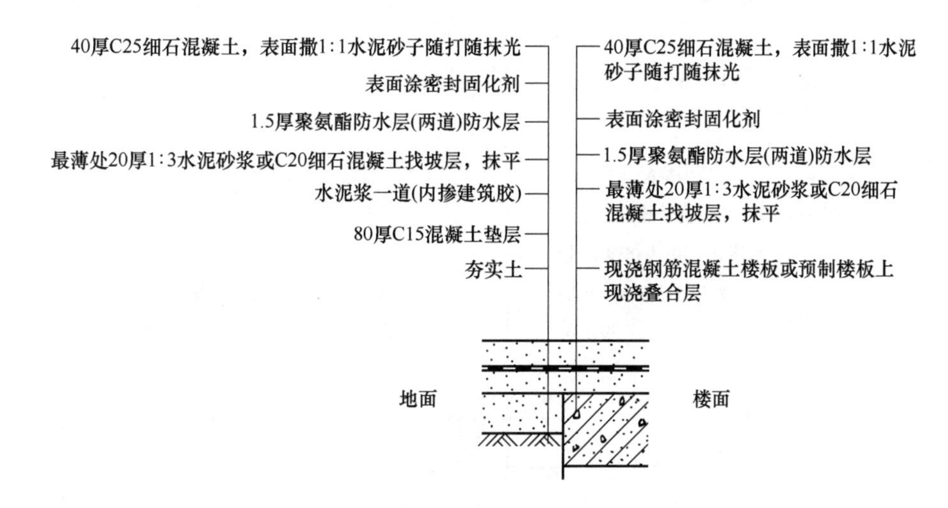

图 4-20 混凝土地面示例

3. 水磨石地面

为适应地面变形可能引起的面层开裂以及施工和维修方便，做好找平层后，用嵌条把地面分成若干小块，尺寸为 1000mm 左右。分块形状可以设计成各种图案。嵌条用 1∶1 水泥砂浆固定。嵌条砂浆不宜过高，否则会造成面层在嵌条两侧仅有水泥而无石子，影响美观（图 4-21）。

水磨石面层应采用水泥与石粒的拌合料铺设，面层的厚度宜为 12~18mm，结合层水泥砂浆的体积比宜为 1∶3，强度等级不应小于 M10；水磨石面层的石粒，应采用坚硬可磨的白云石、大理石等加工而成，石子应洁净无杂质，其粒径宜为 6~15mm；水磨石面层分格尺寸不宜大于 1m×1m，分格条宜采用铜条、铝合金条等平直、坚挺材料。当金属嵌条对某些生产工艺有害时，可采用玻璃条分格；水磨石地面一般分两层施工。在刚性垫层或结构层先用 10~20mm 厚的 1∶3 水泥砂浆找平，面铺 10~15mm 厚 1∶（1.5~2）的水泥白石子，待面层达到一定承载力后加水，用磨石机抹光、打蜡即成。所用水泥为普通水泥，所用石子为中等硬度的方解石、大理石、白云石屑等。

水磨石地面具有良好的耐磨性、耐久性、防水性、防火性，并具有质地美观、表面光洁、不起尘、易清洗等优点。水磨石地面通常应用于居住建筑的浴室、厨房、厕所和公共建筑门厅、走道及主要房间地面、墙裙等。

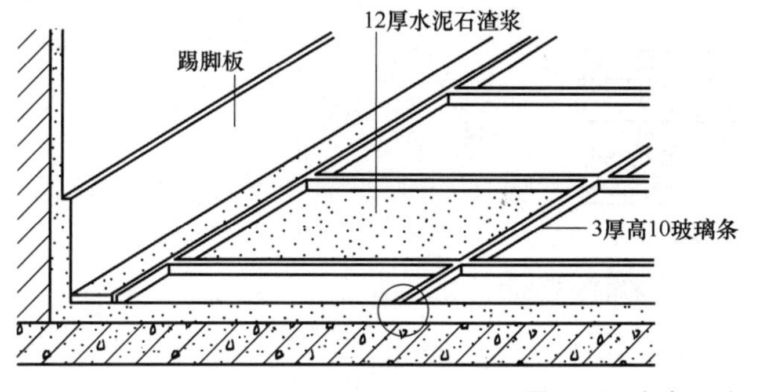

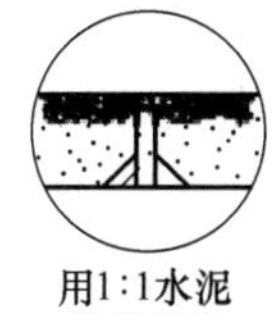

图 4-21 水磨石地面

4. 涂料地面

涂料地面和涂料无缝地面的区别在于，前者以涂刷方法施工，涂层较薄；而涂布地面以刮涂方式施工，涂层较厚（图 4-22）。

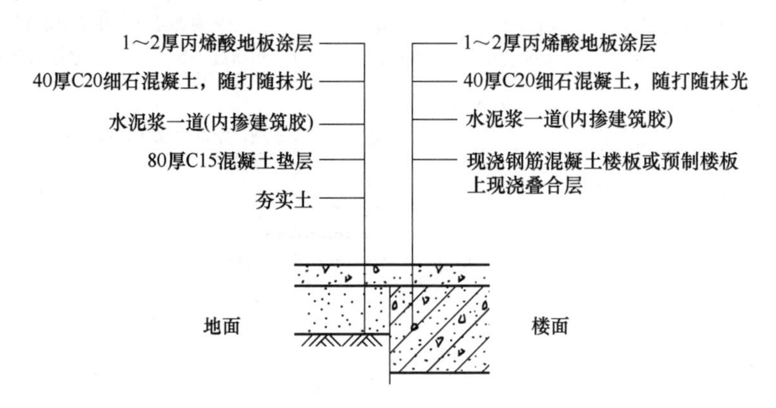

图 4-22　丙烯酸楼地面构造

用于地面的涂料有地板漆、过氯乙烯地面涂料、苯乙烯地面涂料等。这些涂料施工方便，造价较低，可以提高地面的耐磨性、韧性及不透水性，适用于民用建筑中的住宅、医院等。用于工业生产车间的地面涂料，也称为工业地面涂料，一般常用环氧树脂涂料和聚氨酯涂料。这两类涂料都具有良好的耐化学品性、耐磨损和耐机械冲击性能。但是由于水泥地面是易吸潮的多孔性材料，聚氨酯对潮湿的容忍性差。因而当以耐磨、洁净为主要的性能要求时，宜选用环氧树脂涂料，而以弹性要求为主要性能要求时，宜用聚氨酯涂料。

环氧树脂耐磨洁净地面涂料为双组分常温固化的厚膜型涂料，通常将其中的无溶剂环氧树脂涂料称为自流平涂料（图 4-23）。环氧树脂自流平地面是一种无毒、无污染、与基层附着力强、在常温下固化形成整体的无缝地面，具有耐磨、耐刻划、耐油、耐腐蚀、抗渗且脚感舒适，便于清扫等优点，广泛用于医药、微电子、生物工程、无尘净化室等洁净度要求高的建筑工程中。

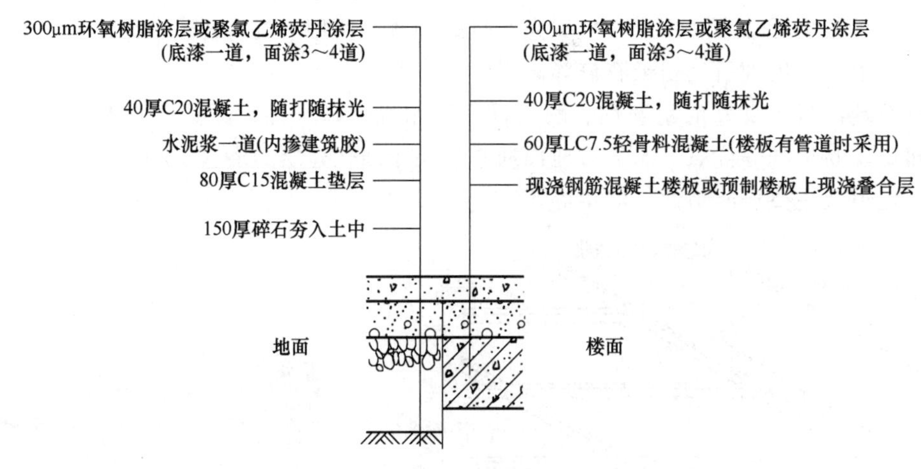

图 4-23　环氧树脂涂料楼地面构造

5. 塑料地面

塑料地面以合成树脂为原料，掺入各种填料和助剂所制成的地面覆盖材料，如一定厚度平面状的块材或卷材形式的油地毡、橡胶地毯以及涂料地面和涂布无缝地面。塑料地面材料的种类很多，目前聚氯乙烯塑料地面材料应用最广泛，有块材、卷材之分。其材质有软质和半硬质两种，目前在我国应用较多的是半硬质聚氯乙烯块材，其规格尺寸一般为（100mm×100mm）~（500mm×500mm），厚度为 1.5~2.0mm。卷宽为 1800mm、2000mm，每卷长 20m、30m，厚 1.5mm、2mm。

塑料板块地面的构造做法是先用 15~20mm 厚 1∶2 水泥砂浆找平，干燥后再用胶黏剂粘贴塑料板。

塑料地面色彩选择性强，施工简单，清洗更换方便，还有一定弹性，脚感舒适，轻质耐磨；但它具有易老化、易失去光泽、受压后产生凹陷、不耐高热、硬物刻划易留疤等缺点。

（1）聚氯乙烯塑料地面　聚氯乙烯卷材地板是以聚氯乙烯树脂为主要原料，加入适当助剂，在片状连续基材上，经涂敷工艺生产而成，也称为 PVC 地面。聚氯乙烯塑料地面有卷材地板和块材地板两种。卷材地板宽度有 1800mm、2000mm，每卷长度为 20m、30m，总厚度有 1.5mm、2mm。聚氯乙烯卷材地板适合于铺设客厅、卧室地面。聚氯乙烯块材地板是以聚氯乙烯及其共聚树脂为主要原料，加入填料、增塑剂、稳定剂、着色剂等铺料，经压延、挤出或挤压工艺生产而成，有单层和同质复合两种，其规格为 300mm×300mm，厚度为 1.5mm。聚氯乙烯块材地板可由不同色彩和形状拼成各种图案，价格较低，使用广泛。

（2）橡胶地面　橡胶地面是先以橡胶为主要原料，再加入多种材料在高温下压制而成，有橡胶地砖、橡胶地板、橡胶脚垫、橡胶卷材、橡胶地毯等。橡胶地面具有良好的弹性，在抗冲击、绝缘、防滑、耐磨、易清洗等方面显示出优良的特性。橡胶地面在户内和户外都能长期使用，广泛运用在工业场地（车间、仓库）、停车库、住房（盥洗室、厨房、阳台、楼梯）、花圃、运动场地、游泳池畔、轮椅斜坡以及潮湿地面防滑部位等处。由于其强度高、耐磨性好，尤其适合于人流较多、交通繁忙和负荷较重的场所。通过配方的调整，橡胶地面还可以制成许多特殊的性能和用途，如高度绝缘、抗静电、耐高温、耐油、耐酸碱等。同时还可以制成仿玉石、仿天然大理石、仿木纹等各种表面图案，不同型号和颜色的橡胶地面搭配组合还可以形成独特的地面装饰效果。

6. 卷材地面

卷材地面是用成卷的铺材铺贴而成。常见的地面卷材有软质聚氯乙烯塑料地毡、油地毡、橡胶地毡和地毯等。软质聚氯乙烯塑料地毡的常用规格：宽 700~2000mm，长 20~30m，厚 1~8mm，可用胶黏剂粘贴在水泥砂浆找平层上，也可干铺。塑料地毡的拼接缝隙通常切割成 V 形，用三角形塑料焊条焊接（图 4-24）。

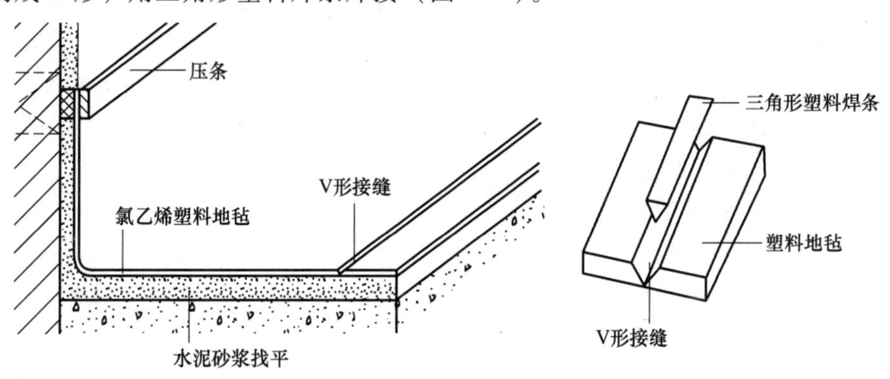

图 4-24　聚氯乙烯塑料地毡构造

地毯类型较多，按地毯面层材料不同，有化纤地毯、羊毛地毯和棉织地毯等，其中用化纤或短羊毛作面层，麻布、塑料作背衬的化纤或短羊毛地毯应用较多。地毯可以满铺，也可以局部铺设，其铺设方法有固定式和不固定式两种。不固定式是将地毯直接摊铺在地面上；固定式通常是将地毯用胶黏剂粘贴在地面上，或用倒刺板将地毯四周固定（图 4-25）。为增加地面的弹性和消声能力，地毯下可铺设一层泡沫橡胶衬垫。

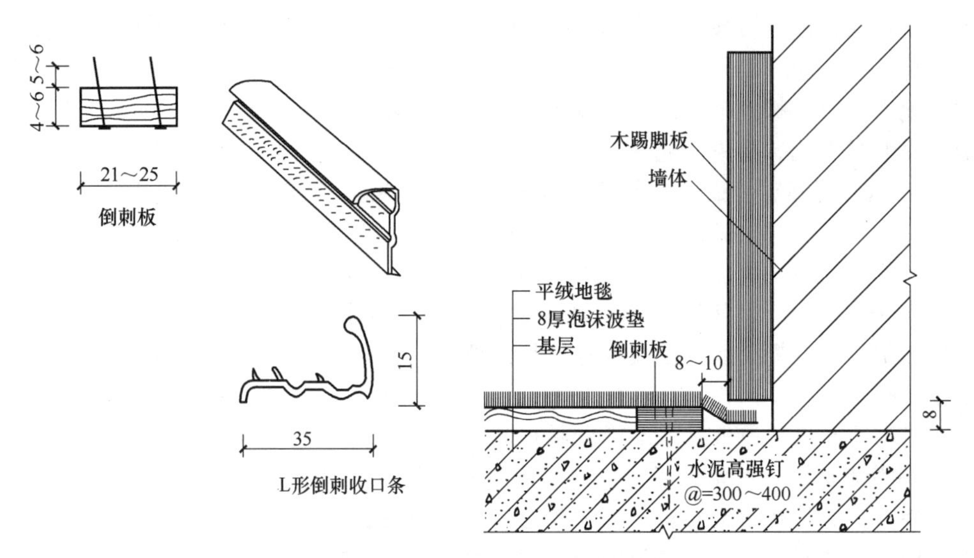

图 4-25 地毯的固定及与踢脚板的关系

4.3.2 块料地面

块材面层具有耐磨、耐久、不怕水、价格低、品种繁多、施工简易灵活、装饰效果较好等突出优点，因而被广泛采用。块材薄型楼地面（结合层和找平层厚度较薄）要求基层平整度高、强度高。块材面层借助胶结材料贴或铺砌在结构层上。胶结材料既起到胶结作用，又起到找平作用，也有先做找平层再做胶结层的。常用的胶结材料有水泥砂浆、沥青玛蹄脂等，也有用细砂和细炉渣做结合层的。块料地面种类很多，常用的有黏土砖地面、水泥砖地面、大理石地面、缸砖地面、马赛克地面（图 4-26）、陶瓷地砖地面等。

1. 透水砖地面

透水砖是以无机材料为主要原料，经过烧结或免烧结等成型工艺处理后制成，透水性能好。其制作材料有石英砂、纤维混凝土、陶瓷颗粒。透水砖的透水性、透气性良好，可补充土壤水和地下水；吸收水分和热量，调节地表的温湿度；减轻城市排水和防洪压力；降低车辆行驶时的噪声；降低打滑的可能性。透水砖色彩丰富，经济实惠，规格多样，是建设海绵城市的材料之一，目前已得到广泛应用。

2. 水泥制品块地面

常见的水泥制品块地面有水泥砂浆砖（尺寸常为边长 150~200mm 的正方形，厚 10~20mm）、水磨地面、预制混凝土块（尺寸常为边长 400~500mm 的正方形，厚 20~50mm）。水泥制品块与基层黏结有两种方式：当预制块尺寸较大且较厚时，常在板下干铺一层 20~40mm 厚细砂或细炉渣，待校正后，板缝用砂浆嵌填，这种做法施工简单、造价低，便于维

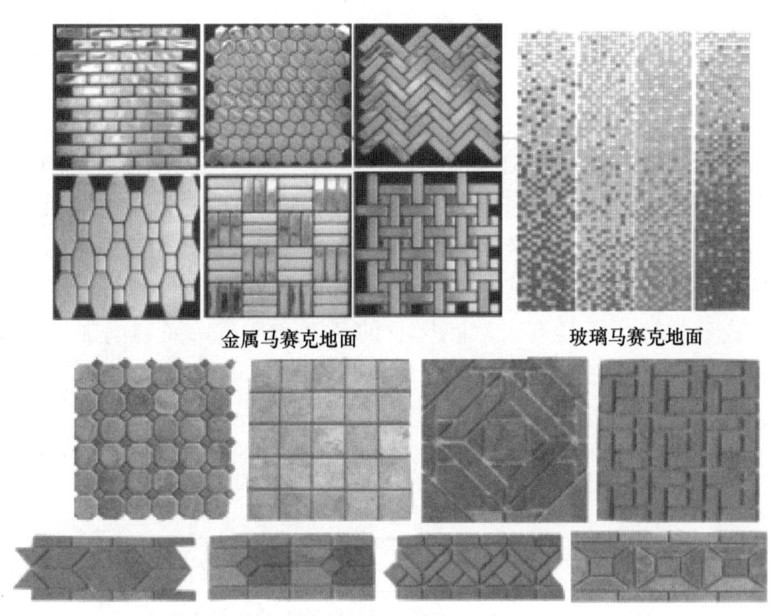

图 4-26 块料地面（马赛克地面）

修更换，但不易平整。城市人行道常按此法施工。当预制块小而薄时，则采用 12~20mm 厚 1∶3 水泥砂浆先做结合层，铺好后再用 1∶1 水泥砂浆嵌缝，这种做法坚实、平整，但施工较复杂，造价也较高。

3. 缸砖及马赛克地面

缸砖也称为防潮砖，是用陶土焙烧而成的一种无釉砖块。形状有正方形（尺寸为 100mm×100mm 和 150mm×150mm，厚 10~19mm）、六边形、八角形等。缸砖表面平整，质地坚硬，耐磨、耐压、耐酸碱，吸水率小，可擦洗，不脱色、不变形，色釉丰富，色调均匀，可拼出各种图案。缸砖背面有凹槽，使砖块和基层黏结牢固，铺贴时一般用 15~20mm 厚 1∶3 水泥砂浆作为结合材料，要求平整、横平竖直，如图 4-27 所示。

马赛克是以优质瓷土烧制而成的小尺寸瓷砖，按一定图案反粘在牛皮纸上而成，如图 4-28 所示。它具有抗腐蚀、耐磨、耐火、吸水率小、抗压强度高、易清洗和永不褪色等

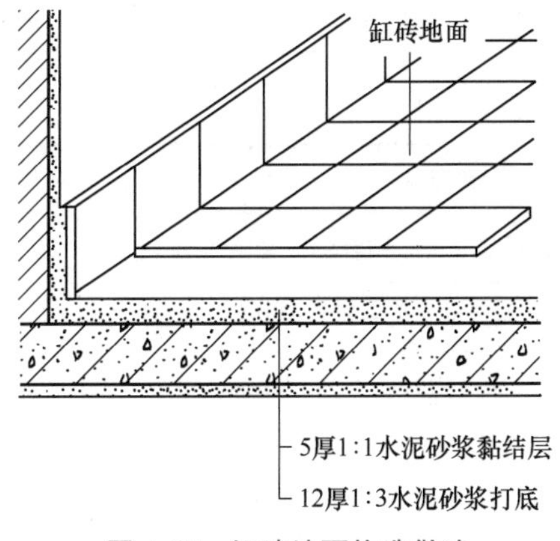

图 4-27 缸砖地面构造做法

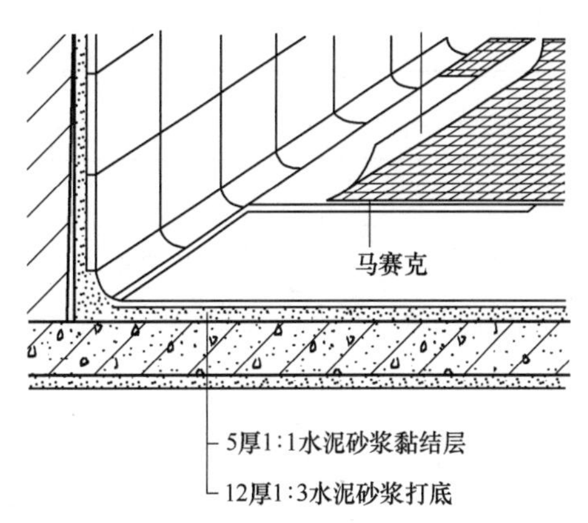

图 4-28 马赛克地面构造做法

优点，而且质地坚硬、色泽多样，加之规格小，不易踩碎，主要用于防滑卫生要求较高的卫生间、浴室等房间的地面。

4. 陶瓷地砖地面

陶瓷地砖又称为墙地砖，其类型有釉面地砖、无光釉面砖和无釉防滑地砖及抛光同质地砖。陶瓷地砖色彩丰富，色调均匀，砖面平整，抗腐蚀耐磨，施工方便，且块大缝少，装饰效果好，特别是防滑地砖和抛光地砖又能防滑，因而越来越多地用于办公、商店、旅馆和住宅中。陶瓷地砖一般厚6~10mm，其规格可从100mm×100mm到1000mm×1000mm。

新型的仿花岗石地砖，还具有天然花岗石的色泽和质感，经磨削加工后，表面光亮如镜。梯沿砖又称为防滑条，它坚固耐用，表面有凸起条纹，防滑性能好，主要用于楼梯、站台等处的边缘。

常用地面、楼面做法分别总结于表4-4、表4-5中。

表4-4　常用地面做法

名称	材料及做法
水泥砂浆地面	15~20mm厚1：2水泥砂浆面层钢板赶光，水泥浆结合层一道，80~100mm厚C15混凝土垫层，素土夯实
水泥石屑地面	30mm厚1：2水泥豆石（瓜米石）面层钢板赶光，水泥浆结合层一道，80~100mm厚C15混凝土垫层，素土夯实
水磨石地面	15mm厚1：2水泥白石子面层表面草酸处理后打蜡上光，水泥浆结合层一道，20mm厚1：3水泥砂浆找平层，水泥浆结合层一道，80~100mm厚C15混凝土垫层，素土夯实
聚乙烯醇缩丁醛地面	面漆三道，清漆二道，填嵌并满刮腻子，清漆一道，25mm厚1：2.5水泥砂浆找平层，80~100mm厚C15混凝土垫层，素土夯实
马赛克地面	马赛克面层白水泥浆擦缝，25mm厚1：2.5干硬性水泥砂浆结合层，上洒1~2mm厚干水泥并洒清水适量，水泥浆结合层一道，80~100mm厚C15混凝土垫层，素土夯实
缸砖地面	缸砖（防滑砖、地红砖）面层配白水泥浆擦缝，25mm厚1：2.5干硬性水泥砂浆结合层，上洒1~2mm厚干水泥并洒清水适量，水泥浆结合层一道，80~100mm厚C15混凝土垫层，素土夯实
陶瓷地砖地面	10mm厚陶瓷地砖面层白水泥浆擦缝，25mm厚1：2.5干硬性水泥砂浆结合层，上洒1~2mm厚干水泥并洒清水适量，水泥浆结合层一道，80~100mm厚C15混凝土垫层，素土夯实

表4-5　常用楼面做法

名称	材料及做法
水泥砂浆楼面	15~20mm厚1：2.5水泥砂浆面层钢板赶光，水泥浆结合层一道，结构层
水泥石屑楼面	30mm厚1：2水泥砂浆面层钢板赶光，水泥浆结合层一道，结构层
水磨石楼面（美术水磨石楼面）	15mm厚1：2水泥白石子面层表面草酸处理后打蜡上光，水泥浆结合层一道，20mm厚1：3水泥砂浆找平层，水泥浆结合层一道，结构层
马赛克楼面	马赛克面层白水泥浆擦缝，25mm厚1：2.5干硬性水泥砂浆结合层，上洒1~2mm厚干水泥并洒适量清水，水泥浆结合层一道，结构层

（续）

名称	材料及做法
陶瓷地砖楼面	10mm 厚陶瓷地砖面层配色水泥浆擦缝,25mm 厚 1∶2.5 干硬性水泥砂浆结合层,上洒 1~2mm 厚干水泥并洒适量清水,水泥浆结合层一道,结构层
大理石楼面	20mm 厚大理石面层配色水泥浆擦缝,25mm 厚 1∶2.5 干硬性水泥砂浆结合层,上洒 1~2mm 厚干水泥并洒适量清水,水泥浆结合层一道,结构层

常用楼地面的构造做法如图 4-29、图 4-30 所示。

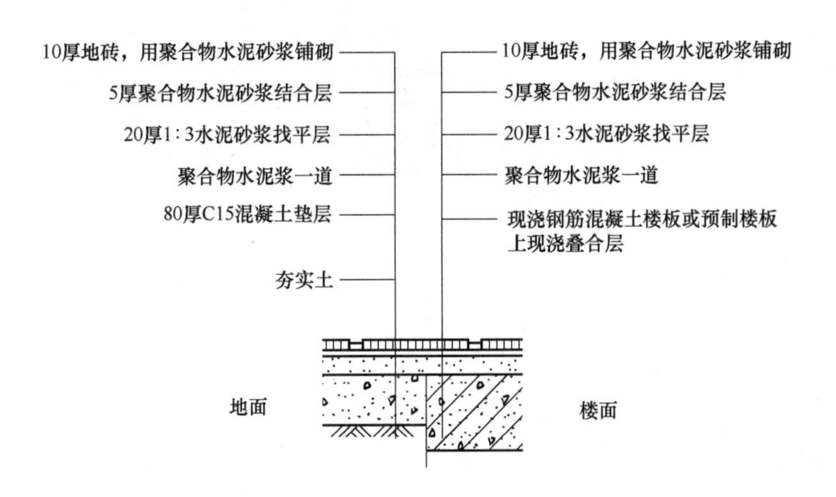

图 4-29　普通楼地面的构造做法

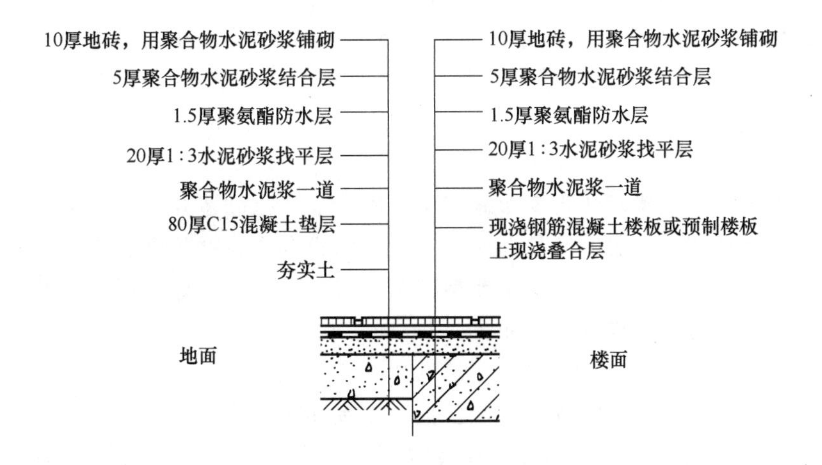

图 4-30　有防水要求的楼地面的构造做法

有保温要求的楼地面构造做法如图 4-31 所示，图中的保温材料常用的有下面几种：EPS 或 XPS 或泡沫玻璃板保温层；KMPS 防火保温板；泡沫玻璃板或 MU3.5 水泥膨胀蛭石保温块。有保温和防水要求的楼地面的构造做法中，需要在面层结合层的下面增加一层 1.5mm 厚聚氨酯防水涂层即可。

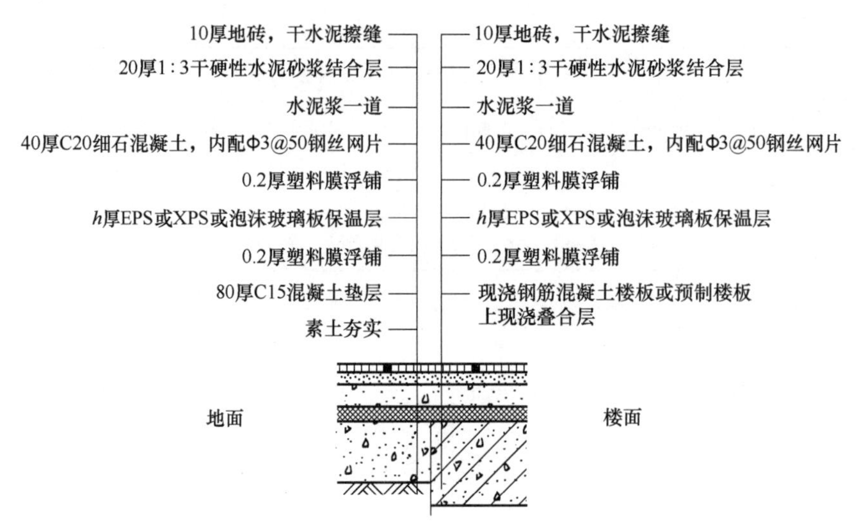

图 4-31 有保温要求的楼地面的构造做法

4.4 地面变形缝

地面变形缝包括温度伸缩缝、沉降缝和防震缝。地面变形缝设置的位置和大小应与墙面、屋面变形缝一致，大面积的地面还应适当增加伸缩缝。构造上，要求从基层到饰面层脱开，还可以在变形缝内配置止水带、阻火带和保温带等装饰，使变形缝满足防水、防火、保温等设计要求。止水带通常采用 1.5mm 厚的三元乙丙橡胶卷材，能够长期在阳光、潮湿、寒冷的自然环境下使用。阻火带可以采用能适应伸缩变形的不锈钢调节片或者经防锈处理的金属调节片，阻火带可满足 1~4h 的不同要求。为了美观，还应在面层加设盖缝板，盖缝板可以选用铝合金板、不锈钢、橡胶等材质，盖缝板应不妨碍构件之间的变形需要（伸缩、沉降），通常为单侧固定的活动盖缝板，此外，盖缝板的形式和色彩应和室内装修协调。

4.4.1 建筑变形缝装置

建筑变形缝装置是放置在建筑变形缝部位、由专业厂家制造并指导安装、满足建筑结构使用功能、又能起到装饰作用的产品。该装置主要由铝合金型材基座、金属或橡胶盖板，以及连接基座和盖板的金属滑杆组成，主要类型有金属盖板型、金属卡锁型、橡胶嵌平型、防震型和承重型。各自的具体构造做法如下：

1. 金属盖板型（简称盖板型）

这种变形缝由基座、不锈钢或铝合金盖板，以及连接基座和盖板的滑杆组成，基座固定在建筑变形缝两侧，滑杆呈 45°安装，在地震力作用下滑动变形，使盖板保持在变形缝的中心位置，如图 4-32 所示。

2. 金属卡锁型（简称卡锁型）

盖板是由两侧的 ⊏ 形基座卡住，在地震力作用下，盖板在卡槽内位移变形并复位，如图 4-33 和图 4-34 所示。卡锁型的盖板两侧封闭于槽内，比盖板型美观，尤其适用于内外墙及顶棚，比较安全，并适用于有一定装修要求的建筑。

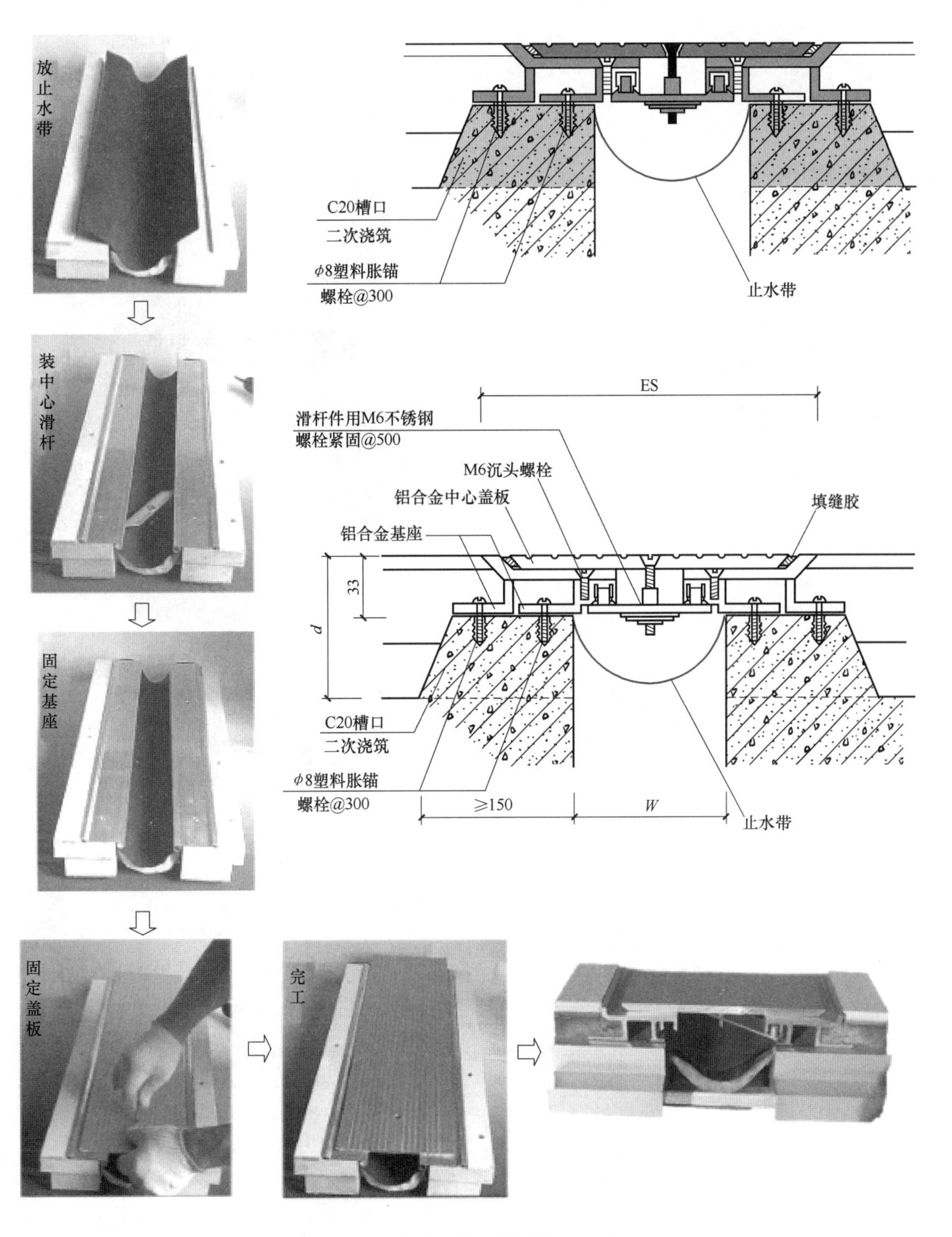

图 4-32 盖板型变形缝的施工顺序

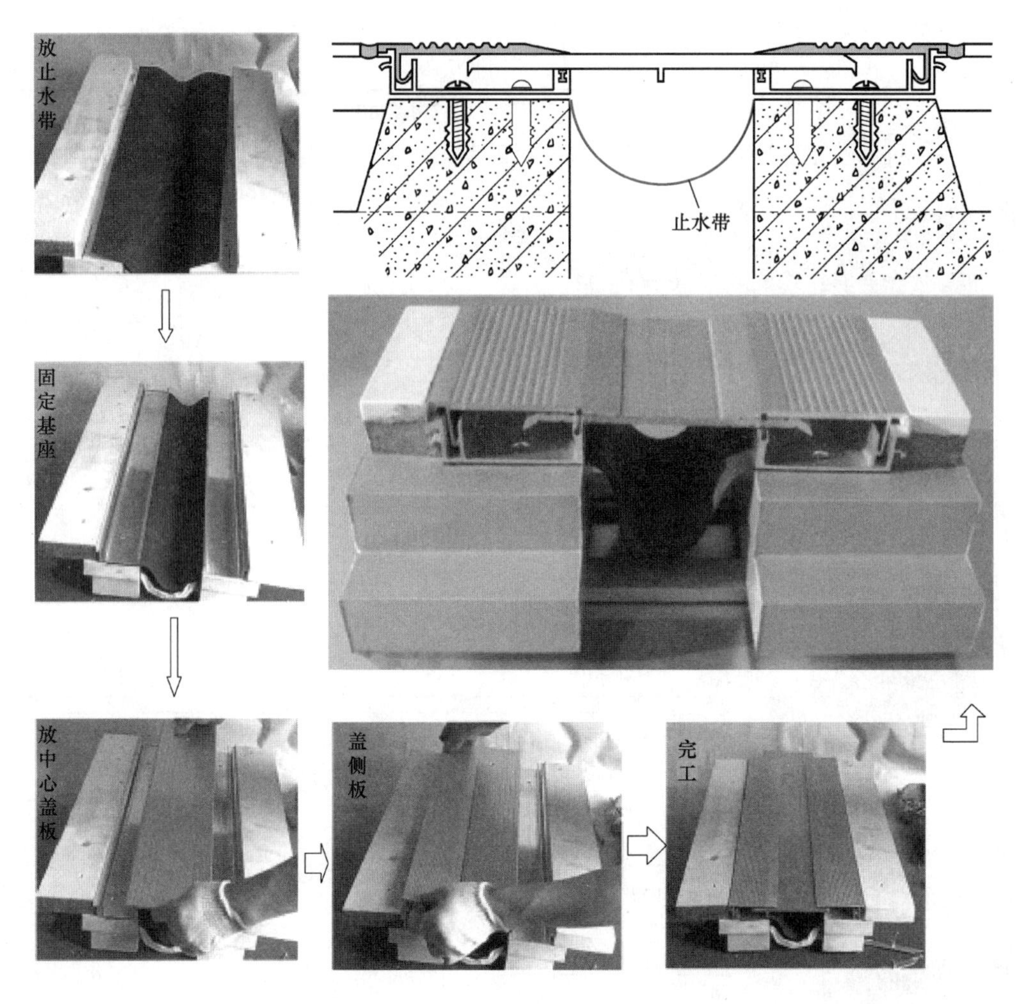

图 4-33　卡锁型变形缝的施工顺序

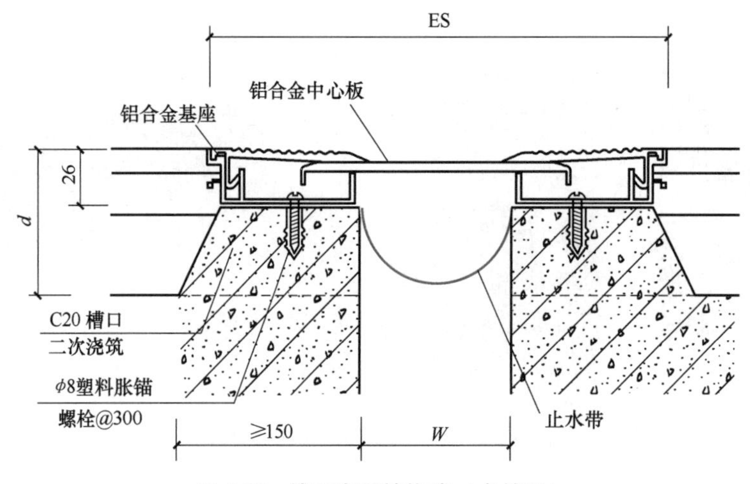

图 4-34　楼面变形缝构造（卡锁型）

3. 橡胶嵌平型（简称嵌平型）

窄的变形缝用单根橡胶条嵌镶在两侧的基座上，称为单列嵌平型（图 4-35），橡胶嵌平型一定是防震型变形缝装置；宽的变形缝用橡胶条+金属盖板+橡胶条的组合体嵌镶在两侧的基座上，称为双列嵌平型（图 4-36、图 4-37）。用于外墙时，橡胶条的形状可采用 W 折线形。

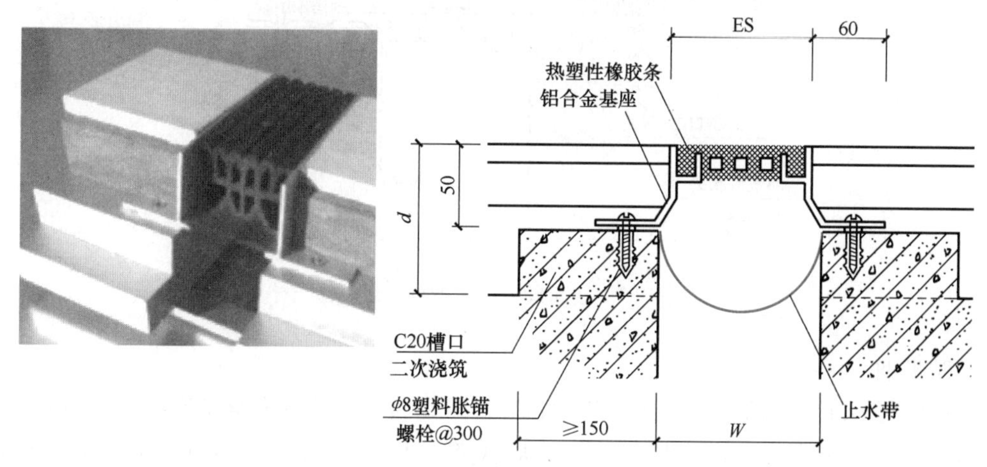

图 4-35　楼面单列嵌平型变形缝构造

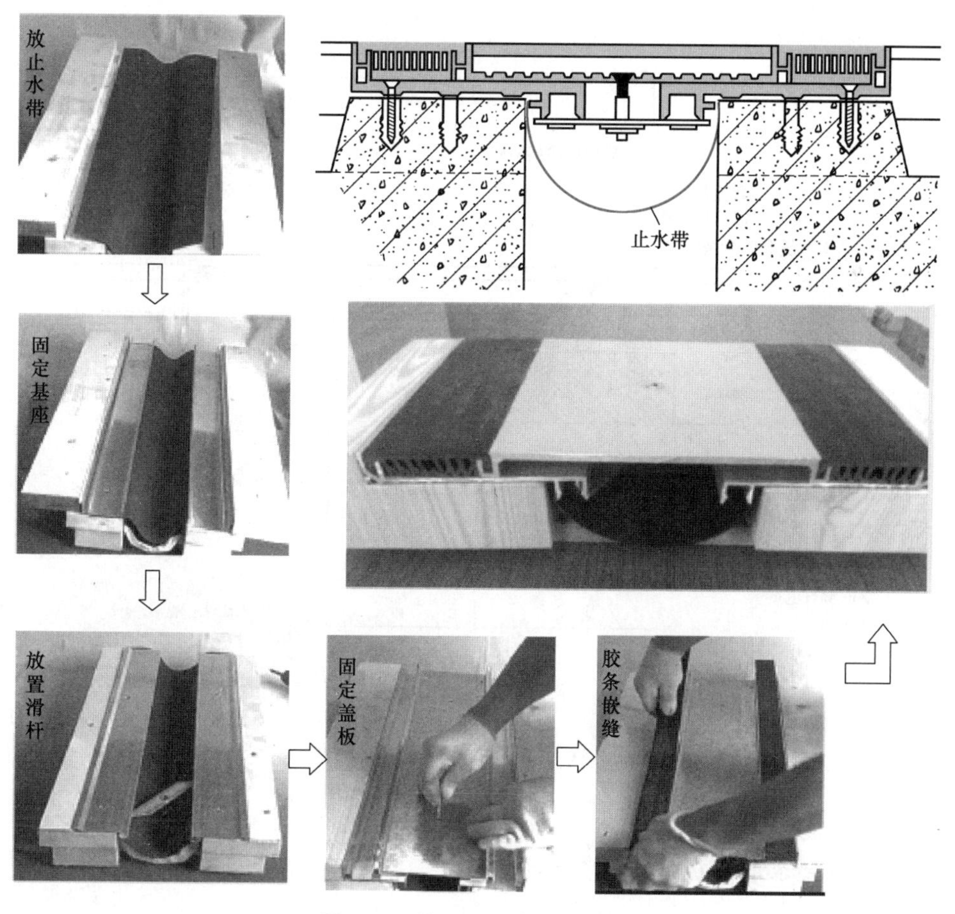

图 4-36　楼面双列嵌平型施工

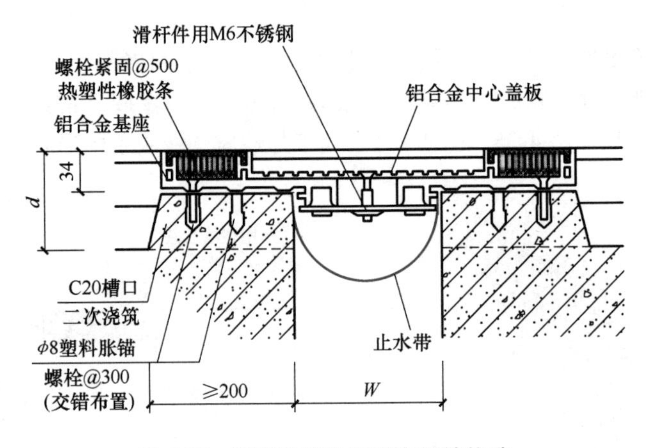

图 4-37　楼面双列嵌平型变形缝构造

4. 防震型

防震型变形缝装置的特点是连接基座和盖板的金属滑杆带有弹簧复位功能，楼面金属盖板两侧呈45°盘⌣形，基座也呈同角度⌐⌙形（图4-38）。在地震力作用下，盖板被挤出上移，但在弹簧作用下可恢复原位；内外墙及顶棚可采用橡胶条盖板，同样设有弹簧复位功能。

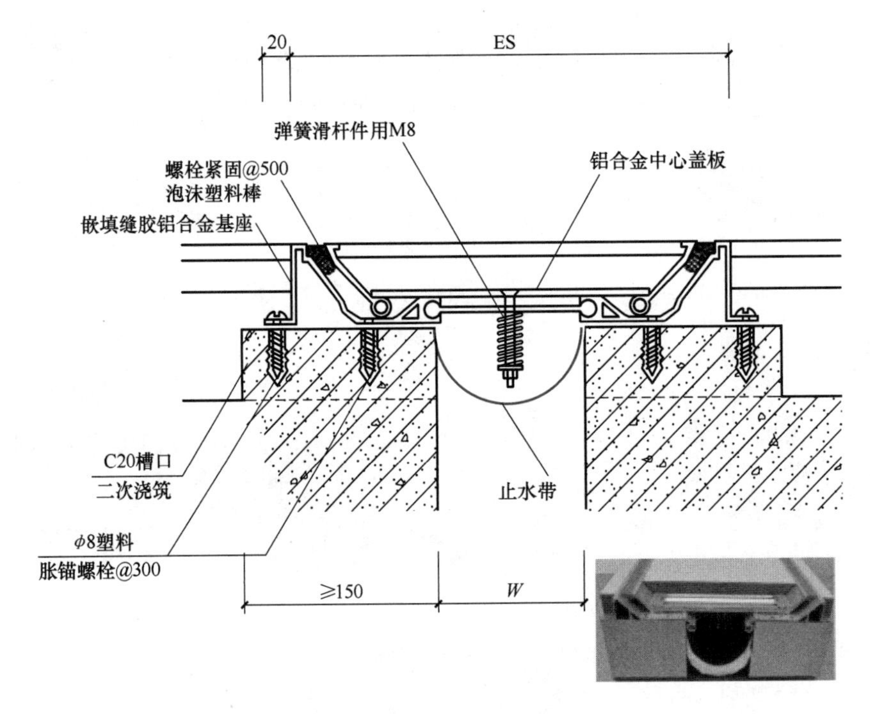

图 4-38　楼面防震型变形缝构造

5. 承重型

有一定荷载要求的盖板型楼面变形缝装置，其基座和盖板断面加厚，即为承重型变形缝。

4.4.2 变形缝装置的选用要点

建筑工程设计时，应选用同一系列产品，才能达到各部位装置的衔接构造相容统一。盖板型的变形缝装置用途最广泛，适用于各部位，应用于大量的各类公共建筑、其盖板型楼面活荷载小于或等于 3.0kN/m² 的条件下。承重型楼面变形缝是加厚了的盖板型变形缝，适用于大型商场、航站楼及一般工业建筑中，楼面活荷载小于 4.0kN/m² 的条件下有 1t 叉车通过的使用需求时；工业建筑及特殊公共建筑楼面荷载较大，大于 1t 叉车或货车通过变形缝时，应根据工程需要在选用时注明。卡锁型的盖板两侧封闭于槽内，比盖板型美观，尤其适用于内外墙及顶棚，比较安全，并有一定装修要求的建筑。橡胶嵌平型盖板的橡胶条可选用多种颜色，用于楼面缝时防滑且美观，尤其采用橡胶与盖板组成双列时，盖板槽内可做成与所在楼面相同的面层，适用于高大空间的高级装修；用于高层建筑的外墙缝时，橡胶嵌平型是安全防坠落的一种选择。

4.5 低温辐射采暖地板的构造

低温辐射采暖地板是通过埋设于地板下的加热管——铝塑复合管或导电管，把地板加热到表面温度 18~32℃，均匀地向室内辐射热量而达到采暖效果。与传统的采暖方式相比，低温辐射采暖地板具有以下几个优势：

（1）房间温度分布均匀　由于是整个地板均匀散热，因此房间里的温差极小，而且室内温度是由下而上逐渐降低，地面温度高于人的呼吸系统温度，给人以脚暖头凉的舒适感觉。

（2）有利于营造健康的室内环境　采用散热器供暖，一般出水温度在 70℃以上，但温度达到 80℃时就会产生灰尘团，使散热器上方的墙面布满灰尘。而地板采暖可以消除灰尘团和浑浊空气的对流，营造出一个清新、温暖、健康的环境。

（3）高效节能　由于低温辐射采暖地板的辐射面大，相对要求的供水温度低，只需 40~50℃。并且可以克服传统散热器的部分热量从窗户散失掉从而影响采暖效果的缺点。

（4）节省空间　采暖管全部敷设在地板下，节省了放置散热器的空间，方便室内装饰及家具的摆放。

4.5.1 低温辐射采暖地板的安装方式和敷设形式

1. 采用管材和敷设方式

低温辐射采暖地板可采用聚丁烯管、交联聚乙烯管或铝塑复合管等管材，可以安装在干式系统或湿式系统里。干式系统是将管材埋在绝热层中（图 4-39），该系统施工难度高，但运行安全可靠。湿式系统是将管材埋在混凝土内（图 4-40），该系统施工方便，但易烧坏，运行可靠性较差。

2. 塑料管敷设形式

目前，低温辐射采暖地板的塑料管敷设方式大致可分为蛇形和回形两种形状（图 4-41）。蛇形敷设又分为单蛇形、双蛇形和交错双蛇形三种敷设方式；回形敷设方式可分为单回形、双回形和对开双回形三种敷设方式。由图 4-41 可见，对于双回形敷设方式，经

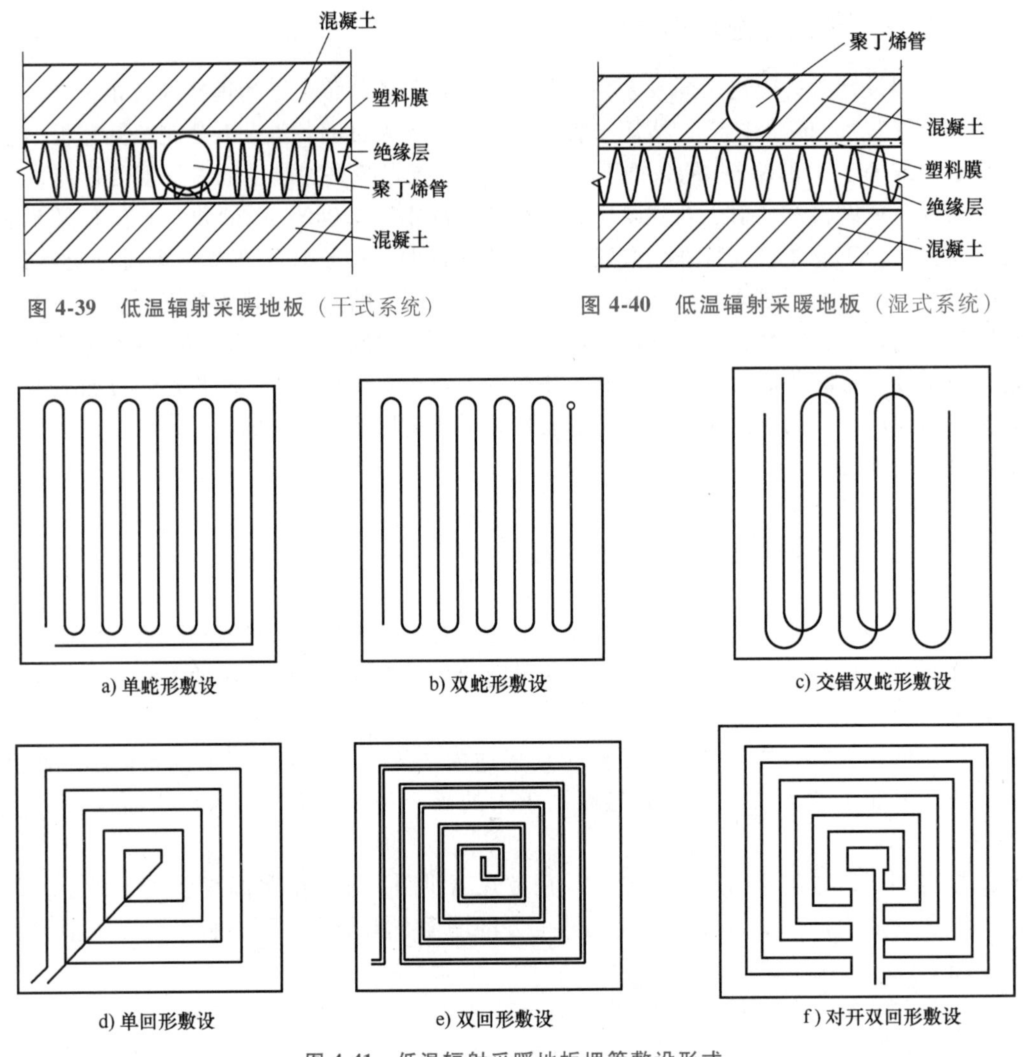

图 4-39　低温辐射采暖地板（干式系统）

图 4-40　低温辐射采暖地板（湿式系统）

图 4-41　低温辐射采暖地板埋管敷设形式

过板面中心点的任何一个剖面，埋管是高温管、低温管相间隔布置，易于形成“均化”的效果，且敷设简单，也没有埋管交错问题，所以在实际工程中，塑料埋管敷设广泛采用双回形敷设方式。

4.5.2　太阳能低温辐射采暖地板的设计

采用分体式太阳能热水器与地板辐射采暖相结合的方式可更好地为建筑采暖。这种采暖方式是在建筑的南向屋面上安装太阳能蓄热体，或采用太阳能真空管收集太阳热量，利用太阳能加热置于室内水箱内的水，并将水箱内的热水送入室内地板盘管内为建筑物采暖。如图 4-42 所示，分体式热水系统真空管先将收集到的热量送入阁楼内放置的立式水箱中，加热水箱内的水，再由循环泵将热水泵入典型房间地板内的盘管中。太阳能集热系统设计如下：

（1）供暖设计　室内设计温度定为 20℃，供水温度 60℃，回水温度 50℃，平均水温 55℃。

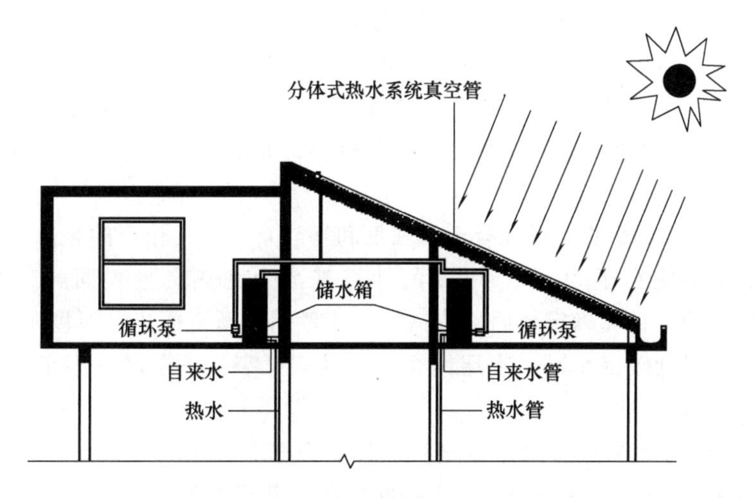

图 4-42 分体式热水系统采暖示意图

（2）塑料管敷设形式　采用双回形敷设方式，高温管、低温管间隔布置，形成“均化”的效果。塑料管铺设时，加热管的间距取 350mm；在靠近外墙处适当加密；加热管内热媒流速不应小于 0.25m/s，加热管内径不宜小于 12mm。

（3）室内采暖系统的地面构造　低温辐射采暖地板可采用聚丁烯管、交联聚乙烯管或铝塑复合管等管材，将管材埋在绝热层中。

4.5.3 低温辐射采暖地板的构造

楼地面的特点是采暖用热水管以盘管形式埋设于楼地面内。管材有交联铝塑复合管、聚丁烯管、交联聚乙烯管及无规共聚聚丙烯管（PP-R 管）等。楼地面的主要构造层分别设于地面的垫层上和楼面的结构楼板上（图 4-43），其构造做法如下：

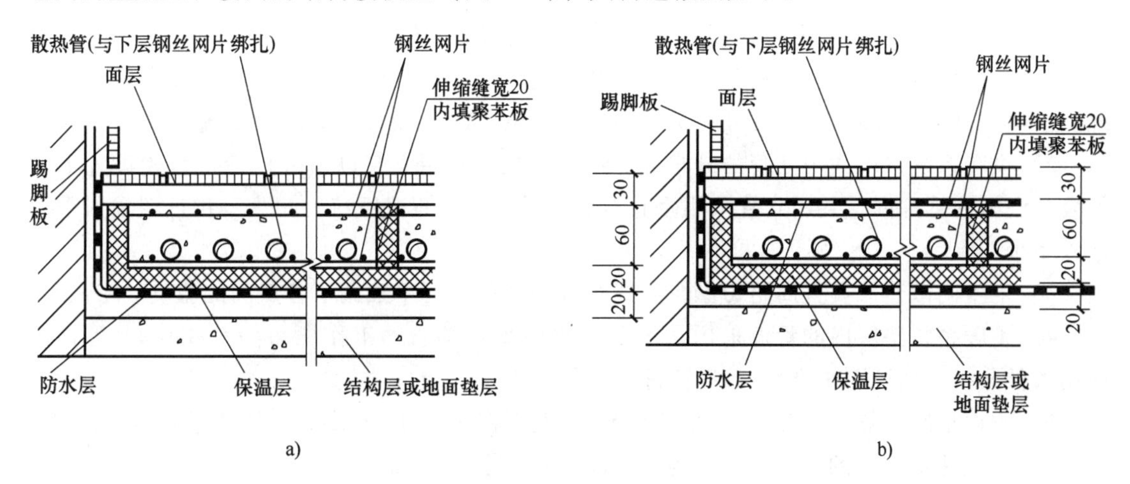

图 4-43 低温辐射采暖地板的构造

1）低温辐射采暖地板的构造体由地面层、填充层、绝热层、防水层（或防潮层）、找平层以及加热管组成。

2）首层地面及楼板上部的加热管之下，以及沿墙内侧的周边，应设置绝热层。绝热层采用聚苯乙烯泡沫塑料板，其厚度不宜小于下列要求：楼板上部 30mm（住宅受层高限制时，不应小于 20mm）；土壤上部 40mm；沿外墙周边 8~10mm。

3）面层一般选用散热较好的、厚度较小的材料，如水泥砂浆、地砖、薄型木板及水泥砂浆上做涂料面层等。面层应适当分格。

4）填充层宜采用 C15 的豆石混凝土或强度和导热系数与其相当的轻质材料浇筑（或预制模块），其厚度不应小于 50mm，厚度的计算基准为绝热层上表面。当地面荷载大于 $20kN/m^2$ 时，应经设计计算确定加固构造措施。一般用细石混凝土、厚度不小于 60mm，其内埋设热水管及两层低碳钢丝网。上层网系防止地面开裂，下层网系固定热水管用（固定是用绑扎或专用塑料卡具）。

5）保温层一般为聚苯乙烯泡沫板（B1 级），其密度不小于 $20kg/m^3$，导热系数不大于 0.05W/(m·K)，压缩应力不小于 100kPa，吸水率不大于 4%，氧指数不小于 32。保温层上面敷设一层真空镀铝聚酯薄膜或玻璃布铝箔；也可用微孔聚乙烯复合板（B1 级），密度 $39.8kg/m^3$，导热系数 0.02W/(m·K)，表面带铝箔；也可用岩棉（A 级），但需注意防潮。

6）宜按以下原则设置填充层的热膨胀构造：当低温辐射采暖地板面积超过 $30m^2$ 或长边距离超过 6m 时，应在填充层间距小于或等于 6m、宽度 5m 的部位设置伸缩缝，缝中填充弹性膨胀材料；与墙、柱的交接处，应填充厚度不小于 10mm 的软质闭孔泡沫塑料；沿外墙内侧敷设的垂直绝热层可视为与墙柱交接处的防膨胀措施。

7）低温辐射采暖地板铺设在首层地面上时，绝热层下应设防潮层；铺设在潮湿房间（卫生间、厨房或游泳池等）内的楼板上时，填充层上应做防水层（图 4-43b）。

4.5.4　低温辐射采暖地板的应用案例

该项目为高层住宅，采用低温辐射采暖地板，做法如下：

1）各高层建筑供暖系统划分为低区系统及高区系统，各多层建筑供暖系统均为低区系统。该项目供暖系统划分如下：1~17 层为低区系统，18 层及以上为高区系统。

2）供暖系统采用共用立管的分户独立系统形式，共用立管以及分户计量装置设置于户外公共空间的管井内。共用立管采用垂直双管下供下回异程式系统，户内采用低温辐射采暖地板系统。

3）卫生间散热器设置高阻力型自立式恒温两通阀，可单独调节各房间的温度。

4）地暖系统垫层内的管道采用纳米阻氧耐热聚乙烯管，工作压力为 0.8MPa，管材按使用条件分级选用级别 4 级 S_4 系列管材。

5）户内地暖绝热层采用挤塑板（XPS），表观密度大于 20kg/m，导热系数为 0.03W/(m·K)。绝热层厚度的设置：首层为 30mm；其余层为 20mm。

6）敷设在公共部位的地面垫层内供暖管道填充聚氨酯发泡保温材料，如图 4-44 和图 4-45 所示。

太阳能低温辐射采暖地板的设计与应用，也是贯彻落实党的二十大精神，“推动绿色发展，促进人与自然和谐共生”的好举措。

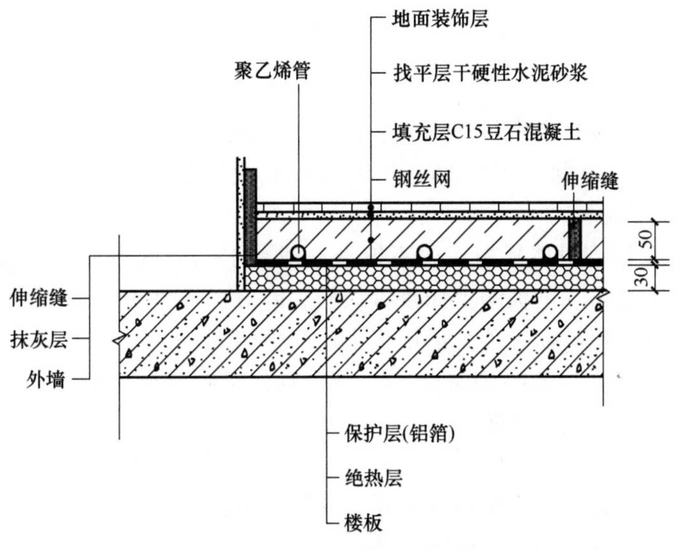

图 4-44　地暖结构断面图

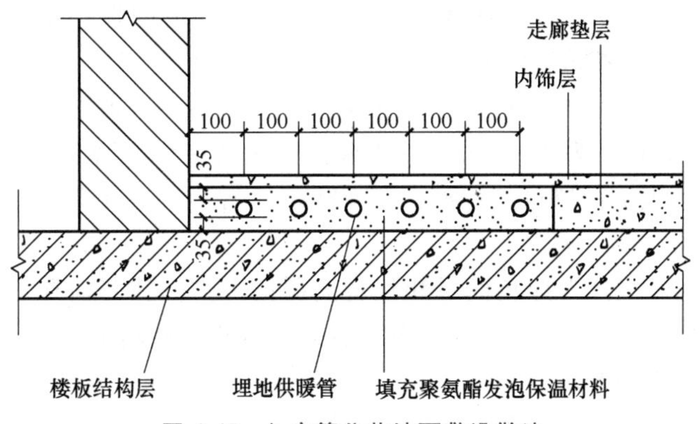

图 4-45　入户管公共地面敷设做法

4.6　顶棚装修

4.6.1　顶棚的类型

1. 直接式顶棚

直接式顶棚是指直接在楼板底面或梁底进行抹灰或粉刷、粘贴等装饰面形成的顶棚，一般用于装修要求不高的房间，其要求和做法与内墙装修相同。

2. 吊顶

在较大空间和装饰要求较高的房间中，因建筑声学、保温隔热、清洁卫生、管道敷设、室内美观等特殊要求，常用顶棚把屋架、梁板等结构构件及设备遮盖起来，形成一个完整的表面。由于顶棚是采用悬吊方式支承于屋顶结构层或该楼层的梁板之下，所以称为吊顶。吊顶的构造设计应从上述多个方面进行综合考虑。

4.6.2　顶棚的构造

1. 直接式顶棚

直接式顶棚包括直接喷刷涂料顶棚、直接抹灰顶棚和直接贴面顶棚三种做法。

（1）直接喷刷涂料顶棚　当要求不高或楼板底面平整时，可在楼板板底面嵌缝后喷（刷）石灰浆或涂料二道。

（2）直接抹灰顶棚　对楼板板底面不够平整或要求稍高的房间，可采用板底面抹灰的做法，抹灰一般在灰板条、钢板网上抹掺有纸筋、麻刀、石棉或人造纤维的灰浆。抹灰顶棚容易出现龟裂，甚至成块破损脱落，适用于小面积顶棚。

（3）直接贴面顶棚　对某些装修标准较高或有保温吸声要求的房间，可在板底直接粘贴装饰吸声板、石膏板、塑胶板等。

2. 吊顶

在屋架下和混凝土楼板下均可以做吊顶，常用的吊顶骨架有木骨架和金属骨架。

吊顶的结构一般由基层和面层两大部分组成。

（1）基层　基层包括吊筋和龙骨，主要用来承受吊顶的荷载并固定面板。吊顶龙骨分为主龙骨和次龙骨。主龙骨通过吊筋或吊件固定在屋顶（或楼板）结构上，次龙骨固定在主龙骨上，在次龙骨上放置固定面板。龙骨可用木材、轻钢、铝合金等材料制作，其断面大小视其材料种类、是否上人（吊顶承受人的荷载）和面层构造做法等因素而定。主龙骨的断面比次龙骨大，间距通常为1m左右。次龙骨间距视面层材料而定，间距不宜过大，一般为300~500mm；刚度大的面层可允许扩大至600mm。常用的有T形铝合金龙骨吊顶、U形轻钢龙骨吊顶。

（2）面层　吊顶面层分为抹灰面层和板材面层两大类。抹灰面层为湿作业施工，费工费时。板材面层施工速度快，施工质量容易保证。吊顶面层板材的类型很多，一般可分为植物型板材（如胶合板、纤维板、木工板等）、矿物型板材（如石膏板、矿棉板等）、金属板材（如铝合金板、金属微孔吸声板等）等几种类型。

◉ 扩展阅读：绿色节能技术——太阳能与相变材料地面

依据党的二十大报告提出的“完善能源消耗总量和强度调控，重点控制化石能源消费，逐步转向碳排放总量和强度‘双控’制度。推动能源清洁低碳高效利用，推进工业、建筑、交通等领域清洁低碳转型”，在建筑中充分利用太阳能在冬季为建筑采暖。利用太阳能的光热、光电，将能量储存在相变材料中，利用相变材料的物相变化吸收和释放热量，为建筑采暖，如将集热板吸收的太阳光热储存在相变材料中，也可以将光伏板产生的电能加热相变材料，将能量储存。部分能量冬季白天直接为建筑供暖；部分能量储存在相变材料中，白天吸热，夜晚放热。这种做法不仅减少了冬季建筑物采暖的能源消耗，降低了碳排放，而且利用了清洁能源——太阳能。

本章小结

1. 装修就是建筑在结构主体完成之后，对结构表面内外墙面、楼地面、顶棚等有关部位进行一系列的加工处理。饰面装修的作用就是保护构件，改善环境条件，美化建筑空间。

2. 墙面装修分外墙装修和内墙装修。大量性民用建筑的墙面装修有五种类型，即抹灰类、涂料类、贴面类、裱糊类、铺钉类。墙面装修的构造层次主要由基层和饰面层两大部分组成，基层要保证饰面材料附着牢固。

3. 楼地面主要是指楼层和地坪层的面层。楼地面的名称是以面层的材料和做法命名的。地面按其材料和做法可分为两大类型，即整体地面和块料地面。整体楼地面包括水泥砂浆、混凝土及水磨石面层，水泥基自流平面层，树脂涂层面层，卷材面层，树脂胶泥、砂浆面层等。常用的块料地面有黏土砖地面、水泥砖地面、大理石地面、缸砖地面、马赛克地面、陶瓷地砖地面等。

4. 地面变形缝包括温度伸缩缝、沉降缝和防震缝。地面变形缝设置的位置和大小应与墙面、屋面变形缝一致。构造上要求从基层到饰面层全部脱开，还可以在变形缝内配置止水带、阻火带和保温带等装饰。建筑变形缝装置主要有盖板型、卡锁型、嵌平型、防震型和承重型等类型。

5. 低温辐射采暖地板是通过敷设于地板下的加热管，把地板加热到表面温度 18~32℃，向室内辐射热量而达到采暖效果。其优势包括房间温度分布均匀；有利于营造健康的室内环境；高效节能；节省空间。塑料管敷设方式大致可分为蛇形和回形两种形状。太阳能低温辐射采暖地板，就是利用分体式太阳能热水器或集热器，与地板辐射采暖相结合。

6. 顶棚装修有直接式顶棚和吊顶两种类型。直接式顶棚是指直接在楼板底面或梁底进行抹灰或粉刷、粘贴等装饰面形成的顶棚，一般用于装修要求不高的房间；吊顶应用于较大空间和装饰要求较高的房间中。吊顶的构造设计应从上述多个方面综合进行考虑。

思考与练习题

1. 饰面装修的作用是什么？
2. 饰面装修的基层处理原则是什么？
3. 简述墙面装修的种类及特点。
4. 简述水泥砂浆地面、水泥石屑地面、水磨石地面的组成及优缺点、适用范围。
5. 常用的块料地面的种类、优缺点及适用范围是什么？
6. 塑料地面的优缺点及主要类型是什么？
7. 直接抹灰顶棚的类型及适用范围是什么？
8. 设计吊顶应满足哪些要求？吊顶由哪几部分组成？主龙骨、次龙骨和吊筋的布置方法及其尺寸要求（跨度、间距等）是什么？

第 5 章 CHAPTER 5

楼 梯

学习目标

通过本章学习，了解楼梯的种类和基本要求；掌握楼梯的组成、楼梯的构造、栏杆与扶手、台阶的种类与形式，台阶构造与细部、电梯与自动扶梯的构造；掌握楼梯的设计，现浇钢筋混凝土楼梯的类型、特点、结构形式，预制装配式钢筋混凝土梁承式楼梯的构造特点、要求及细部构造。理解楼梯与空间的关系。

5.1 楼梯的组成、形式、尺度

5.1.1 楼梯的组成

楼梯一般由梯段、楼梯平台、栏杆扶手三部分组成，如图 5-1 所示。

（1）梯段　梯段是联系两个不同标高平台的倾斜构件。梯段有板式梯段和梁板式梯段。为了减轻行走的疲劳和步数太少不易察觉，梯段的踏步步数一般不宜超过 18 级，但也不宜少于 3 级。

（2）楼梯平台　楼梯平台有中间平台和楼层平台。两楼层之间的平台称为中间平台，用来供人们行走时调节体力和改变行进方向。而与楼层地面标高齐平的平台称为楼层平台，除起着与中间平台相同的作用外，还用来分配从楼梯到达各楼层的人流。

（3）栏杆扶手　栏杆扶手是设在梯段及平台边缘的安全保护构件。当梯段宽度不大于 1100mm 时，只在梯段临空面设置；当梯段宽度为 1650mm 时，加设靠墙扶手；当梯段宽度大于或等于 2200mm 时，则需在梯段中间加设中间扶手。

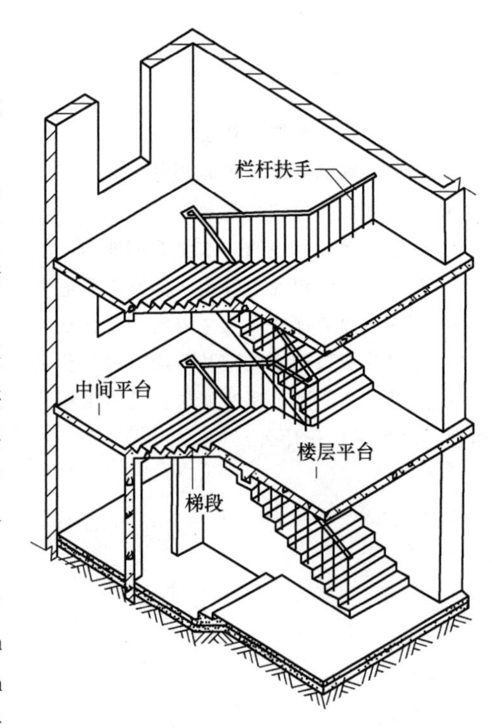

图 5-1　楼梯的组成

楼梯作为建筑空间竖向联系的主要部件，其位置应明显，起到提示引导人流的作用，并要充分考虑其造型美观，人流通行顺畅，行走舒适，结构坚固，防火安全，同时还应满足施工和经济条件的要求。

5.1.2 楼梯的形式

楼梯形式（图 5-2）的选择取决于所处位置、楼梯间的平面形状与大小、楼层高低与层数、人流多少与缓急等因素，设计时需综合权衡这些因素。

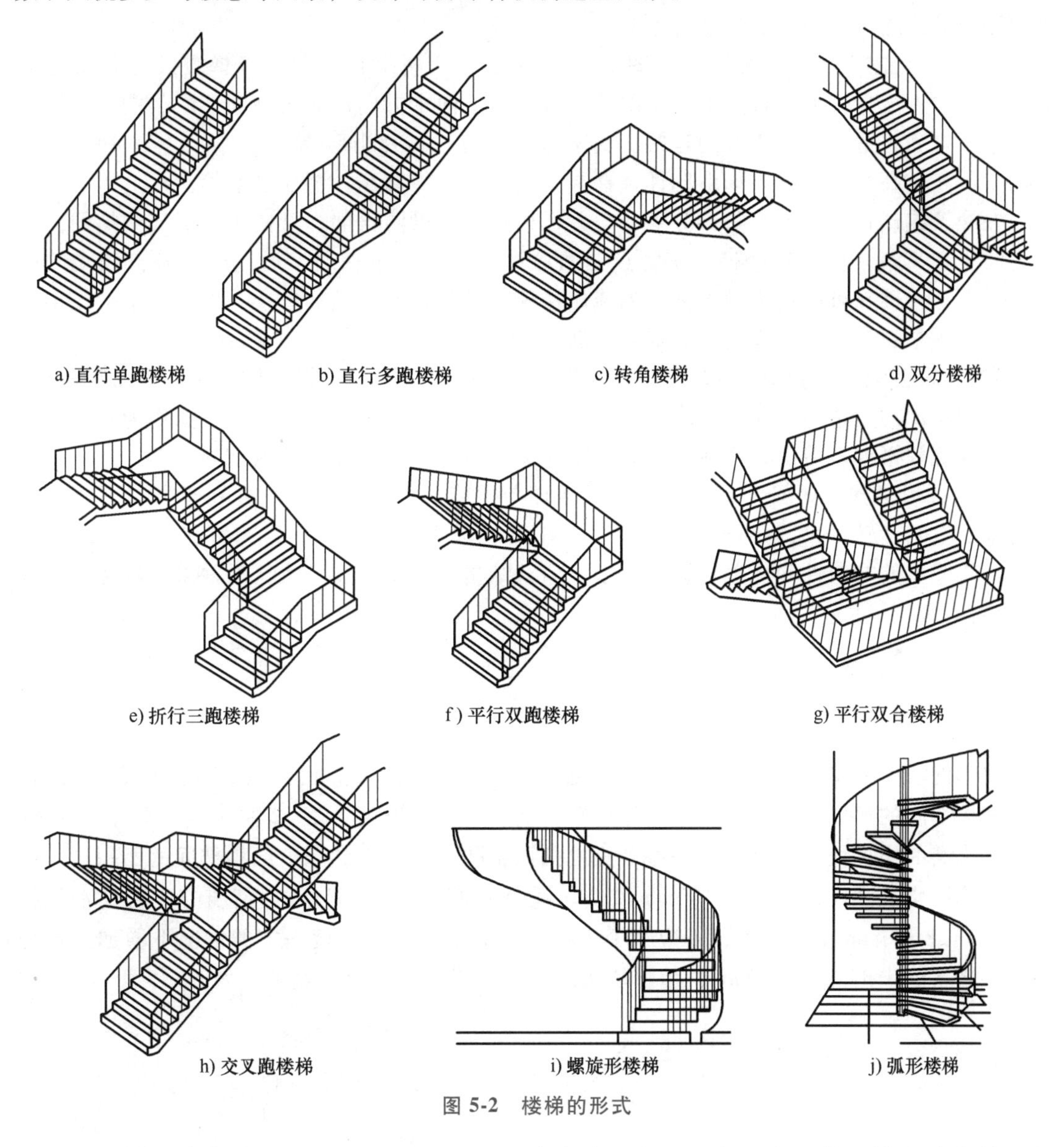

图 5-2 楼梯的形式

（1）直行单跑楼梯　如图 5-2a 所示，此种楼梯无中间平台，由于单跑梯段踏步数一般不超过 18 级，故仅用于层高不高的建筑。

（2）直行多跑楼梯　如图 5-2b 所示，此种楼梯增设了中间平台，将单梯段变为多梯段。直行多跑楼梯导向性强，常用于人流较多的公共建筑的大厅。但是，当用于上多层楼面的建筑时，会增加交通面积并加长人流行走的距离。

（3）折行多跑楼梯　如图 5-2c、e 所示，折行三跑楼梯中部可设计梯井，可利用梯井设计电梯井道，但是电梯井道对楼梯视线有遮挡。

（4）双分双合楼梯　图 5-2d、g 所示为平行双分双合楼梯。此种楼梯其梯段平行而行走方向相反，且第一跑在中部上行，然后其中间平台处往两边以第一跑的 1/2 梯段宽各上一跑到楼层面。此种楼梯通常在人流多、梯段宽度较大时采用。

（5）平行双跑楼梯　如图 5-2f 所示，此种楼梯节约面积并缩短人流行走距离，是最常用的楼梯形式之一。

（6）交叉跑（剪刀）楼梯　如图 5-2h 所示，它由两个直行单跑楼梯交叉并列布置而成，通行的人流量较大，且为上下楼层的人流提供了两个方向，对于空间开敞、楼层人流多方向进入有利，适合于层高低的建筑。交叉跑（剪刀）楼梯当层高较高时可设置中间平台，适用于层高较高且有楼层人流多向性选择要求的建筑，如商场、多层食堂等。

在交叉跑楼梯中间加上防火分隔墙，并在楼梯周边设防火墙，开防火门形成楼梯间，就成为防火交叉跑（剪刀）楼梯，其特点是两边梯段空间互不相通，形成两个各自独立的空间通道，这种楼梯可以视为两部独立的疏散楼梯，满足双向疏散的要求。由于其水平投影面积小，节约了建筑空间，常用于有双向疏散要求的高层住宅建筑。

（7）螺旋形楼梯　如图 5-2i 所示，螺旋形楼梯通常是围绕一根单柱布置，平面呈圆形，其平台和踏步均为扇形平面，踏步内侧宽度很小，构造较复杂。这种楼梯不能作为主要的人流交通和疏散楼梯，但由于其造型美观，常作为建筑小品布置在庭院或室内。

（8）弧形楼梯　如图 5-2j 所示，弧形楼梯与螺旋形楼梯的不同之处在于，它围绕一较大的轴心空间旋转，仅为一段弧环，并且曲率半径较大。弧形楼梯常布置在公共建筑的门厅，具有明显的导向性和优美轻盈的造型。但其结构和施工难度较大，通常采用现浇钢筋混凝土结构。

5.1.3　楼梯的尺度

1. 踏步尺度

楼梯的坡度在实际应用中均由踏步高宽比决定。踏步的高宽比需根据人流行走的舒适、安全和楼梯间的尺度、面积等因素进行综合权衡。常用的坡度为 1∶2 左右。对于人流量大、安全要求高的楼梯坡度应该平缓一些，反之则可稍陡一些，以利于节约楼梯间的面积。

楼梯踏步的高度，成人以 150mm 左右较适宜，不应高于 175mm。踏步的宽度（水平投影宽度）以 300mm 左右为宜，不应窄于 260mm。为了在踏步宽度一定的情况下增加行走舒适度，常将踏步出挑 20~30mm，使踏步实际宽度大于其水平投影宽度，如图 5-3 所示。

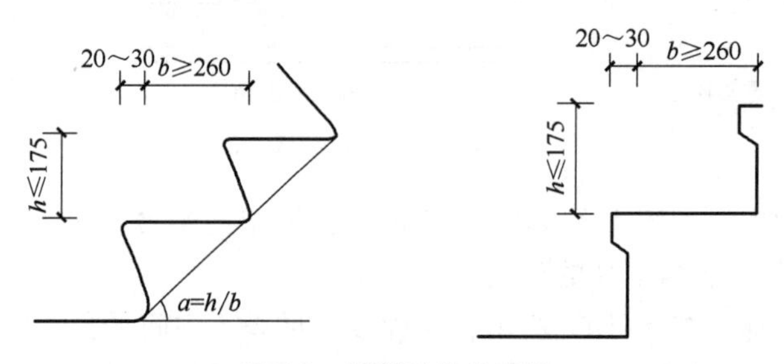

图 5-3　楼梯踏步的出挑

楼梯踏步的高和宽尺寸一般根据经验数据和规范要求确定，见表 5-1。

表 5-1　楼梯踏步的最小宽度和最大高度　　（单位：m）

楼梯类别	最小宽度	最大高度
住宅共用楼梯	0.26	0.175
幼儿园、小学学校等楼梯	0.26	0.15
办公楼、体育馆、商场、旅馆和大学、中学学校等楼梯	0.28	0.165
医院、电影院、剧场等楼梯	0.30	0.15
专用疏散楼梯	0.25	0.18
服务楼梯、住宅套内楼梯	0.22	0.20

2. 梯段尺度

梯段尺度分为梯段宽度和梯段长度。梯段宽度应根据紧急疏散时要求通过的人流股数确定，每股人流按 550mm 宽度考虑。同时需满足各类建筑设计规范中对梯段宽度的要求。梯段长度 L 则是每一梯段的水平投影长度，其值 $L=(N/2-1)b$，其中 b 为踏步水平投影宽度，N 为梯段踏步数。

3. 平台宽度

平台宽度分为楼层平台宽度 D_1 和中间平台宽度 D_2，如直行多跑、平行双跑和折线楼梯不小于 1200mm，医院不小于 1800mm。对于楼层平台宽度，则应比中间平台更宽松些，以利于人流分配和停留。

4. 梯井宽度

梯井是指梯段之间形成的空档，此空档从顶层到底层贯通。为了梯段施工安装和平台转弯缓冲，一般情况下均设梯井。梯井宽度为 60～200mm，应以 60～110mm 为宜，若大于 200mm，则应考虑采取安全措施。

5. 楼梯尺寸计算

在进行楼梯构造设计时，应对楼梯各细部尺寸进行详细的计算。现以常用的平行双跑楼梯为例，说明楼梯尺寸的计算方法，如图 5-4 所示。

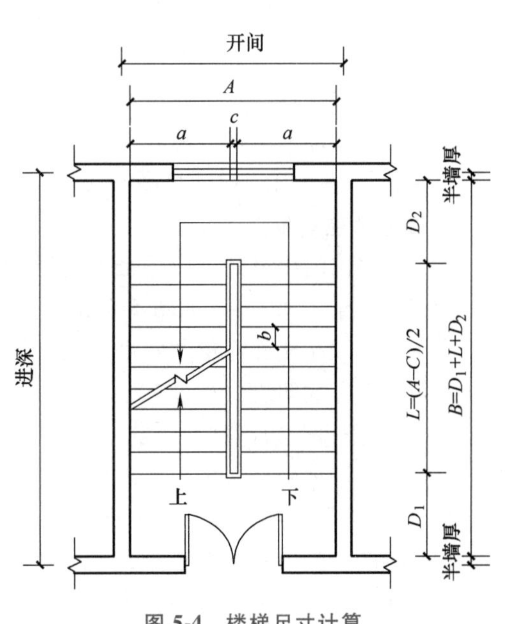

图 5-4　楼梯尺寸计算

1）根据层高 H 和初选踏步高 h，确定每层踏步数 N，$N=H/h$。为了减少构件规格，一般应尽量采用等跑梯段，因此 N 宜为偶整数。如所求出的 N 为奇数或非整数，可反过来调整踏步高 h。

2）根据每层踏步数 N 和初选踏步宽度 b，确定梯段水平投影长度 L，$L=(N/2-1)b$。

3）确定梯井。供儿童使用的楼梯梯井宽度不应大于 200mm，以利安全。

4）根据楼梯间开间净宽 A 和梯井宽度 C，确定梯段宽度 a，$a=(A-C)/2$。同时检验其通行能力是否满足紧急疏散时人流股数的要求，如不能满足，则应对梯井宽度 C 或楼梯间开间净宽 A 进行调整。

5）根据初选楼层平台宽度 $D_1(D_1>a)$ 和中间平台宽度 $D_2(D_2\geqslant a)$ 以及梯段水平投影长度 L，检验设计的楼梯间进深 B，$B=D_1+L+D_2$，应小于或等于楼梯净进深，如不能满足，可对 L 进行调整（即调整 b、h）。

在 B 一定的情况下，如尺寸有富余，一般可加宽 b 以减缓坡度，或加宽 D_1 以利于楼层平台分配人流。

楼梯各层平面图的绘制，如图 5-5 所示。

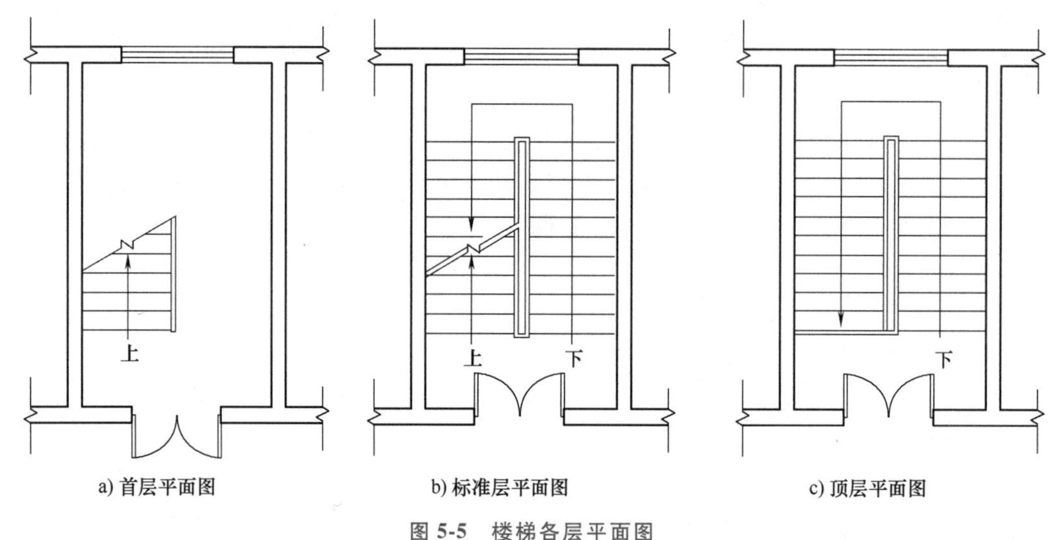

图 5-5 楼梯各层平面图

6. 栏杆扶手高度

梯段栏杆扶手高度应为从踏步前缘线至扶手顶面的高度。其高度根据人体重心高度和楼梯坡度大小等因素确定，一般不宜小于 900mm，供儿童使用的楼梯应在 500～600mm 高度增设扶手。当楼梯栏杆水平段长度超过 500mm 时，扶手高度不应小于 1050mm。室外楼梯的栏杆如果临空，需加强防护。当临空高度小于 24m 时，栏杆高度不应小于 1050mm；当临空高度大于或等于 24m 时，栏杆高度不应小于 1100mm。

7. 楼梯净空高度

楼梯各部位的净空高度应保证人流通行和家具搬运，应不小于 2000mm，梯段范围内净空高度宜不小于 2200mm，如图 5-6 所示。

当在平行双跑楼梯底层中间平台下需设置通道时，为保证平台下净高满足通行要求，一般可采用以下方式解决（图 5-7）：

1）在底层做长短跑梯段。起步第一跑为长跑，以提高中间平台标高，如图 5-7a 所示。这种方式仅在楼梯间进深较大、底层平台宽 D 富余时适用。

2）局部降低底层中间平台下地坪标高，使其低于底层室内地坪标高，以满足净空高度要求。但降低后的中间平台下地坪标高仍应高于室外地坪标高，以免雨水内溢，如图 5-7b 所示。这种处理方式可保持等跑梯段，使构件统一。但中间平台下地坪标高的降低，常依靠底层室内地坪±0. 000 标高绝对值的提高来实现，可能会增加填方量或将底层地面架空。

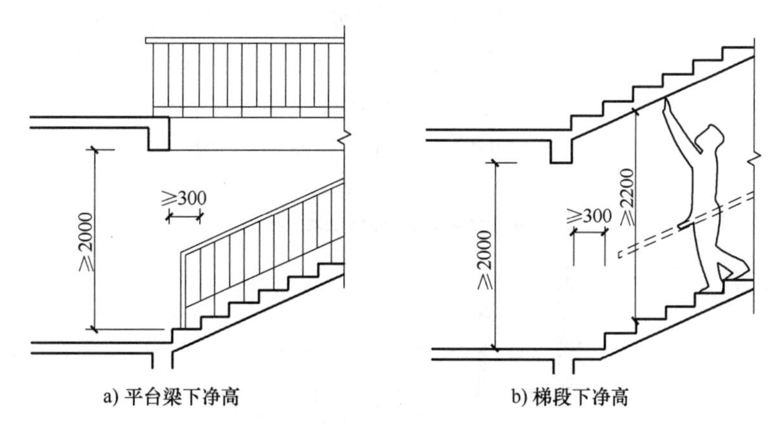

a) 平台梁下净高　　b) 梯段下净高

图 5-6　楼梯平台及梯段下净高控制

3）综合以上两种方式，在采取长短跑梯段的同时，又降低底层中间平台下地坪标高，如图 5-7c 所示，这种处理方法可兼有前两种方式的优点，并减少其缺点。

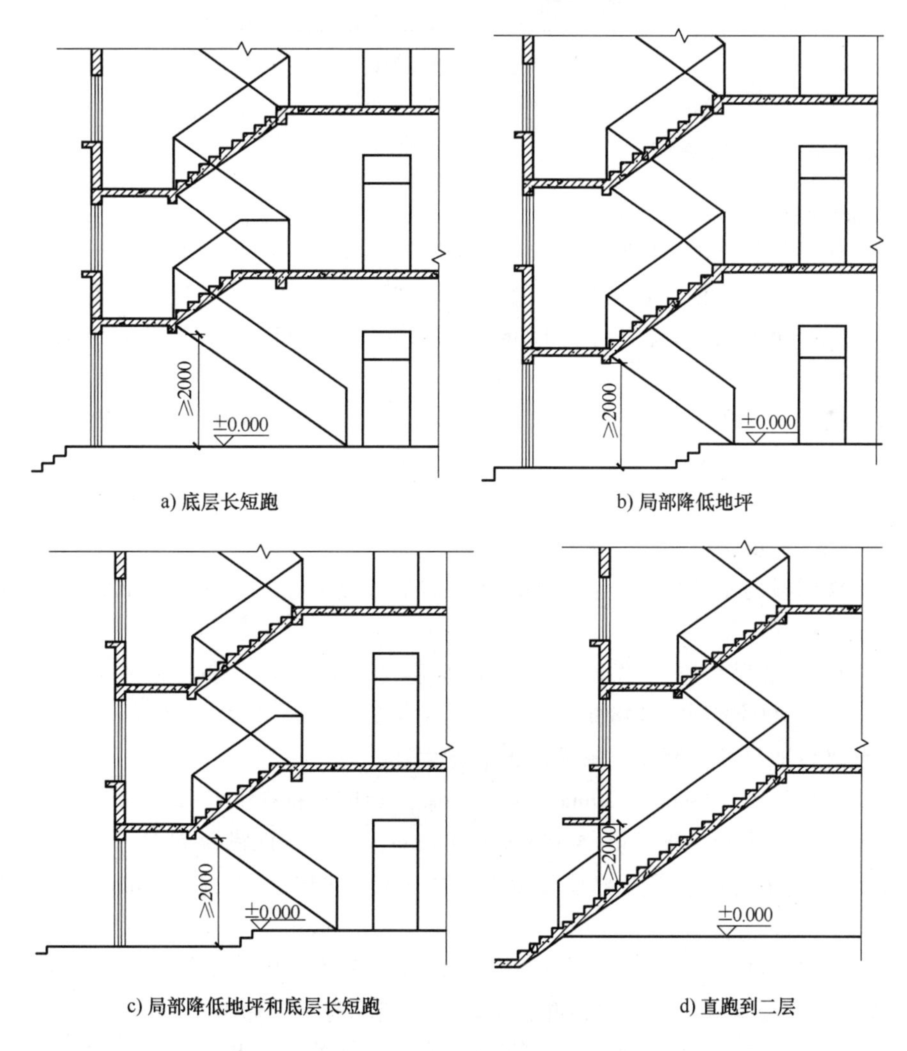

a) 底层长短跑　　b) 局部降低地坪

c) 局部降低地坪和底层长短跑　　d) 直跑到二层

图 5-7　底层中间平台下做出入口的处理方式

4）底层用直行单跑或直行双跑楼梯直接从室外上二层，如图 5-7d 所示。这种方式常用于住宅建筑，设计时需注意入口处雨篷底面标高的位置，以保证净空高度的要求。

在楼梯间顶层，当楼梯不上屋顶时，由于局部净空高度大，空间浪费，可在满足楼梯净空要求的情况下局部加以利用，做成小储藏间等，如图 5-8 所示。

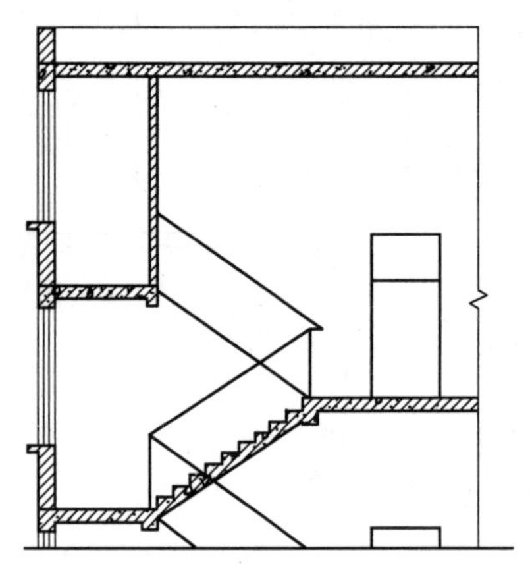

图 5-8　楼梯局部空间的利用

5.1.4　楼梯计算及案例分析

1. 楼梯的计算

例 5-1：某三层办公楼楼梯间的开间尺寸为 3300mm，层高尺寸为 3300mm，进深尺寸为 5100mm。耐火等级为二级，设两部等宽楼梯，楼梯间一侧为公共走道，内墙厚 240mm，轴线居中，外墙厚 365mm，轴线距内皮 120mm，室内外高差 450mm，楼梯间下面不开门。试设计此楼梯。

1）确定踏步尺寸和楼梯坡度。办公楼属于公共建筑，楼梯使用较频繁，取踏面宽 $b=300\text{mm}$，则踏面高 $h=150\text{mm}$。

2）确定每层踏步数量。$N=H/h=3300\text{mm}/150\text{mm}=22$。总步数多于 18 步，需按双跑楼梯设计，每跑取 11 步。

3）计算楼梯段的水平投影长度。梯段水平投影长度 $L=(N/2-1)b=(22/2-1)\times300\text{mm}=3000\text{mm}$。

4）计算梯段宽度和平台宽度。取梯井宽度 $C=100\text{mm}$。梯段宽度 $a=(A-C)/2=[(3300-2\times120)-100]\text{mm}/2=1480\text{mm}$，休息平台宽度 $D\geqslant a$，取 $D=1500\text{mm}$。

5）校核进深净尺寸，画出楼梯平面图和剖面图。

进深净尺寸 $L_1=5100\text{mm}-120\text{mm}=4980\text{mm}$，设计进深尺寸 $L+D=3000\text{mm}+1500\text{mm}=4500\text{mm}$，则 $L_1-(L+D)=4980\text{mm}-4500\text{mm}=480\text{mm}$。设计进深满足要求。因楼梯与走廊相连，靠走廊一侧的平台可借用走廊部分宽度，楼梯由走廊向里缩进 480mm，可起到人流缓冲的作用。

6）绘图。楼梯间的平面图应每层一个。层数较多的房屋，中间层部分可按标准层绘制，但应注明各楼层及楼梯平台的标高，平面图上应标有上下标志及上下步数，还应注明相关尺寸和标高。楼梯剖面图应标明相关的高度关系、有关尺寸和标高。楼梯平面图和剖面图，如图 5-9 所示。

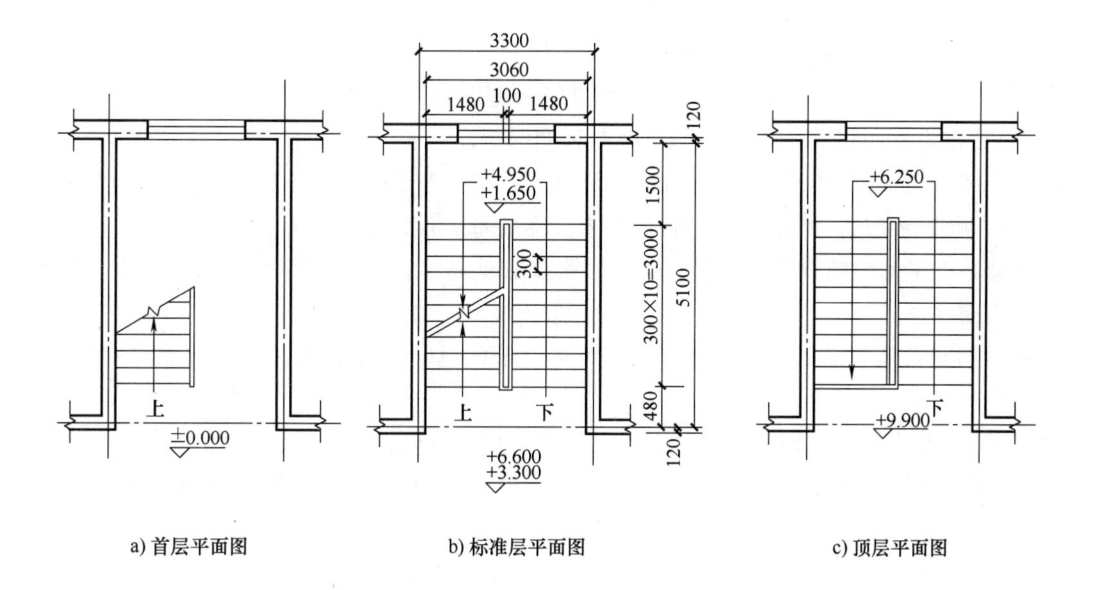

a) 首层平面图　　b) 标准层平面图　　c) 顶层平面图

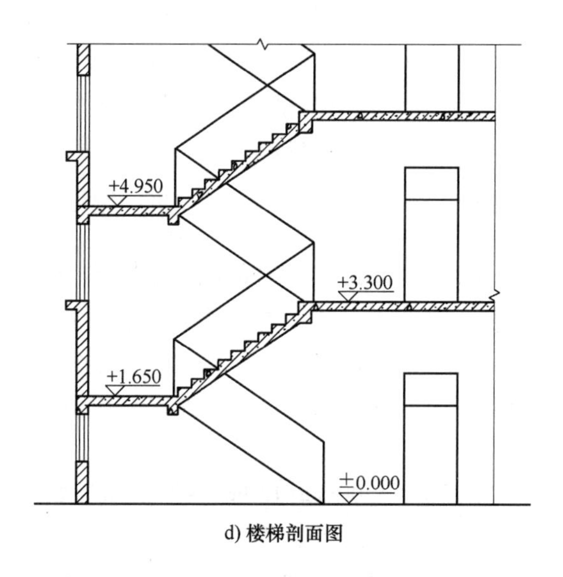

d) 楼梯剖面图

图 5-9　楼梯平面图和剖面图

例 5-2：某三层宿舍楼楼梯间的开间尺寸为 3300mm，层高尺寸为 3300mm，进深尺寸为 4500mm。耐火等级为二级，设两部等宽楼梯，楼梯间一侧为公共走道，内墙厚 240mm，轴线居中，外墙厚 365mm，轴线距内皮 120mm，室内外高差为 450mm，楼梯间下面不开门。试设计此楼梯。

1）确定踏步尺寸和楼梯坡度。取踏面宽 $b=300\text{mm}$，$h=150\text{mm}$。

2）确定每层踏步数量。$N=H/h=3300\text{mm}/150\text{mm}=22$。总步数多于 18 步，需按双跑楼梯设计，每跑取 11 步。

3）计算楼梯段的水平投影长度。梯段水平投影长度 $L=(N/2-1)b=(22/2-1)\times300\text{mm}=3000\text{mm}$。

4）计算梯段宽度和平台宽度。取梯井宽度 $C=100\text{mm}$。梯段宽度 $a=(A-C)/2=[(3300-2\times120)-100]\text{mm}/2=1480\text{mm}$。休息平台宽度 $D\geqslant a$，取 $D=1500\text{mm}$。

5）校核进深净尺寸，画出楼梯平面图和剖面图。

进深净尺寸 $L_1=4500\text{mm}-120\text{mm}=4380\text{mm}$，设计进深尺寸 $L+D=3000\text{mm}+1500\text{mm}=4500\text{mm}$，则 $L+D>L_1$，所以设计不满足要求。需要重新设计。

主要是 h 的取值有问题，h 取值越小，踏步数就越多，设计进深就越大。所以，h 的取值非常重要。

这道例题 h 的取值不合适，可以取 165mm（3300/165 可以整除，且为偶数）。重新进行计算：

1）确定踏步尺寸和楼梯坡度。取踏面宽度 $b=300\text{mm}$，$h=165\text{mm}$。

2）确定每层踏步数量。$N=H/h=3300\text{mm}/165\text{mm}=20$。总步数多于 18 步，需按双跑楼梯设计，每跑取 10 步。

3）计算楼梯段的水平投影长度。梯段水平投影长度 $L=(N/2-1)b=(20/2-1)\times300\text{mm}=2700\text{mm}$。

4）计算梯段宽度和平台宽度。取梯井宽度 $C=100\text{mm}$。梯段宽度 $a=(A-C)/2=[(3300-2\times120)-100]\text{mm}/2=1480\text{mm}$。休息平台宽度 $D\geqslant a$，取 $D=1500\text{mm}$。

5）校核进深净尺寸，画出楼梯平面图和剖面图。进深净尺寸 $L_1=4500\text{mm}-120\text{mm}=4380\text{mm}$，设计进深尺寸 $L+D=2700\text{mm}+1500\text{mm}=4200\text{mm}$，则 $L_1>L+D$，所以设计满足要求。

6）作图（略）。

例 5-3：某七层办公楼楼梯间的开间尺寸为 3300mm，层高尺寸为 3300mm，进深尺寸为 5400mm。耐火等级为二级，设两部等宽楼梯，楼梯间为封闭楼梯间，内外墙厚均为 240mm，轴线居中，室内外高差为 600mm，楼梯间下面做入口。试设计此楼梯。

1）确定踏步尺寸和楼梯坡度。办公楼属于公共建筑，楼梯使用较频繁，取 $b=300\text{mm}$，$h=150\text{mm}$。

2）确定每层踏步数量。$N=H/h=3300\text{mm}/150\text{mm}=22$。总步数多于 18 步，需按双跑楼梯设计，每跑取 11 步。

3）计算梯段宽度和平台宽度。取梯井宽度 $C=100\text{mm}$。梯段宽度 $a=(A-C)/2=[(3300-2\times120)-100]\text{mm}/2=1480\text{mm}$。休息平台宽度 $D\geqslant a$，取 $D=1500\text{mm}$。

4）由于一层平台下做入口，一层平台上部标高为 $0.15\text{m}\times11=1.65\text{m}$，平台梁高度为 $3.3\text{m}/11=0.3\text{m}$，所以现在平台下的净高为 1.35m。

首先采取局部降低地坪的做法，降低 3 个台阶，即降低 0.45m。现在平台下的净高为 $1.35\text{m}+0.45\text{m}=1.8\text{m}$。还不满足要求。

采用长短跑，需要增加的高度为 0.2m，即要 2 个踏步的高度。所以一层第一跑为 11 跑+2 跑=13 跑，一层第二跑为 22 跑-13 跑=9 跑。

5）校核。这时只要校核最长的一层即可。$L=(13-1)\times0.3\text{m}=3.6\text{m}$。设计进深尺寸 $L+$

$D=3600\text{mm}+1500\text{mm}=5100\text{mm}$，进深净尺寸为 $L_1=5400\text{mm}-120\text{mm}=5280\text{mm}$。所以满足要求。

6）作图（略）。

2. 楼梯设计案例分析

以下通过两个具体的工程实例介绍楼梯的设计和绘制。

（1）案例Ⅰ（图 5-10）

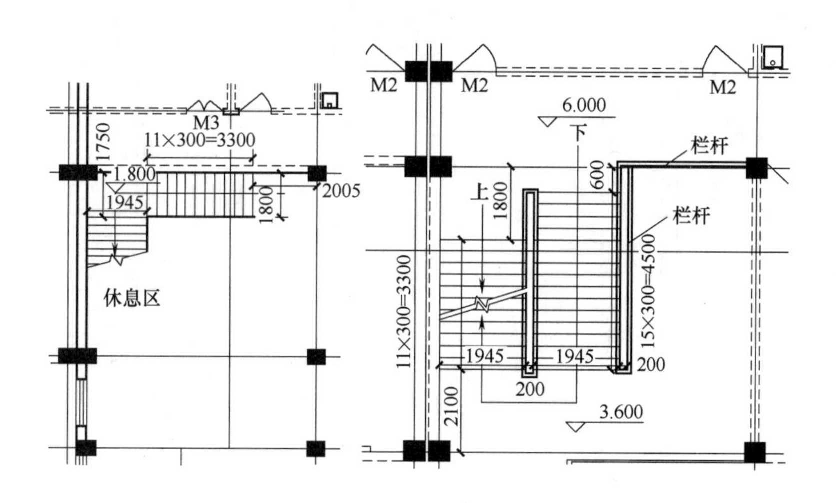

a) 案例Ⅰ首层楼梯间平面图　　b) 案例Ⅰ二层楼梯间平面图

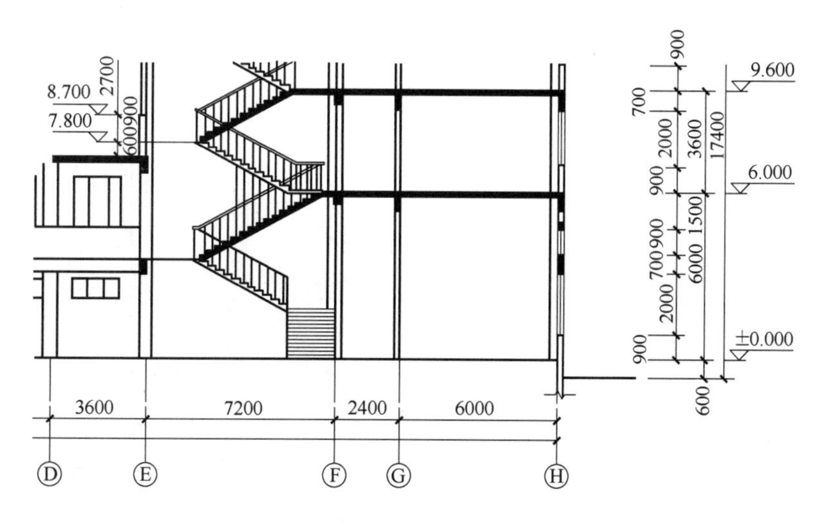

c) 案例Ⅰ楼梯间局部剖面图

图 5-10　案例Ⅰ楼梯平面图、剖面图

（2）案例Ⅱ（图 5-11）

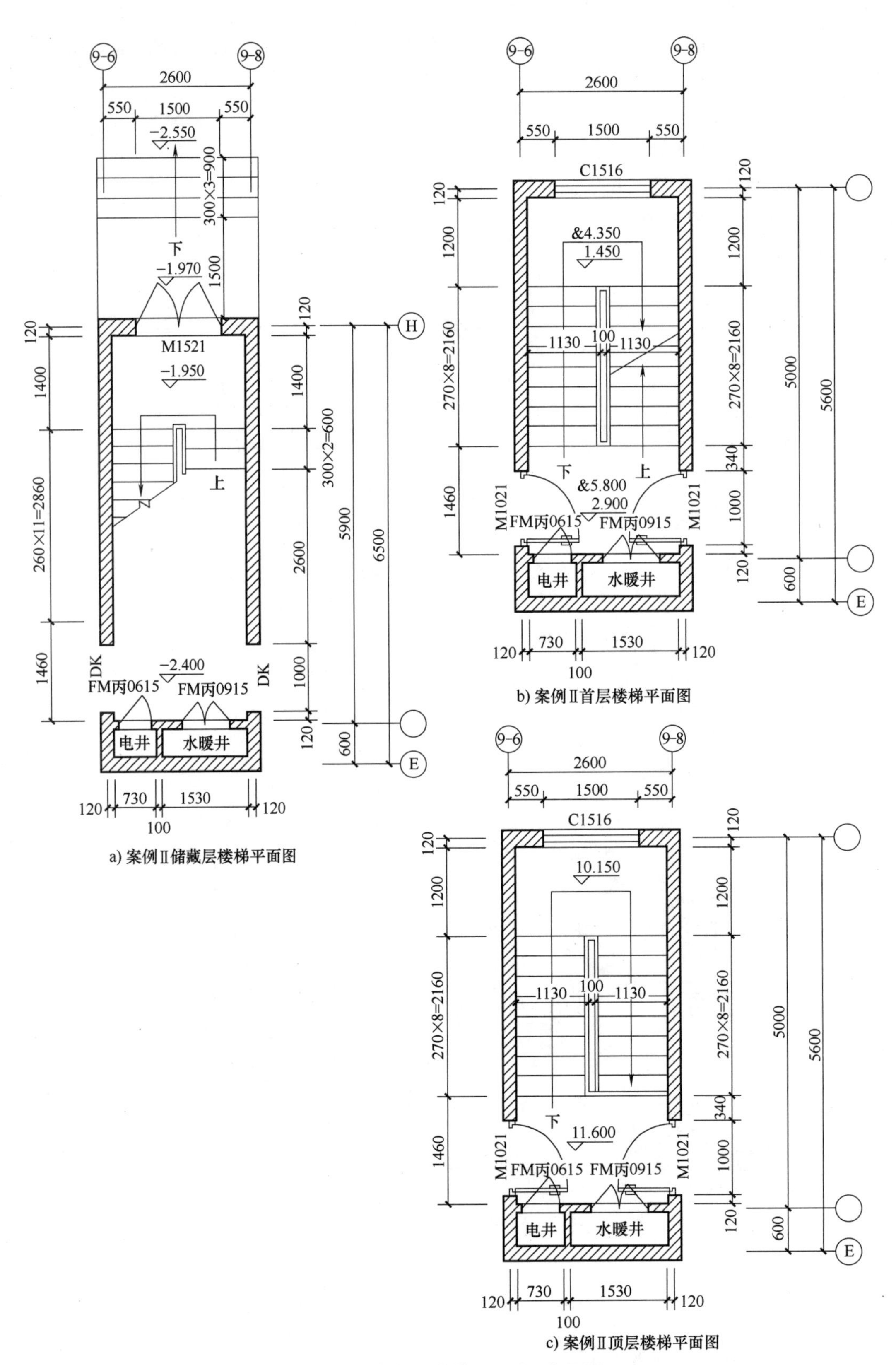

a) 案例Ⅱ储藏层楼梯平面图

b) 案例Ⅱ首层楼梯平面图

c) 案例Ⅱ顶层楼梯平面图

图 5-11　案例Ⅱ楼梯平面图、剖面图

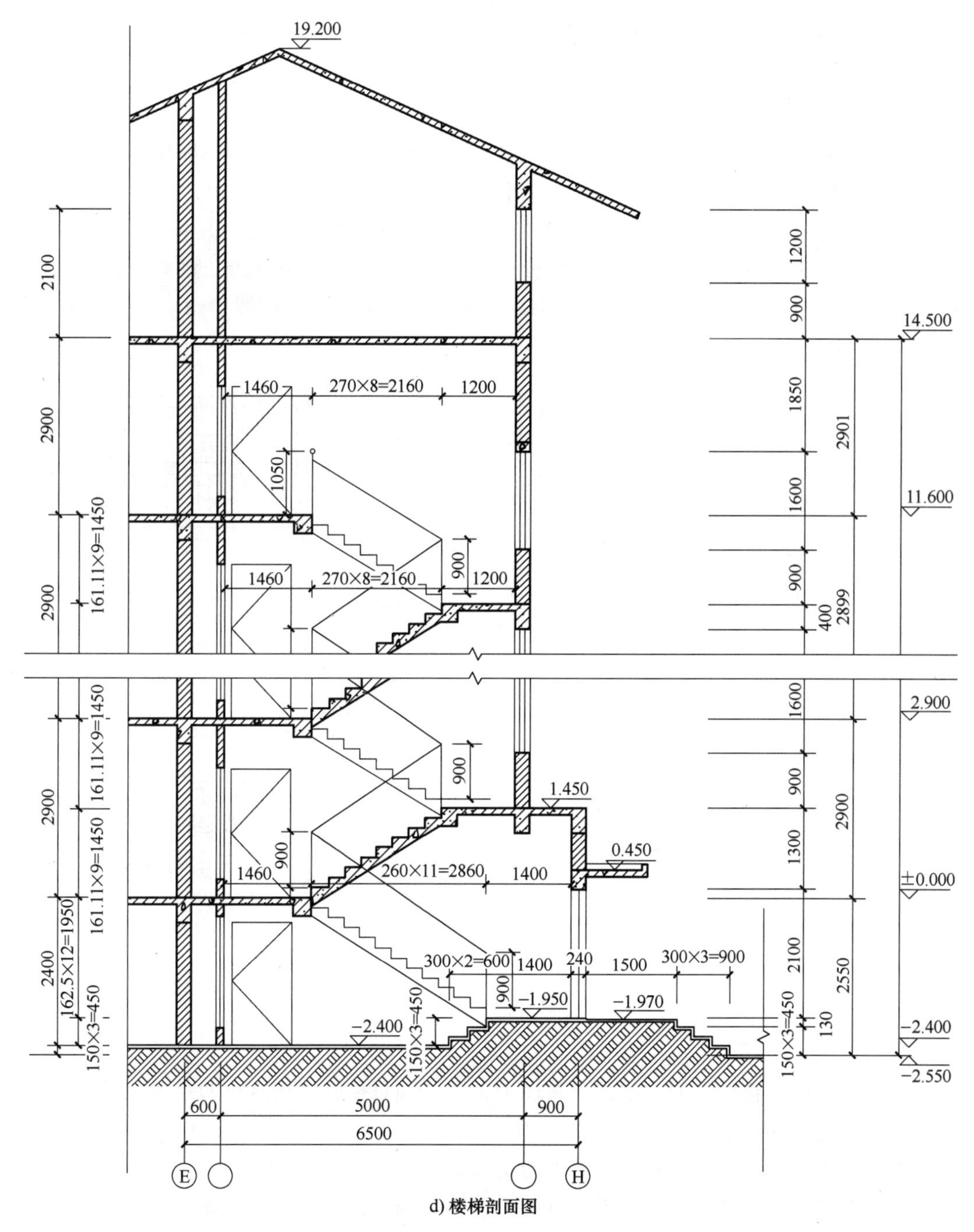

d) 楼梯剖面图

图 5-11 案例Ⅱ楼梯平面图、剖面图（续）

5.2 预制装配式钢筋混凝土楼梯构造

钢筋混凝土楼梯具有坚固耐久、节约木材、防火性能好、可塑性强等优点，故得到广泛应用。预制装配式钢筋混凝土楼梯有利于节约模板，提高施工速度，使用较为普遍。预制装配式钢筋混凝土楼梯按其构造方式可分为墙承式、墙悬臂式和梁承式等类型。本节以常用的平行双跑楼梯为例，阐述预制装配式钢筋混凝土楼梯的一般构造原理和做法。

5.2.1　墙承式

墙承式楼梯是将预制踏步的两端支承在墙上，将荷载直接传递给两侧的墙体。预制踏步一般采用一字形、L形或ㄱ形断面。墙承式楼梯不需要设梯梁和平台梁，故构造简单，制作、安装简便，节约材料，造价低。这种支承方式主要适用于直跑楼梯。若为平行双跑楼梯，则需要在楼梯间中部设墙，以支承踏步，但造成楼梯间的空间狭窄，视线受阻，给人流通行和家具设备搬运带来不便。为减少视线遮挡，避免碰撞，可在墙上适当部位开设观察孔，如图5-12所示。

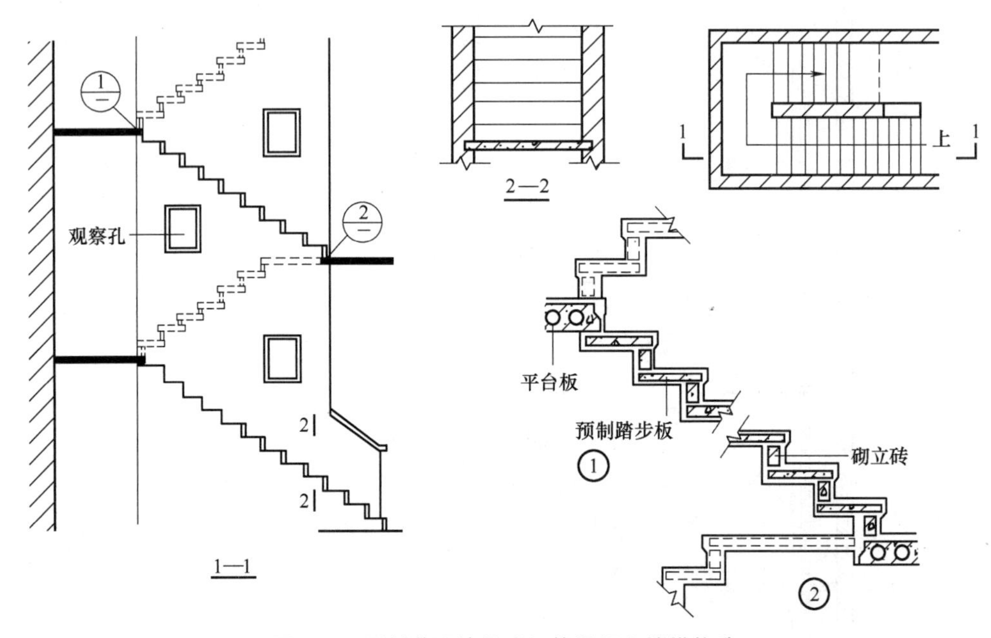

图5-12　预制装配墙承式钢筋混凝土楼梯构造

5.2.2　墙悬臂式

墙悬臂式楼梯是将踏步的一端固定在墙上，另一端悬挑，利用悬挑的踏步承受梯段的全部荷载，并直接传递给墙体。预制踏步采用L形或一字形。从结构方面考虑，楼梯间两侧的墙体厚度不应小于240mm，踏步悬挑长度即梯段宽度一般不超过1500mm。悬挑式楼梯不设梯梁和平台梁，构造简单，造价低，且外形轻巧。预制踏步安装时，须在踏步临空一端设临时支撑，以防倾覆，故施工较麻烦。另外，受结构方面的限制较大，抗震性能较差，地震区不宜采用，通常适用于非地震区、梯段宽度不大的楼梯，如图5-13所示。

5.2.3　梁承式

预制装配梁承式钢筋混凝土楼梯是指梯段由平台梁支承的楼梯构造方式。梁式楼梯梯段梁在梯段的两侧；可以在梯段的一侧，梯段板不由两端的平台梁支承，而改由侧边的支座出挑；也可以在梯段的中间；作为空间受力构件的悬挑楼梯，取消楼梯一端的平台梁及其支

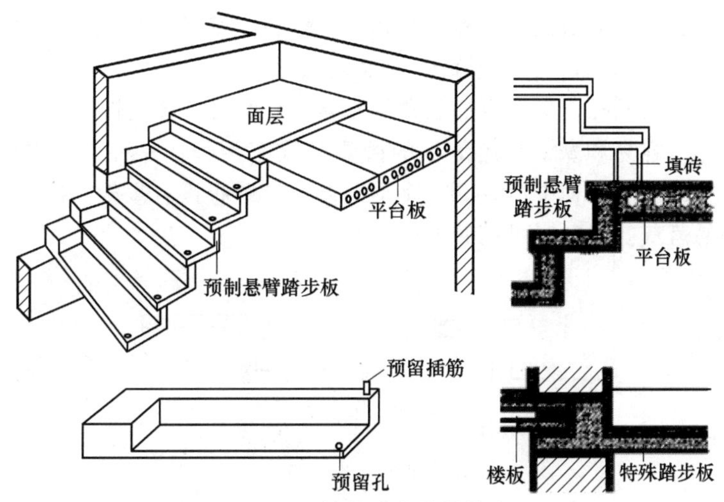

图 5-13 墙悬臂式楼梯构造

座，可取得较好的视觉效果。悬挂楼梯用栏杆或者另设拉杆，把整个梯段或者踏步板逐块吊挂在上方的梁或者其他的受力构件上。支承在中心立杆上的螺旋楼梯，直接将踏步做成踏步块安放在中心的立柱上。

预制装配梁承式钢筋混凝土楼梯的预制构件有梯段（板式或梁板式梯段）、平台梁、平台板。平台梁间由梯段梁支承踏步板；钢筋混凝土踏步板的主筋沿踏面的长方向配置，梯段梁的主筋沿长方向配置。

1. 梯段

（1）梁板式梯段　梁板式梯段由梯斜梁和踏步板组成。一般在踏步板两端各设一根梯斜梁，踏步板支承在梯斜梁上，如图 5-14 所示。

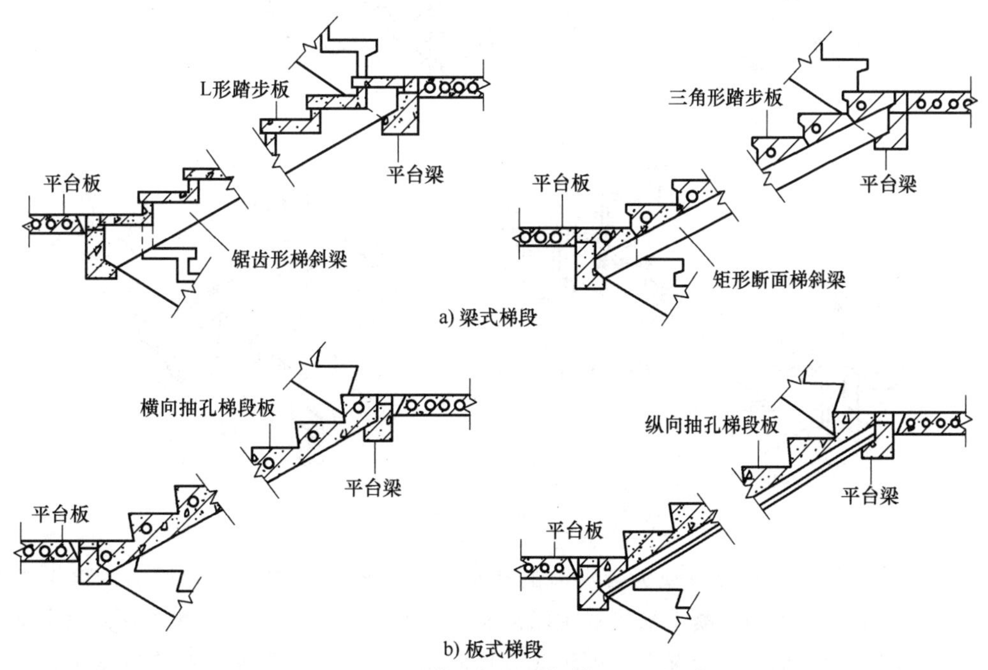

图 5-14 预制装配梁承式钢筋混凝土楼梯

钢筋混凝土预制踏步的断面形式有三角形、L形和一字形三种（图5-15），断面厚度根据受力情况一般为40~80mm。三角形踏步拼装后底面平整。实心三角形踏步自重较大，为减轻自重，可将踏步内抽孔，形成空心三角形踏步。L形踏步自重较轻、用料较省，但拼装后底面形成折板形，容易积灰。L形踏步的搁置方式有两种：一种是正置，即踢板朝上搁置；另一种是倒置，即踢板朝下搁置。一字形踏步只有踏板没有踢板，制作简单，拼装后镂空、轻巧，但容易落灰。必要时可用砖补砌踢板。

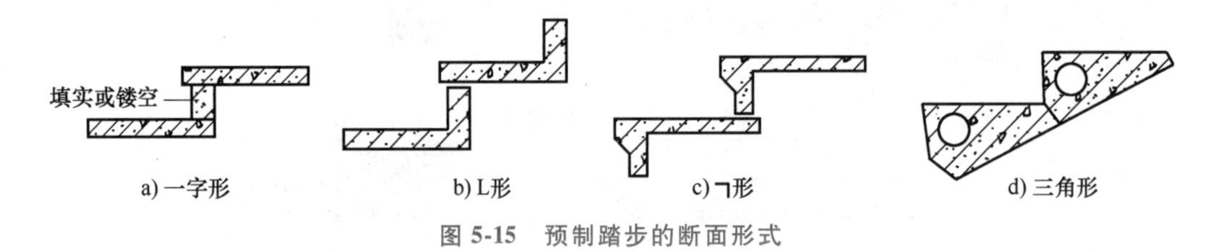

图 5-15　预制踏步的断面形式

梯斜梁一般为矩形断面，为了减少结构所占空间，也可做成L形断面，但构件制作较复杂。用于搁置一字形、L形、ㄱ形踏步板的梯斜梁为锯齿形变断面构件；用于搁置三角形断面踏步板的梯斜梁为等断面构件（图5-16）。梯斜梁一般按$L/12 \sim L/10$估算其断面的有效高度（L为梯斜梁的水平投影跨度）。

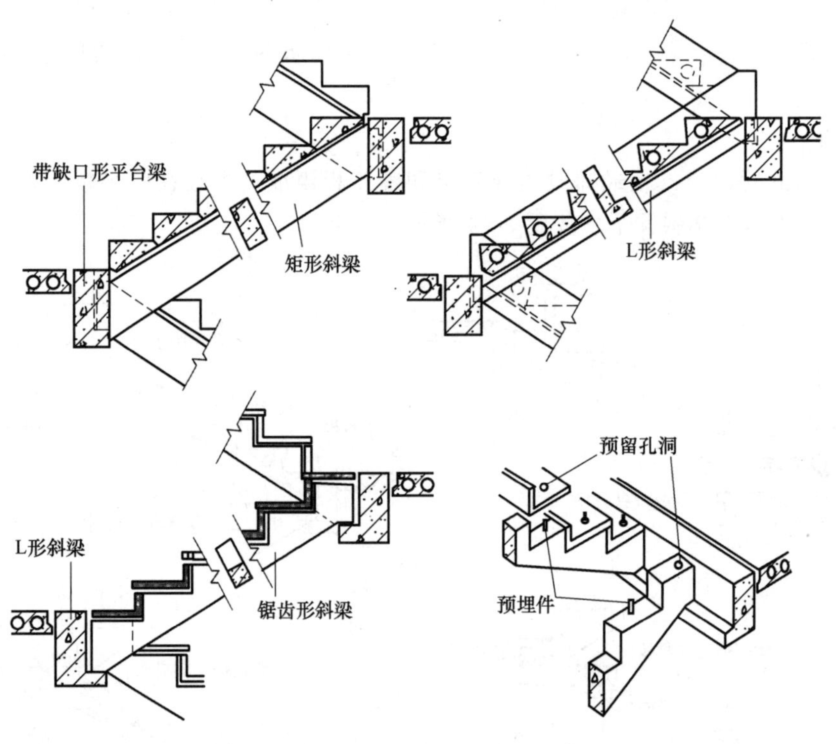

图 5-16　预制踏步块梁承式构造

（2）板式梯段　可将梯段视为带锯齿的楼板，先斜搁在两端的平台梁上，再由支座将荷载依次传递下去；钢筋混凝土梯段的主筋沿长方向配置。板式梯段为整块或数块带踏步条板，其上下端直接支承在平台梁上。由于没有梯斜梁，梯段底面平整，结构厚度小，其有效

断面厚度可按 $L/30 \sim L/20$ 估算，由于梯段板厚度小，且无梯斜梁，使平台梁位置相应抬高，增大了平台下净空高度。

2. 平台梁

平台梁是设在梯段与平台交接处的梁，是楼梯梯段的支座。平台可以与梯段共用支座，也可以另设支座。为了便于支承梯斜梁或梯段板，平衡梯段水平分力并减少平台梁所占结构空间，一般将平台梁做成 L 形断面，如图 5-17 和图 5-18 所示。其构造高度通常按（1/12～1/10）L 估算（L 为平台梁跨度）。板式楼梯的一个梯段就是一块板。

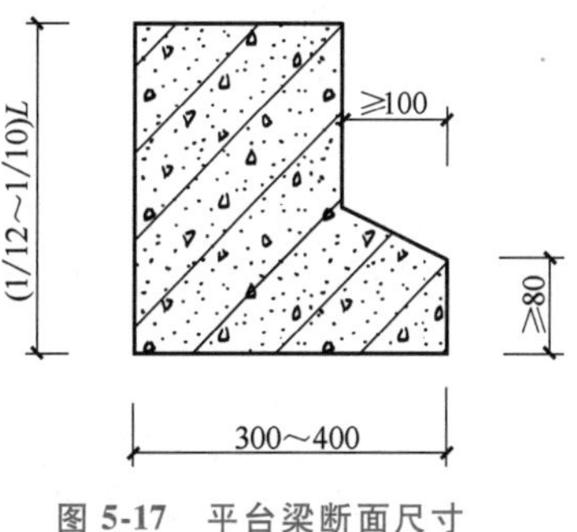

图 5-17 平台梁断面尺寸

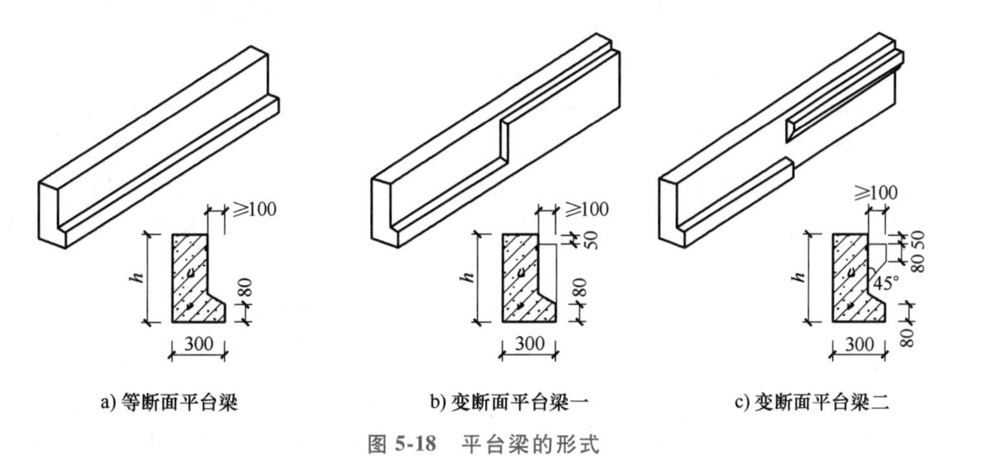

图 5-18 平台梁的形式

3. 平台板

平台板可根据需要采用钢筋混凝土空心板、槽形板或平板。需要注意的是，在平台上有管道井的位置，不能布置空心板。平台板一般平行于平台梁布置，以利于加强楼梯间的整体刚度。当垂直于平台梁布置时，常用小平板，如图 5-19 所示。

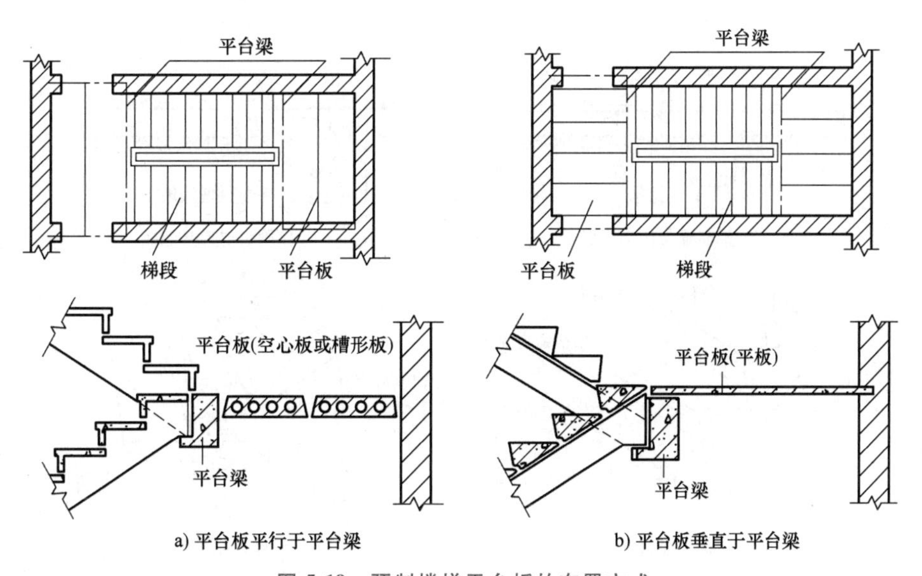

图 5-19 预制楼梯平台板的布置方式

4. 大型构件装配式楼梯

大型构件装配式楼梯是把整个梯段和平台预制成一个构件，按结构形式不同，分为板式楼梯和梁式楼梯两种，如图5-20所示。这种楼梯的构件数量少，装配化程度高，施工速度快，但施工时需要大型的起重运输设备，主要用于大型装配式建筑中。大型构件主要是以整个梯段以及整个平台为单独的构件单元，在工厂预制好后运到现场安装。

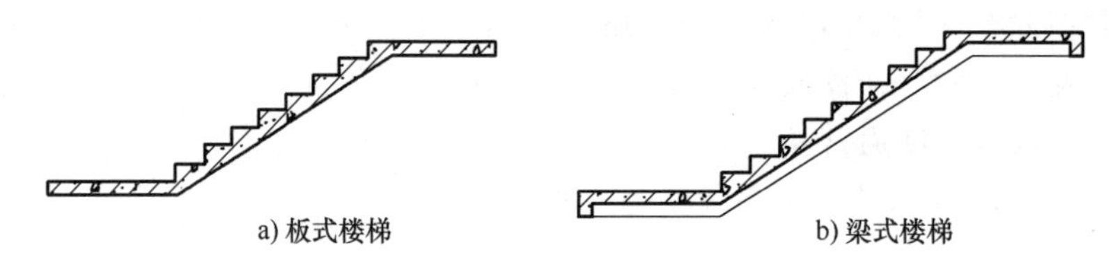

图5-20　大型构件装配式楼梯

5. 构件连接

由于楼梯是主要的交通部件，对其坚固耐久、安全可靠的要求较高，特别是在地震区建筑中更需引起重视，并且梯段为倾斜构件，故需加强各构件之间的连接，提高其整体性。

（1）梯斜梁或梯段板与梯基连接　如图5-21a、b所示，在楼梯底层起步处，梯斜梁或梯段板下应做梯基。梯基常用砖或混凝土，也可用平台梁代替梯基，但需注意该平台梁无梯段处与地坪的关系。

（2）踏步板与梯斜梁连接　如图5-21c所示，一般在梯斜梁支承踏步板处用水泥砂浆坐浆连接。如需加强，可在梯斜梁上预埋钢筋，与踏步板支承端的预留孔插接，用高强度等级水泥砂浆填实。

（3）梯斜梁或梯段板与平台梁连接　如图5-21d所示，在支座处除了用水泥砂浆坐浆外，应在连接端预埋钢板进行焊接。

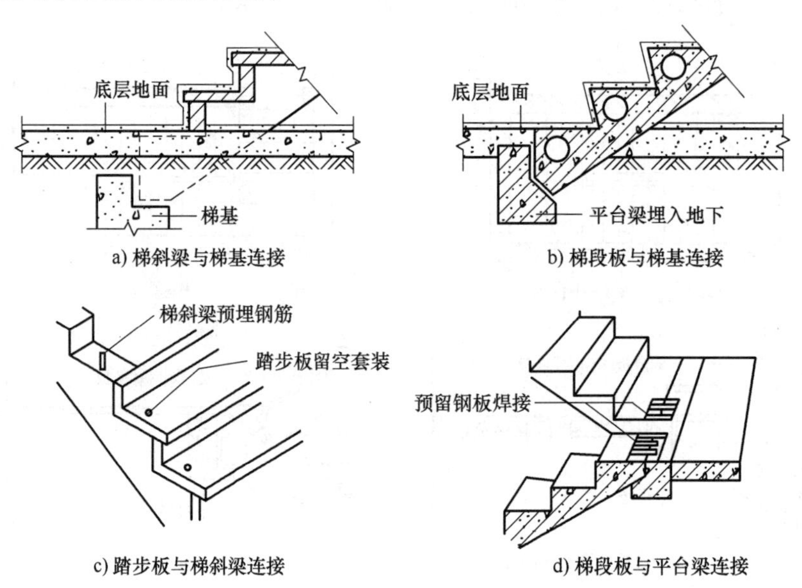

图5-21　构件连接

6. 梯段与平台梁节点处理

就两梯段之间的关系，梯段与平台梁的节点处理一般有梯段齐步和错步两种方式，平台梁与梯段之间有埋步和不埋步两种方式，如图 5-22 所示。

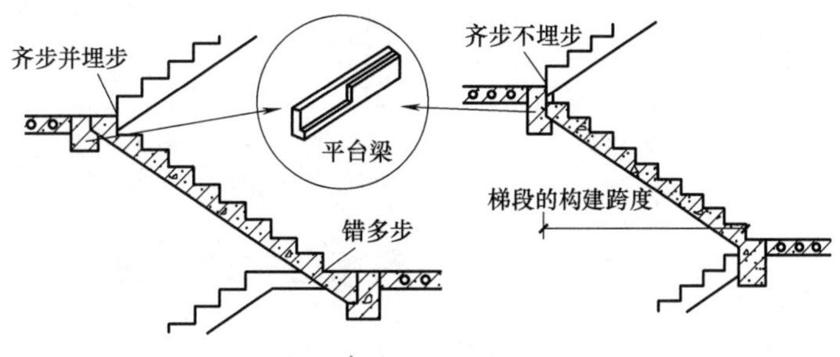

图 5-22　梯段与平台梁节点处理

（1）梯段齐步布置的节点处理　上下梯段起步和末步对齐，平台完整，节省进深尺寸。

（2）梯段错步布置的节点处理　上下梯段起步和末步相错一步，在平台梁与梯段连接方式相同的情况下，平台梁底标高可比齐步方式抬高，有利于减少结构空间。但平台不完整，并且多占楼梯间进深尺寸。当两梯段采用长短跑时可相错多步，需将短跑梯段做成折形构件。

（3）梯段不埋步的节点处理　此种方式用平台梁代替了一步踏步，可以减小梯段跨度；平台梁为变截面梁，平台梁底标高也较低，结构占空间较大，减少了平台梁下净空高度。

（4）梯段埋步的节点处理　此种方式梯段跨度较前者大，但平台梁底标高可提高，有利于增加平台下净空高度，平台梁可为等截面梁。另外，尚需注意埋步梁板式梯段采用 L 形踏步板时，在末步处会产生一字形踏步板。

5.3　现浇整体式钢筋混凝土楼梯构造

现浇钢筋混凝土楼梯的整体性好，刚度大，有利于抗震，但模板耗费大，施工期较长，一般适用于抗震要求高、楼梯形式和尺寸特殊或施工吊装有困难的建筑。通过支模、绑扎钢筋，与建筑物主体部分浇筑成整体。跨度较大的梁式楼梯，现浇时可将梯段梁上翻，与楼梯栏板结合起来处理；习惯上将梁式楼梯的踏步从侧边可以看到的称为“明步”，梯段梁上翻，使得从侧边不能看到踏步的称为“暗步”。

现浇整体式钢筋混凝土楼梯有梁承式、梁悬臂式、扭板式等类型。

5.3.1　现浇梁承式

现浇梁承式平台梁与梯段连为一整体。当梯段为梁板式楼梯时，梯斜梁可上翻或下翻形成梯帮。由于梁板式梯段踏步板底面为折线形，支模较困难，常做成板式楼梯（一般不超过 3m）。现浇梁承式楼梯构造如图 5-23 所示。

板式楼梯通常由梯段板、平台梁和平台板组成，如图 5-24 所示。梯段板承受梯段的全部荷载，通过平台梁将荷载传给墙体。板式楼梯的梯段底面平整，外形简洁，便于支模施工。但是，当梯段跨度较大时，梯段板较厚，自重较大，钢材和混凝土用量较多。

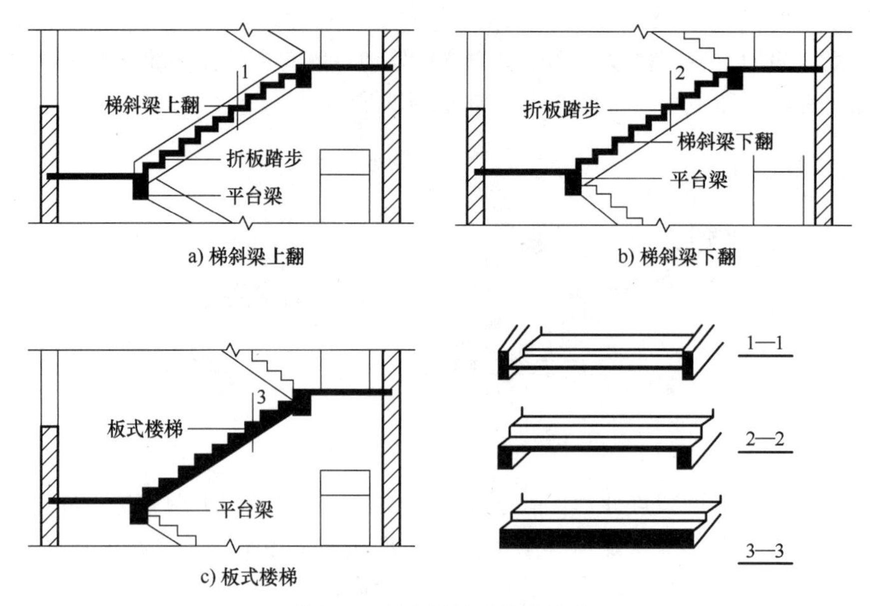

a) 梯斜梁上翻　　b) 梯斜梁下翻

c) 板式楼梯

图 5-23　现浇梁承式楼梯构造

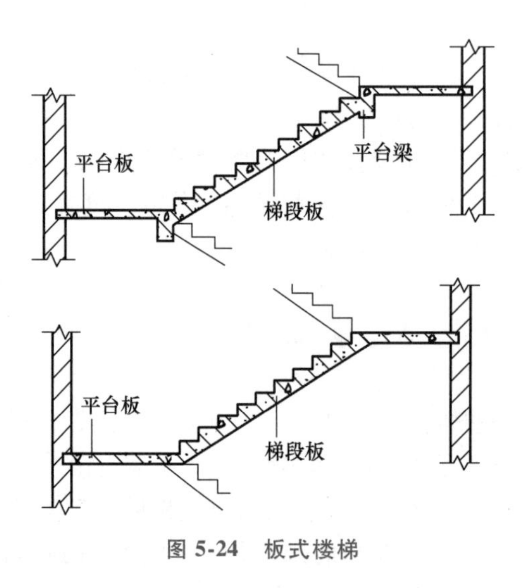

图 5-24　板式楼梯

5.3.2　现浇梁悬臂式

现浇梁悬臂式钢筋混凝土楼梯是指踏步板从梯斜梁两边或一边悬挑的楼梯形式。常用于框架结构建筑中或室外露天楼梯，如图 5-25 所示。

这种楼梯一般为单梁或双梁悬臂支承踏步板和平台板。单梁悬臂常用于中小型楼梯或小品景观楼梯，双梁悬臂则用于梯段宽度大、人流量大的大型楼梯。踏步板断面形式有平板式、折板式和三角形板式。平板式使梯段踢面空透，常用于室外楼梯，常将踏步板断面逐渐向悬臂端减薄。折板式踢面不镂空，可加强板的刚度并避免尘埃下掉，故常用于室内。三角形板式梯段，板底平整，支模简单，但混凝土用量和自重均有所增加。

现浇梁悬臂式钢筋混凝土楼梯通常采用整体现浇方式，可采用梁现浇、踏步板预制装配

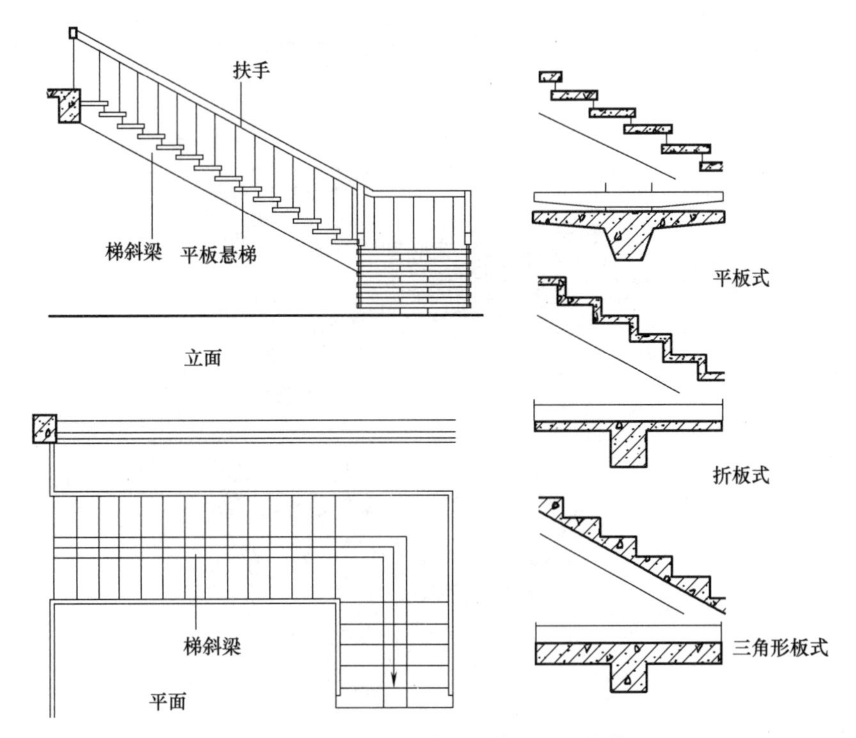

图 5-25 现浇梁悬臂式钢筋混凝土楼梯

的施工方式。在现浇梁上预埋钢板与预制踏步板预埋件焊接，并在踏步之间用钢筋插接后用高强度等级水泥砂浆灌浆填实，加强其整体性，如图 5-26 所示。

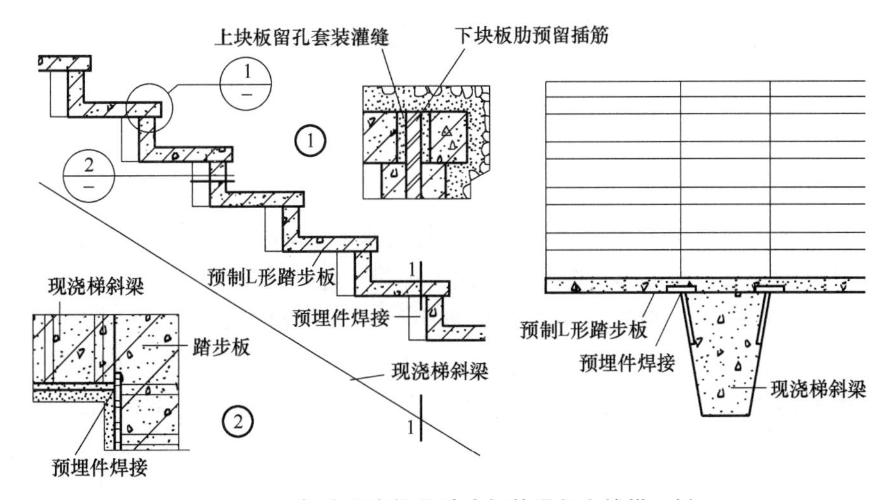

图 5-26 部分现浇梁悬臂式钢筋混凝土楼梯示例

5.3.3 现浇扭板式

现浇扭板式钢筋混凝土楼梯底面平顺，结构占空间少，造型美观。但由于板跨度大，受力复杂，结构设计和施工难度较大，钢筋和混凝土用量也较大。为了使梯段边沿线条轻盈，常在靠近边沿处局部减薄出挑，如图 5-27 所示。

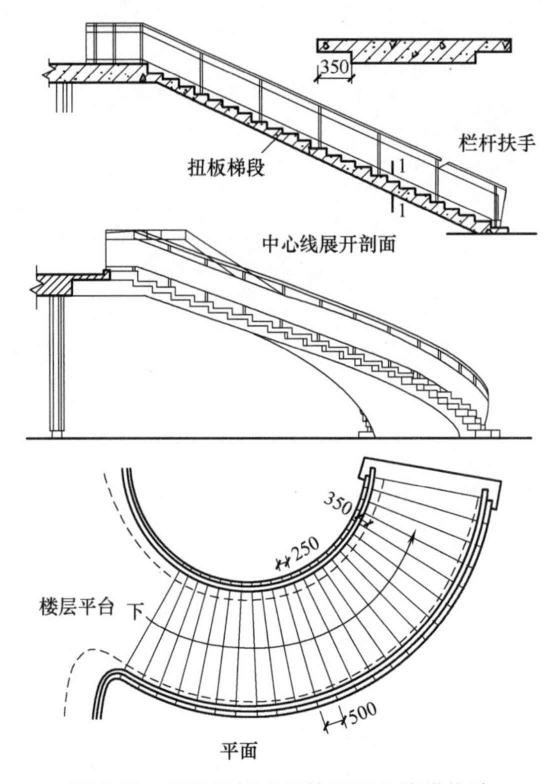

图 5-27　现浇扭板式钢筋混凝土楼梯构造

5.4　踏步和栏杆扶手构造

5.4.1　踏步面层及防滑构造

楼梯踏步面层应便于行走、耐磨、防滑并易于清洁。踏步面层的材料一般与门厅或走道的楼地面材料一致，常用的有水泥豆石面层、普通水磨石面层、彩色水磨石面层、缸砖面层、大理石面层、花岗石面层等，还可在面层上铺设地毯。

为了防止行人在楼梯上滑跌，必须对踏步表面设置防滑条。防滑条应凸出踏步面 2~3mm。通常在踏步近踏口处设防滑条，防滑条的材料有金刚砂、马赛克、橡皮条和金属材料等，也可用带槽的金属材料等包踏口，既防滑又起保护作用，如图 5-28 所示。

5.4.2　栏杆与扶手构造

1. 栏杆形式与构造

楼梯栏杆有空花式栏杆、栏板式栏杆和混合式栏杆等类型。

(1) 空花式栏杆　空花式栏杆以竖杆作为主要受力构件，空花式栏杆一般常采用钢材制作，如圆钢、方钢、扁钢等，有时也采用木材、铝合金型材、铜材和不锈钢材等制作(图 5-29)。这种类型的栏杆具有重量轻、空透轻巧的特点，一般用于室内楼梯。

空花式栏杆的竖杆强度应足以抵抗侧向冲击力，常将竖杆与水平杆及斜杆连为一体设

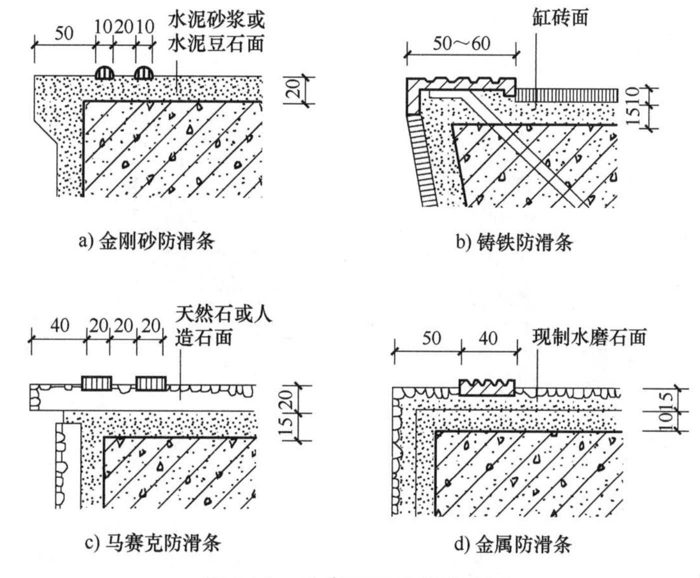

a) 金刚砂防滑条　b) 铸铁防滑条　c) 马赛克防滑条　d) 金属防滑条

图 5-28　踏步面层的防滑处理

图 5-29　空花式栏杆示例

计。少年儿童使用的楼梯中，竖杆间净距不应大于 110mm。常用的钢竖杆断面为圆形和方形，并分为实心和空心两种。实心竖杆断面尺寸：圆形直径一般为 16～30mm，方形尺寸为 20mm×20mm～30mm×30mm，竖向间距不大于 110mm。

（2）栏板式栏杆　栏板式栏杆的杆件安全、无锈蚀、栏板构件与主体结构连接可靠、承受侧向推力较强，通常采用现浇或预制的钢筋混凝土板、钢丝网水泥板或砖砌栏板，也可采用具有较好装饰性的有机玻璃、钢化玻璃等做栏板，如图 5-30 所示。钢丝网（或钢板网）水泥抹灰栏板以钢筋作为主骨架，然后在其间绑扎钢丝网或钢板网，用高强度等级水泥砂浆双面抹灰，该做法钢筋骨架与梯段构件应连接可靠；钢筋混凝土栏板多采用现浇处理，与钢丝网水泥抹灰栏板类似，比前者牢固、安全、耐久，但板厚会影响梯段的有效宽度，造价和自重增大。

（3）混合式栏杆　混合式栏杆是将空花式栏杆与栏板式栏杆组合而成的一种栏杆形式。

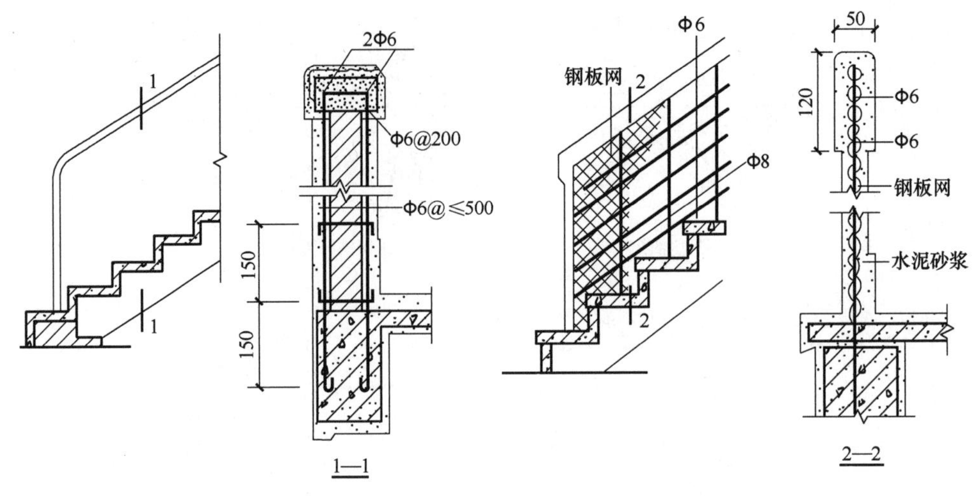

图 5-30　栏板式栏杆

空花式栏杆多用金属材料制作，栏板可用钢筋混凝土板或砖砌栏杆，也可用有机玻璃、钢化玻璃和塑料板等，如图 5-31 所示。

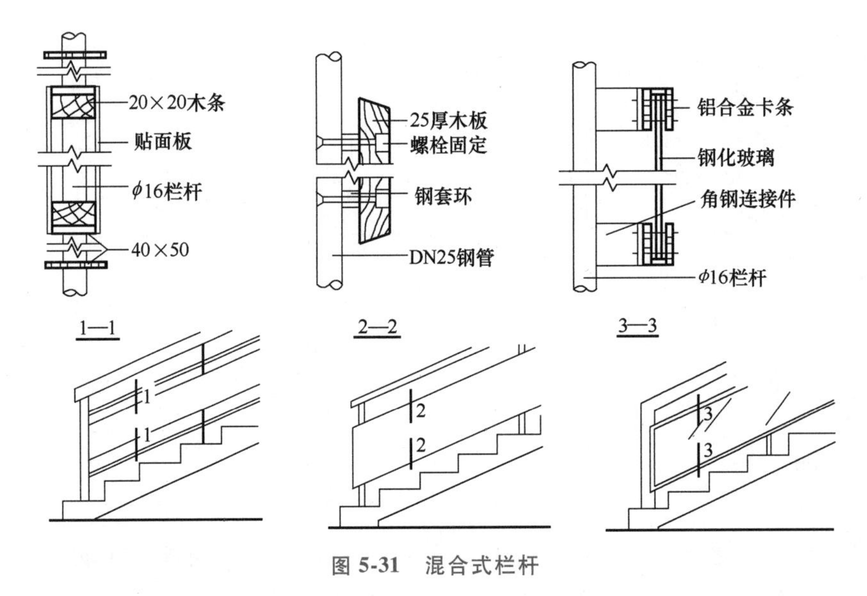

图 5-31　混合式栏杆

2. 扶手形式

楼梯扶手常用木材、塑料、金属管材（钢管、铝合金管、铜管和不锈钢管等）制作。木扶手和塑料扶手手感舒适、断面形式多样，使用最为广泛，常采用硬木制作。塑料扶手一般选用厂家定型产品；金属扶手常用于螺旋形、弧形楼梯扶手；钢管扶手表面涂层易脱落，铝管、铜管和不锈钢管扶手则造价高。图 5-32 所示为几种常见扶手断面的形式和尺寸。

3. 栏杆扶手连接构造

（1）栏杆与扶手连接　空花式和混合式栏杆当采用木材或塑料扶手时，一般在栏杆竖杆顶部设通长扁钢与扶手底面或侧面槽口榫接，用木螺钉固定。金属管材扶手与栏杆竖杆连接一般采用焊接或铆接，采用焊接时扶手与栏杆竖杆用材应一致。

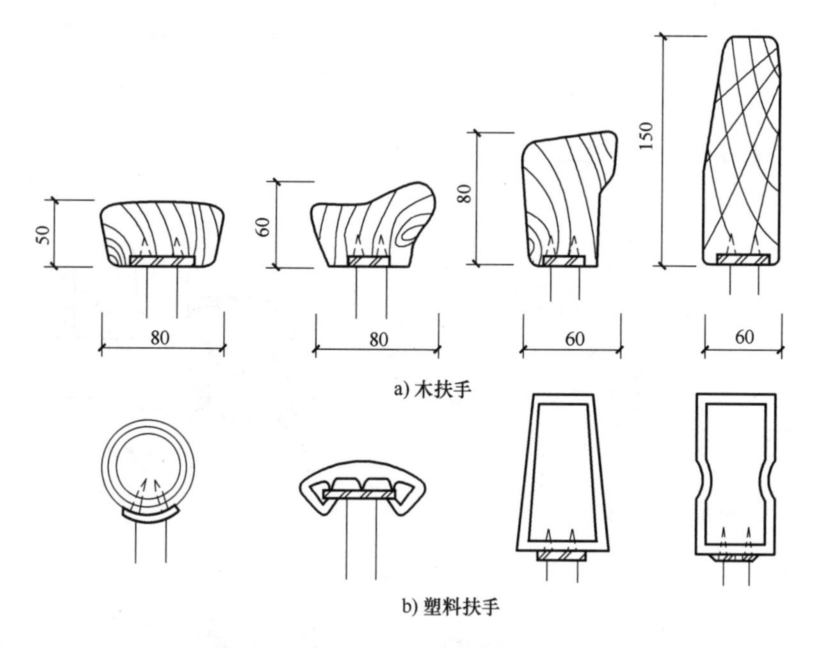

图 5-32 常见扶手断面的形式和尺寸

（2）栏杆与梯段、平台连接　一般在梯段和平台上预埋件焊接或预留孔插接，为了保护栏杆免受锈蚀和增强美观，常在竖杆下部装设套环，覆盖住栏杆与梯段或平台的接头处，如图 5-33 所示。

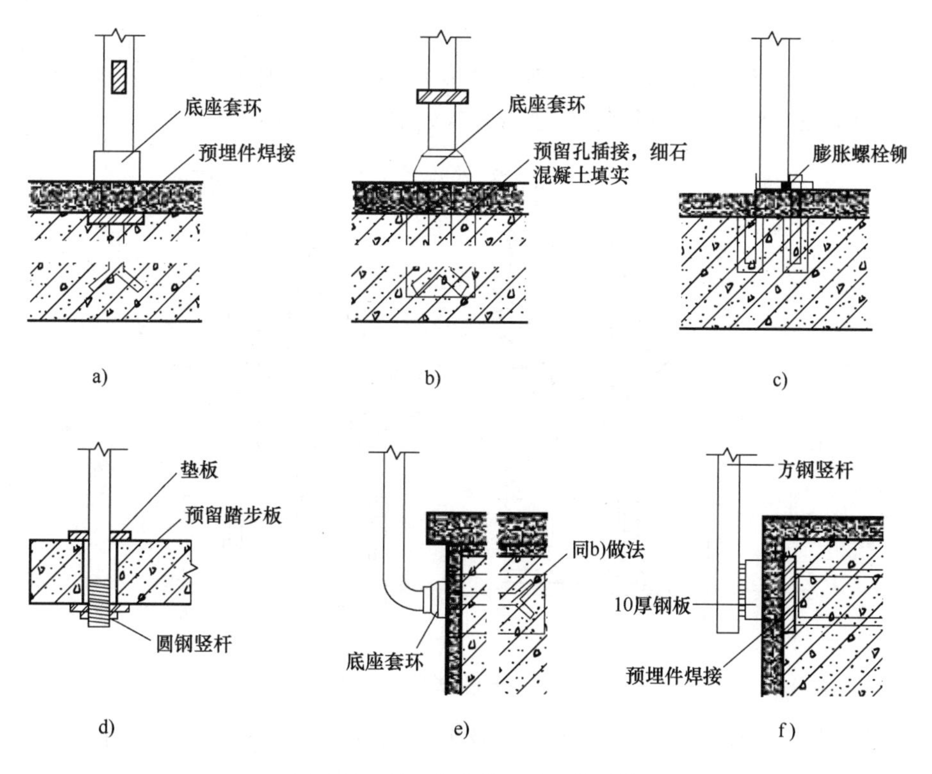

图 5-33 栏杆与梯段、平台的连接

（3）扶手与墙面连接　当直接在墙上装设扶手时，扶手应与墙面保持 50mm 左右的净距。一般在墙上留洞，将扶手连接杆件伸入洞内，用细石混凝土嵌固，如图 5-34a 所示；当扶手与钢筋混凝土墙或柱连接时，一般采取预埋件焊接，如图 5-34b 所示。栏杆扶手结束处与墙、柱面相交做法，如图 5-34c、d 所示。

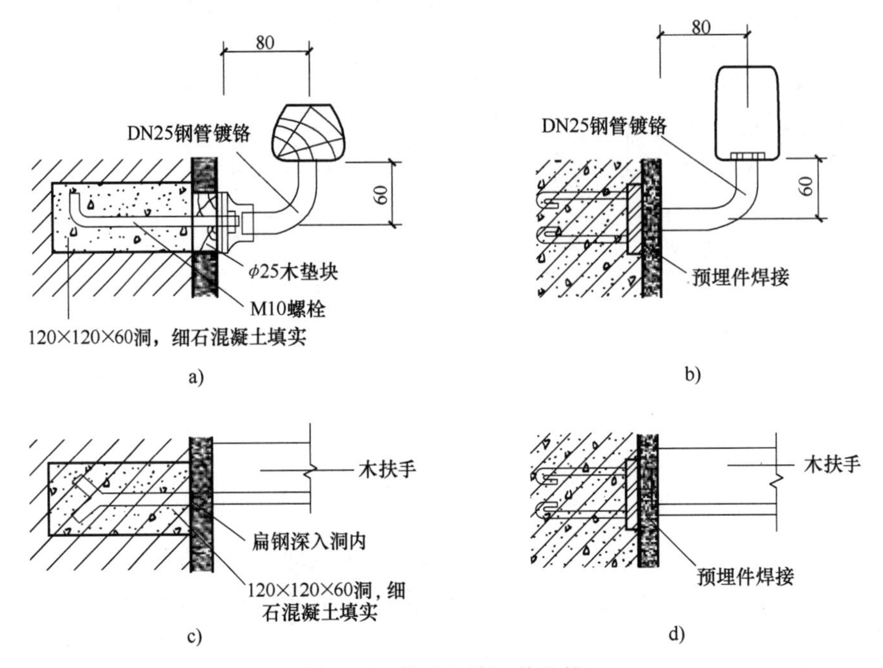

图 5-34　扶手与墙面的连接

（4）楼梯起步和梯段转折处栏杆扶手处理　在底层第一跑梯段起步处，为增强栏杆刚度和美观，可以对第一级踏步和栏杆扶手进行特殊处理，如图 5-35 所示。

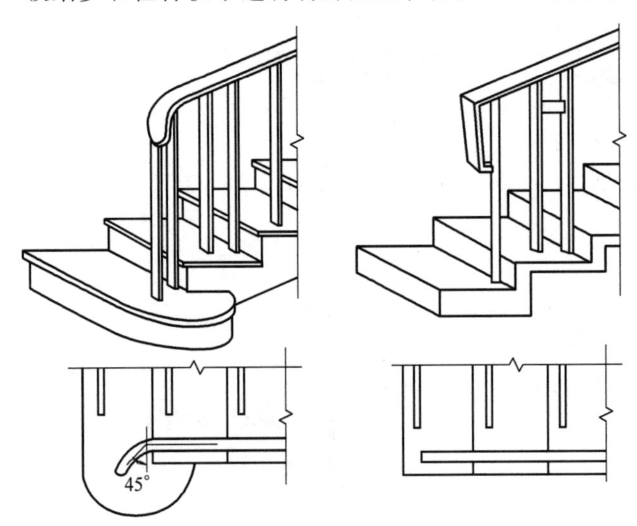

图 5-35　梯段起步的处理

在梯段转折处，栏杆和扶手应连续，具体的处理方法如图 5-36 所示。例如当上下梯段齐步时，上下扶手在转折处同时向平台延伸半步，使两扶手高度相等，连接自然，缩小了平台的有效深度；当上下梯段错步时，将出现一段水平栏杆。

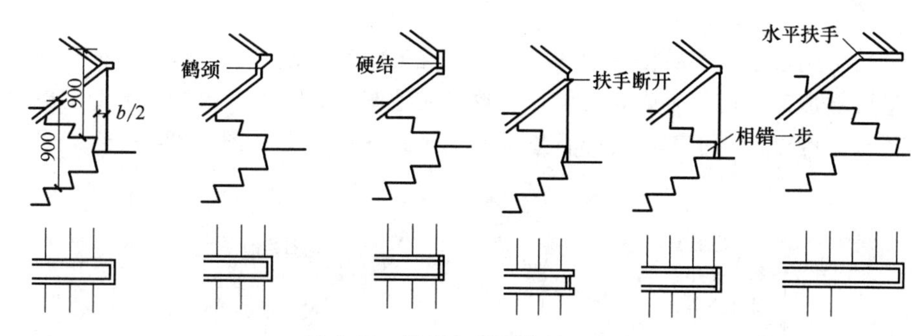

图 5-36 栏杆与扶手的处理方法

5.5 室外台阶和坡道构造

室外台阶是建筑出入口处室内外高差之间的交通联系部件，位置明显、人流量大，特别是当室内外高差较大或基层土质较差时，须慎重处理，同时考虑无障碍设计。

5.5.1 台阶尺度

台阶坡度较室内平缓，其踏步高 h 一般为 100~150mm，踏步宽 b 为 300~400mm。在台阶与建筑出入口大门之间，常设一缓冲平台，平台深度一般不应小于 1000mm，排水坡度一般为 3%左右，以利于雨水排除，如图 5-37 所示。考虑无障碍设计时，出入口平台深度不应小于 1500mm。

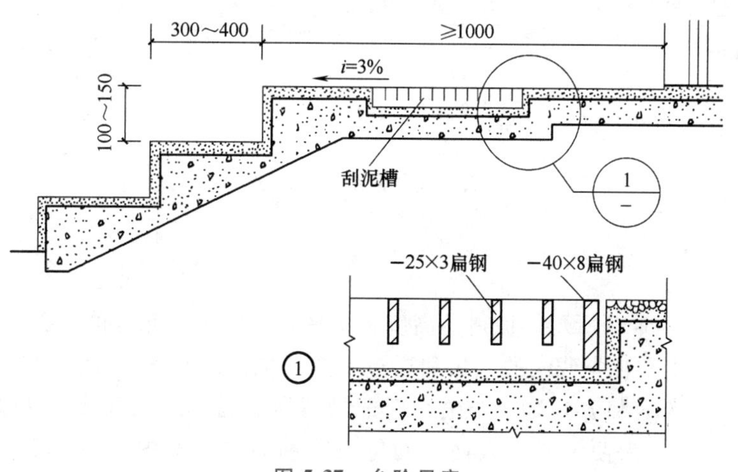

图 5-37 台阶尺度

5.5.2 台阶面层

台阶面层须考虑防滑和抗风化问题，应选择防滑和耐久的材料，如水泥石屑、剁斧石、石材、防滑地面砖等。对于人流量大的建筑台阶，还宜在台阶平台处设刮泥槽，其刮齿应垂直于人流方向。

5.5.3 台阶垫层

步数少的采用素土夯实后按台阶形状尺寸做混凝土垫层或砖、石垫层；标准高的或地基土差的在垫层下加铺一层碎砖或碎石层；步数多或地基土太差时，根据情况架空成钢筋混凝土台阶；严寒地区可用含水率低的碎石垫层换土至冰冻线以下（图 5-38）。

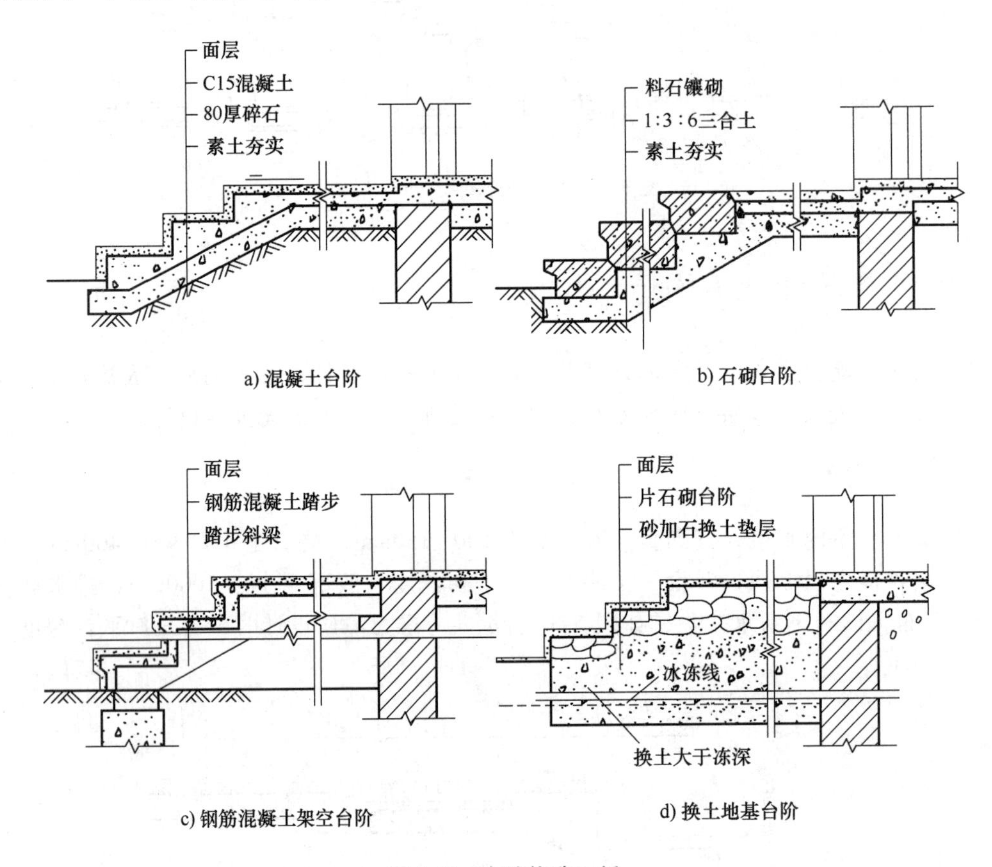

图 5-38 台阶构造示例

5.5.4 坡道

坡道的形式如图 5-39 所示。坡道的高度和水平长度的最大允许值见表 5-2。无障碍设计是帮助下肢残疾的人和视觉残疾的人顺利通过高差。坡道的坡度一般在 1/12～1/6，便于残疾人通行的坡道坡度不大于 1/12，与之相匹配的每段坡道的最大高度为 750mm，最大坡段水平长度为 9000mm，为便于残疾人使用的轮椅顺利通过，室内坡道的最小宽度应不小于 900mm，室外坡道拐弯的最小宽度应不小于 1500mm，如图 5-40 所示。

表 5-2 坡道的高度和水平长度的最大允许值

坡度	1/2	1/16	1/12	1/10	1/8
坡段最大高度/m	1.20	0.90	0.75	0.60	0.30
坡段水平长度/m	24.00	14.40	9.00	6.00	2.40

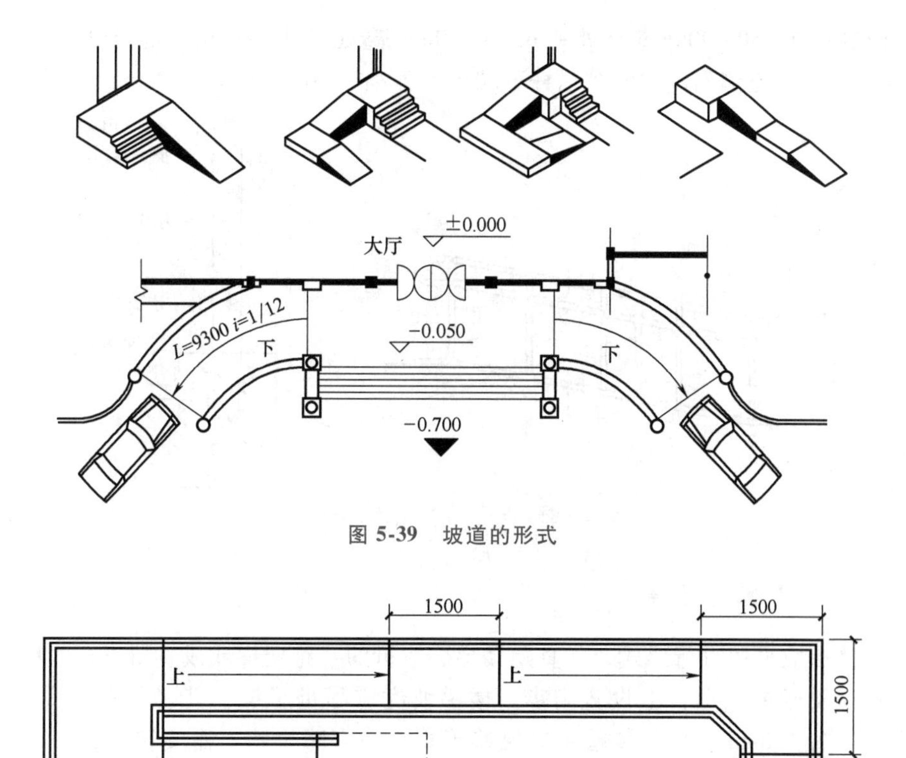

图 5-39　坡道的形式

图 5-40　无障碍坡道

房屋主体沉降、热胀冷缩、冰冻等因素，都有可能造成台阶与坡道的变形。解决方法为加强房屋主体与台阶及坡道之间的联系，以形成整体沉降；或直接将两者结构完全脱开，加强节点处理；室外台阶与坡道面层材料必须防滑，如图 5-41 和图 5-42 所示。

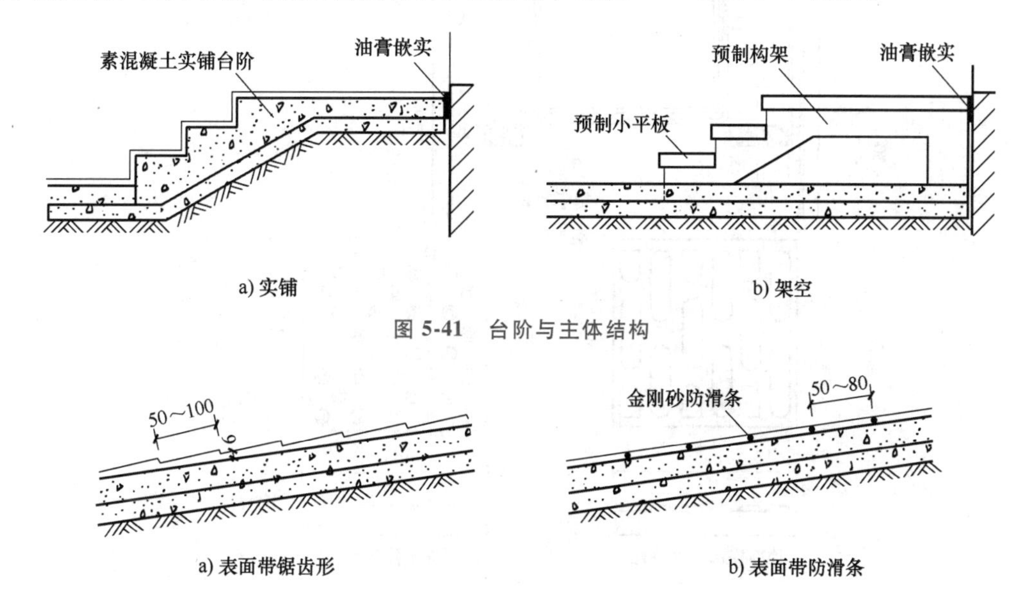

a) 实铺　　b) 架空

图 5-41　台阶与主体结构

a) 表面带锯齿形　　b) 表面带防滑条

图 5-42　坡道表面的防滑处理

坡道两侧宜在 850~900mm 高处和 650~700mm 高处设扶手。扶手起点和终点应水平延伸 300mm 以上。坡道侧面凌空时，栏杆下端应设不小于 50mm 的安全挡台，如图 5-43 所示。

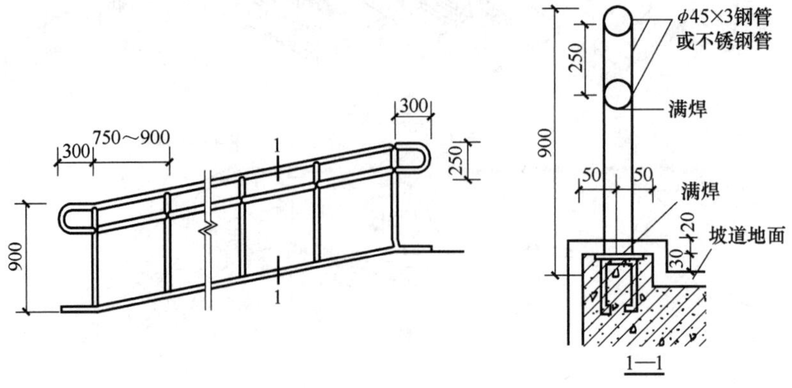

图 5-43　坡道的扶手

5.5.5　无障碍楼梯与坡道

无障碍楼梯应采用直行形式，如直跑楼梯、对折的双跑楼梯或成直角折行的楼梯等，不宜采用弧形梯段或在半平台上设置扇步。楼梯坡度应尽量平缓，其踢面高不大于 150mm，其中养老建筑为 140mm，且每步踏步应保持等高。在有障碍物、需要转折、存在高差等场所，设地面提示块，如图 5-44 所示。

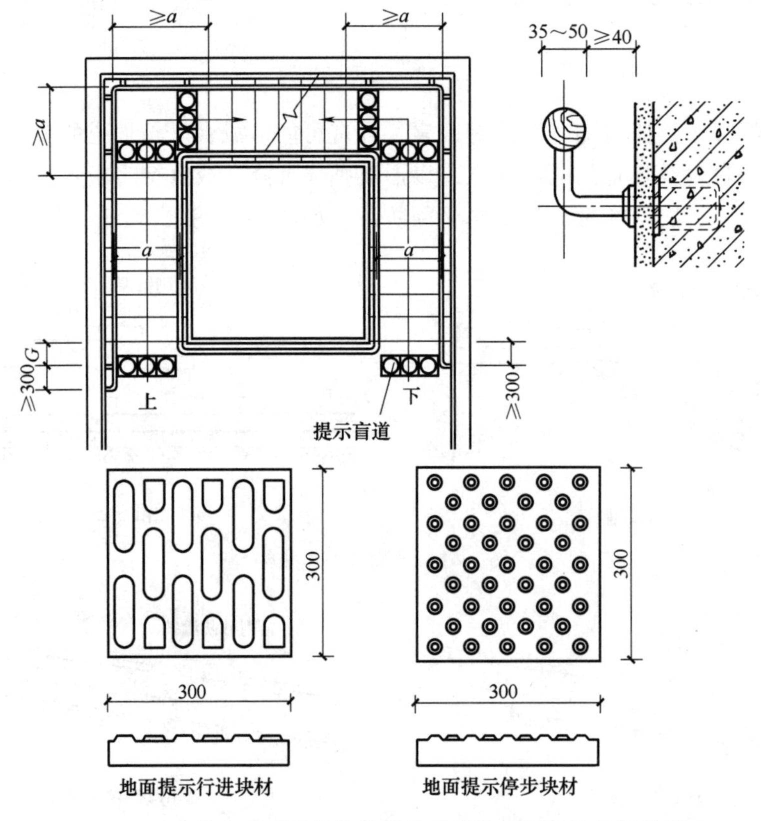

图 5-44　适合做无障碍设计的楼梯类型及地面提示块的提示形式

楼梯梯段宽度：公共建筑不小于 1500mm；居住建筑不小于 1200mm。楼梯踏步无直角凸缘，不得无踢面。坡道、公共楼梯凌空侧边应上翻 50mm，应设上下双层扶手。无障碍单层扶手的高度应为 850~900mm，双层扶手的上层扶手高度应为 850~900mm，下层扶手高度应为 650~700mm。扶手应保持连贯，靠墙面扶手的起点和终点处应水平延伸不小于 300mm 的长度。扶手末端应向内拐到墙面或向下延伸不小于 100mm，栏杆式扶手应向下成弧形或延伸到地面上固定。扶手内侧与墙面的距离不应小于 40mm。扶手应安装坚固，形状易于抓握。圆形扶手的直径应为 35~50mm，矩形扶手的截面尺寸应为 35~50mm。

5.6 电梯与自动扶梯

5.6.1 电梯

1. 电梯的类型

1）按使用性质分客梯、货梯（运送货物及设备）、消防电梯。消防电梯应设前室，其井道和机房应与相邻电梯隔开，从首层至顶层的运行时间不应超过 60s。

2）按电梯行驶速度分为低速（速度在 1.5m/s 以下）、中速（速度为 1.5~2m/s）和高速（速度在 2m/s 以上）三种。

3）其他类型，如观光电梯，其轿厢透明，乘坐电梯时可以欣赏外面的景观。

2. 电梯的组成

电梯由下列几部分组成（图 5-45）：

（1）电梯井道　不同性质的电梯，其井道根据需要有各种井道尺寸，以配合各种电梯轿厢选用。井道壁多为钢筋混凝土井壁或框架填充墙井壁。

（2）电梯机房　机房和井道的平面相对位置允许机房向任意一个或两个相邻方向伸出，并满足机房有关设备安装的要求。

（3）井道底坑　井道底坑在房屋最底层平面标高下不小于 1.3m，作为轿厢下降时所需的缓冲器的安装空间，具体尺寸需根据电梯选型和电梯生产厂家土建要求决定。

（4）组成电梯的有关部件　轿厢是直接载人、运货的厢体；井壁导轨和导轨支架是支承、导引轿厢上下升降的轨道；牵引轮及其钢支架、钢丝绳、平衡锤、轿厢开关门、检修起重吊钩等；有关电器部件有交流电动机、直流电动机、控制柜、继电器、选层器、动力开关、照明开关、电源开关、厅外层数指示灯和厅外上下召唤盒开关等。

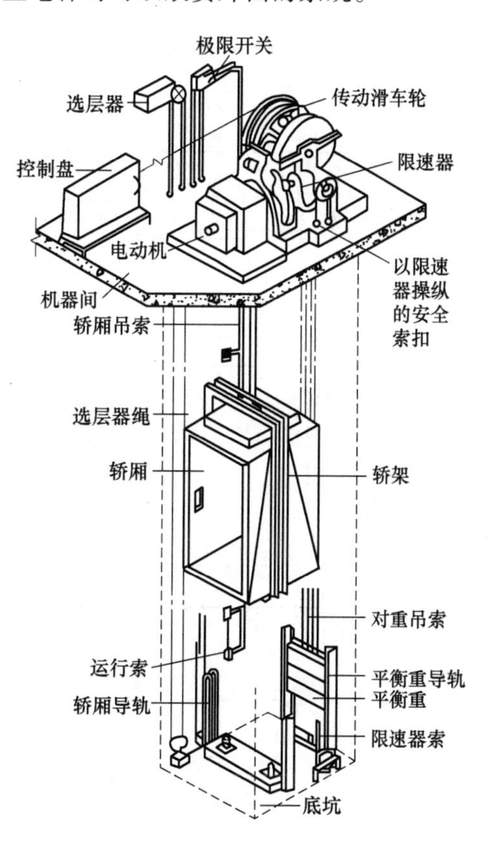

图 5-45　电梯的组成

3. 电梯与建筑物相关部位构造

电梯的构造如图 5-46 所示。

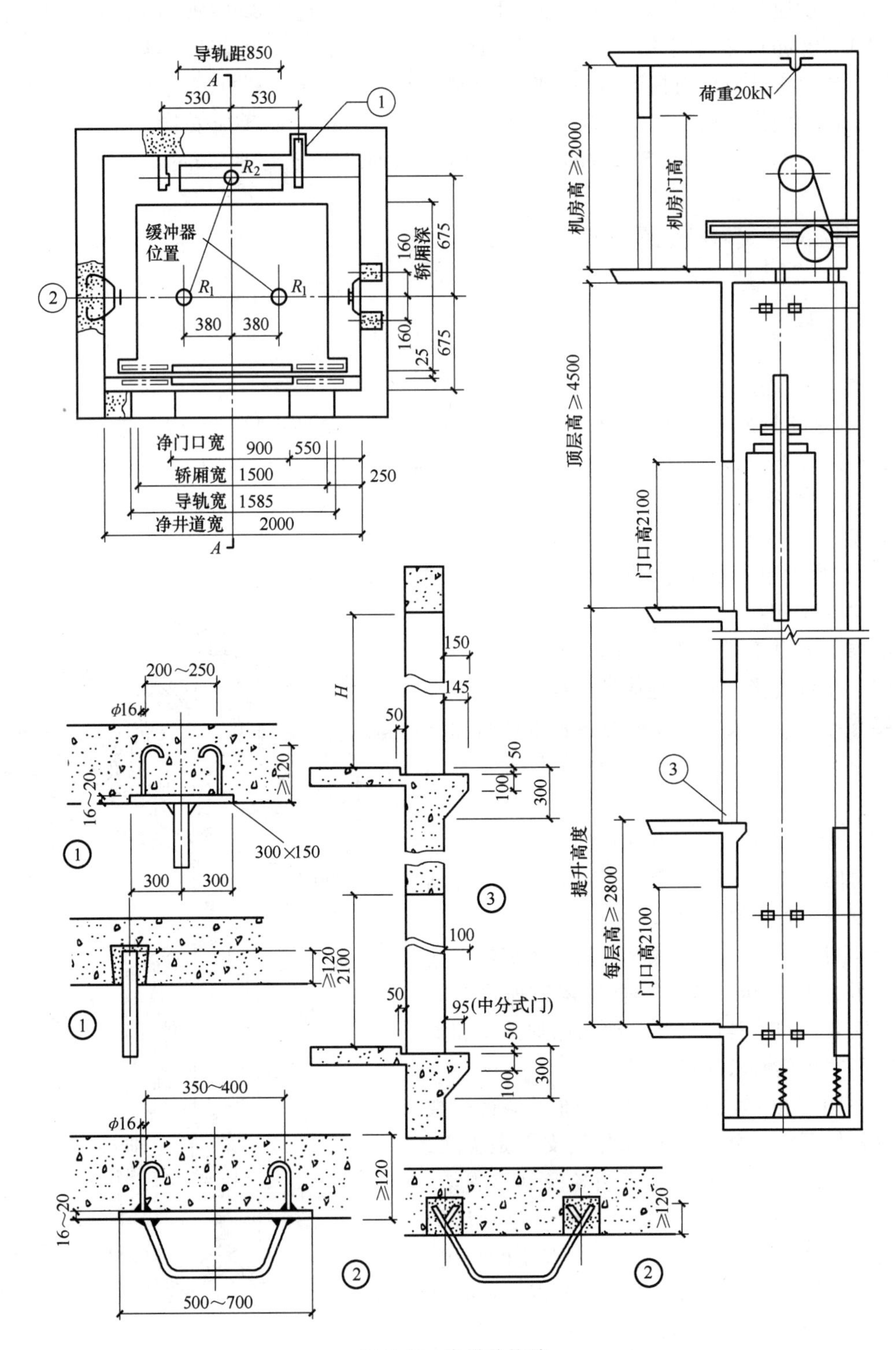

图 5-46　电梯的构造

1）井道，井道的尺寸依选用型号定，一般为（1800~2500）mm×(2100~2600）mm。

2）电梯导轨支架的安装方式主要有预留孔插入式和预埋件焊接式两种。井壁为钢筋混凝土时，预留 150mm×150mm×150mm 孔洞，垂直中距 2m；井壁为框架结构时，预埋件焊接，框架上应设预埋件与梁中钢筋焊牢。每层电梯中间加圈梁一道，并需设置预埋件。

3）电梯为两台并列时，中间可不用隔墙而按一定的间隔放置钢筋混凝土梁或型钢过梁，以便安装支架。

4）井道底坑，底坑在底层标高下 1300~2000mm。底坑应设置排水装置，以防潮防水。

5）机房，机房在井道顶板之上，平面尺寸为（1600~6000）mm×（3200~5200）mm，高出屋面 4000~4800mm。顶板上空留不低于 2000mm 的空间。通向机房的通道和楼梯宽度不小于 1.2m，楼梯坡度不大于 45%。机房楼板应平坦整洁，能承受电梯所要求的荷载，并满足通风、隔热、防寒、防尘、减噪等的要求。

6）井道的隔振隔声　一般除在机房机座下设弹性垫层外，还应在机房与井道间设高度为 1.5~1.8m 的隔声层，如图 5-47 所示。

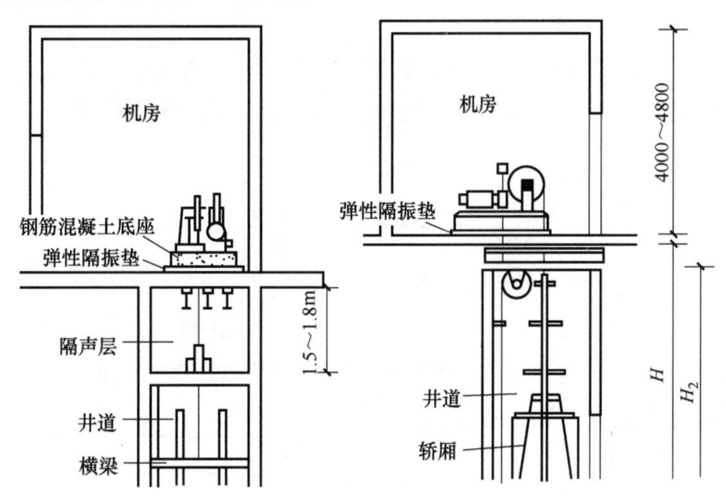

图 5-47　电梯机房隔振隔声处理

5.6.2　自动扶梯

自动扶梯适用于车站、码头、空港、商场等人流量大的场所，可正、逆方向运行，但不可用作消防通道。自动扶梯的机械装置悬在楼板下面，楼层下做装饰外壳处理，底层则做底坑。在其机房上部自动扶梯口处应做活动地板，以利于检修。自动扶梯洞口四周应按照防火分区要求采取防火措施，如图 5-48 所示。

1. 原理及参数

自动扶梯是采取机电系统技术，由电动机变速器以及安全制动器所组成的推动单元拖动两条环链，而每级踏板都与环链连接，通过轧轮的滚动，踏板便沿主构架中的轨道循环运转，同时扶手带以相应的速度与踏板同步运转。

自动扶梯的提升高度通常为 3~11m；速度为 0.45~0.75m/s，常用速度为 0.5m/s；倾角有 27.3°、30°、35°几种，其中 30°为常用角度；宽度一般有 600mm、800mm、1000mm、

1200mm 几种；理论载客量可达 4000~10000 人次/h。

2. 土建配合要求

自动扶梯的土建配合工作主要包括洞口留设和使用安全两个方面。

洞口的留设，首先需要计算扶梯的尺寸，主要是梯长的计算，应结合楼层高度、扶梯坡度以及扶梯两端的机械设备要求进行统一考虑；其次，因扶梯的长度通常超过常规框架结构的跨度，涉及结构梁等因素，需要协调结构布置。

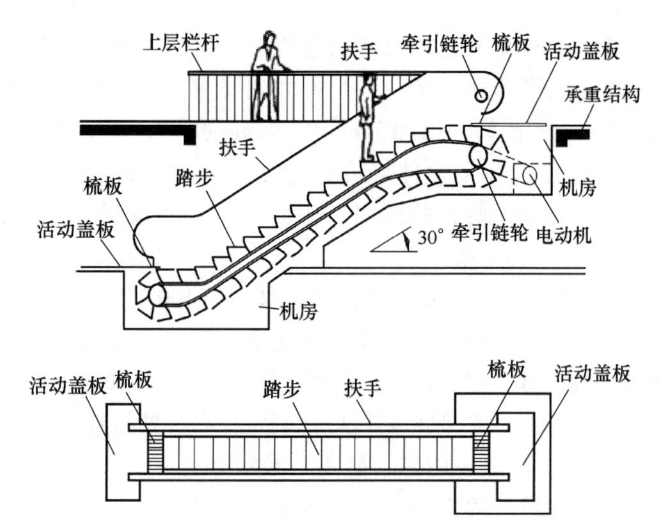

图 5-48　自动扶梯示意图

扶梯出入口处的宽度不应小于 2.5m；扶手带顶面距自动扶梯踏板面前缘的垂直高度不应小于 0.90m；扶手带外边至任何障碍物不应小于 0.50m，否则应采取措施防止障碍物引起人员伤害；自动扶梯的梯级上空的垂直净高不应小于 2.30m，如图 5-49 所示。

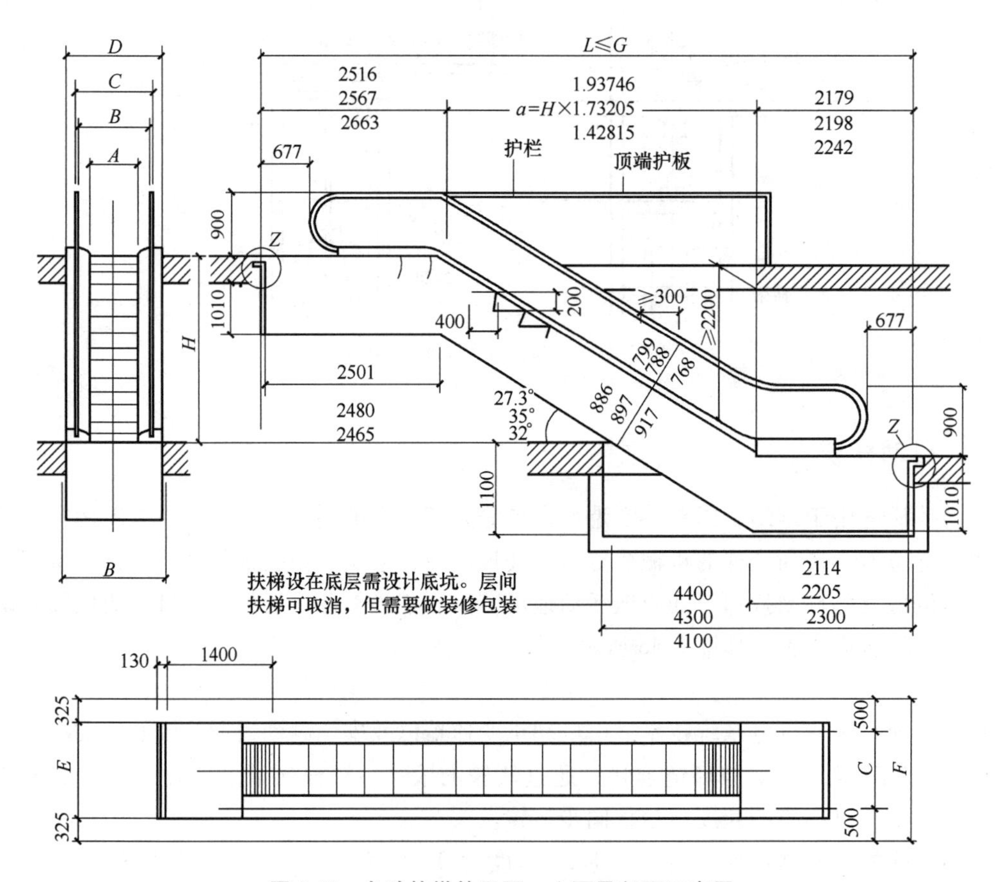

图 5-49　自动扶梯的平面、立面及剖面示意图

◉ 扩展阅读：重庆的自动扶梯

重庆山地起伏，轻轨 3 号线唐家院子站外有一个大土坡，于是重庆轨道集团修建了自动扶梯，连接唐家院子和黄泥塝两地，便于市民乘坐轨道交通和公交车。该扶梯成为重庆户外最长的自动扶梯，如图 5-50 所示。

重庆皇冠大扶梯全长 112m，连接了两路口和重庆火车站，这部“亚洲第二长”的自动扶梯为山城市民省去了不少爬坡上坎的麻烦。这个自动扶梯全程运行 2min30s，由上、下梯和备用梯共三台扶梯组成。该扶梯成为世界十大最特别的自动扶梯之一，如图 5-51 所示。

图 5-50　唐家院子站自动扶梯

图 5-51　重庆皇冠大扶梯

本 章 小 结

本章重点介绍了楼梯、室外台阶与坡道、电梯三部分内容。楼梯部分重点介绍了钢筋混凝土楼梯的构造。

1. 楼梯是建筑物中重要的部件。它布置在楼梯间内，由楼梯段、平台和栏杆所构成。常见的楼梯平面形式有直跑梯、平行双跑梯、多跑梯、交叉梯、剪刀梯等。

2. 楼梯段和平台的宽度应按人流股数确定，且应保证人流和货物的顺利通行。楼梯段应根据建筑物的使用性质和层高确定其坡度，一般最大坡度不超过 38°。梯段坡度与楼梯踏步密切相关，而踏步尺寸又与人行步距有关。

3. 楼梯的净高在平台部位应大于 2m；在梯段部位应大于 2.2m。在平台下设出入口，当净高不足 2m 时，可采用长短跑或利用室内外地面高差等办法予以解决。

4. 通过三个例题，层层深入地介绍楼梯的设计方法。通过实例说明楼梯的设计和绘制。

5. 钢筋混凝土楼梯有现浇整体式和预制装配式之分。现浇整体式钢筋混凝土楼梯有梁承式、梁悬臂式、扭板式等类型；中、小型构件预制装配式钢筋混凝土楼梯可分为梁承式、墙承式和墙悬臂式几种，梁承式梯段又分为梁板式梯段和板式梯段。

6. 楼梯的细部构造包括踏步面层处理、栏杆与踏步的连接方式以及扶手与栏杆的连接方式等。

7. 室外台阶与坡道是建筑物入口处解决室内外地面高差，方便人们进出的辅助构件，其平面布置有单面踏步式、三面踏步式、坡道式和踏步坡道结合式之分。构造方式又依其所采用材料而异。

8. 电梯是高层建筑的主要交通工具。由机房、电梯井道底坑及运载设备等部分构成。

思考与练习题

1. 楼梯是由哪些部分组成的？各组成部分的作用及要求如何？
2. 常见的楼梯有哪几种形式？各适用于什么建筑？
3. 楼梯设计的要求有哪些？
4. 确定楼梯段宽度应以什么为依据？
5. 一般民用建筑的踏步高与宽的尺寸是如何限制的？
6. 楼梯为什么要设栏杆，栏杆扶手的高度一般是多少？
7. 楼梯的净高一般指什么？为保证人流和货物的顺利通行，要求楼梯净高一般是多少？
8. 当底层中间平台下做出入口时，为增加净高，常采取哪些措施？
9. 钢筋混凝土楼梯常见的结构形式是哪几种，各有何特点？
10. 预制装配式楼梯的预制踏步形式有哪几种？
11. 台阶的构造要求如何？
12. 常用电梯有哪几种？

CHAPTER 6 第6章

屋　顶

学习目标

通过本章学习，掌握屋顶的组成与形式、屋顶的作用与要求，屋面坡度；了解坡屋顶的特点与组成，坡屋顶的支撑结构，屋面构造，细部构造，排水与泛水，保温隔热与通风；掌握平屋顶的特点、组成与构造，排水与泛水，檐口构造；理解绿色屋面的概念；重点掌握柔性防水屋面的细部构造、屋顶保温与隔热。

6.1　屋顶的形式及设计要求

屋顶是建筑最上部的围护结构，应满足相应的使用功能要求，为建筑提供适宜的内部空间环境。屋顶也是建筑顶部的承重结构，受到材料、结构、施工条件等因素的制约。屋顶又是建筑体量的一部分，其形式对建筑物的造型有很大影响，因而设计中还应注意屋顶的美观问题。在满足设计要求的同时，应力求创造出适合各种建筑类型的屋顶。

6.1.1　屋顶的形式

按所使用的材料，屋顶可分为钢筋混凝土屋顶、瓦屋顶、金属板屋顶、玻璃采光顶等；按屋面的外观和结构形式，又可分为平屋顶、坡屋顶、悬索屋顶、薄壳屋顶、拱屋顶、折板屋顶等。

1. 平屋顶

大量性民用建筑一般采用与楼盖基本类同的屋顶结构，就形成了平屋顶。屋面坡度小于或等于10%的建筑屋顶为平屋顶。平屋顶较为经济合理，并可供多种利用，如设屋顶花园、屋顶游泳池等，是广泛采用的一种屋顶形式。平屋顶也应有一定的排水坡度，平屋顶的排水坡度小于5%，最常用的排水坡度为2%~3%。

2. 坡屋顶

坡屋顶是指屋面坡度较陡的屋顶，其坡度一般在10%以上。坡屋顶是我国传统的屋顶形式，广泛用于民居等建筑。现代的某些公共建筑在考虑景观环境或建筑风格的要求时也常采用坡屋顶。

常见的坡屋顶形式有单坡、双坡屋顶，硬山及悬山屋顶，四坡歇山及庑殿屋顶，圆形及多角形攒尖屋顶等，如图 6-1 所示。

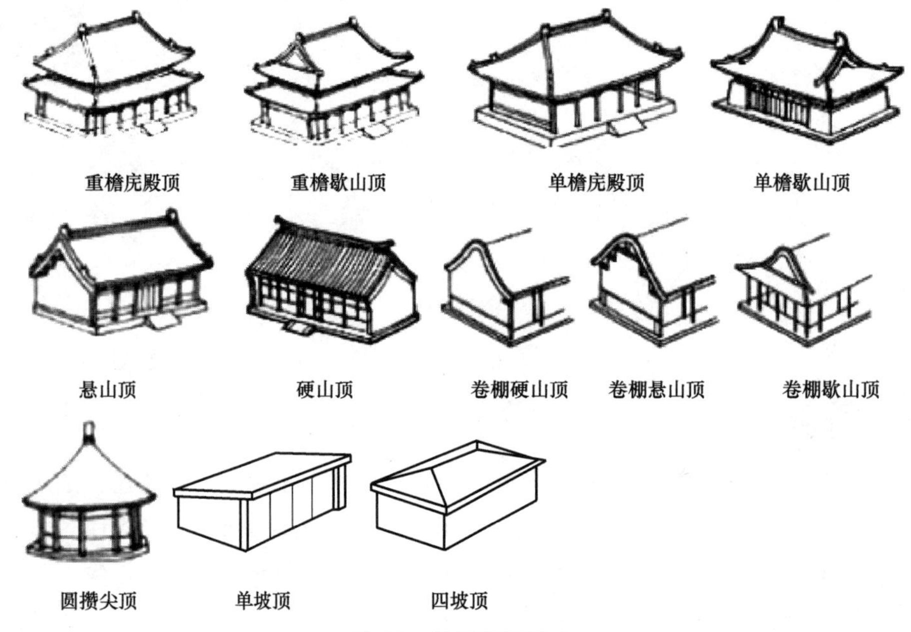

图 6-1　坡屋顶的形式

在明清时期，屋顶有等级之分，从上到下的级别分别为重檐庑殿顶、重檐歇山顶、重檐攒尖顶、单檐庑殿顶、单檐歇山顶、单檐攒尖顶、悬山顶、硬山顶、卷棚顶。

3. 其他形式的屋顶

民用建筑中常采用平屋顶或坡屋顶，有时也采用曲面或折面等其他形状特殊的屋顶，如拱屋顶、折板屋顶、网壳屋顶、锯齿屋顶、悬索屋顶、网架屋顶等，如图 6-2 所示。

这些屋顶的结构形式独特，传力合理，材料性能独特，施工及结构技术先进，在此基础上进行艺术处理，能够创造出新型的建筑形式。

6.1.2　屋面的设计要求

屋面是屋顶上部防水、保温隔热等构造层的总称。屋面设计应考虑其防水、保温隔热、结构、建筑艺术等方面的要求。

1. 防水要求

作为建筑最上部的外围护结构，屋面能抵御风、霜、雨、雪的侵袭。防止雨水渗漏是屋面的基本功能要求。防水则是利用防水材料的致密性、憎水性，使屋面构成一道封闭的防线，隔绝水的渗透。

屋面的防水是一项综合技术，它涉及建筑及结构的形式、防水材料、屋面坡度、屋面构造处理等问题，需综合加以考虑。设计中应遵循“合理设防、防排结合、因地制宜、综合治理”的原则。

GB 55030—2022《建筑与市政工程防水通用规范》规定：民用建筑屋面除西部地区（降水量小于 400mm）外，其他地区所有民用建筑均为一级防水。屋面防水一级时，要 3 道

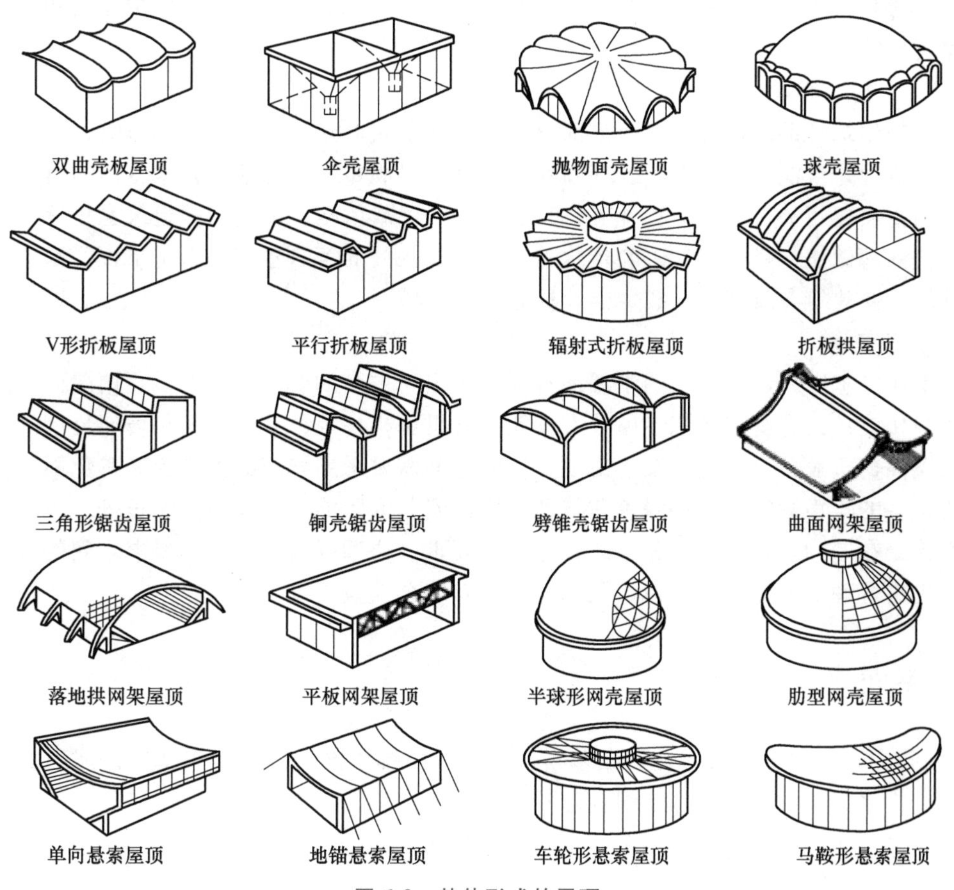

图 6-2　其他形式的屋顶

防水，屋面防水设计年限大于或等于 20 年。

屋面的常用坡度应有利于疏导和及时排放雨水。平屋面的常用坡度（材料找坡或结构找坡）为 2%～5%；坡屋面（结构找坡）的常用坡度：普通瓦屋面不设基层屋面板为 1∶2，普通瓦屋面下设基层屋面板并铺设卷材防水时为 1∶2.5，石棉瓦屋面为 1∶3，波形金属瓦屋面为 1∶4，压型钢板屋面为 1∶7。

2. 保温隔热要求

屋面还应能抵御气温变化的影响，即冬季保温减少建筑物的热损失和防止结露，夏季隔热降低建筑物对太阳能辐射热的吸收。我国地域辽阔，南北气候悬殊，通过采取适当的保温隔热措施，使屋面具有良好的热工性能，以便给顶层房间提供更舒适的室内环境，节约建筑能耗。

屋面的保温通常采用导热系数小的材料，阻止室内热量由屋面流向室外。屋面的隔热则通常采用设置通风间层、蓄水、种植等方法，利用通风、遮阳、蒸发等方式减少由屋面传入室内的热量。

3. 结构要求

屋顶是房屋的承重结构，一般应考虑其自重及风、雨、雪、施工等荷载，上人屋面还要承受人和设备等荷载，应有足够的强度和刚度，以保证房屋的结构安全。为了防止在结构荷载和变形荷载作用下引起屋面防水主体的开裂、渗水，屋面还应具有适应主体结构受力变形和温差变形的能力。

4. 建筑艺术要求

屋顶是建筑外部形体的重要组成部分，屋顶的形式对建筑的造型极具影响，作为第五立面的设计造型，应注重屋顶形式及其细部的设计，以满足人们对建筑艺术方面的需求。

我国古典建筑的坡屋顶造型优美，具有浓郁的民族风格；现代很多建筑也传承和演绎了坡屋顶的细部做法，赋予现代感和传统美。很多国内外的著名建筑，由于重视了屋顶的建筑艺术处理而使建筑各具特色，成为当地标志性的建筑。

5. 其他要求

除上述要求外，建筑技术的发展还对屋面提出了更多的要求。例如，利用屋面或露台进行园林绿化设计；超高层建筑在屋顶上设置直升机停机坪等；某些大面积玻璃幕墙的建筑在屋顶设置擦窗机设备及轨道；某些薄膜结构的屋面需要采用隔声减振措施来避免雨水滴在屋顶上所产生的噪声影响；一些绿色建筑利用屋面安装太阳能集热器、光伏板等。

因此，在屋面设计时应充分考虑各方面的要求，协调好与屋面基本要求之间的关系，从而设计出更合理的屋面形式，最大限度地发挥其综合效益。

6.2　屋面排水设计

“防排结合”是屋面设计的一条基本原则。屋面排水设计的内容包括选择屋面的排水坡度，确定排水方式，屋面排水组织设计。

6.2.1　屋面排水坡度

1. 排水坡度的表示方法

常用排水坡度的表示方法有角度法、斜率法和百分比法，如图 6-3 所示。角度法以屋面倾斜面与水平面所成的夹角来表示；斜率法以屋面倾斜面的垂直投影长度与水平投影长度之比来表示；百分比法以屋面倾斜面的垂直投影长度与水平投影长度之比的百分比值来表示。坡屋面多采用斜率法，平屋面多采用百分比法，角度法应用较少。

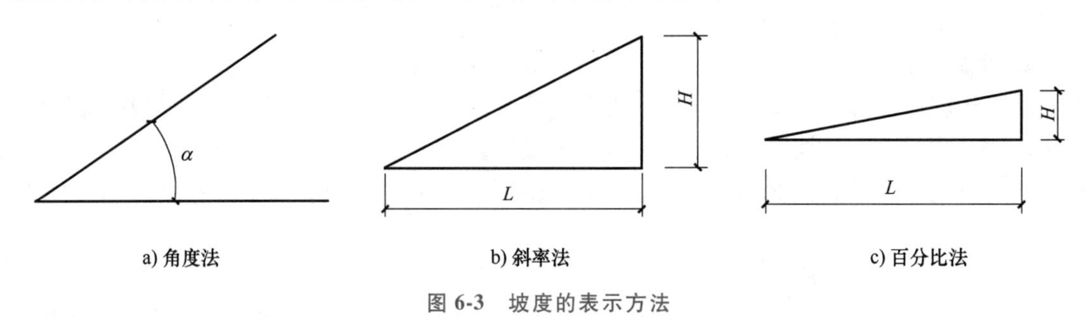

图 6-3　坡度的表示方法

2. 排水坡度的影响因素

（1）防水材料尺寸大小的影响　防水材料的尺寸小，接缝较多，容易产生缝隙渗漏，屋面应有较大的排水坡度，以便将屋面积水迅速排除。坡屋面的防水材料多为瓦材，如小青瓦、平瓦、琉璃筒瓦等，覆盖面积较小，应采用较大的坡度。如果防水材料的覆盖面积大，接缝少且严密，防水层形成一个封闭的整体，屋面的坡度就可以小一些。平屋面的防水材料多为各种卷材、涂膜等，故其排水坡度通常较小。

（2）年降水量的影响　年降水量的大小对屋面防水的影响很大。年降水量大，屋面渗漏的可能性较大，屋面坡度就应适当加大；反之，屋面排水坡度则可小一些。

（3）其他因素的影响　屋面的排水坡度还受到一些其他因素的影响，如屋面排水的路线较长，屋面有上人活动的要求，屋面蓄水等，屋面的坡度可适当小一些；反之，采用较大的排水坡度。

3. 屋面排水坡度的形成

屋面排水坡度的形成有材料找坡和结构找坡两种做法，如图 6-4 所示。

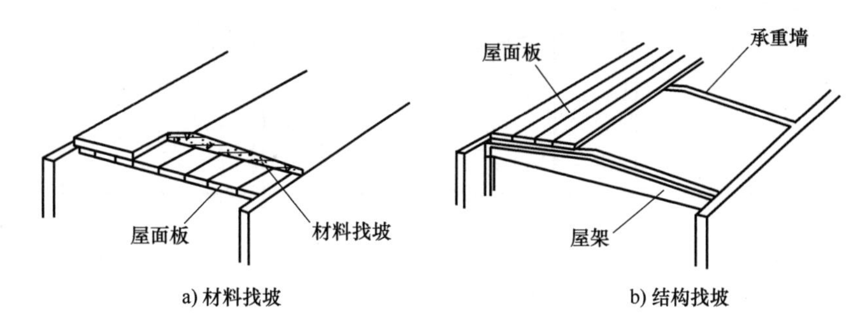

图 6-4　排水坡度的形成

（1）材料找坡　材料找坡是指屋面坡度由垫坡材料形成，一般用于坡向长度较小的屋面。为了减小屋面荷载，可用轻质材料（如水泥炉渣、陶粒混凝土等）或保温层找坡，坡度宜为 2%。通常找坡层最薄处的厚度不宜小于 20mm。

（2）结构找坡　结构找坡是屋顶结构自身带有的排水坡度。例如，在上表面倾斜的屋架或屋面梁上安放屋面板，屋顶表面即呈倾斜坡面。又如，在顶面倾斜的山墙上搁置屋面板时，也形成结构找坡。单坡跨度大于 9m 的屋面宜做结构找坡，坡度不应小于 3%。

材料找坡的屋面板可以水平放置，顶棚板平整，但材料找坡会增加屋面荷载，材料和人工消耗较多；结构找坡无须在屋面上另加找坡材料，构造简单，不增加荷载，但顶棚倾斜，室内空间不够规整。这两种方法在工程实践中均有广泛的应用。

6.2.2　屋面排水方式

1. 排水方式的类型

屋面排水方式分为无组织排水和有组织排水两类。

（1）无组织排水　无组织排水是指屋面雨水直接从檐口滴落至地面的一种排水方式，又称为自由落水。无组织排水适用于小于或等于 3 层或檐高不大于 10m 的中小型建筑或少雨地区建筑。

（2）有组织排水　有组织排水是指雨水经由天沟、雨水管等排水装置被引导至地面或地下管沟的一种排水方式。有组织排水适用于年降雨量大于 900mm，檐高大于 8m 时；或年降雨量小于 900mm，檐高大于 10m 时。有组织排水广泛应用于建筑工程中，在有条件的情况下，宜采用雨水收集系统。

2. 有组织排水常用方案

现按内排水、外排水、内外排水三种情况归纳成几种不同的排水方案，如图 6-5 所示。

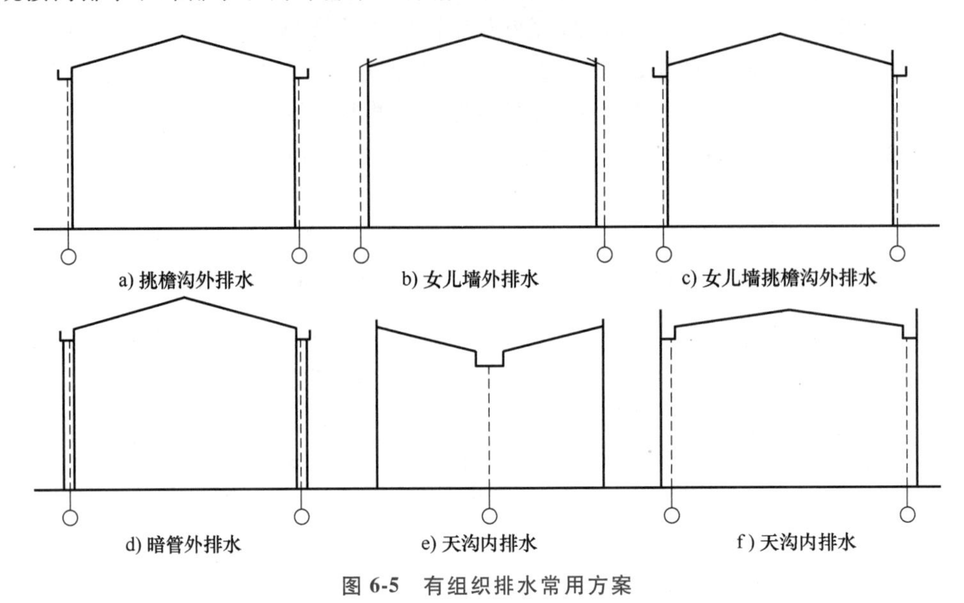

图 6-5　有组织排水常用方案

（1）外排水　外排水是指屋面雨水通过檐沟、雨水口，由设置于建筑外部的雨水管直接排到室外地面上的一种排水方案。其优点是构造简单，雨水管不进入室内，不影响室内空间的使用和美观。外排水方案归纳为以下几种：

1）挑檐沟外排水。屋面雨水先汇集到悬挑在墙外的檐沟内，再由雨水管排下，如图 6-5a 所示。此种方案排水通畅。

2）女儿墙外排水。由于建筑造型所需，通常将外墙升起封住屋面，高于屋面的这部分外墙称为女儿墙。屋面雨水需穿过女儿墙流入室外的雨水管，如图 6-5b 所示。

3）女儿墙挑檐沟外排水。图 6-5c 所示为女儿墙挑檐沟外排水，其特点是在屋檐部位既有女儿墙，又有挑檐沟。蓄水屋面常采用这种形式，利用挑檐沟汇集从蓄水池中溢出的多余雨水。

4）暗管外排水。明装雨水管对建筑立面的美观有所影响，故在一些重要的公共建筑中，常采用暗装雨水管的方式，将雨水管隐藏在假柱或空心墙中，如图 6-5d 所示。假柱可处理成建筑立面上的竖向线条。

（2）内排水　雨水通过在建筑内部的雨水管排走。其优点是维修方便，不破坏建筑立面造型，不易受冬季室外低温的影响，但其雨水管在室内接头多，构造复杂，易渗漏，主要用于不宜采用外排水的建筑屋面，如高层及多跨建筑等。如图 6-5e、f 所示。

此外，还可以根据具体条件，采用内外排水结合的方式。

3. 排水方式的选择

屋面排水方式的选择，应根据建筑物屋面形式、气候条件、使用功能、质量等级等因素确定。一般可以遵循下述原则进行选择：

1）低层建筑和屋檐高度小于 10m 的屋面，可采用无组织排水。

2）积灰多的屋面采用无组织排水，如铸工车间、炼钢车间这类工业厂房在生产过程中散发大量粉尘积于屋面，下雨时被冲进天沟易造成管道堵塞，故这类屋面不宜采用有组织排水。

3）有腐蚀性介质的工业建筑也不宜采用有组织排水，如铜冶炼车间、某些化工厂房等，生产过程中散发的大量腐蚀性介质会使雨水装置等遭受侵蚀，故这类厂房也不宜采用有组织排水。

4）除严寒和寒冷地区外，多层建筑屋面宜采用有组织排水。

5）高层建筑屋面宜采用有组织内排水，便于排水系统的安装维护和建筑外立面的美观。

6）多跨及汇水面积较大的屋面宜采用天沟内排水，天沟找坡较长时，宜采用中间内排水和两端外排水。

7）暴雨强度较大地区的大型屋面，宜采用虹吸式有组织排水系统。

8）湿陷性黄土地区宜采用有组织排水，并应将雨水直接排至排水管网。

6.2.3 屋面排水组织设计

排水组织设计就是根据屋面形式及使用功能要求，确定屋面的排水方式及排水坡度，明确排水方式。如采用有组织排水设计时，首先要根据所在地区的气候条件划分屋面排水区域，确定屋面排水走向；然后通过计算确定屋面檐沟、天沟所需要的宽度和深度以及纵向坡度，确定雨水口和雨水管的规格、数量和位置；最后将它们标绘在屋顶平面图上。

在进行屋面有组织排水设计时，除了执行 GB 55030—2022《建筑与市政工程防水通用规范》外，还需注意下述事项：

1. 划分屋面排水区域

先将屋面划分成若干排水区域，再根据排水区域确定屋面排水线路。排水分区的大小一般按一个雨水口负担 150~200m^2 屋面面积的雨水考虑，屋面面积按水平投影面积计算。

2. 确定排水坡面的数目及排水坡度

进深较小的房屋或临街建筑常采用单坡排水；进深较大（12m 以上）时，为了不使水流的路线过长，宜采用双坡排水；根据防水材料确定排水坡度。结构找坡时其排水坡度通常不应小于 3%，材料找坡时其坡度则宜为 2%。而其他类型的屋面如蓄水隔热屋面的排水坡度不宜大于 0.5%，架空隔热屋面的排水坡度不宜大于 5%。

3. 确定檐沟、天沟断面尺寸及纵向坡度

檐沟、天沟的功能是汇集和迅速排除屋面雨水，沟底沿长度方向应设纵向排水坡度。檐沟、天沟的过水断面，应根据屋面汇水面积的雨水流量经计算确定。一般情况下，钢筋混凝土檐沟、天沟的净宽不应小于 300mm；分水线处最小深度不应小于 100mm，深度过小雨水易溢出，导致屋面渗漏；同时为了避免排水线路过长，沟底水落差不得超过 200mm，如图 6-6 所示。采用材料找坡的钢筋混凝土檐沟、天沟内的纵向坡度

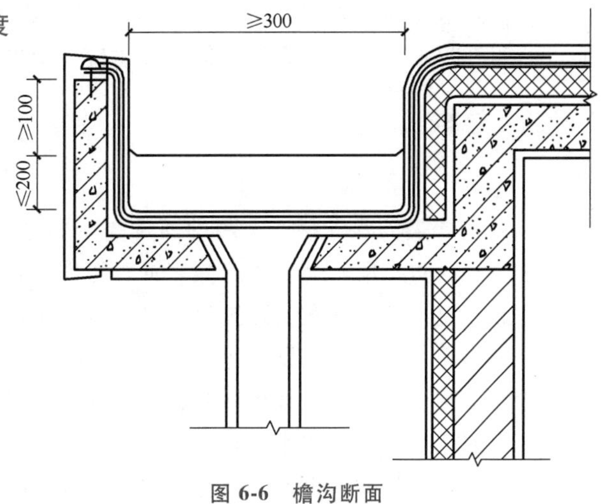

图 6-6　檐沟断面

不应小于 1%；采用结构找坡的金属檐沟、天沟内的纵向坡度宜为 0.5%。

4. 确定雨水管的规格、数量及间距

雨水管根据材料分为铸铁、塑料、镀锌铁皮、钢管等多种，最常采用的是塑料雨水管，一般民用建筑常用直径 100mm 的雨水管，面积小于 25m^2 的露台和阳台可选用直径 50mm 的雨水管。雨水管安装时离墙面距离不小于 20mm，管箍卡牢，竖向间距不大于 1.2m。一般情况下，雨水口间距不宜超过 24m。每个汇水面积内，排水立管不少于 2 根。图 6-7 所示为某屋面排水设计平面图，该屋面采用双坡排水、檐沟外排水方案，排水分区为图 6-7 中交叉虚线所示范围，天沟的纵坡坡度为 1%，箭头指示沟内的水流方向，两个雨水管的间距宜控制在 18~24m，分水线位于天沟纵坡的最高处。

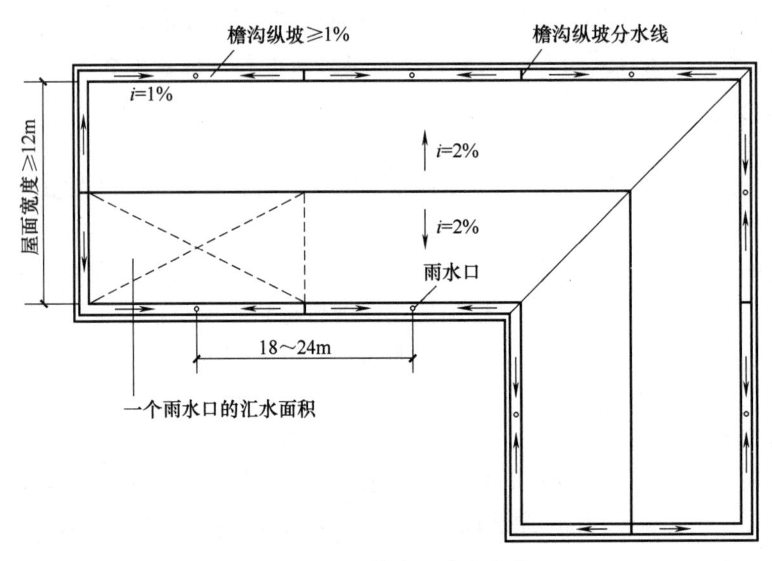

图 6-7　屋面排水设计平面图

6.3　卷材防水屋面

卷材防水屋面是利用防水卷材与胶黏剂结合，形成连续致密的构造层来防水的一种屋面。由于其防水层具有一定的延伸性和适应变形的能力，又被称为柔性防水屋面。

6.3.1　卷材防水屋面的材料

1. 卷材

（1）沥青类防水卷材　常用的沥青类防水卷材是纸胎石油沥青油毡。纸胎石油沥青油毡防水屋面的防水层容易产生起鼓、沥青流淌、油毡开裂等问题，从而导致防水质量下降和使用寿命缩短，近年来在实际工程中已较少采用。

（2）高聚物改性沥青类防水卷材　高聚物改性沥青类防水卷材是以高分子聚合物改性沥青为涂盖层，聚酯毡、玻璃纤维毡或聚酯玻璃纤维复合材料为胎基，细砂、矿物粉料和塑料膜为隔离材料制成的防水卷材，厚度一般为 3mm、4mm、5mm，以沥青基为主体，如弹性体改性沥青防水卷材（SBS）、塑料体改性沥青防水卷材（APP）、改性沥青聚乙烯胎防水卷材（PEE）、丁苯橡胶改性沥青卷材等。

（3）合成高分子材料　凡以各种合成橡胶、合成树脂或两者共混为基料，加入适量的助剂和填料，经混炼、压延或挤出等工序加工而成的防水卷材，均称为合成高分子防水卷材，常见的有三元乙丙橡胶防水卷材、氯化聚乙烯防水卷材、聚氯乙烯防水卷材、氯丁橡胶防水卷材、聚乙烯橡胶防水卷材等。合成高分子防水卷材具有重量轻（$2kg/m^2$）、使用温度范围宽（-20~80℃）、耐候性好、抗拉强度高（2~18.2MPa）、延伸率大等优点，近年来已逐渐在国内的各种防水工程中得到推广和应用。

2. 卷材胶黏剂

冷底子油：将沥青稀释溶解在煤油、轻柴油或汽油中制成冷底子油，涂刷在水泥砂浆或混凝土面层打底。

沥青胶：在沥青中加入填充料加工制成沥青胶，有冷、热两种，每种又均有石油沥青胶和煤油沥青胶两种。

高聚物改性沥青防水卷材和合成高分子防水卷材的胶黏剂主要为各种与卷材配套使用的溶剂型胶黏剂，如适用于改性沥青类卷材的 RA-86 型氯丁橡胶胶黏剂、SBS 改性沥青胶黏剂等；三元乙丙橡胶防水卷材屋面的基层处理剂有聚氨酯底胶，胶黏剂有氯丁橡胶为主体的 CX-404 胶；氯化聚乙烯橡胶共混防水卷材的胶黏剂有 LYX-603 等。

6.3.2 卷材防水屋面的构造及做法

卷材防水屋面的构造组成分为基本构造层次和辅助构造层次。

1. 基本构造层次

基本构造层次按其作用分为顶棚层、结构层、找平层、结合层、防水层、保护层，如图 6-8 所示。

（1）结构层　多为钢筋混凝土屋面板，可以是现浇板，也可以是预制板。

（2）找平层　卷材防水屋面要求铺贴在坚固而平整的基层上，以防止卷材凹陷或断裂。因而在屋面板上铺设卷材以前，都需先做找平层。找平层的厚度和技术要求应符合表 6-1 的规定。

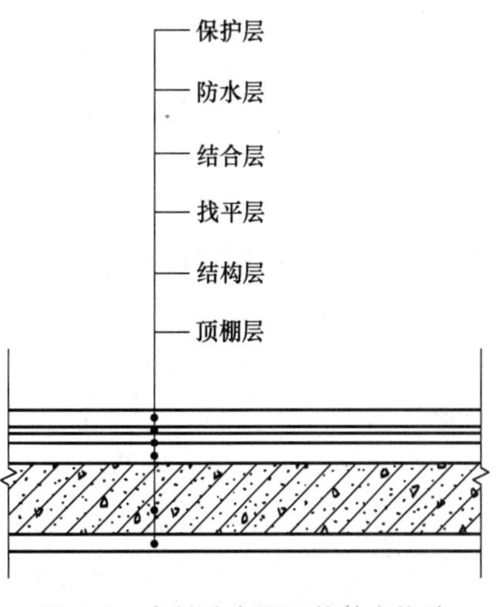

图 6-8　卷材防水屋面的基本构造

表 6-1　找平层的厚度和技术要求

找平层分类	适用的基层	厚度/mm	技术要求
水泥砂浆	整体现浇混凝土板	15~20	1∶2.5 水泥砂浆
	整体材料保温层	20~25	
细石混凝土	装配式混凝土板	30~35	C20 混凝土，宜加钢筋网片
	板状材料保温层		C20 混凝土

用来找坡和找平的混凝土和水泥砂浆都是刚性材料，在变形应力的作用下，如果不经过处理，不可避免地都会出现裂缝，尤其是会出现在变形的敏感部位。这样容易造成粘贴在上面的防水卷材破裂。所以应当在屋面板的支座处、板缝间和屋面檐口附近这些变形敏感的部

位，预先将用刚性材料所做的构造层次做分割，即预留分格缝。

即便屋面的构成为现浇整体式的钢筋混凝土，也应在距离檐口 500mm 的范围内，以及屋面纵横不超过 6000mm×6000mm 的间距内，做预留分格缝的处理。分格缝宽为 20～40mm，中间应用柔性材料及建筑密封膏嵌缝。分格缝上面应覆盖一层 200～300mm 宽的附加卷材，用胶黏剂单边点粘，如图 6-9 所示。

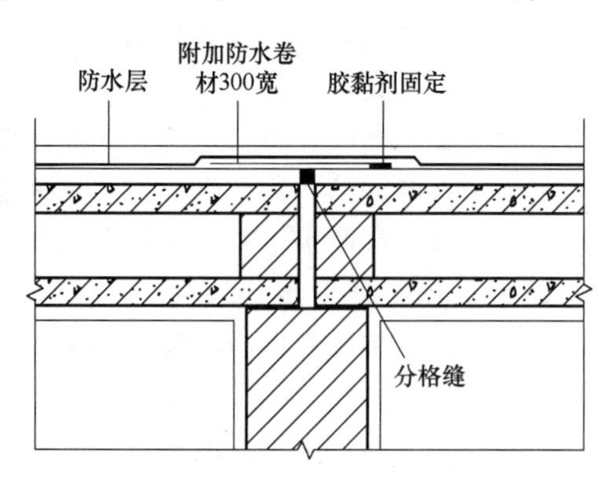

图 6-9　卷材防水屋面分格缝构造

（3）结合层　结合层的作用是使卷材与基层胶结牢固。沥青类卷材通常用冷底子油做结合层；高聚物改性沥青类卷材和高分子卷材通常采用配套的卷材胶黏剂和基层处理剂做结合层。

（4）防水层

1）高聚物改性沥青防水层。高聚物改性沥青防水卷材的铺贴做法有冷粘法和热熔法两种。冷粘法是用胶黏剂将卷材黏结在找平层上，或利用某些卷材的自黏性进行铺贴。铺贴卷材时注意平整顺直，搭接尺寸准确，不扭曲，应排除卷材下面的空气并辊压黏结牢固。热熔法施工时，先用火焰加热器将卷材均匀加热至表面光亮发黑，再立即滚铺卷材使之平展，并辊压密实。

2）合成高分子卷材防水层（以三元乙丙卷材防水层为例）。先在找平层（基层）上涂刮基层处理剂（如 CX-404 胶等），要求薄而均匀，干燥不粘后即可铺贴卷材。铺贴方法：卷材一般应由屋面最低标高处向上铺贴，并按水流方向搭接；卷材可垂直或平行于屋脊方向铺贴。卷材铺贴时要求保持自然松弛状态，不能拉得过紧。卷材接缝根据不同的搭接方法应有 50～100mm 的搭接宽度，铺好后立即用工具辊压密实，搭接部位用胶黏剂均匀涂刷黏结。

在防水卷材的厚度选用上，根据一级屋面防水等级的要求，当在屋面金属板基层上采用聚氯乙烯防水卷材（PVC）、热塑性聚烯烃防水卷材（TPO）、三元乙丙防水卷材（EPDM）等外露型防水卷材单层使用时，防水卷材的厚度，一级防水不应小于 1.8mm。卷材防水层的最小厚度应符合表 6-2 的规定。

表 6-2　卷材防水层的最小厚度　（单位：mm）

防水卷材类型			防水卷材的最小厚度
高聚物改性沥青防水卷材	热熔法施工聚合物改性沥青防水卷材		3.0
	热沥青黏结和胶黏法施工聚合物改性沥青防水卷材		3.0
	预铺反粘防水卷材（聚酯胎类）		4.0
	自粘聚合物改性防水卷材（含湿铺）	聚酯胎类	3.0
		无胎类及高分子膜基	1.5
合成高分子防水卷材	均质型、带纤维被衬型、织物内增强型		1.2
	双面复合性		主体片材芯材 0.5
	预铺反粘防水卷材	塑料类	1.2
		橡胶类	1.5
	橡胶防水板		1.2

（5）保护层　保护层既防止卷材在阳光和大气的作用下不致迅速老化，又可以防止沥青类卷材中的沥青过热流淌，并防止暴雨对沥青的冲刷。不上人时，改性沥青卷材防水屋面一般在防水层上撒粒径为 1.5~2mm 的石粒或砂粒作为保护层；高分子卷材如三元乙丙橡胶防水屋面等通常是在卷材面上涂刷水溶型或溶剂型浅色保护着色剂（如氯丁银粉胶等）或水泥砂浆，如图 6-10 所示。上人屋面的保护层既是保护防水层又是屋面面层，做法通常是在防水层上先铺设 10mm 厚低强度等级砂浆隔离层，其上再用现浇 40mm 厚 C20 细石混凝土或用 20mm 厚聚合物砂浆铺贴缸砖、大阶砖、混凝土板等块材；块材保护层或整体保护层均应设分格缝，设置在屋顶坡面的转折处，屋面与凸出屋面的女儿墙、烟囱等的交接处；保护层分格缝应尽量与找平层分格缝错开，缝内用油膏嵌封；上人屋面用作屋顶花园时，水池、花台等构造均在屋面保护层上设置，如图 6-11 所示。

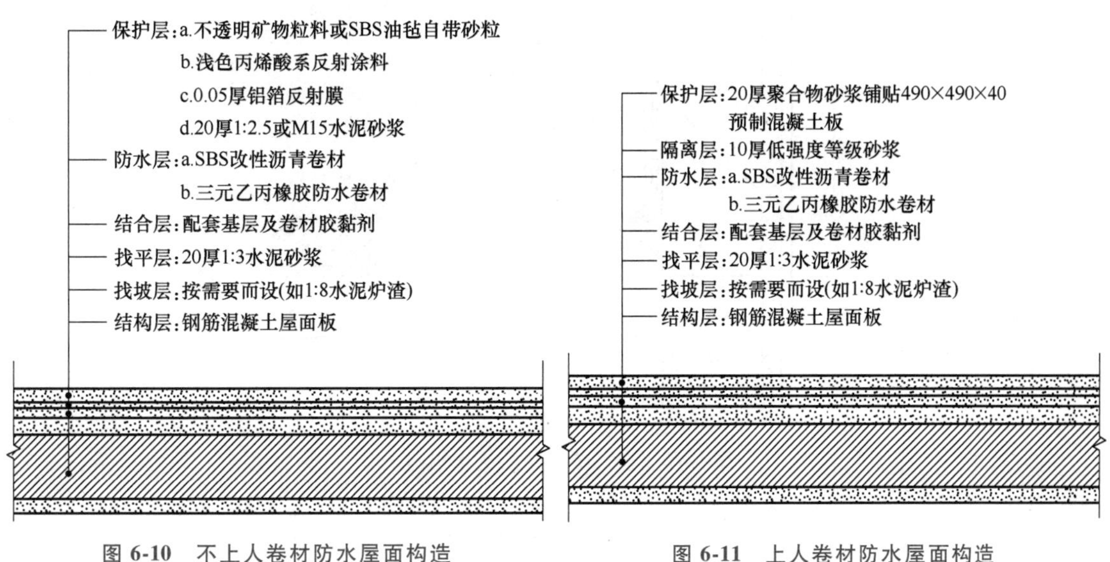

图 6-10　不上人卷材防水屋面构造

图 6-11　上人卷材防水屋面构造

2. 辅助构造层次

辅助构造层次如保温层、隔热层、隔汽层、找坡层、隔离层等。找坡层是采用找坡屋面，为形成所需排水坡度而设；保温层是为防止夏季或冬季气候使建筑顶部室内过热或过冷而设；隔汽层是为防止潮气侵入屋面保温层，使其保温功能失效而设；隔离层是为消除相邻两种材料之间黏结力、机械咬合力、化学反应等不利影响而设等。有关的构造详情将结合后面的内容做具体介绍。

6.3.3　卷材防水屋面的细部构造

卷材防水层是一个封闭的整体，屋面开洞、管道出屋面等处，破坏了卷材屋面的整体性而造成渗漏。因此，必须对这些细部加强防水处理。卷材防水屋面的细部构造包括泛水、天沟、雨水口、挑檐口、屋面变形缝、屋面检修孔、屋面出入口等的节点构造做法。

1. 泛水构造

泛水是指屋面与垂直面相交处的防水处理做法。女儿墙、山墙、烟囱、变形缝等垂直壁面与屋面相交部位，均需做泛水处理，防止交接缝出现漏水现象。泛水的构造要点如下。

1）将屋面的卷材继续铺至垂直墙面上，形成卷材泛水，泛水高度不小于 250mm。

2）在屋面与垂直面的交接缝处，卷材下的砂浆找平层应按卷材类型抹成半径20~50mm的圆弧形或45°斜面，且整齐平顺，上刷卷材胶黏剂，使卷材铺贴密实，避免卷材架空或折断。

3）做好泛水上口的卷材收头固定做法，防止卷材在垂直面上下滑。一般做法：卷材的收头直接铺至女儿墙压顶下，用压条钉固定并用密封材料封闭严密，压顶应做防水处理；也可在垂直墙中凿出通长凹槽，先将卷材收头压入凹槽内，用防水压条钉压后再用密封材料嵌填封严，外抹水泥砂浆保护；凹槽上部的墙体也应做防水处理；墙体为混凝土时，卷材收头可采用金属压条钉压，并用密封材料封固，如图6-12和图6-13所示。

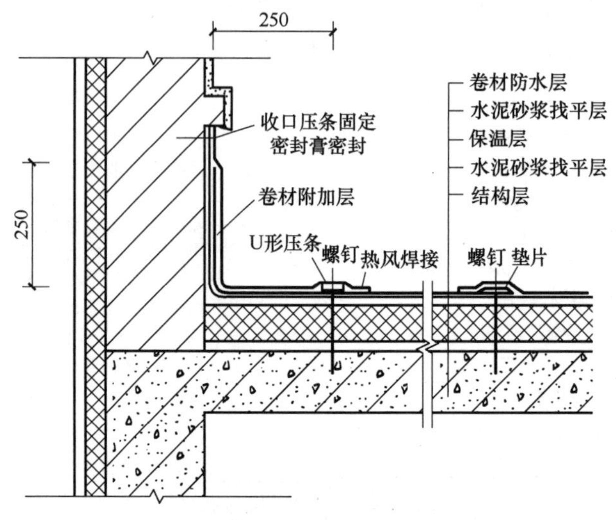

图6-12　卷材防水屋面泛水构造一

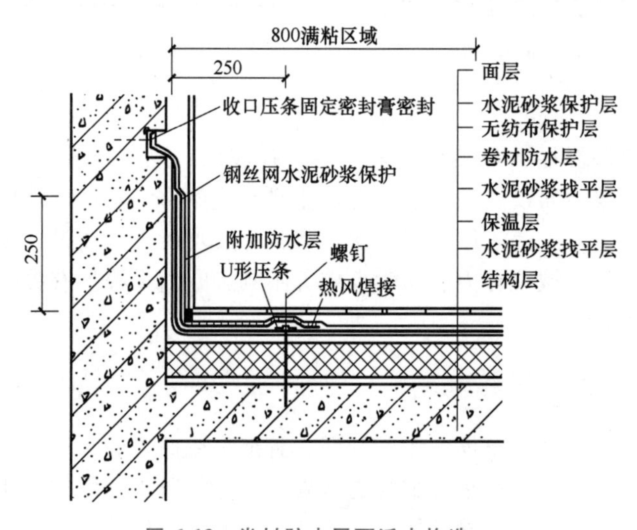

图6-13　卷材防水屋面泛水构造二

2. 天沟构造

屋面上的排水沟称为天沟，有以下两种设置方式：

（1）三角形天沟　女儿墙外排水的民用建筑采用三角形天沟的较为普遍，如图6-14所示。

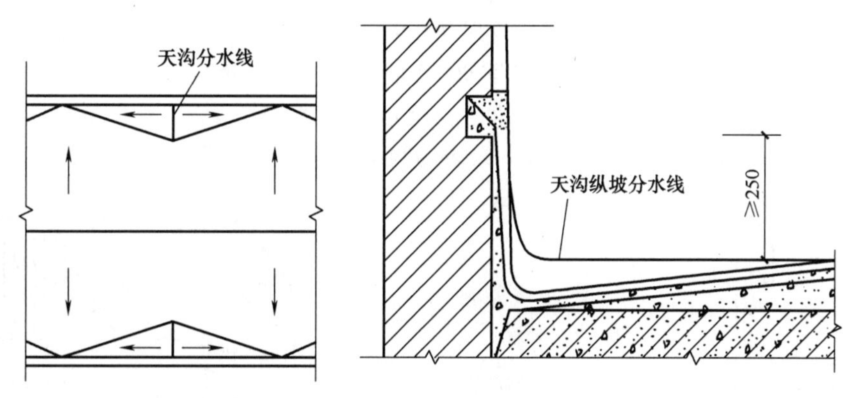

图 6-14　三角形天沟

（2）矩形天沟　多雨地区或跨度大的房屋常采用断面为矩形的天沟。天沟处用钢筋混凝土预制天沟板取代屋面板，如图 6-15 所示。

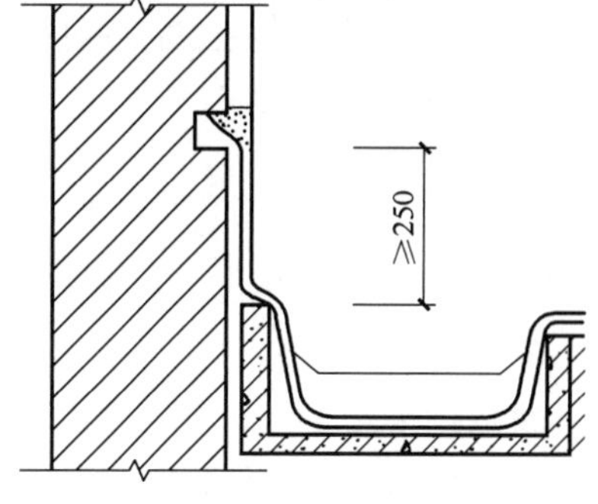

图 6-15　矩形天沟

3. 雨水口构造

雨水口分为直管式和弯管式两类：直管式适用于中间天沟、挑檐沟和女儿墙内排水天沟；弯管式适用于女儿墙外排水天沟。

雨水口的材质以前多为铸铁，近年来塑料雨水口越来越多地得到运用。金属雨水口易锈不美观，管壁较厚，强度较高；塑料雨水口质轻、不锈，色彩多样。

（1）直管式雨水口　直管式雨水口有多种型号，根据降雨量和汇水面积加以选择。如图 6-16 所示，常用的 65 型铸铁雨水口主要由短管、环形筒、导流槽和顶盖组成。短管呈漏斗形，安装在天沟底板或屋面板上，雨水口周围半径 250mm 范围内坡度不应小于 5%，防水层下应增设涂膜附加层；防水层和附加层伸入雨水口杯内不应小于 50mm，并应黏结牢固。环形筒与导流槽的

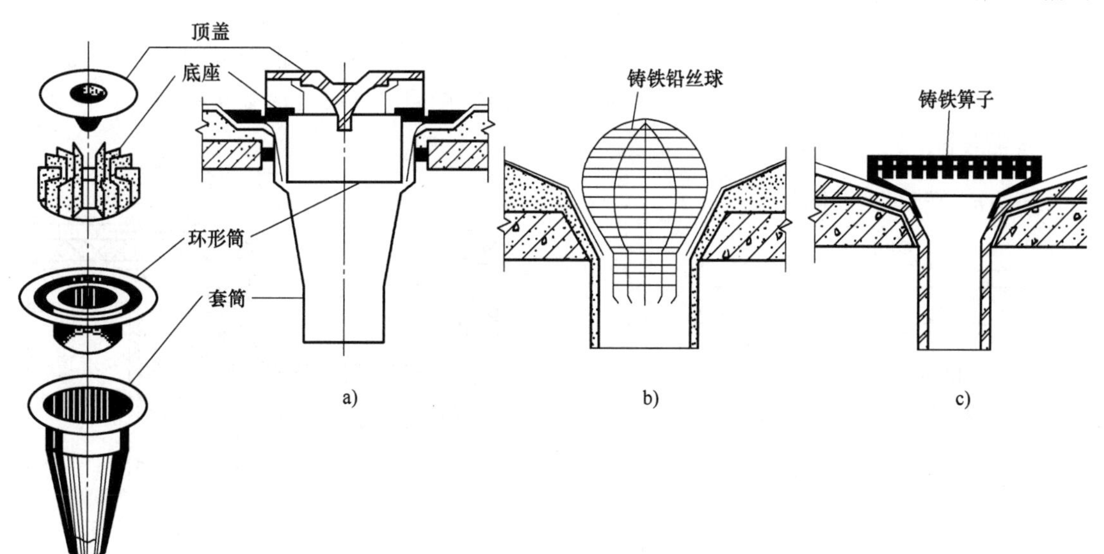

图 6-16　直管式雨水口

接缝需要由密封材料嵌封。顶盖底座有放射状格片，用以加速水流和遮挡杂物。

（2）弯管式雨水口　弯管式雨水口呈90°弯曲状，由弯曲套管和铸铁箅两部分组成。弯曲套管置于女儿墙预留孔洞中，屋面防水层及泛水的卷材应铺贴到套管内壁四周，铺入深度不应小于50mm，套管口用铸铁箅遮盖，以防污物堵塞水口，构造做法如图6-17所示。

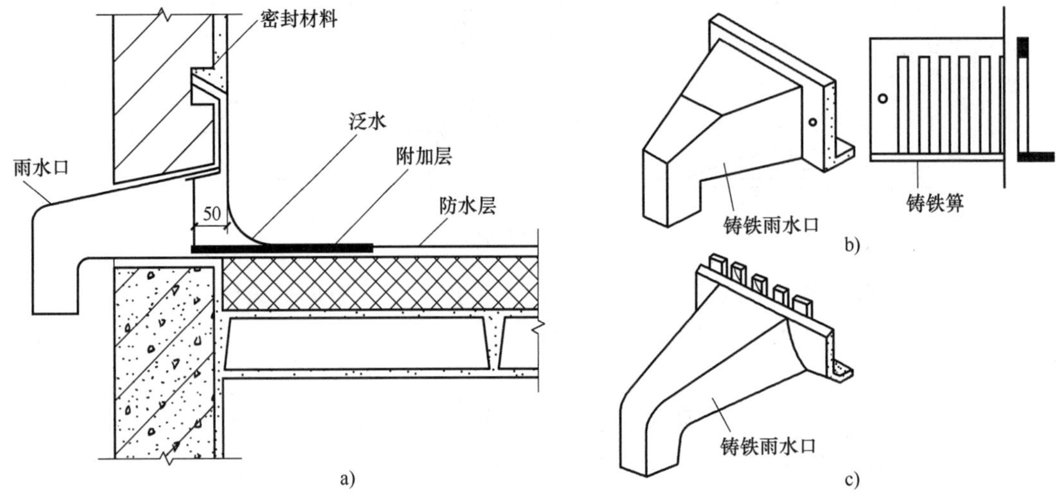

图6-17　弯管式雨水口

4. 挑檐口构造

挑檐口按排水方式分为无组织排水和檐沟外排水两种。其防水构造的要点是做好卷材的收头，使屋面四周的卷材封闭，避免雨水渗入。

（1）无组织排水　挑檐口不宜直接采用屋面板外挑，因其温度变形大，易使檐口抹灰砂浆开裂，引起爬水和尿墙现象。比较理想的是采用与圈梁整浇的混凝土挑板。挑檐口构造的要点是檐口800mm范围内应采取满贴法，防止卷材收头处粘贴不牢，出现“张口”漏水。其做法是在混凝土檐口上用细石混凝土或水泥砂浆先做一凹槽，再将卷材贴在槽内，将防水卷材的收头用水泥钉钉牢，上面用油膏嵌填。檐口下端应做鹰嘴和滴水槽，如图6-18所示。

（2）挑檐沟外排水　挑檐沟常将挑檐沟布置在出挑部位，现浇钢筋混凝土檐沟板可与圈梁连成整体，如图6-19所示。预制檐沟板则须搁置在钢筋混凝土屋架挑牛腿上。挑檐沟的构造要点如下：

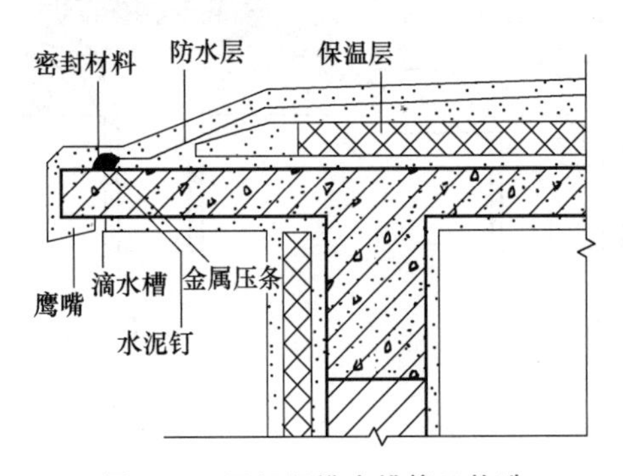

图6-18　无组织排水挑檐口构造

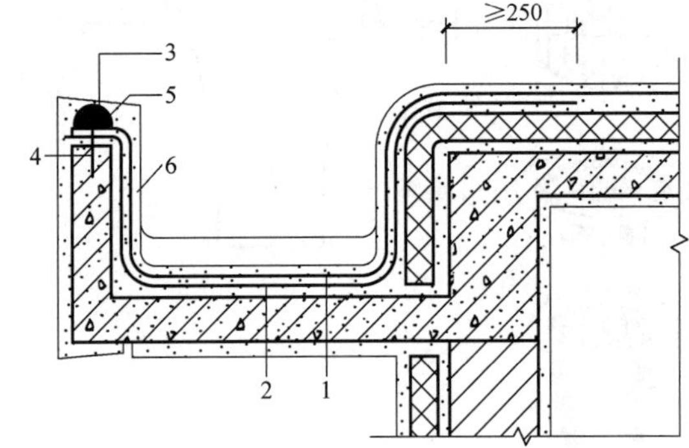

图6-19　有组织排水挑檐口泛水构造

1—防水层　2—附加层　3—密封材料
4—水泥钉　5—金属压条　6—保护层

1）檐沟的防水层以下应增设附加层，附加层伸入屋面的宽度不应小于 250mm。

2）檐沟防水层和附加层应由沟底翻上至外侧顶部，卷材收头应用金属压条钉压，并应用密封材料封严。

3）檐沟内转角部位的找平层应抹成圆弧形，以防止卷材断裂。

4）檐沟外侧下端应做鹰嘴和滴水槽。

5）檐沟外侧高于屋面结构板时，应设置溢水口。

5. 屋面变形缝构造

屋面变形缝的构造处理原则是既不能影响屋面的变形，又要防止雨水从变形缝处渗入室内。屋面变形缝按建筑设计可设于同层等高屋面上，也可设在高低屋面的交接处。

（1）等高屋面变形缝的构造做法　上人屋面，不砌矮墙，其他做法与不上人屋面相同，如图 6-20 所示；不上人屋面，在缝两边的屋面板上砌筑矮墙，以挡住屋面雨水；矮墙的高度不小于 250mm，半砖墙厚。屋面卷材防水层与矮墙面的连接处理与泛水构造相同，缝内嵌填沥青麻丝。矮墙顶部可用镀锌铁皮盖缝，也可铺一层卷材后用混凝土盖板压顶，如图 6-21 所示。

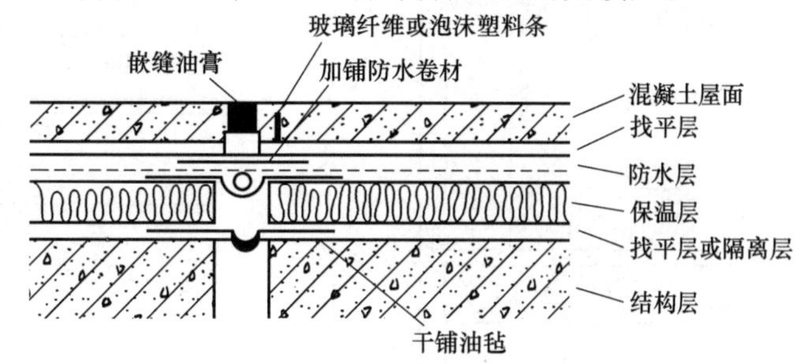

图 6-20　卷材防水屋面等高屋面变形缝构造（上人屋面）

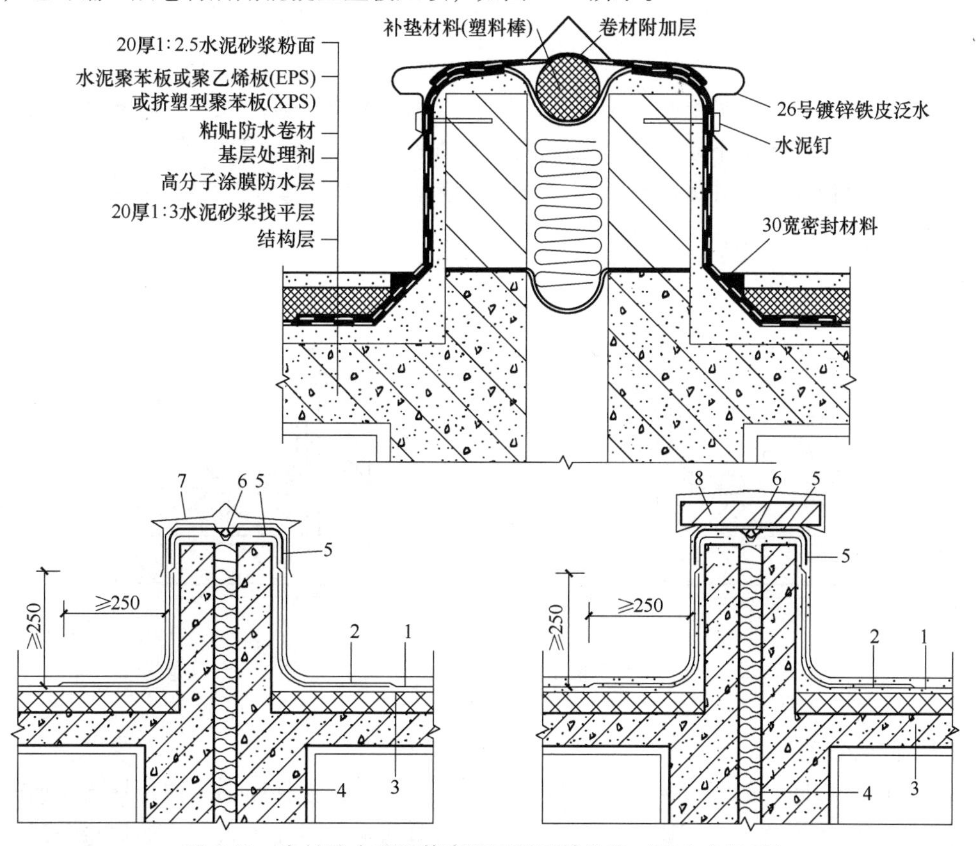

图 6-21　卷材防水屋面等高屋面变形缝构造（不上人屋面）

1—防水层　2—附加层　3—保温层　4—不燃保温材料　5—卷材盖缝　6—衬垫材料　7—金属盖板　8—混凝土盖板

（2）高低屋面变形缝的构造做法　在低侧屋面板上砌筑矮墙。当变形缝宽度较小时，可用镀锌铁皮盖缝并固定在高侧墙上，做法同泛水构造；也可以从高侧墙上悬挑钢筋混凝土板盖缝，如图 6-22 和图 6-23 所示。

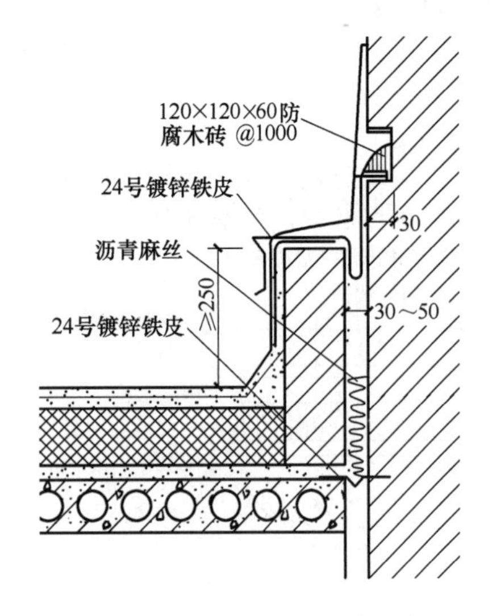

图 6-22　高低屋面变形缝构造

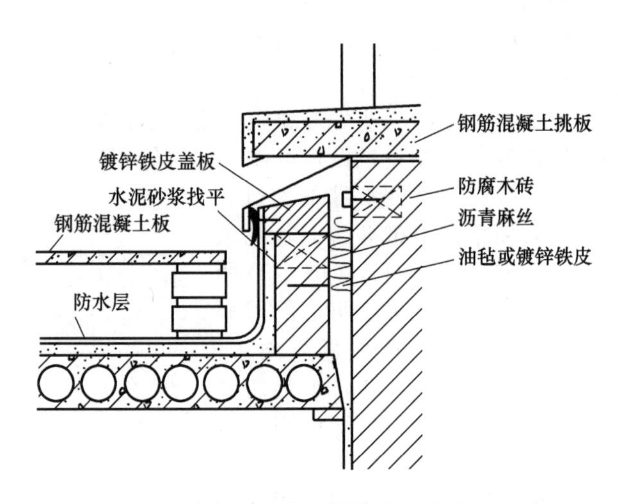

图 6-23　高低屋面变形缝构造（有出入口时）

6. 屋面检修孔构造

不上人屋面需设屋面检修孔，检修孔四周的孔壁可用砖立砌，也可在现浇屋面板时将混凝土上翻制成，在防水层下增设附加层，附加层在平面和立面的宽度不应小于 250mm，壁外侧的防水层应做成泛水并将卷材用镀锌铁皮盖缝钉压牢固，如图 6-24 所示。

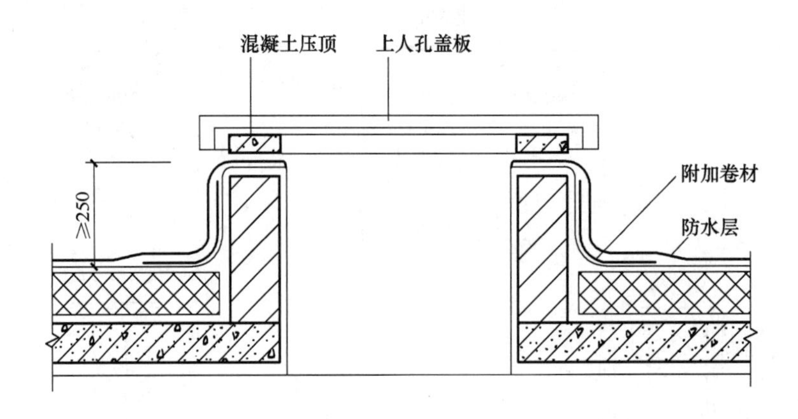

图 6-24　屋面检修孔

7. 屋面出入口构造

出屋面的楼梯间一般需设屋面出入口，最好在设计中让楼梯间的室内地坪与屋面间留有足够的高差，以利于防水，否则需在出入口处设门槛挡水。屋面出入口处的构造与泛水构造类同，如图 6-25 所示。

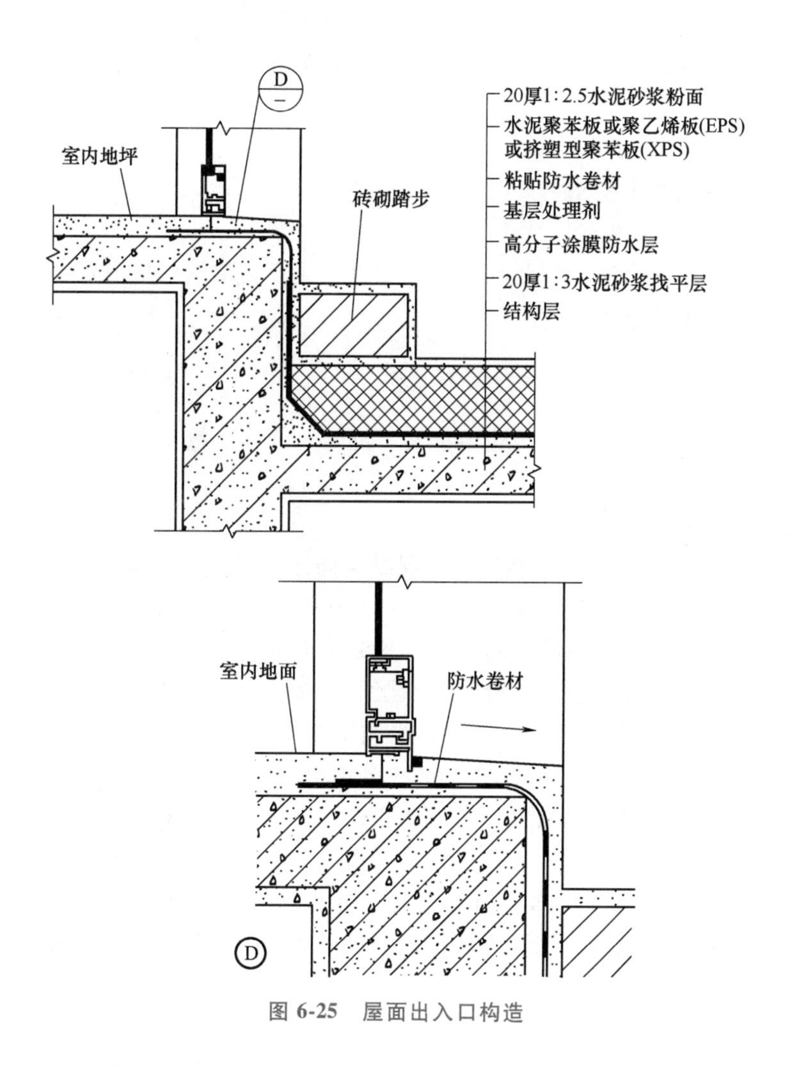

图 6-25　屋面出入口构造

6.4　刚性防水屋面

刚性防水屋面是指用细石混凝土做防水层的屋面。刚性防水屋面构造简单、施工方便、造价较低，但是易开裂，对气温变化和屋面基层变形的适应性较差，多用于防水等级为Ⅰ、Ⅱ级的屋面多道设防中的一道防水层。

6.4.1　刚性防水屋面的构造层次

刚性防水屋面的构造层一般有防水层、隔离层、找平层、结构层。刚性防水屋面应尽量采用结构找坡。

1. 防水层

刚性防水屋面的防水层采用不低于 C20 的细石混凝土整体现浇而成，其厚度不小于 40mm，并应配置Φ6@100~200 的双向钢筋网片。

2. 隔离层

隔离层位于防水层与结构层之间，其作用是减少结构变形对防水层的不利影响。可采用铺纸筋灰、低标号砂浆，或薄砂层上干铺一层油毡等做法。

3. 找平层

当结构层为预制钢筋混凝土板时，其上应用 1∶3 水泥砂浆做找平层，厚度为 20mm。若屋面板为整体现浇混凝土结构时则可不设找平层。

4. 结构层

屋面结构层一般采用预制或现浇的钢筋混凝土屋面板，结构层应有足够的刚度，以免结构变形过大而引起防水层开裂。

6.4.2 混凝土刚性防水屋面的细部构造

与卷材防水一样，刚性防水屋面也要处理好泛水、天沟、檐口、雨水口等细部构造，另外应处理好防水层的分格缝构造。

1. 分格缝构造

(1) 分格缝的作用　大面积的整体现浇混凝土防水层受气温影响产生的温度影响较大，容易导致混凝土开裂。设置一定数量的分格缝可将单块混凝土防水层的面积减小，从而减少其因伸缩和翘曲产生的变形，可有效地防止和限制裂缝的产生。在荷载作用下屋面板会产生挠曲变形，支承端翘起，易于引起混凝土防水层的开裂，应在一些部位预留分格缝。

(2) 分格缝的设置　分格缝应设置在装配式结构屋面板的支承端、屋面转折处、与立墙的交接处。分格缝的纵横间距不宜大于 6m。分格缝具体的设置位置：屋脊处应设一道纵向分格缝；每开间设一道横向分格缝，并与装配式屋面板的板缝对齐；沿女儿墙四周也应设分格缝；其他凸出屋面的结构物四周均应设置分格缝。

(3) 分格缝的构造做法　防水层内的钢筋在分格缝处应断开；屋面板缝用浸过沥青的木丝板等密封材料嵌填，缝口用油膏等嵌填；缝口表面用防水卷材铺贴盖缝，卷材的宽度为 200~300mm。

2. 泛水构造

泛水构造要点与卷材屋面类似。与卷材屋面的不同点：刚性防水层与屋面凸出物间须留分格缝，另铺贴附加卷材盖缝形成泛水；女儿墙泛水做法中，女儿墙与刚性防水层间留分格缝，缝内用油膏嵌缝，缝外用附加卷材铺贴至泛水所需高度并做好压缝收头的处理，以免雨水渗进缝内。

3. 变形缝构造

(1) 等高屋面变形缝的构造做法：在变形缝两边的屋面板上砌筑矮墙，矮墙的高度不小于 250mm，半砖墙厚；矮墙与刚性防水层间留分格缝，缝内用油膏嵌缝；变形缝外用附加卷材铺贴至矮墙顶面，附加卷材的拐角处用砂浆抹成斜面或圆弧形，做法同泛水构造。矮墙顶部可用镀锌铁皮盖缝，也可铺一层卷材后用混凝土盖板压顶，变形缝在屋顶处的矮墙下固定镀锌铁皮，上面用沥青麻丝嵌缝，如图 6-26 所示。

(2) 高低屋面变形缝的构造做法：在低屋顶上砌筑矮墙，矮墙下固定镀锌铁皮，变形缝内用沥青麻丝嵌缝，做法同等高屋面变形缝；在高起的墙面上伸出预制好的钢筋混凝土盖板，如图 6-27 所示。

4. 檐口构造

自由落水雨水口构造，挑檐较短时将防水层直接挑出，挑檐较长时采用与屋顶圈梁连为一体的悬壁板形成挑檐，如图 6-28 所示。

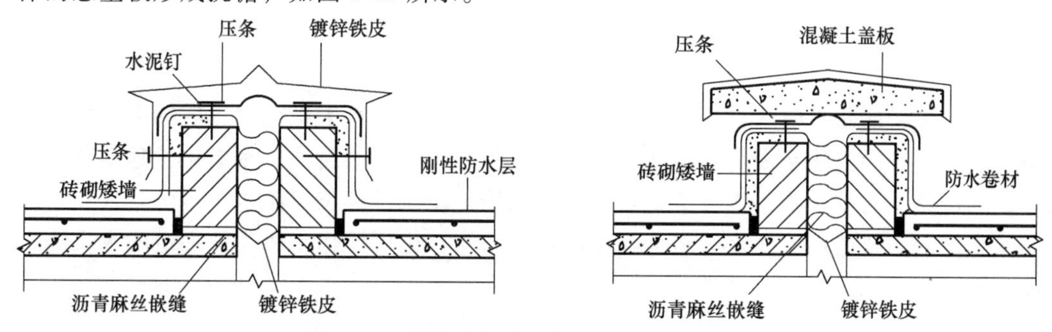

图 6-26 刚性防水屋面等高屋面变形缝构造

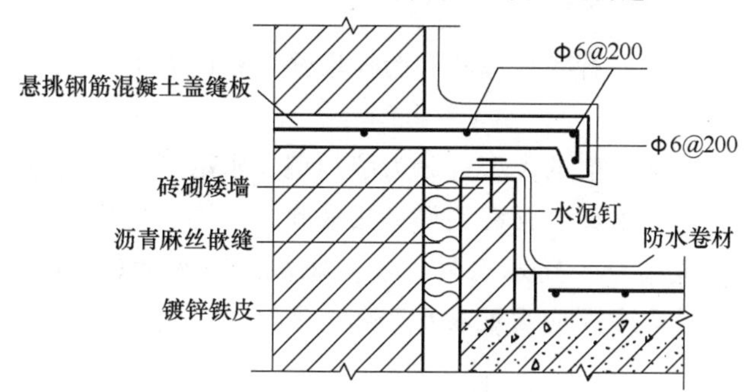

图 6-27 刚性防水屋面高低屋面变形缝构造

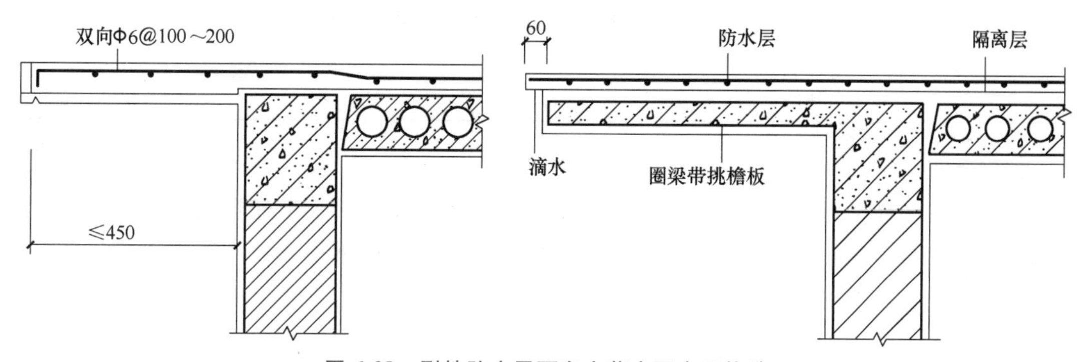

图 6-28 刚性防水屋面自由落水雨水口构造

挑檐沟外排水檐口的断面为槽形，并与屋面圈梁连为一体（图 6-29），女儿墙外排水檐口（图 6-30），沟内均设纵向排水坡。

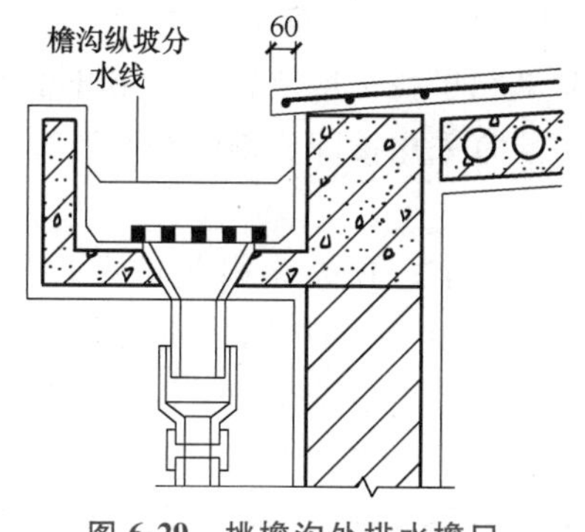

图 6-29 挑檐沟外排水檐口

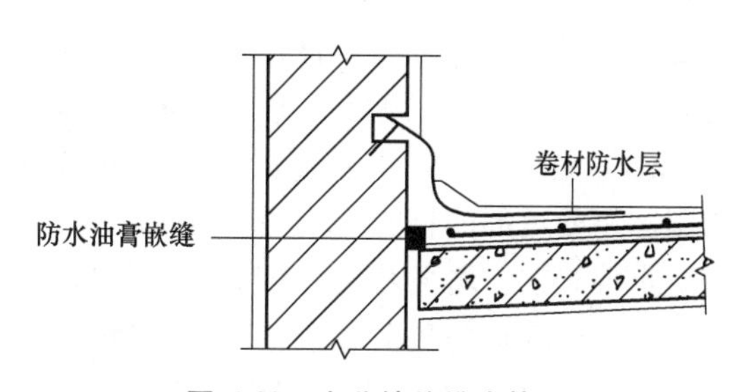

图 6-30 女儿墙外排水檐口

6.5　涂膜防水屋面

涂膜防水屋面是将防水材料涂刷在屋面基层上，利用涂料干燥或固化后的不透水性来达到防水的目的。涂膜防水屋面具有防水、抗渗、黏结力强、耐腐蚀、耐老化、延伸率大、弹性好、不延燃、无毒、施工方便等优点，已广泛用于建筑各部位的防水工程中。

涂膜防水主要适用于防水等级为Ⅱ级的屋面防水，也可用作Ⅰ级屋面多道防水设防中的一道防水。

6.5.1　涂膜防水屋面的材料

涂膜防水屋面的材料主要有各种涂料和胎体增强材料两大类。

1. 涂料

防水涂料按其溶剂或稀释剂的类型可分为溶剂型、水溶型、乳液型等种类；按施工时涂料液化方法的不同则分为热熔型、常温型等；按成膜方式则有反应固化型、挥发固化型。目前常用的防水涂料有合成高分子防水涂料、聚合物水泥防水涂料、高聚物改性沥青防水涂料。每道涂膜防水层的最小厚度应满足表6-3的要求。

表6-3　每道涂膜防水层的最小厚度　（单位：mm）

防水等级	设防要求	合成高分子防水涂膜	聚合物水泥防水涂膜	高聚物改性沥青防水涂膜
Ⅰ级	二道防水设防	1.5	1.5	2.0
Ⅱ级	一道防水设防	2.0	2.0	3.0

2. 胎体增强材料

胎体增强材料用于增强涂层的贴附覆盖能力和抗变形能力。目前使用较多的胎体增强材料为0.1mm×6mm×4mm或0.1mm×7mm×7mm的中性玻璃纤维网格布或中碱玻璃布、聚酯无纺布等。

6.5.2　涂膜防水屋面的构造

1. 构造组成

（1）结构层　一般采用钢筋混凝土屋面板，也可以是钢丝网水泥瓦、V形折板。

（2）找平层　与卷材防水层相比，涂膜防水层对找平层的平整度要求更为严格，否则涂膜防水层的厚度得不到保证，同时由于涂膜防水层是满粘于找平层上，找平层开裂或强度不足也易引起防水层的开裂。因此，涂膜防水层的找平层宜采用掺膨胀剂的细石混凝土，强度等级不低于C20，厚度不少于30mm（宜为40mm）。

（3）基层处理剂　基层处理剂是指在涂膜防水层施工前，预先涂刷在基层上的涂料。涂刷基层处理剂的目的：堵塞基层毛细孔，使基层的潮湿水蒸气不易向上渗透至防水层，减少防水层起鼓；增强基层与防水层的黏结力；将基层表面的尘土清洗干净，以便于黏结。

基层处理剂的种类大致有以下三种：

1）稀释的涂料。若使用水乳型防水涂料，可用掺0.2%~0.5%乳化剂的水溶液或软化水将涂料稀释，其用量比例一般为防水涂料：乳化剂水溶液（或软水）= 1：1~1：0.5。

2）涂料薄涂。若为溶剂型防水涂料，由于它对水泥砂浆或混凝土毛细孔的渗透能力比水乳型防水涂料强，可直接用涂料薄涂做基层处理，如涂料较稠，可用相应的溶剂稀释后使用。

3）掺配的溶液。如高聚物改性沥青防水涂料也可采用煤油：30 号沥青 = 60：40 的比例配制而成的溶液作为基层处理剂。

此外，基层处理剂的选择应与涂膜防水涂料的材性相容，使用前调制配合并搅拌均匀。涂刷时应用刷子用力薄涂，使其渗入基层表面的毛细孔中。

（4）涂膜防水层　防水涂料的类型很多，应选择相适应的涂料；在防水层厚度的选用上，需要根据屋面的防水等级、防水涂料的类型来确定，每道涂膜防水层的最小厚度应满足表 6-4 的要求。

表 6-4　每道涂膜防水层的最小厚度　（单位：mm）

防水等级	设防要求	合成高分子防水涂膜	聚合物水泥防水涂膜	高聚物改性沥青防水涂膜
Ⅰ级	二道防水设防	1.5	1.5	2.0
Ⅱ级	一道防水设防	2.0	2.0	3.0

涂膜防水层施工前，应先对雨水口、天沟、檐沟、泛水、伸出屋面管道根部等节点部位进行增强处理，一般涂刷加铺胎体增强材料的涂料进行增强处理。

涂膜防水层的施工除了应遵循“先高后低、先远后近”的原则外，还应符合以下规定：

1）应多遍均匀涂布。

2）当涂膜中需要加铺增强材料时，宜边涂布边铺胎体；胎体应铺贴平整，排除气泡，并用涂料黏结牢固。在胎体上涂布涂料时，应使涂料浸透胎体，并完全覆盖。

反应型高分子类防水涂料、聚合物乳液类防水涂料和水性聚合物沥青类防水涂料等涂料防水层的最小厚度不应小于 1.5mm，热熔施工橡胶沥青类防水涂料防水层的最小厚度不应小于 2.0mm。当热熔施工橡胶沥青类防水涂料与防水卷材配套使用作为一道防水层时，其厚度不应小于 1.5mm。

3）涂抹施工应先涂布排水较集中的雨水口、天沟、檐沟、檐口等节点部位，再进行大面积的涂布。

4）屋面转角及立面的涂膜应薄涂多遍，不得流淌和堆积。

涂膜防水层的涂布方式有滚涂、刮涂、喷涂、刷涂等方式。防水涂料应多遍均匀涂布，涂膜总厚度应符合表 6-4 的要求。

（5）保护层　在涂膜防水层上应设置保护层，以避免太阳直射导致防水膜过早老化；同时还可以提高涂膜防水层的耐穿刺、耐外力损伤的能力，提高其耐久性。不上人的屋面，保护层可以采用同类的防水涂料为基料，加入适量的颜色或银粉作为着色保护涂料；也可以在防水涂料涂布完未干之前均匀撒上细黄砂或石英砂、云母粉之类的材料做保护层。上人屋面的保护层做法同卷材防水屋面。

2. 氯丁胶乳沥青防水涂料屋面

氯丁胶乳沥青防水涂料屋面以氯丁胶乳和石油沥青为主要原料，选用阳离子乳化剂和其他助剂，经软化和乳化而成，是一种水乳型涂料。其构造（图 6-31）做法如下：

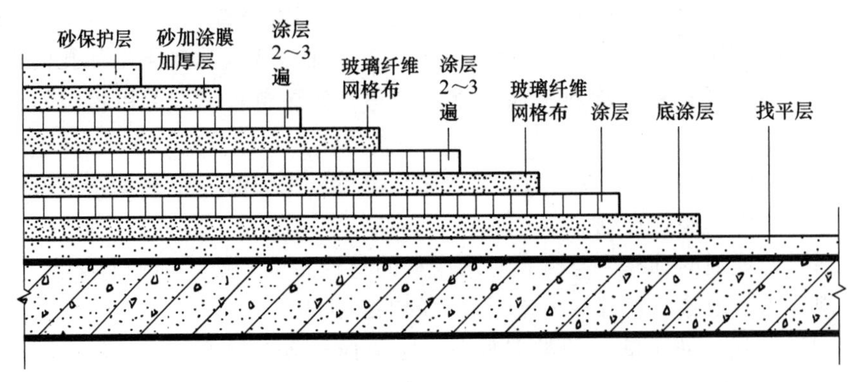

图 6-31　氯丁胶乳沥青防水涂料屋面的构造

（1）找平层　先在屋面板上用 1∶3~1∶2.5 的水泥砂浆做 15~20mm 厚的找平层并设分格缝，分格缝宽 20mm，其间距不大于 6m，缝内嵌填密封材料。找平层应平整、坚实、洁净、干燥，方可作为涂料施工的基层。

（2）底涂层　将稀释涂料（防水涂料：0.5~1.0 的离子水溶液=6∶4 或 7∶3）均匀涂布于找平层上作为底涂，干后再刷 2~3 遍涂料。

（3）中涂层　中涂层为加胎体增强材料的涂层，要铺贴玻璃纤维网格布，有干铺和湿铺两种施工方法：干铺法是先在已干的底涂层上干铺玻璃纤维网格布，展开后加以点粘固定，当铺过两个纵向搭接缝以后依次涂刷防水涂料 2~3 遍，待涂层干后按上述做法铺第二层网格布，再涂刷 1~2 遍涂料，干后在其表面刮涂增厚涂料（防水涂料：细砂=1∶1~1∶2）。湿铺法是先在已干的底涂层上边涂防水涂料边铺贴网格布，干后再刷涂料。一布二涂法的厚度通常大于 2mm，二布三涂的厚度大于 3mm。

（4）面层　面层根据需要可做细砂保护层或涂覆着色层。细砂保护层是在未干的中涂层上抛撒 20 目浅色细砂并辊压，使细砂牢固地黏结于涂层上；着色层可使用防水涂料或耐老化的高分子乳液做胶黏剂，加上各种矿物颜料配制成成品着色剂，涂布于中涂层表面。

3. 焦油聚氨酯防水屋面

焦油聚氨酯防水涂料又称为 851 涂膜防水胶，是以异氰酸酯为主剂和以煤焦油为填料的固化剂构成的双组分高分子涂膜防水材料，两种液体混和后经化学反应能在常温下形成一种耐久的橡胶弹性体，从而起到防水的作用。它的构造做法：将找平以后的基层面吹扫干净并待其干燥后，用配制好的涂液（两种液体的质量比为 1∶2）均匀涂刷在基层上。不上人屋面可待涂层干后在其表面刷银灰色保护涂料；上人屋面在最后一遍涂料未干时撒上绿豆砂，3 天后在其上做水泥砂浆或浇混凝土贴地砖的保护层。

4. 塑料油膏防水屋面

塑料油膏以废旧氯乙烯塑料、煤焦油、增塑剂、稀释剂、防老化剂及填充材料等配制而成。它的构造做法：先用预制油膏条冷嵌于找平层的分格缝中，在油膏条与基层的接触部位和油膏条相互搭接处刷冷粘剂 1~2 遍，再按产品要求的温度将油膏热熔液化，在基层表面涂油膏，铺贴玻璃纤维网格布，压实，表面再刷油膏，刮板收齐边沿。

6.5.3　涂膜防水屋面的细部构造

涂膜防水屋面的细部构造要求及做法类同于卷材防水屋面，也需处理好泛水、天沟、檐沟、檐口、雨水口等细部构造；所不同的是，涂膜防水屋面檐口、泛水等细部构造的涂膜收头，应采用防水涂料多遍涂刷，且细部节点部位的附加层通常采用带有胎体增强材料的附加涂膜防水层，如图 6-32～图 6-35 所示。

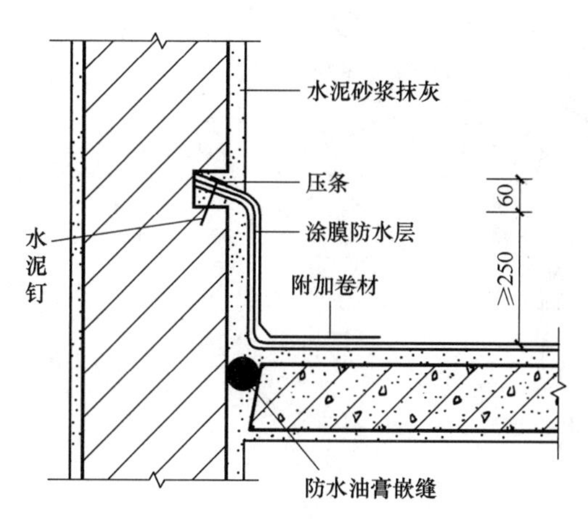

图 6-32 涂膜防水屋面的女儿墙泛水

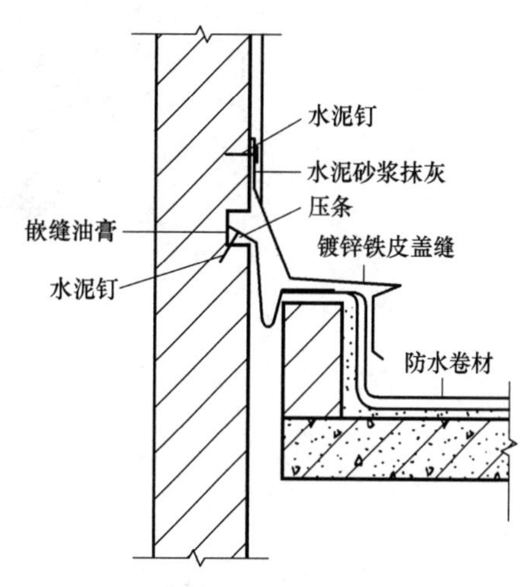

图 6-33 涂膜防水屋面高低屋面的泛水

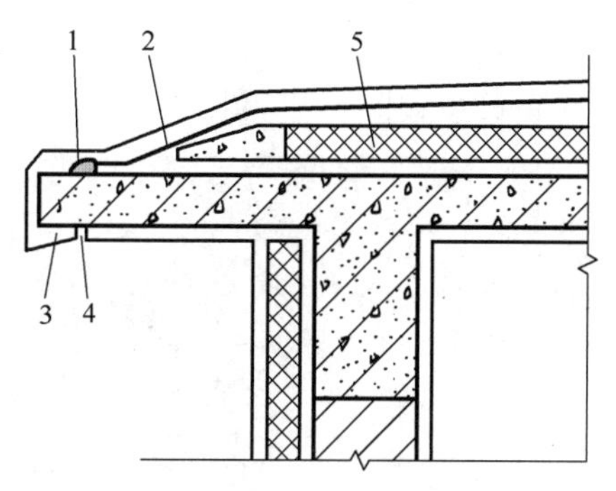

图 6-34 涂膜防水屋面挑檐口构造

1—防水涂料多遍涂刷 2—涂膜防水层
3—鹰嘴 4—滴水槽 5—保温层

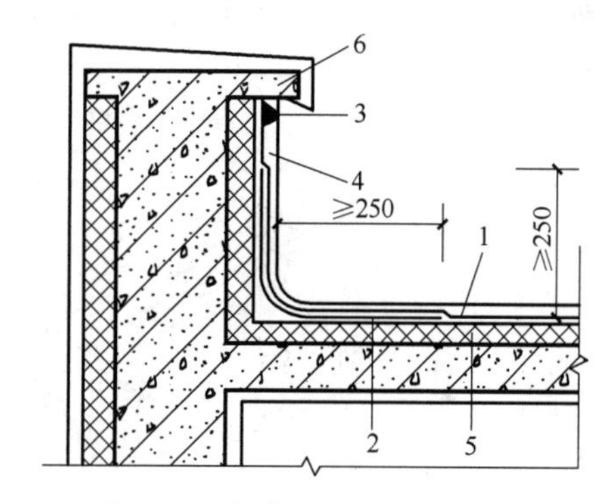

图 6-35 涂膜防水屋面泛水构造

1—涂膜防水层 2—带胎体增强材料的附加涂膜防水层
3—防水涂料多遍涂刷 4—保护层 5—保温层 6—压顶

6.6 坡屋面

坡屋面是我国传统的构造方式，在一些新的建筑中传承和演绎了建筑造型和做法。坡屋面一般是在屋面基层上铺盖各种瓦材，利用瓦材的相互搭接来防止雨水渗漏，也有出于造型需要而在屋面盖瓦，利用瓦下的基层材料做防水。瓦屋面按屋面基层的组成方式可分为有檩体系和无檩体系两种。在有檩体系中，瓦通常铺设在由檩条、屋面板、挂瓦条等组成的基层上；无檩体系的瓦屋面基层则通常由各类钢筋混凝土板构成。坡屋面的组成如图 6-36 所示。

瓦屋面的防水材料为各种瓦材及与瓦材配合使用的各种涂膜防水材料和卷材防水材料。屋面防水等级均为 I 级，采用瓦加两层防水层的做法，厚度应符合 GB 50345—2012《屋面工程技术规范》和 GB 50693—2011《坡屋面工程技术规范》的规定。

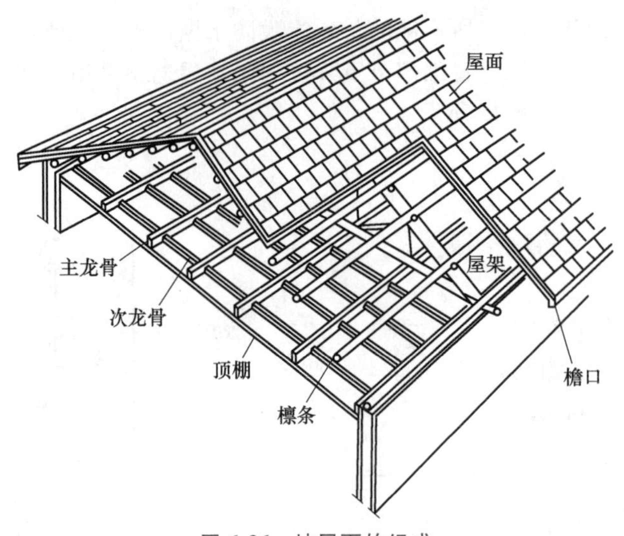

图 6-36　坡屋面的组成

6.6.1　坡屋面的承重结构

坡屋面的承重结构一般可分为梁架支承檩条、山墙支承檩条和屋架支承檩条三种。

1. 梁架支承檩条

梁架支承是柱上搭梁，梁头置檩，梁上短柱支承起短梁，如图 6-37 和图 6-38 所示。

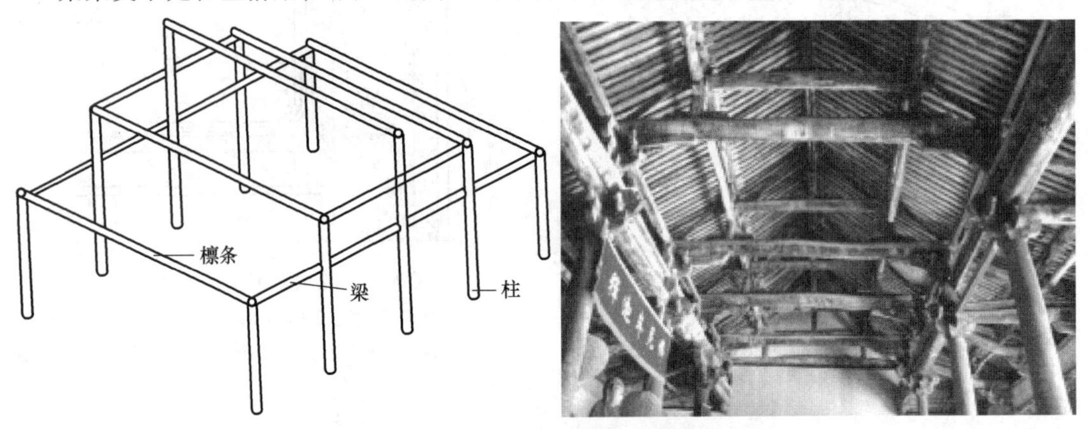

图 6-37　梁架支承系统坡屋顶

图 6-38　梁架支承系统坡屋顶实例

2. 山墙支承檩条

山墙、斜梁或屋架、椽架支承是在小开间横墙承重的建筑中，常用山墙来代替屋架，如图 6-39 所示。

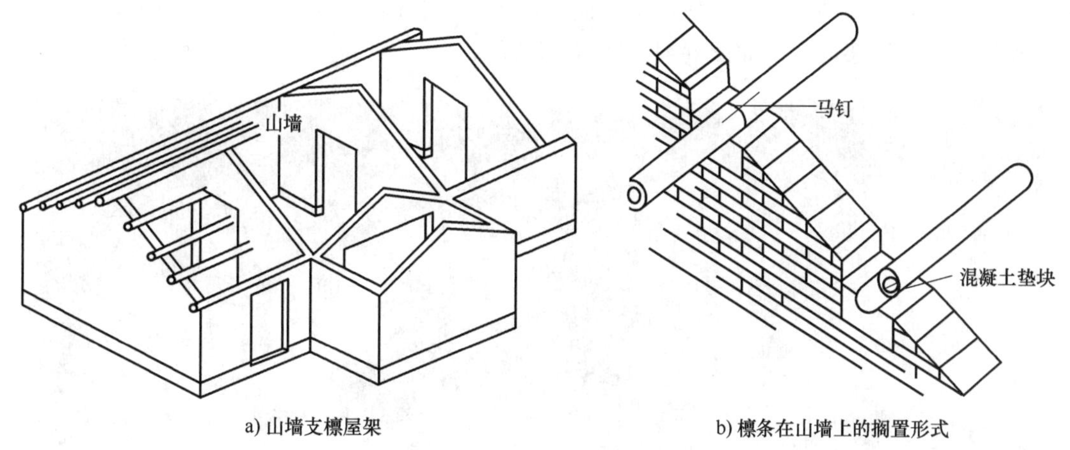

a) 山墙支檩屋架　　b) 檩条在山墙上的搁置形式

图 6-39　山墙支承檩条的做法

3. 屋架支承檩条

在大空间的建筑中，屋顶大多采用屋架承重（图 6-40），可用木屋架、钢筋混凝土屋架或钢屋架。屋架的间距视檩条材料而定，当采用木檩条时，屋架间距不宜超过 4m；当采用钢筋混凝土屋架或钢屋架时，屋架间距不宜超过 6m。当采用钢木屋架时，跨度不宜超过 18m。

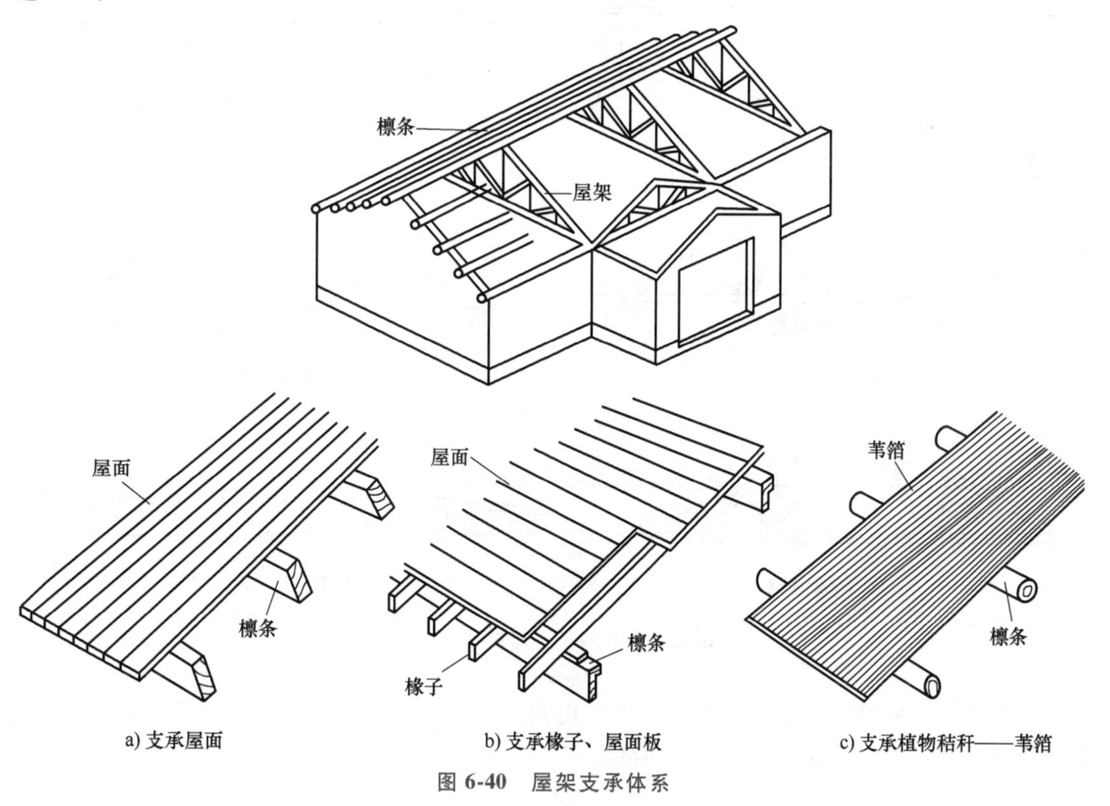

a) 支承屋面　　b) 支承椽子、屋面板　　c) 支承植物秸秆——苇箔

图 6-40　屋架支承体系

用檩条或檩上架椽支承屋面的体系叫作檩式系统。对木质构件来说，不用椽子时，檩条间距为 700~900mm；檩条上架设椽子时，檩条间距可适当放大至 1000~1500mm。椽式系统是将两根呈人字形的椽子和一道横木（或拉杆）组成一个椽架，跨度小时可直接支承在外墙上，跨度大时再增加支座。为适应木屋面板的跨度，其间距一般为 400~1200mm。

常用的平面屋架的形式如图 6-41 和图 6-42 所示。

图 6-41　屋架支承实例

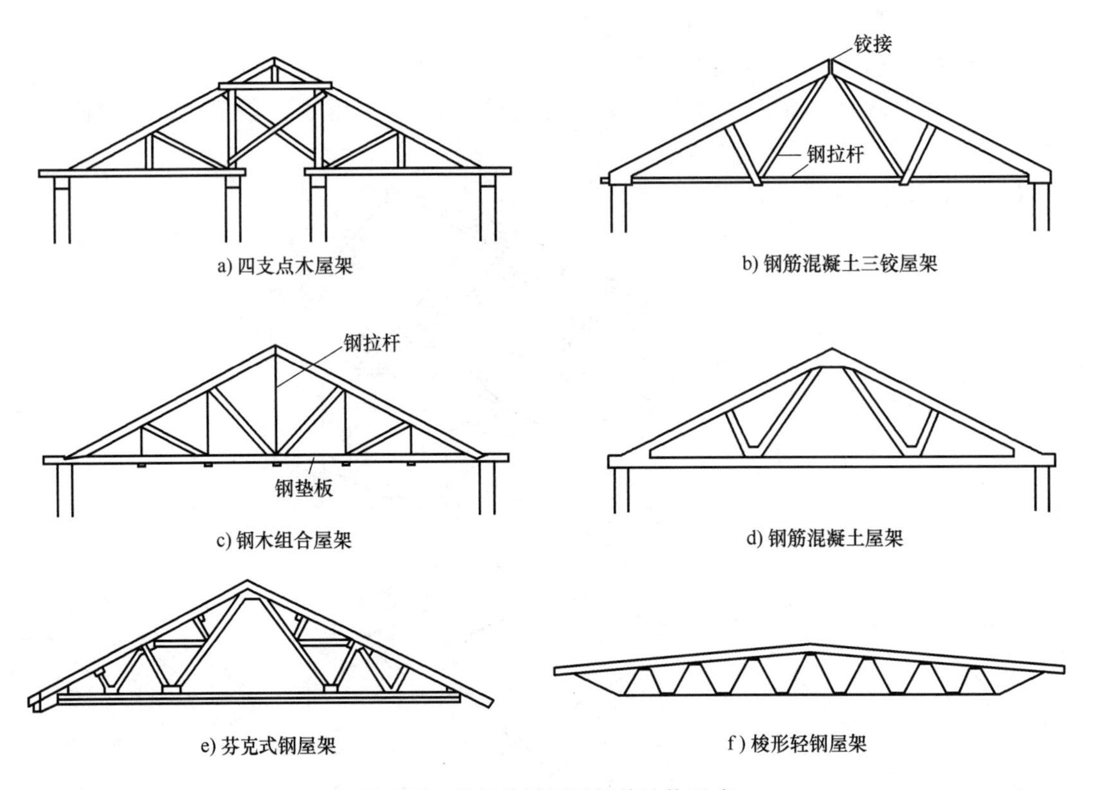

图 6-42　常用的平面屋架的结构形式

在四坡顶、三坡顶屋面建筑中，一些常用构件如斜大梁、半屋架、人字木、梯形屋架、对角屋架等的位置和做法，如图 6-43 所示。

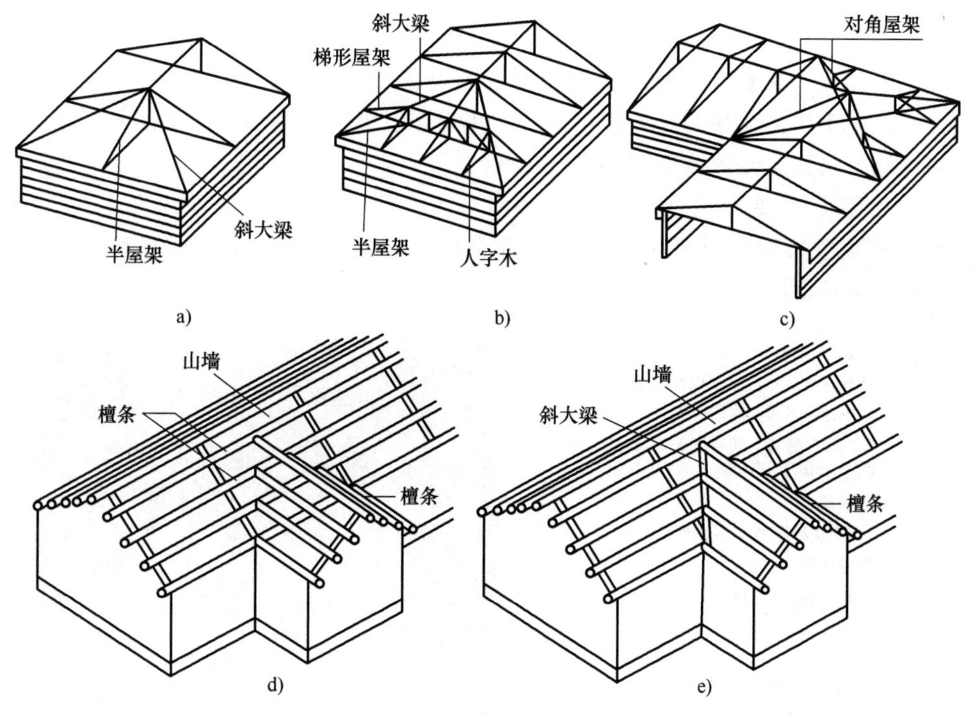

图 6-43 屋架和檩条的布置

出挑檐口的做法，当出挑较小时采用挑砖的做法，出挑深度在 300mm 以内时可以采用屋面板挑出，也可以在屋架下增加挑檐木（坡度不合适时增加替木），在承重墙中挑出挑檐木等做法，承担挑出的檐口，如图 6-44 所示。

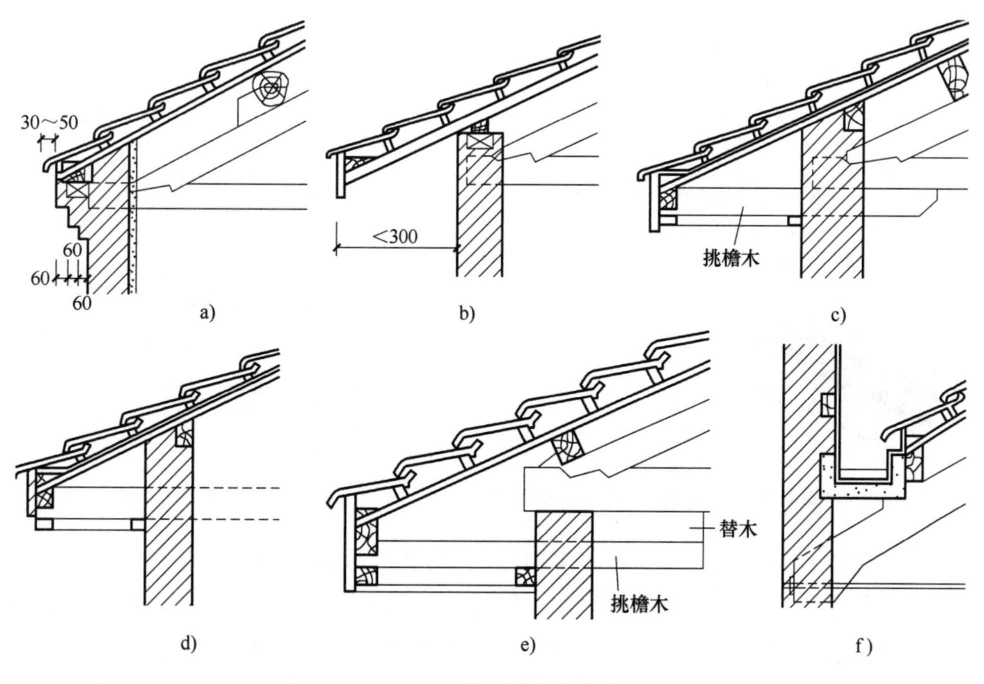

图 6-44 檐口的出挑做法

6.6.2 块瓦屋面的构造

块瓦是由黏土、混凝土和树脂等材料制成的块状硬质屋面瓦材，块瓦分为平瓦和小青瓦、筒瓦等。由于块瓦瓦片的尺寸较小，且瓦片相互搭接时搭接部位垫高较大，为了保证屋面的防水性能，块瓦屋面的坡度不应小于30%。

常用的瓦屋面主要有块瓦、沥青瓦和波形瓦等。铺瓦的主要方式有木挂瓦条挂瓦（图6-45）、水泥砂浆卧瓦（图6-46）、钢挂瓦条挂瓦（图6-47）。瓦屋面的基层可以采用木基层，也可以采用混凝土基层。

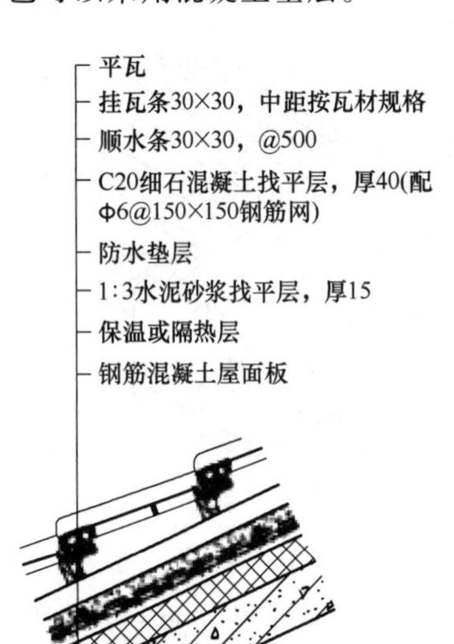

图6-45 木挂瓦条挂瓦屋面构造

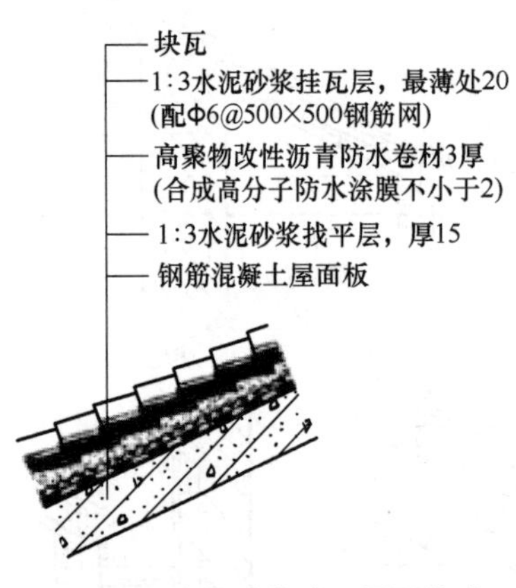

图6-46 水泥砂浆卧瓦屋面构造

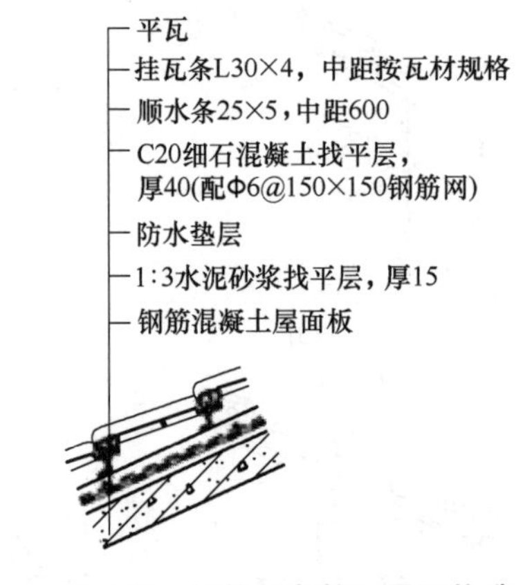

图6-47 钢挂瓦条挂瓦屋面构造

块瓦的固定应根据不同瓦材的特点采用挂、绑、钉、粘的不同方法固定。除了小青瓦和筒瓦需采用水泥砂浆卧瓦固定外，其他块瓦屋面应采用干挂铺瓦方式。干挂铺瓦主要有钢挂瓦条挂瓦和木挂瓦条挂瓦两种。木挂瓦条应钉在顺水条上，顺水条用固定钉钉入持钉层内；钢挂瓦条与钢顺水条应焊接连接，顺水条用固定钉钉入持钉层内。持钉层可以为木板、人造板和细石混凝土，其厚度应满足固定钉在外力作用时的抗拔力要求。此外，挂瓦条下部也可不设顺水条，而将挂瓦条和支承垫板直接钉在 40mm 厚配筋细石混凝土上。

块瓦的排列、搭接及下钉的位置、数量和黏结应按各种瓦的施工要求进行。如平瓦的横向搭接（包括脊瓦的搭接）应顺年最大频率风向；平瓦的纵向搭接应按上瓦尾端紧压下瓦前端的方式排列，搭接长度和构造均满足相应要求。

块瓦屋面应特别注意块瓦与屋面基层的加强固定。在大风及地震设防地区或屋面坡度大于 100% 时，瓦片应采取固定加强措施。特别是檐口是受风压较集中的部位，应特别采取防风揭和防落瓦的措施。块瓦的固定加强措施：烧结瓦、混凝土瓦的后爪均应挂在挂瓦条上，上下行瓦的左右拼缝应相互错开搭接并落槽密合；瓦背面有挂钩和穿线小孔均为铺筑时固定瓦片用的，一般坡度的瓦屋面檐口两排瓦片，均应用 18 号钢丝穿在瓦背面的小孔上，并扎穿在挂瓦条上，以防止瓦片脱离时滑下，如图 6-48 所示。

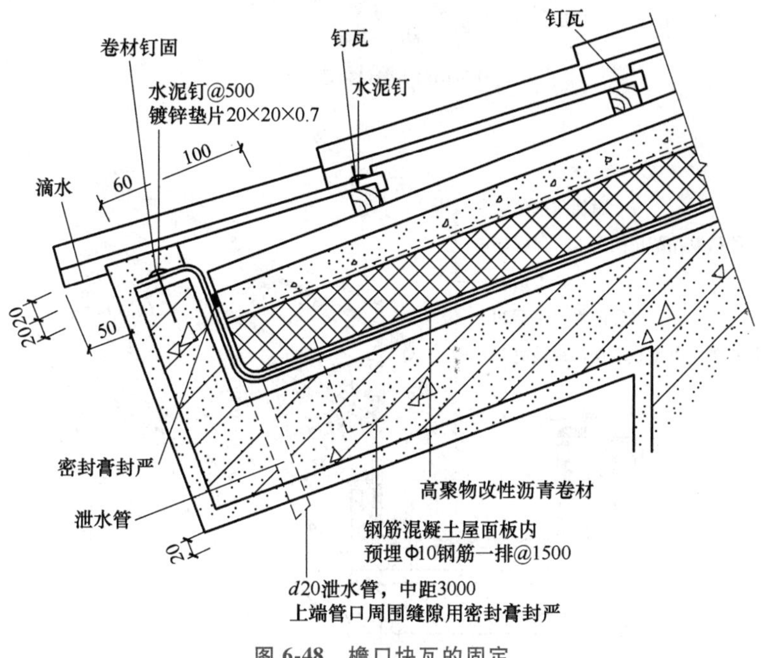

图 6-48　檐口块瓦的固定

6.6.3　块瓦屋面的细部构造

块瓦屋面的细部构造包括檐口构造、屋脊构造、山墙构造、管道出入口构造、泛水构造、屋面变形缝构造等。

1. 檐口构造

檐口有自由落水檐口和挑檐口两种做法，如图 6-49 所示。自由落水檐口做法中，附加防水层的长度不小于 900mm。挑檐沟的构造要点如下：

1）檐沟防水层下应增设附加防水层，附加防水层伸入屋面的宽度不应小于 500mm。

2）檐沟防水层伸入瓦内的宽度不应小于 150mm，并应与屋面防水层或防水垫层顺流水方向搭接。

3）檐沟防水层和附加防水层应由沟底翻上至外侧顶部，并进行相应的收头处理。

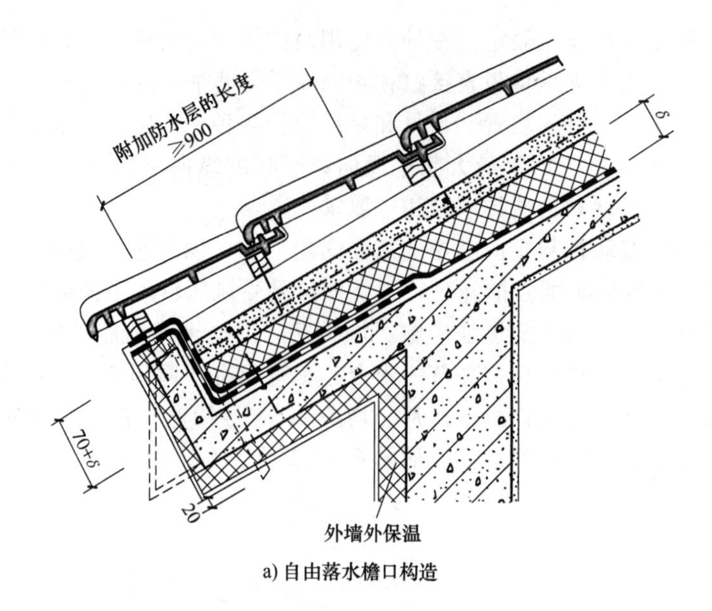

a) 自由落水檐口构造

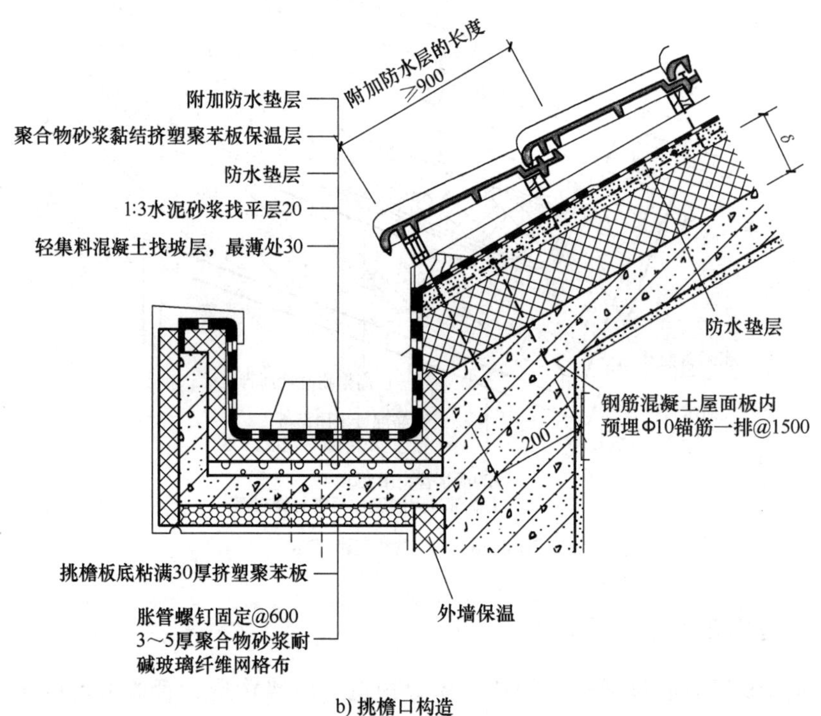

b) 挑檐口构造

图 6-49　檐口构造

4） 瓦材伸入檐沟的长度宜为 50～70mm。

5） 檐沟纵向坡度不应小于 1%，沟底水落差不得超过 200mm。

6） 檐沟内外沟壁顶宜取平。

2. 屋脊构造

块瓦屋面的屋脊可以采用与主瓦相配套的配件成品脊瓦；也可采用 C20 混凝土捣制或与屋面板同时浇捣的现浇屋脊。屋脊处的细部构造如图 6-50 所示，其做法及构造要点如下：

1）采用成品脊瓦的瓦屋面，屋脊处应增设宽度不小于 250mm 的卷材附加防水层；脊瓦下端距坡面瓦的高度不宜大于 80mm，脊瓦在两坡面瓦上的搭盖宽度每边不应小于 40mm；脊瓦与坡面瓦之间的缝隙应采用聚合物水泥砂浆填实抹平。

2）采用现浇屋脊的瓦屋面，屋脊处应增设平面、立面上宽度不小于 250mm 的卷材附加防水层，且在现浇屋脊立面上用密封胶将附加层封严收头，并外抹水泥砂浆保护；现浇屋脊与坡面瓦之间的缝隙应采用水泥砂浆填实抹平。

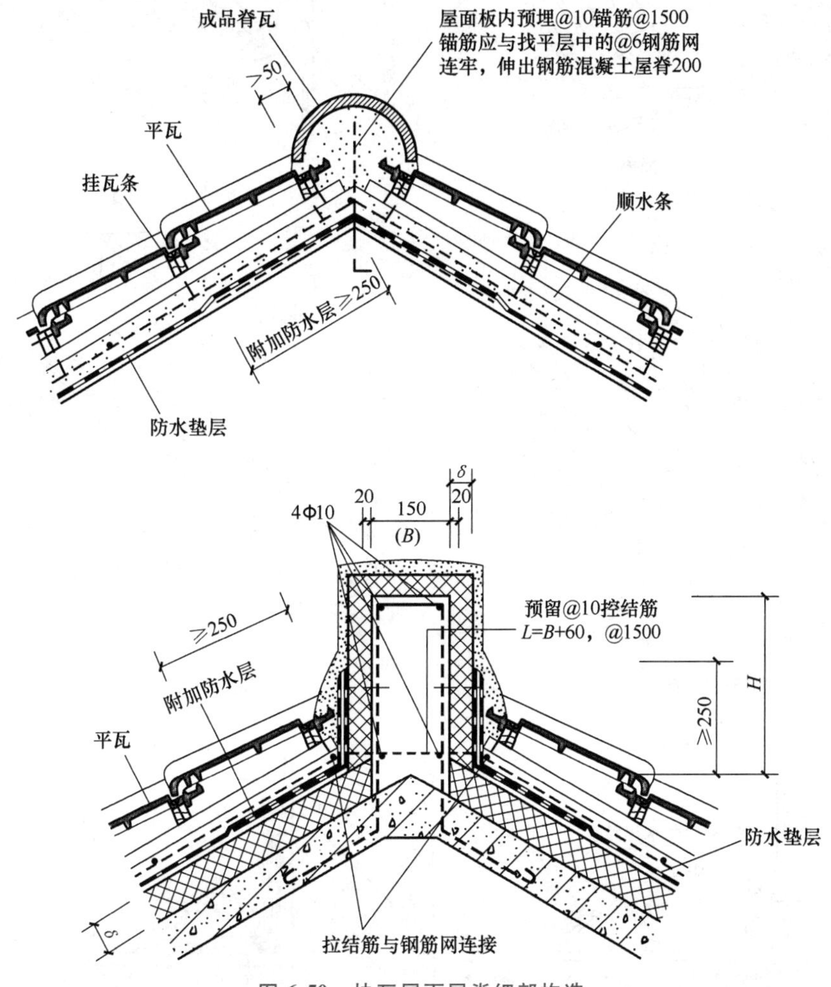

图 6-50　块瓦屋面屋脊细部构造

3. 山墙构造

山墙按屋顶形式分为硬山与悬山两种，硬山檐口常采用小青瓦泛水和砂浆泛水做法，如图 6-51 所示。山墙的防水构造应符合下列规定：

1）山墙压顶可采用混凝土或金属制品。压顶应向内排水，坡度不应小于 5%，压顶内侧下端应做滴水处理。

2）山墙泛水处的防水层下应增设附加防水层。附加防水层在平面和立面的宽度均不应小于 250mm。

3）烧结瓦、混凝土瓦屋面山墙泛水应采用聚合物水泥砂浆抹成。侧面瓦伸入泛水的宽

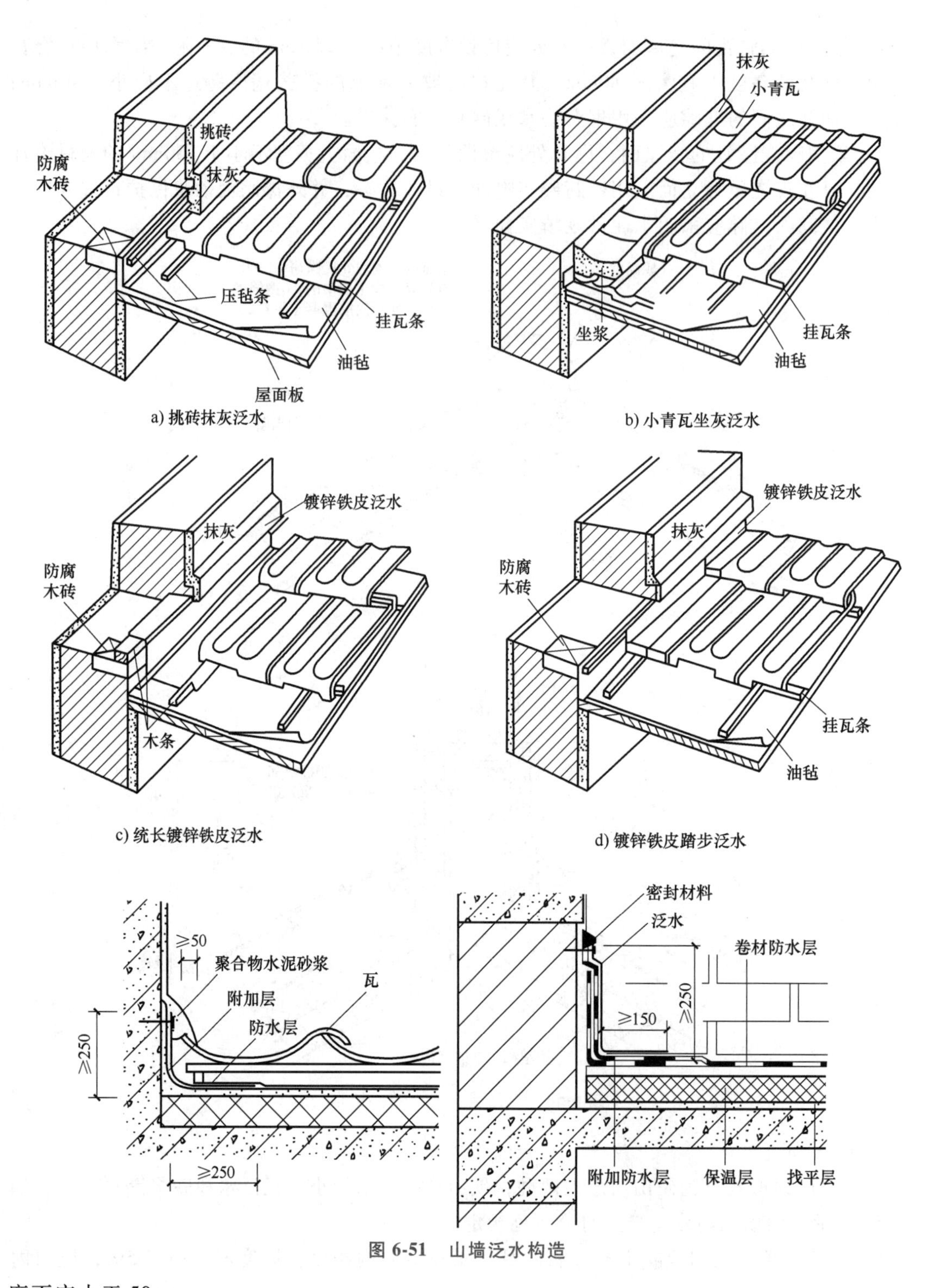

图 6-51　山墙泛水构造

度不应小于 50mm。

女儿墙部位的构造应符合下列规定：

1）阴角部位应增设防水垫层附加层。

2）防水垫层应满粘铺设，沿立墙向上延伸不应少于 250mm。

3）金属泛水板或耐候型自粘柔性泛水带覆盖在防水垫层或瓦上，泛水带与防水垫层或瓦的搭接长度应大于 300mm，并应压入上一排瓦的底部。

4）宜采用金属压条固定，并密封处理。

坡屋面变形缝构造，如图 6-52 所示。

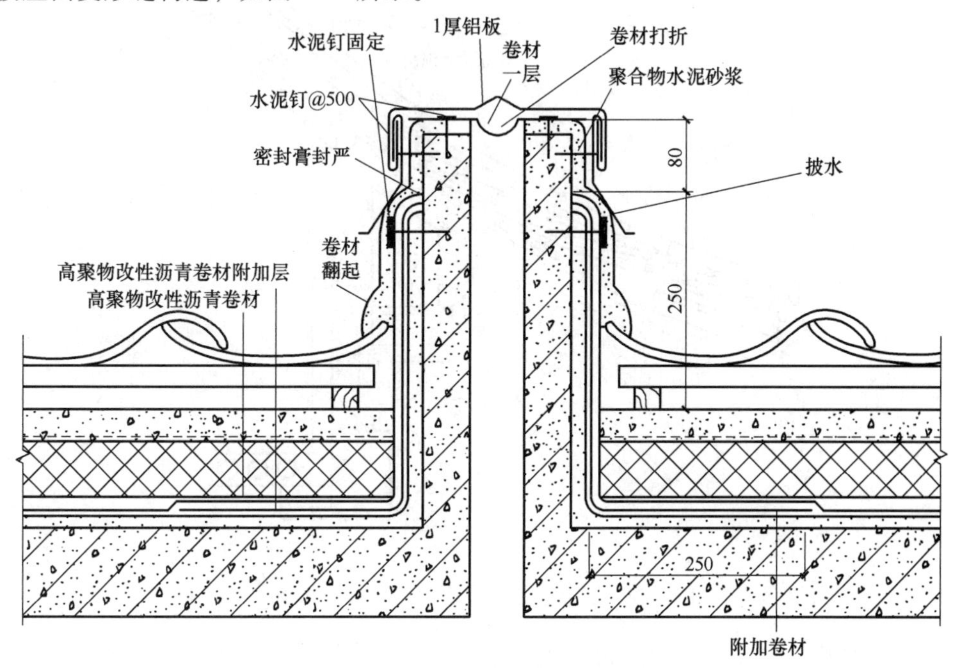

图 6-52 坡屋面变形缝构造

平瓦屋面管道出屋面构造如图 6-53 所示。北京故宫某库房的纵墙挑檐构造如图 6-54 所示。

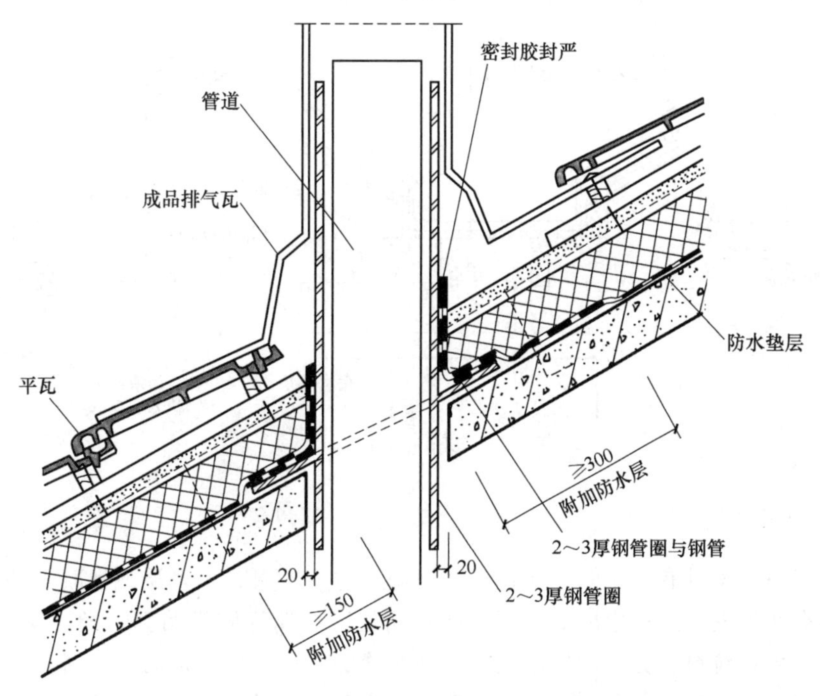

图 6-53 平瓦屋面管道出屋面构造

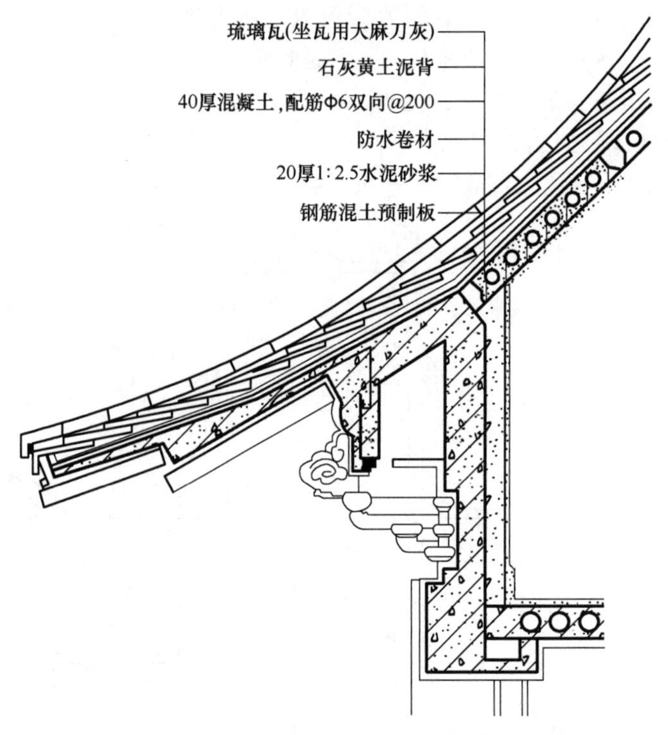

图 6-54　北京故宫某库房的纵墙挑檐构造

在厂房设计中，对于三角形天沟，底部用三角形木块垫平，将镀锌铁皮固定在瓦下；矩形天沟，底部用支架垫平；高低屋面形成的天沟，底部用三角木垫平，如图 6-55 所示。

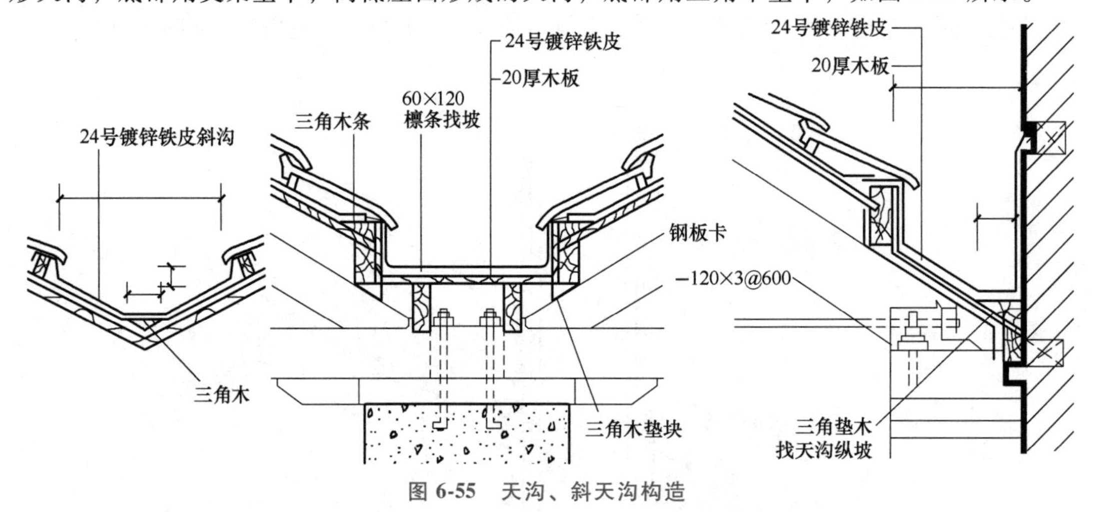

图 6-55　天沟、斜天沟构造

6.6.4　沥青瓦屋面

沥青瓦屋面由于具有重量轻、颜色多样、施工方便、可在木基层或混凝土基层上适用等优点，近年来在坡屋面工程中广泛采用。沥青瓦是以玻璃纤维为胎基，经掺涂石油沥青后，一面覆盖彩色矿物粒料，另一面撒以隔离材料制成的柔性瓦状屋面防水片材，又被称为玻璃纤维胎沥青瓦、油毡瓦、多彩沥青油毡瓦等。沥青瓦按产品形式分为平面沥青瓦（单层瓦）

和叠合沥青瓦（叠层瓦）两种，其规格一般为 1000mm×333mm×2. 8mm。其中，叠层瓦的坡屋面比单层瓦的立体感更强。沥青瓦屋面的坡度不应小于 20%，以防止瓦片之间发生浸水现象，利于屋面雨水的排出。沥青瓦屋面的构造做法，如图 6-56 所示。

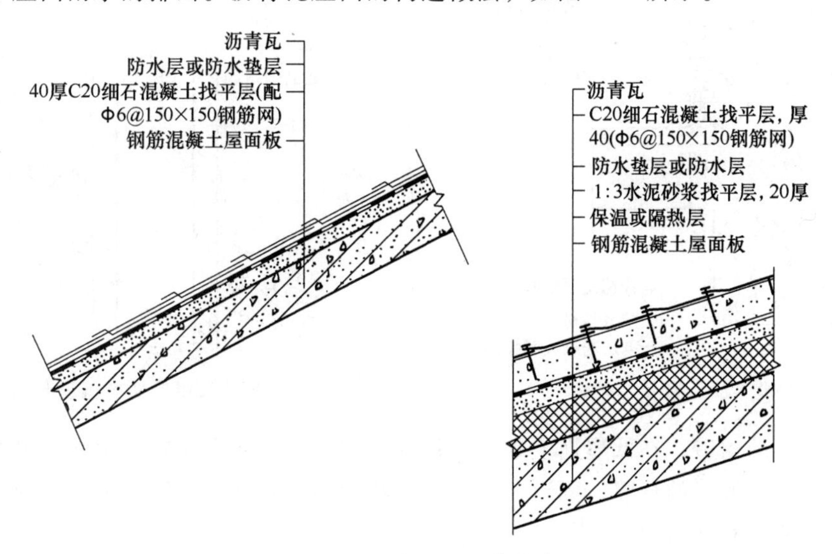

图 6-56　沥青瓦屋面的构造

由于沥青瓦是薄而轻的片状材料，故其固定方式应以钉为主，黏结为辅。通常每张瓦片上不得少于 4 个固定钉；在大风地区或屋面坡度大于 100%时，每张瓦片上的固定钉不得少于 6 个。铺设沥青瓦时，应自檐口向上铺设，檐口、屋脊等屋面边缘部位的沥青瓦之间、起始层沥青瓦与基层之间还应采用沥青基胶结材料满粘牢固。外露的固定钉钉帽应采用沥青基胶结材料涂盖。

1. 屋脊构造

沥青瓦屋面的屋脊通常采用与主瓦相配套的沥青脊瓦，脊瓦可用沥青瓦裁成，也可用专用脊瓦。屋脊处的细部构造如图 6-57 所示。

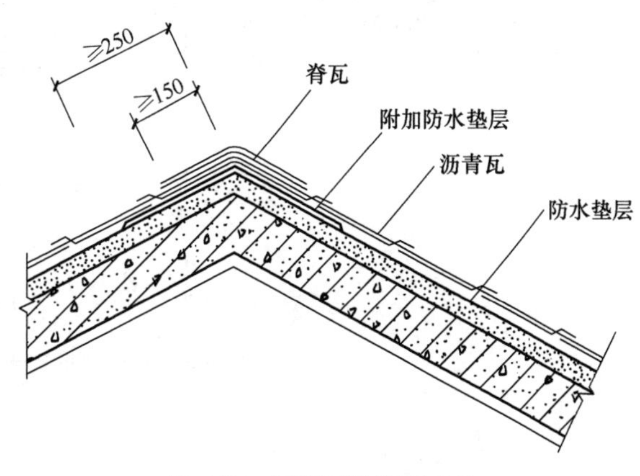

图 6-57　沥青瓦的屋脊构造

沥青瓦屋面的屋脊做法及构造要点：屋脊处应增设宽度不小于 250mm 的卷材附加层；脊瓦在两坡面瓦上的搭盖宽度，每边不应小于 150mm；铺设脊瓦时应顺年最大频率风向搭接，脊瓦与脊瓦的压盖面不应小于脊瓦面积的 1/2；每片脊瓦除满涂沥青基胶结材料外，还应用两个固定钉固定。

2. 泛水、屋面变形缝、出屋面排气道构造

沥青瓦的泛水构造，与卷材防水屋面类似，将找平层刷成圆弧形，将防水垫层、附加防水垫层、油毡瓦共同铺贴至鹰嘴下，用水泥钉固定，硅胶封堵接口，如图 6-58 所示。

油毡瓦出屋面排气道收口节点构造，将基层刷成圆弧形，油毡瓦至烟帽内接口用胶封堵，防水卷材至烟帽内，如图 6-59 所示。

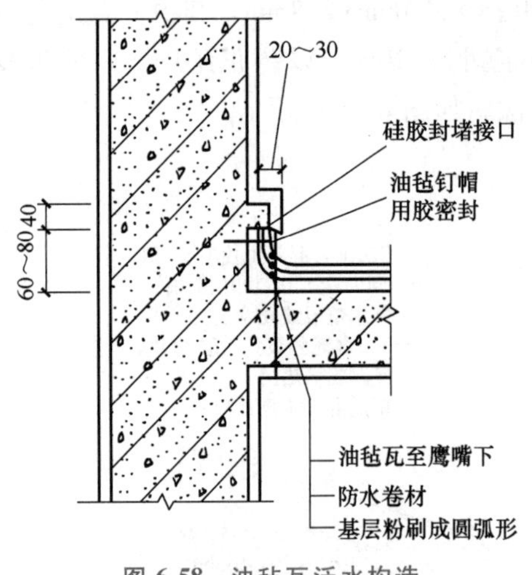

图 6-58　油毡瓦泛水构造

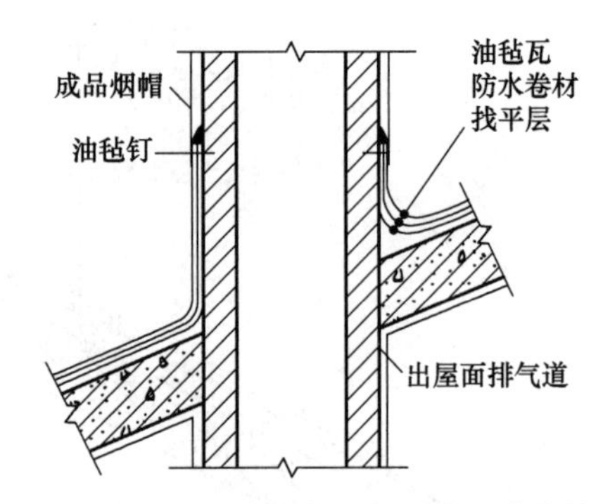

图 6-59　油毡瓦出屋面排气道收口节点构造

屋面变形缝的构造，在低屋面上砌矮墙；缝内填充保温防水材料；附加卷材及卷材防水层首先共同越过变形缝的缝隙，固定在高墙上，然后用铝合金板盖缝，用钉子固定，最后用密封胶封口，如图 6-60 所示。

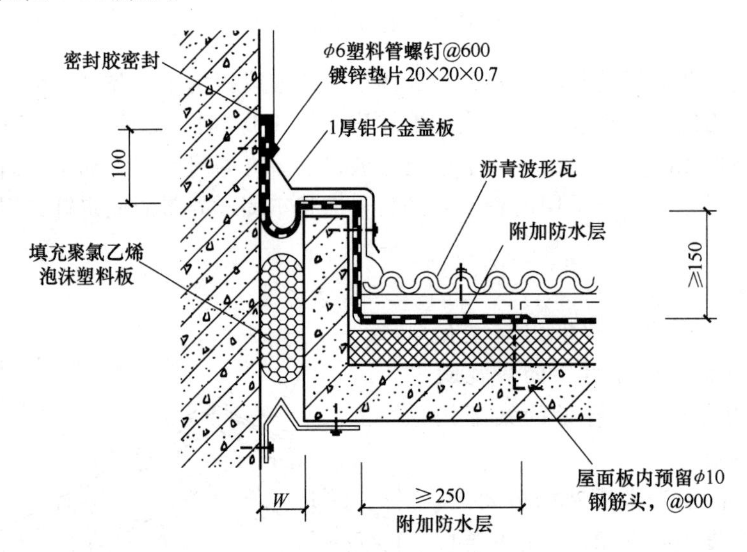

图 6-60　沥青波形瓦屋面变形缝构造

6.7　金属板屋面

金属板屋面是指采用压型金属板或金属面绝热夹芯板的建筑屋面，它由金属面板与支承结构组成。其屋面坡度不宜小于 5%；对于拱形、球冠形屋面顶部的局部坡度可以小于 5%；对于积雪较大及腐蚀环境中的屋面不宜小于 8%。金属面板既是围护结构，又是防水材料，全焊接金属板屋面应视为 Ⅰ 级防水等级的防水做法，金属板屋面工程的防水做法应符合表 6-5 的规定。

表 6-5 金属板屋面工程的防水做法

防水等级	防 水 做 法
Ⅰ级	压型金属板一道，防水卷材不应少于一道；厚度不小于 1.5mm
Ⅱ级	压型金属板、防水卷材不应少于一道

近年来，大量大跨度建筑（如体育场馆、航站楼、会展中心、厂房等）的涌现使得金属板屋面迅猛发展，大量新材料的应用及细部构造和施工工艺不断创新。

6.7.1 金属板屋面的优缺点

金属板屋面主要具有下列优点：

(1) 轻质高强 金属板屋面的自重比传统的钢筋混凝土屋面板轻得多，对减轻建筑物自重，尤其是减轻大跨度建筑屋顶的自重具有重要意义。

(2) 施工安装方便，速度快 金属板屋面的连接主要采用螺栓连接，不受季节气候的影响，在寒冷气候下施工具有优越性。

(3) 色彩丰富，美观耐用 金属板的表面涂层处理有多种类型，质感强，可以大大增强建筑造型的艺术效果；且金属板具有自我防锈能力，耐腐蚀、耐酸碱性强。

(4) 抗震性好 金属板屋面具有良好的适应变形能力，因此在地震区和软土地基上采用金属板做围护结构对抗震有利。

(5) 耐久性好 金属板的质量很大程度上取决于板材材质及饰面涂料的质量，有些金属板的耐久年限可达 50 年以上。

但金属板屋面的板材比较薄，刚度较低，隔声效果较差，特别是单层金属板屋面在雨天时易产生较大的雨点噪声。故对有较高声环境要求的建筑不宜采用金属板屋面，或在屋面下部进行二次降噪处理。

金属板屋面在台风地区或高于 50m 的建筑上应谨慎使用；且不建议采用 180°咬口锁边连接型压型金属板，如需采用，必须采取适当的防风措施，如增加固定点，在屋脊、檐口、山墙转角等外侧增设通长固定压条等。对于风荷载较大地区的敞开式建筑，其屋面板上下两面同时受有较大风压，也应采取加强连接的构造措施。

6.7.2 金属板屋面的类型与规格

金属板材的种类很多，根据面板材料分类，有彩色涂层钢板、镀层钢板、不锈钢板、铝合金板、钛合金板和铜合金板等。金属板厚度一般为 0.4～1.5mm，板的表层一般均进行涂装。

根据断面形式，金属板可分为波形板、梯形板和带肋梯形板等。波形板和梯形板的力学性能不够理想，材料用量较浪费；带肋梯形板是在普通梯形板的上下翼和腹板上增加凹凸槽，起加劲肋的作用，提高了梯形板的强度和刚度。根据功能构造，金属板主要分为压型金属板和金属面绝热夹芯板两大类。其中，压型金属板是指用薄钢板、镀锌钢板、有机涂层钢板、铝合金板做原料经辐压冷弯成型制成的各种波形建筑板材。根据构造系统，金属板可分为单层金属板屋面、单层金属板复合保温屋面、檩条露明型双层金属板复合保温屋面、檩条暗藏型双层金属板复合保温屋面。金属面绝热夹芯板是将彩色涂层钢板面板及底板与硬聚氨酯、聚苯乙烯、岩棉、矿渣棉、玻璃棉芯材，通过胶黏剂或发泡复合而成的保温复合板材，具有防水、保温、饰面等多种功能，不需另设保温层，对简化屋面构造和加快施工安装速度有利。

块瓦形钢板彩瓦屋面的构造如图 6-61 所示。

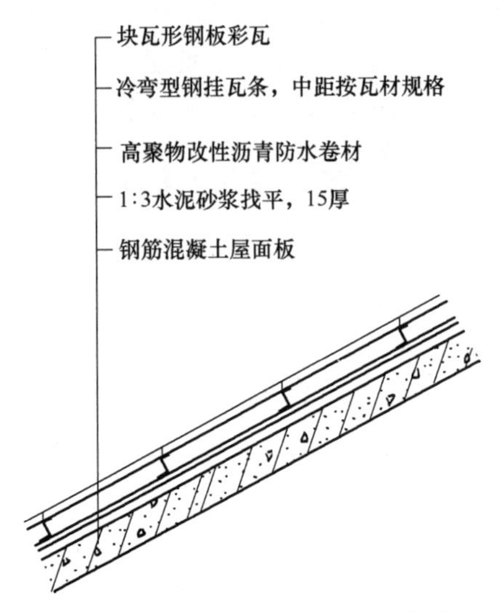

图 6-61　块瓦形钢板彩瓦屋面构造

单层防水金属板屋面的系统构造由下至上依次为承重层、隔汽层、保温隔热层、覆盖层、防水层、金属屋面板，如图 6-62 所示。

防水层：屋面工程所使用的防水材料之间、防水材料与屋面基层及保温隔热层材料相互之间应具有相容性。防水层与相邻材料不相容时，应增铺与防水层相容的隔离材料。采用背面覆盖无纺布的防水卷材可不增铺隔离材料；聚苯板保温与 PVC 防水材料之间会产生塑化迁移，需要隔离；当聚氯乙烯防水卷材、热塑性聚烯烃防水卷材的铺设采用机械固定法时，应选用内增强型产品；改性沥青防水卷材应选用玻璃纤维增强聚酯毡胎基产品；外露使用的防水卷材表面应覆有页岩片、粗矿物颗粒等耐候性、难燃性保护材料。

隔汽层：当采用聚乙烯膜、聚丙烯膜时，其厚度不应小于 0.3mm；当采用复合金属铝箔时，其厚度不应小于 0.1mm；当采用复合聚丙烯膜时，其厚度不应小于 0.25mm；当采用其他材料时，应符合其材料标准的规定。隔汽层的连接方式是隔汽膜空铺于承重层上，可与上层保温隔热层、覆盖层一次施工，用固定件固定在钢基板上。

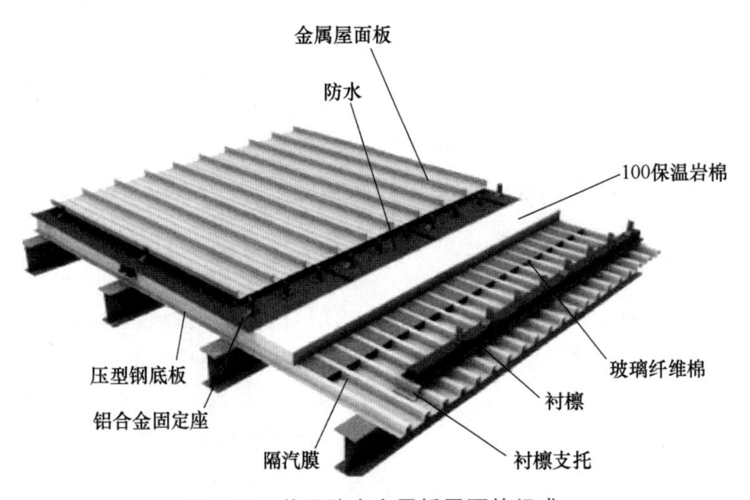

图 6-62　单层防水金属板屋面的组成

6.7.3　金属板屋面的施工要点

隔汽膜搭接宽度不应小于 100mm，在搭接和收口部位、屋面开孔及周边部位的隔汽膜应采用宽度不小于 10mm 的防水密封胶带密封。在屋面周边、孔洞等处，隔汽膜应完全包覆保温隔热层，使其不外露。

金属板的规格受原材料和运输等因素的影响，其宽度通常为 500~1500mm；其长度通常可以根据工程要求定制，一般宜在 12m 以内，也可以长达 15m，但需考虑运输条件的要求。如果将压型工作在现场完成，则不受运输限制，只要起吊安装方便，其长度可以做到 70m 以上。屋面板长向无接缝时，对防水有利。

6.7.4 金属板屋面的连接与接缝构造

金属板与支承结构的连接和金属板之间的接缝部位，由于板材的伸缩变形、安装紧密程度等误差，会产生缝隙，出现渗漏水的现象。因此，金属板屋面的连接和接缝构造是金属板材屋面防水的关键。

金属板屋面的连接方式主要有咬口锁边连接和紧固件连接两种方式。其中，紧固件连接是通过自攻螺钉相连，连接性能可靠，能较好地发挥板材的强度；但由于连接件暴露在室外，容易生锈影响屋面的美观，密封胶的老化易导致屋面渗漏水等问题。咬口锁边连接是通过板与板、板与支架之间的相互咬合进行连接，由于连接件是隐蔽的，因此可以较好地避免生锈和屋面渗漏水的现象。但咬口锁边连接的金属屋面板容易在风吸力作用下发生破坏。采用咬口锁边连接时，通常根据不同类型的压型金属板和配套支架进行扣合和咬合连接，其主要方式有暗扣直立锁边连接、360°咬口锁边连接等方式。采用紧固件连接时，通常采用搭接方式，横向搭接方向宜与主导风向一致，搭接部位均应设置防水密封胶带，其中压型金属板的搭接不小于一个波，搭接处用连接件紧固时，连接件应采用带防水密封胶垫的自攻螺钉设置在波峰上；夹芯板的搭接尺寸应按具体板型确定，并应用拉铆钉连接，如图 6-63 所示。

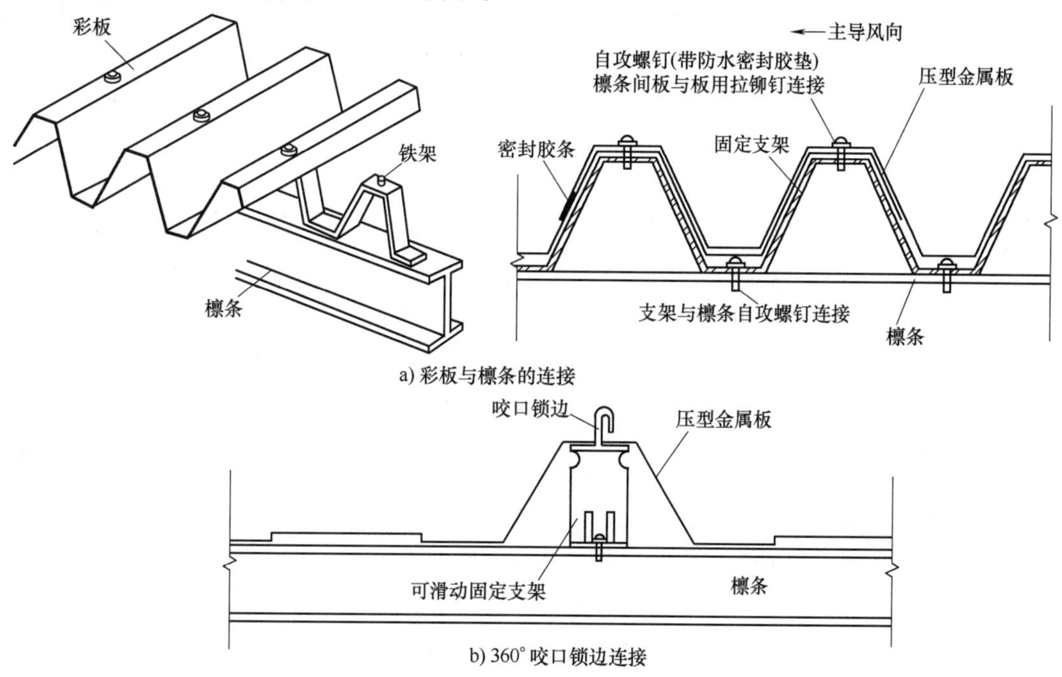

图 6-63 金属板屋面横向连接构造

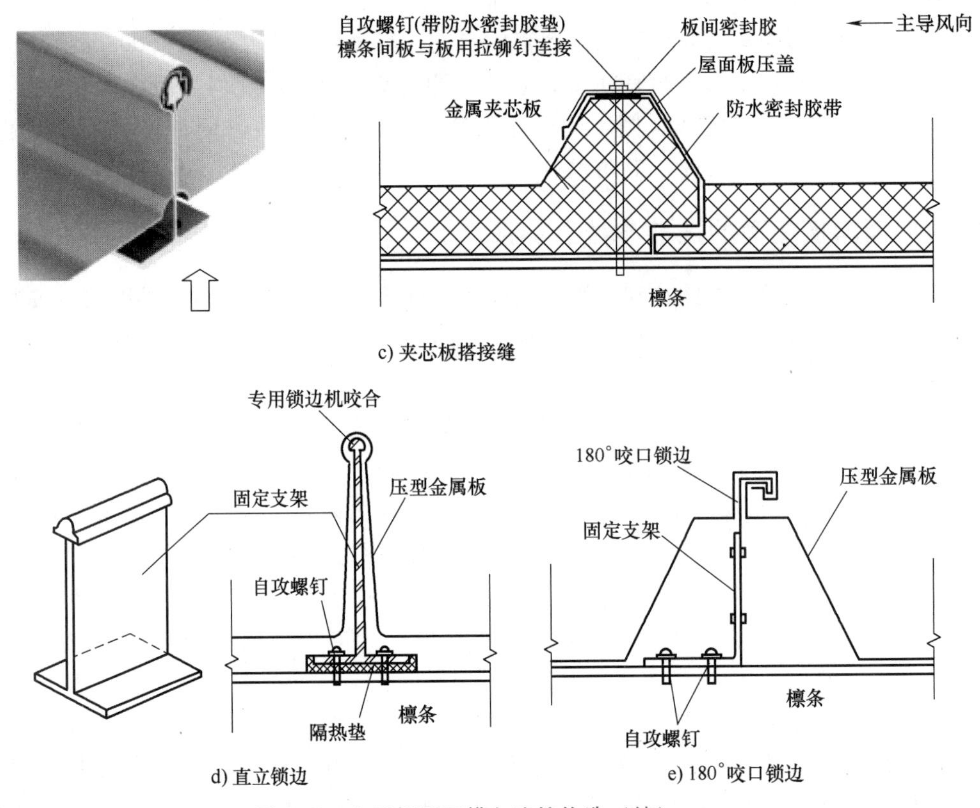

c) 夹芯板搭接缝

d) 直立锁边　　e) 180°咬口锁边

图 6-63　金属板屋面横向连接构造（续）

金属屋面板的纵向最好不出现接缝，当屋面太长而不得不进行连接时，其纵向连接应位于檩条或墙梁处，两块板均应伸至支承构件上。搭接端应与支承构件有可靠的连接，搭接部位应设置防水密封胶带。其中，压型金属板的纵向最小搭接长度应符合表 6-6 的规定。

表 6-6　压型金属板的纵向最小搭接长度

压型金属板		纵向最小搭接长度/mm
高波压型金属板		350
低波压型金属板	屋面坡度≤10%	250
	屋面坡度>10%	200

6.7.5　金属板屋面的细部构造

金属板屋面的细部构造设计比较复杂，不同类型、不同供应商的金属屋面板构造做法也不尽相同，一般均应对细部构造进行深化设计。金属板屋面的细部构造是保证屋面整体质量的关键，它主要针对的是金属板变形大、应力与变形集中、最易出现质量问题和发生渗漏的部位，主要包括有屋面系统的屋脊、女儿墙、山墙、檐口、变形缝等部位的构造。

1. 屋脊构造

隔汽层弯曲穿越变形缝，下托金属板下托屋脊底板，下托金属板单边固定。屋脊底板的两边用金属压条固定，保温层断开，喷发泡聚氨酯泡沫棒凸起后覆盖盖缝附加卷材，如图 6-64 所示。

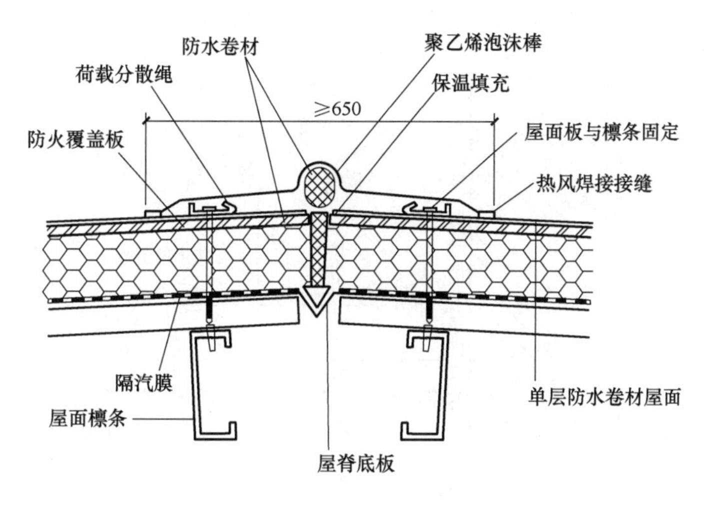

图 6-64　双坡屋脊构造

2. 女儿墙和山墙泛水构造

山墙泛水卷材宜铺设至外墙顶部边沿（图 6-65）；也可设置泛水，高度不应小于 250mm，并应采用金属压条收口后密封，墙体顶部用盖板覆盖（图 6-66）。收边加强钢板翻至压型钢板上（防水保温收边固定），隔汽层翻边与防水层一起收边，用金属压条固定。

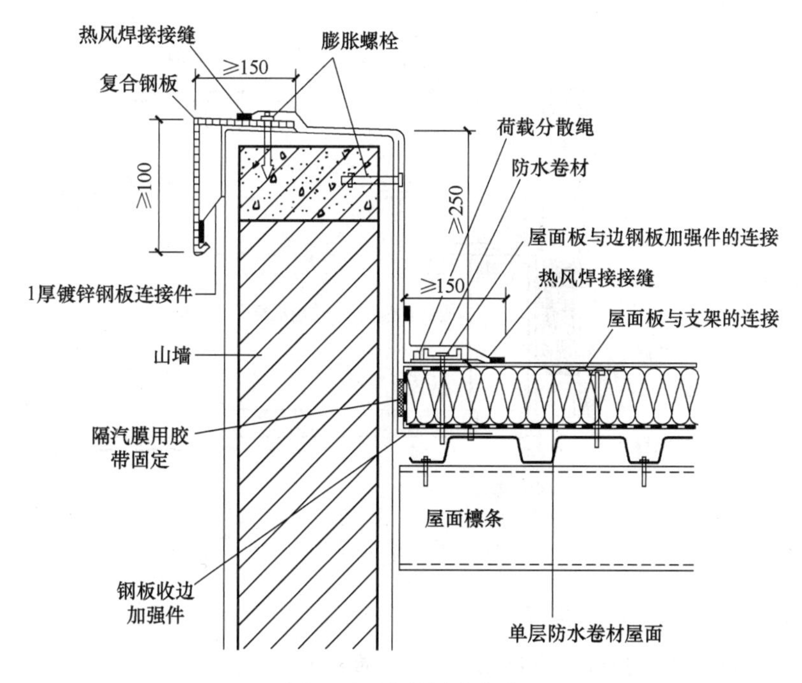

图 6-65　山墙泛水构造

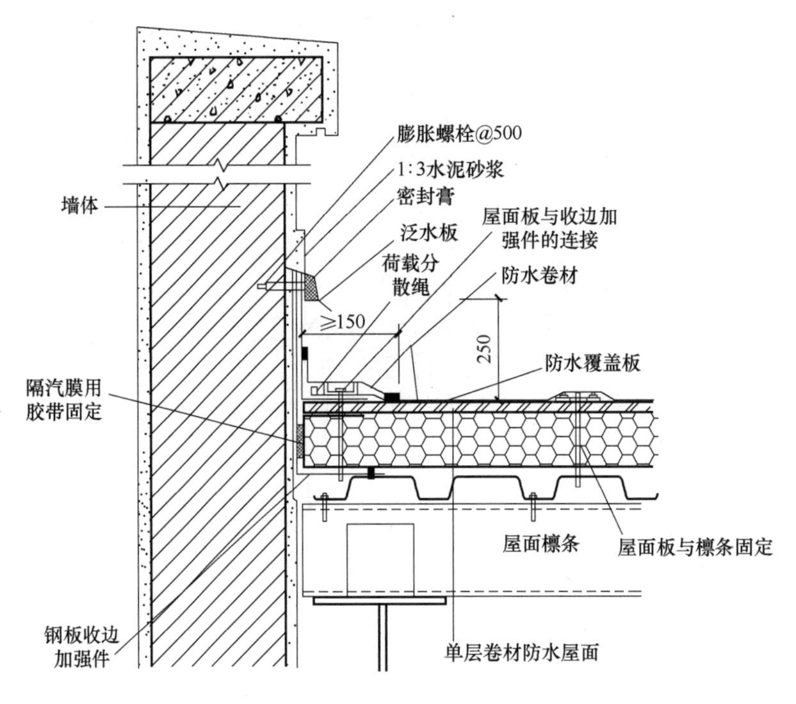

图 6-66 女儿墙泛水构造

3. 檐口构造

檐口部位应设置外包泛水，外包泛水应包至隔汽层下方。收边加强钢板翻至压型钢板上（防水保温收边固定），隔汽层翻边与防水层一起收边金属压条固定，封边钢板收边固定到封边檩条上，如图 6-67 所示。

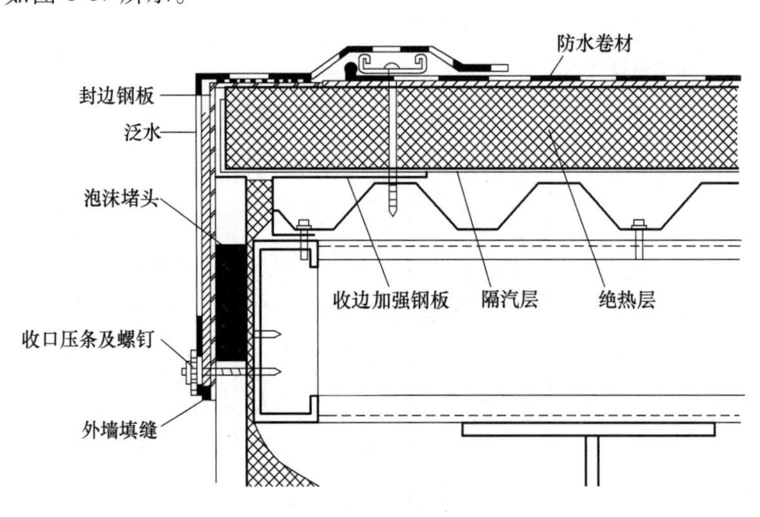

图 6-67 檐口构造

4. 变形缝构造

变形缝内应填充泡沫塑料，缝口应放置聚乙烯或聚氨酯泡沫棒材，并应设置盖缝防水卷材，如图 6-68 所示。

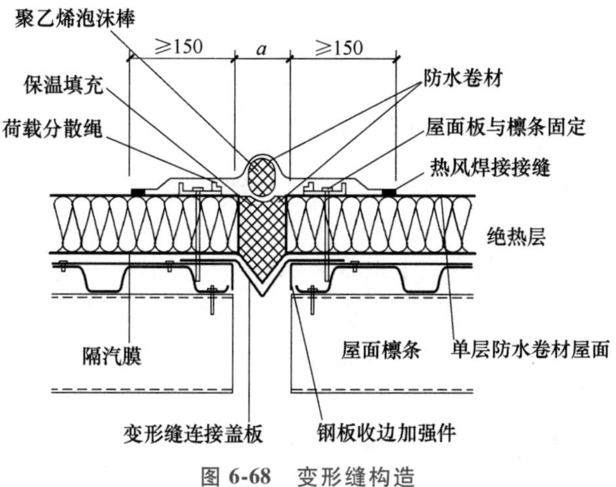

图 6-68 变形缝构造

6.8 屋顶的保温与隔热

6.8.1 屋顶节能

屋顶是房屋的外围护结构，需满足建筑节能要求，主要通过提高其保温与隔热的性能来降低顶层房间的建筑能耗。需要结合当地的气候条件、建筑体型等因素来选择合理的节能措施。如在严寒及寒冷地区，屋顶通过设置保温层可以阻止室内热量的散失；在炎热地区，屋顶通过设置隔热降温层阻止太阳的辐射热传至室内；在夏热冬冷地区，屋顶则需要两者兼顾考虑。

目前各地区都出台了相应的建筑节能标准，并对屋顶的热工性能进行了相应的规定。各地区对公共建筑屋顶的传热系数均有不同的要求，详见表 6-7。

表 6-7 公共建筑屋顶的传热系数 K 限值 ［单位：W/(m^2·K)］

建筑体型	严寒地区		寒冷地区	夏热冬冷地区	夏热冬暖地区
	A 区	B 区			
体型系数≤0.3	≤0.35	≤0.45	≤0.55	≤0.70	$0.4\leq K\leq 0.9(D\geq 2.5)$；$K<0.4(D<2.5)$
0.3<体型系数≤0.4	≤0.30	≤0.35	≤0.45		

6.8.2 屋顶保温

在寒冷地区或装有空调设备的建筑中，屋顶应设计成保温屋顶，以提高屋顶的热阻。

1. 保温材料的类型

保温材料一般为轻质、疏松、多孔或纤维的材料，其导热系数一般≤0.25W/(m·k)。按其成分分为有机和无机材料两种；按其形状可分为以下三种类型：

(1) 松散的保温材料　膨胀蛭石（粒径 3~15mm）、膨胀珍珠岩、矿棉、岩棉、玻璃棉、炉渣（粒径 5~40mm）等。

(2) 整体保温材料　通常用水泥或沥青等胶结材料与松散保温材料拌和，整体浇筑在需要保温的部位，如沥青膨胀珍珠岩、水泥膨胀珍珠岩、水泥膨胀蛭石、聚氨酯、泡沫混凝土等。

（3）板状保温材料　如加气混凝土板、泡沫混凝土板、膨胀珍珠岩板、膨胀蛭石板、矿棉板、岩棉板、泡沫塑料板、木丝板、刨花板、甘蔗板等。其中最常用的是加气混凝土板和泡沫混凝土板，泡沫塑料板价格较贵。植物纤维板只有在通风条件良好、不易腐烂的情况下采用才比较适宜。

其中，松散保温材料由于在施工中很难保证内部没有水分和潮气存在，因此在实际工程中较少采用。保温层的厚度应就建筑所在地区按现行建筑节能设计标准计算确定。

常用的保温材料板材有憎水性水泥膨胀珍珠岩保温板、发泡聚苯乙烯保温板、挤塑型（或称为挤压型）聚苯乙烯保温板（防水）、硬质和半硬质的玻璃棉或岩棉保温板；块材有水泥聚苯空心砌块等；卷材有玻璃棉毡和岩棉毡等；散料有膨胀珍珠岩、发泡聚苯乙烯颗粒等；保温砂浆有 FTC、MPC 砂浆等。

2. 平屋顶的保温构造

平屋顶因其屋面坡度平缓，适合将保温层放在屋面结构层上。保温层的位置有三种，一是保温层放在防水层之下，结构层之上，通常称为正置式保温构造；二是保温层放置在防水层之上，称为倒置式保温构造；三是内保温，保温层放在室内。

（1）正置式保温屋面　正置式保温屋面增加了保温层上下的找平层及隔汽层，如图 6-69 所示。采用纤维状保温材料时保温层下应选用气密性、水密性好的材料做隔汽层，保温板粘贴时胶黏剂条状设置形成透气空隙。温水游泳池、公共浴室、厨房操作间、开水房等的屋面应设置隔汽层。

在严寒及寒冷地区且室内空气湿度大于 75%、其他地区室内空气湿度常年大于 80%时需设置隔汽层。隔汽层的作用是防止室内水蒸气从屋面板的孔隙渗透进保温层，同时积存在保温材料中的水分也会转化为蒸汽而膨胀，容易引起卷材防水层的起鼓。常用的构造做法是“一毡二油”或“一布四涂”。

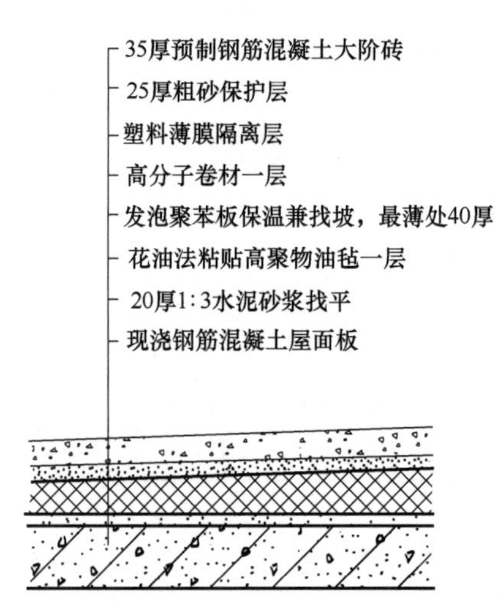

图 6-69　正置式保温屋面

隔汽层在屋面上应形成全封闭的构造层，沿周边女儿墙或立墙面向上翻至与屋面防水层相连接，或高出保温层上表面不小于 150mm；隔汽层可采用防水卷材或涂料，并宜选择其蒸汽渗透阻较大者。隔汽层采用卷材时宜优先采用空铺法铺贴；局部隔汽层时，隔汽层应扩大至潮湿房间以外至少 1.0m 处。

隔汽层阻止了外界水蒸气深入保温层，但保温层的上下均被不透水的材料封住，如施工中保温材料或找平层未干透就铺设了防水层，残存于保温层中的水蒸气就无法散发出去。需在保温层中设置排汽道，道内填塞大粒径的炉渣，既可让水蒸气在其中流动，又可保证防水层的坚实牢固，如图 6-70 所示。找平层内的相应位置也应留槽做排汽道，并在其上干铺一层宽 200mm 的卷材，卷材用胶黏剂单边点贴铺盖。排汽道应在整个屋面纵横贯通，并与连通大气的排气孔相通。排气孔的数量视基层的潮湿程度而定，一般以每 35m^2 设置一个为宜。

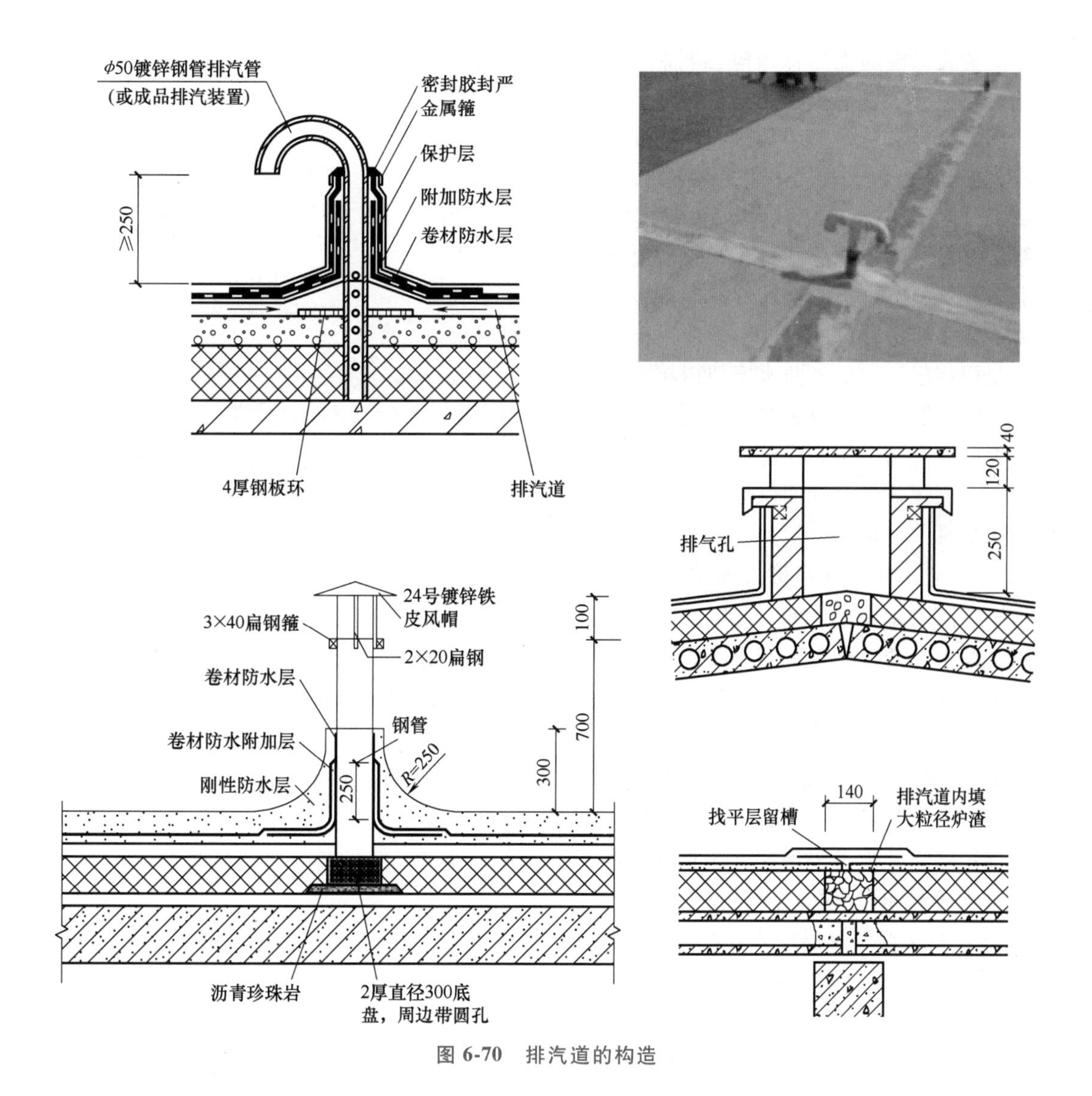

图 6-70 排汽道的构造

隔汽材料当采用聚乙烯膜、聚丙烯膜时，其厚度不应小于 0.3mm；当采用复合金属铝箔时，其厚度不应小于 0.1mm；当采用复合聚丙烯膜时，厚度不应小于 0.25mm；当采用其他材料时，应符合其材料标准的规定。隔汽膜空铺于承重层上，可与上层保温隔热层、覆盖层一次施工，用固定件固定在钢基板上。隔汽膜搭接宽度不应小于 100mm。在搭接和收口部位、屋面开孔及周边部位的隔汽膜应采用宽度不小于 10mm 的防水密封胶带密封。在屋面周边、孔洞等处，隔汽膜应完全包覆保温隔热层，使其不外露。

（2）倒置式保温屋面　倒置式保温屋面是将保温层设置在防水层上的屋面，是保温隔热屋面的类型之一。其构造层次自下而上为结构层、找坡层、找平层、防水层、保温隔热层、隔离层和保护层，如图 6-71 所示。倒置式保温屋面在严寒及多雪地区的建筑中不宜采用。倒置式屋面工程的防水等级应为 I 级，并应选用耐腐蚀、耐霉烂，适应基层变形能力的防水材料。倒置式保温屋面应优先选择结构找坡，坡度为 3%；如采用材料找坡，厚度不得小于 20mm，找坡层上应设找平层。

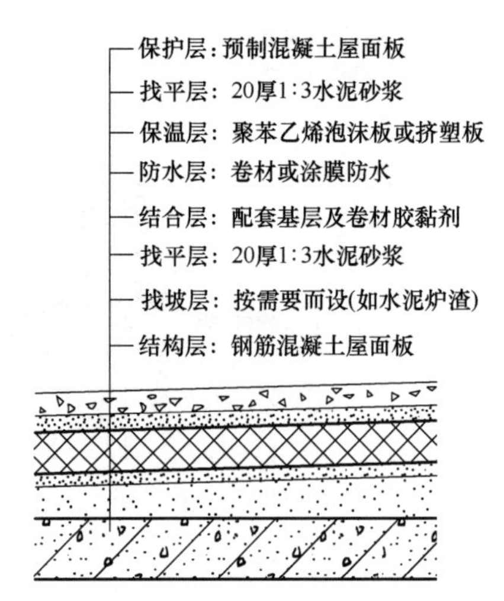

图 6-71　倒置式保温屋面构造

倒置式保温屋面的保温隔热材料宜选用板状制品，其性能除应具有必要的密度、耐压缩性能和导热系数外，还必须具有良好的憎水性或高抗湿性，体积吸水率不应大于 3%，设计厚度应按计算厚度增加 25% 取值，且最小厚度不得小于 25mm。可供选用的板状制品主要有挤塑型聚苯乙烯泡沫塑料板、硬泡聚氨酯板、硬泡聚氨酯防水保温复合板、泡沫玻璃等，板材厚度应按工程的热工要求通过计算确定，不得使用松散保温材料。保温层使用年限不宜低于防水层使用年限。如保温板直接铺设在防水层上，保温板与防水材料及胶黏剂应相容匹配，否则应在防水层和保温层之间设隔离层。

上人倒置式保温屋面保护层的材料和做法一般是现浇细石混凝土保护层。保护层应设分格缝，分割面积不宜大于 36m^2，并在分格缝内嵌填弹性密封胶，保护层与山墙、凸出屋面墙体、女儿墙之间应预留宽度为 30mm 的缝隙，并用密封胶封严；坐浆铺设或干铺水泥砖、细石混凝土预制板等块材，块材分割面积不宜大于 100m^2，分格缝宽度不宜小于 20mm，并用密封胶封严；人造草皮保护层，做法是在 40mm 厚现浇细石混凝土上做人造草皮层，现浇层应设缝。

不上人倒置式保温屋面保护层的材料和一般做法：铺压卵石（直径 10～30mm，厚 50mm）；做水泥砂浆 20mm 厚，表面设分格缝；当采用板状材料、卵石做保护层时，在保温层与保护层之间应设隔离层（干铺塑料膜、土工布、卷材或低强度等级的砂浆）；保温层内应设排水通道和泄水孔。

（3）内保温　保温层放置在屋面结构层之下，可以直接放置在屋面板底或者板底与吊顶之间的夹层内，如图 6-72 所示。

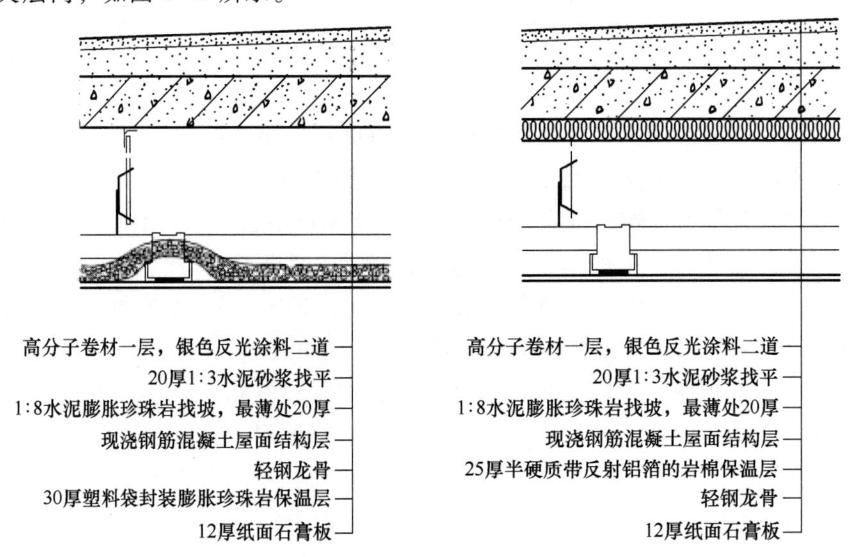

图 6-72　平屋顶的内保温构造

3. 坡屋顶的保温构造

坡屋顶的保温构造，如图 6-73 所示。

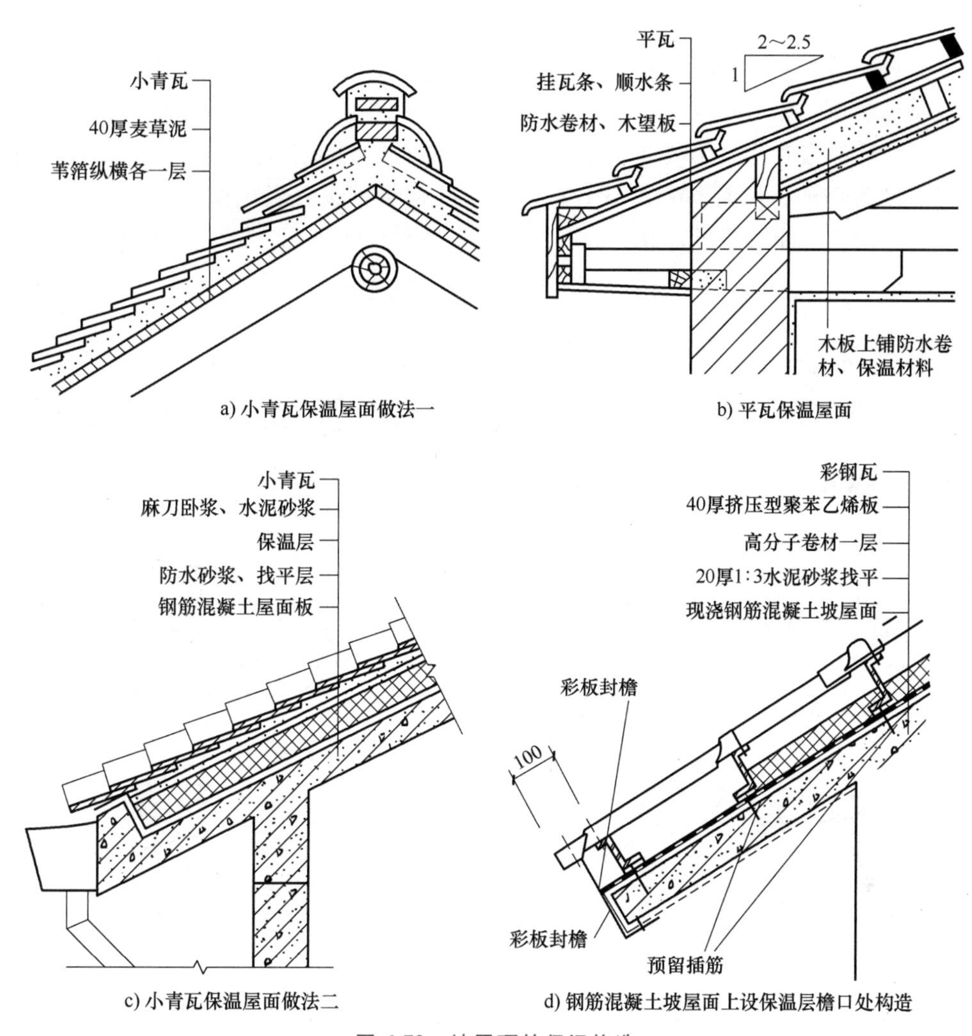

图 6-73 坡屋顶的保温构造

坡屋顶的保温材料可根据工程具体要求选用松散材料、块状材料或板状材料。在一般的小青瓦屋面中，采用基层上铺一层厚厚的黏土稻草泥作为保温层，小青瓦片黏结在该层上，如图 6-73a、c 所示。在平瓦屋面中，可将保温材料填充在檩条之间，如图 6-73b 所示。在设有吊顶的坡屋顶中，常常将保温层铺设在顶棚上面，可收到保温和隔热的双重效果。在钢结构建筑檩条与屋面板之间设保温层，如图 6-73d 所示。

6.8.3 屋顶隔热

我国南方地区的建筑屋面，应采取适当的构造措施减少直接作用于屋顶表面的太阳辐射热量。所采用的主要构造做法：屋顶通风隔热、屋顶蓄水隔热、屋顶种植隔热、屋顶反射隔热等。

1. 屋顶通风隔热

在屋顶设置架空通风间层，使其上层表面遮挡阳光辐射，同时利用风压和热压作用使间层中的热空气被不断带走。通风间层的设置通常有两种方式：一种是在屋面上做架空通风隔热间层；另一种是利用顶棚内的空间做通风间层。

（1）架空通风隔热间层　架空通风隔热间层设于屋面上，一方面利用架空的面层遮挡直射阳光，另一方面架空层内被加热的空气不断被排走。架空通风层通常用砖、瓦、混凝土等材料及制品制作，如图 6-74 和图 6-75 所示。架空通风隔热间层的设计要点如下：当采用混凝土板架空隔热层时，屋面坡度不宜大于 5%；架空层的净空高度一般以 180～300mm 为宜，不宜超过 360mm，屋面宽度大于 10m 时，应在屋脊处设置通风桥以改善通风效果；为保证架空层内的空气流通顺畅，其周边应留设一定数量的通风孔，将通风孔留设在对着风向

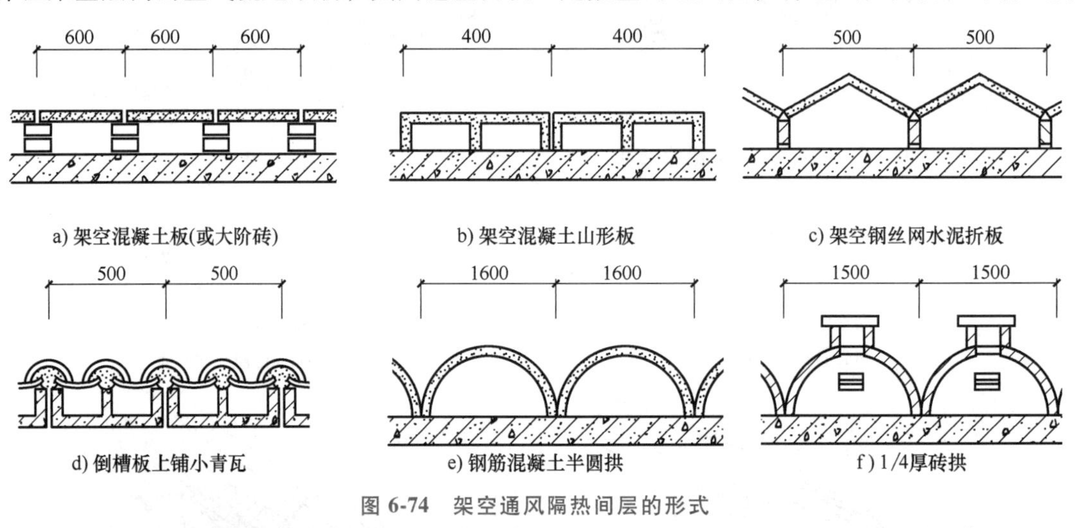

图 6-74　架空通风隔热间层的形式

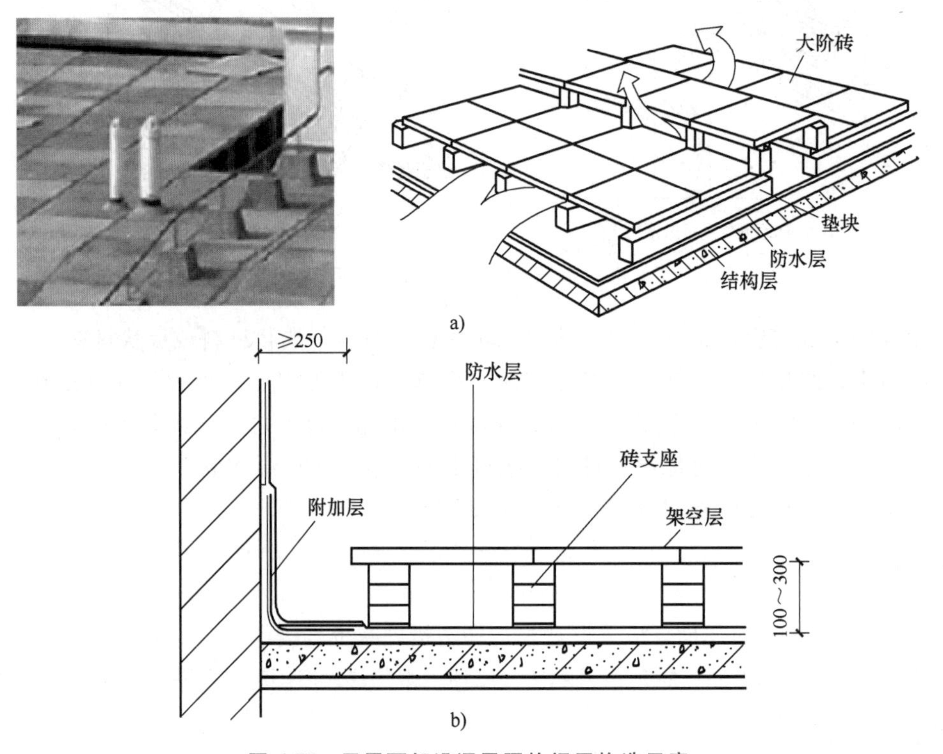

图 6-75　平屋面架设通风隔热间层构造示意

的女儿墙上，如果在女儿墙上开孔有碍于建筑立面造型，也可以在离女儿墙至少 250mm 的范围内不铺架空板，让架空板周边开敞，以利于空气对流；架空隔热板的支承物可以做成砖垄墙式，也可做成砖墩式。

（2）顶棚通风隔热　利用顶棚与屋面间的空间做通风隔热层可以起到架空通风隔热间层同样的作用。图 6-76 所示是几种常见的顶棚通风隔热屋面构造，设计中应注意满足下列要求：

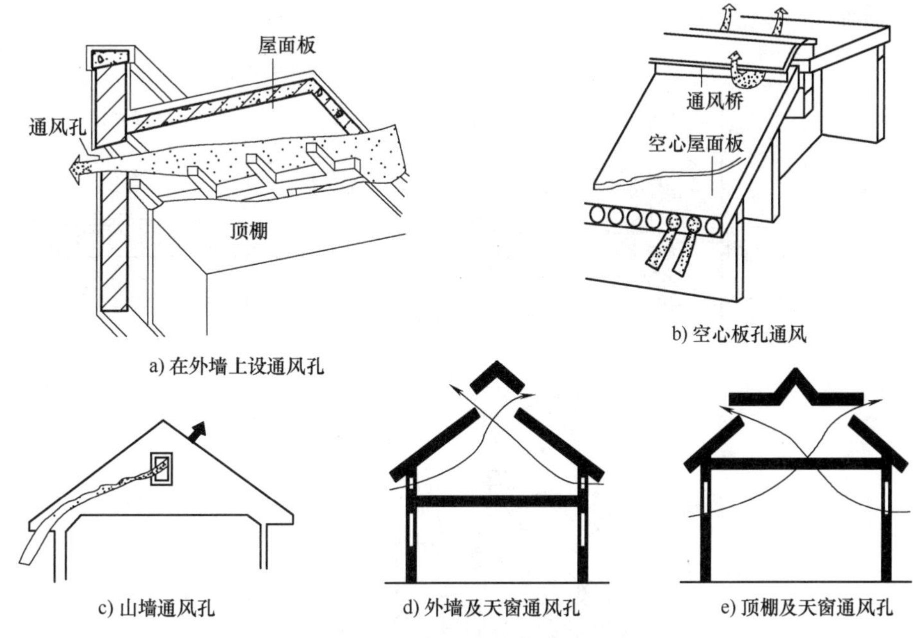

图 6-76　顶棚通风隔热屋面构造

1）设置一定数量的通风孔，使顶棚内的空气能迅速对流。常设在挑檐顶棚处、檐口外墙处、山墙上部。

2）顶棚通风层应有足够的净空高度，应根据各综合因素所需高度（包括通风口自身高度、屋面梁高、屋架、设备管道及维修所需高度等）加以确定。仅做通风隔热用的空间净高一般为 500mm 左右。

3）通风孔必须考虑防止雨水飘进。当孔较小时（300mm×300mm 之内），将混凝土花格在外墙内边缘安装，利用墙洞口的厚度可挡住飘雨；当孔较大时，设置百叶遮挡。

2. 蓄水隔热屋面

蓄水隔热屋面（简称蓄水屋面）利用平屋顶所蓄积的水层来达到屋顶隔热的目的。蓄水屋面的工作原理：水吸热蒸发为气体，从而将热量散发；水面还能反射阳光，减少太阳辐射对屋面的热作用。此外，水层长期将防水层淹没，使混凝土防水层处于水的养护下，减少开裂和防止混凝土的碳化，使诸如沥青和嵌缝胶泥之类的防水材料在水层的保护下推迟老化过程，延长使用年限。蓄水屋面不宜用于寒冷地区、地震地区和震动较大的建筑物，如图 6-77 所示。

在我国南方地区采用蓄水屋面对于建筑的防暑降温和提高屋面的防水质量能起到很好的作用。如果在水层中养殖一些水浮莲之类的水生植物，利用植物吸收阳光进行光合作用和叶

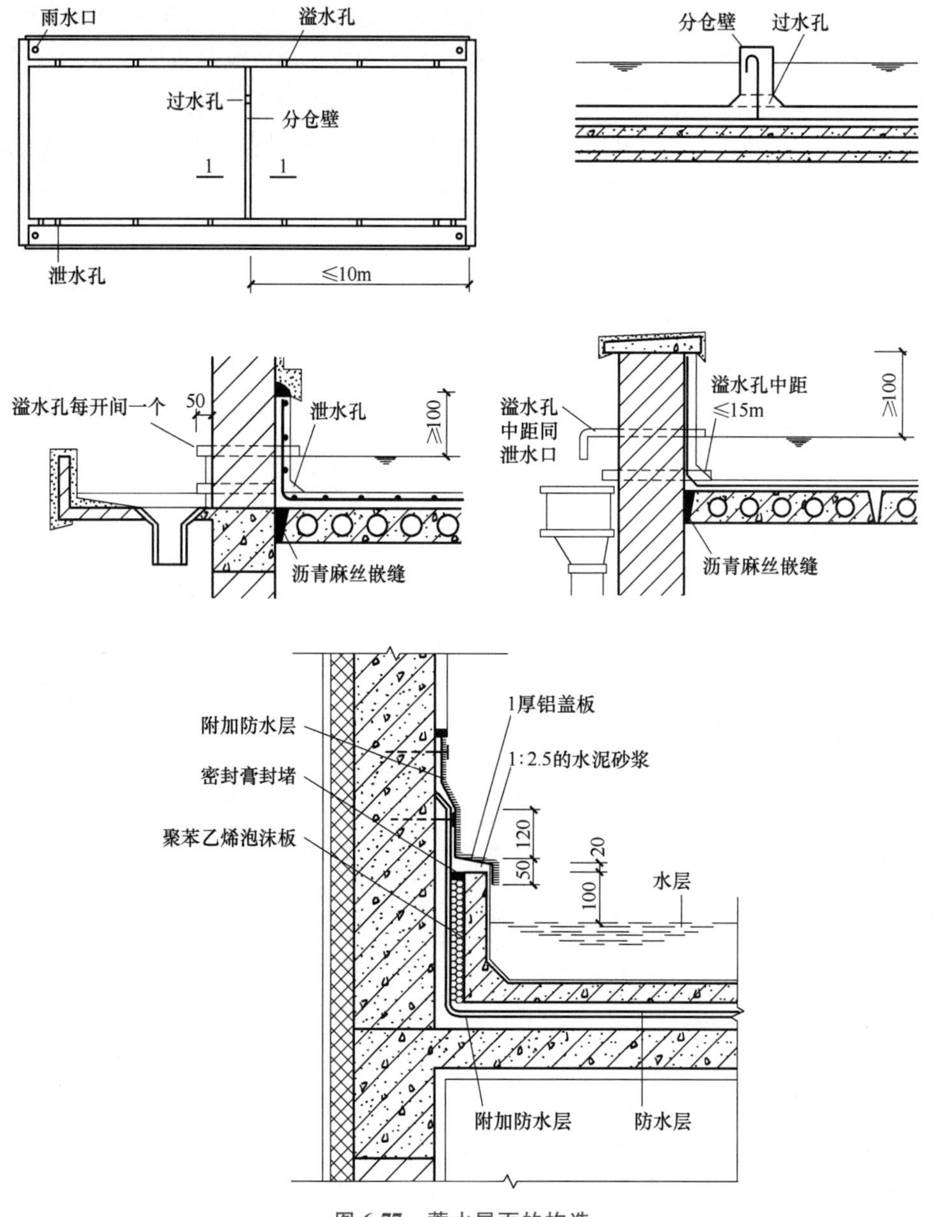

图 6-77　蓄水屋面的构造

片遮蔽阳光的特点，其隔热降温的效果将会更加理想。

蓄水屋面的构造设计主要应解决以下几个方面的问题：

1）水层深度及屋面坡度。适宜的水层深度为 150～200mm。为保证屋面蓄水深度的均匀，蓄水屋面的坡度不宜大于 0.5%。

2）防水层的做法。蓄水屋面的防水层根据防水等级选用相应的卷材防水、涂膜防水或复合防水做法。防水层上面需要设置强度等级不低于 C25 钢筋混凝土蓄水池，并在蓄水池内采用 20mm 厚渗透结晶型防水砂浆抹面。为了确保每个蓄水区混凝土的整体防水性，要求蓄水池混凝土应一次浇筑完毕，不得留置施工缝。蓄水池的防水混凝土完工后，应及时养护，蓄水后不得断水。

3）蓄水区的划分。为便于分区检修和避免水层产生过大的风浪，应划分为若干蓄水区，每区的边长不宜超过 10m。蓄水区间用混凝土做成分仓壁，壁上留过水孔，但在变形缝的两侧应设计成互不连通的蓄水区。当蓄水屋面的长度超过 40m 时，应做横向伸缩缝一道。分仓壁可用防水砂浆砌筑砖墙，顶部设置 ϕ6mm 或 ϕ8mm 的钢筋砖带。

4）女儿墙与泛水。蓄水屋面四周可做女儿墙或檐沟，女儿墙与蓄水池仓壁是独立分开的，它们之间通常用聚苯板隔离分开。在女儿墙上应将屋面防水层延伸到墙面形成泛水，泛水的高度应高出溢水孔 100mm。若从防水层面起算，泛水高度为水层深度与 100mm 之和，即 250～300mm。

5）溢水孔与泄水孔。为避免暴雨时蓄水深度过大，应在蓄水池布置若干溢水孔，距离分仓壁顶面的高度不得小于 100mm；为便于检修时排除蓄水，应在池壁根部设泄水孔，泄水孔和溢水孔均应与排水檐沟或雨水管连通。

6）管道的防水处理。蓄水屋面不仅有排水管，一般还应设给水管，以保证水源的稳定。所有的管道应在做防水层之前装好，并用油膏等防水材料妥善嵌填接缝。

综上所述，蓄水屋面与普通平屋顶防水屋面不同的就是增加了一壁三孔，概括了蓄水屋面的构造特征。一壁是指蓄水池的仓壁，三孔是指溢水孔、泄水孔、过水孔。

近年来，我国南方部分地区也有采用深蓄水屋面做法的，其蓄水深度可达 600～700mm。这种做法的水源可完全由天然降雨提供，其蓄水深度应大于当地历年最大雨水蒸发量，在连晴高温的季节也能保证不干。池内还可养鱼增加收入。但这种屋面的荷载很大，应单独对屋面结构进行设计。

3. 种植隔热屋面

种植隔热屋面（简称种植屋面）的原理：在平屋顶上种植植物，借助栽培介质隔热及植物吸收阳光进行光合作用和遮挡阳光的双重功效来达到降温隔热的目的（图 6-78）。

根据植物类型和景观特点可分为粗放型屋顶绿化、精细化屋顶绿化和半精细化屋顶绿化。粗放型屋顶绿化，选择耐旱、耐瘠的植物，多为景天科植物，除极端气候外不需要灌溉，管理粗放，但景观性较差，因荷载小，也称为轻型屋顶绿化。

精细化屋顶绿化也即人们常说的屋顶花园，种植基质较深，植物高低搭配，空间丰富，景观效果好，常结合屋顶休闲空间来设置。其缺点是荷载大，对管理提出较高要求。半精细化屋顶绿化介于这两者之间。

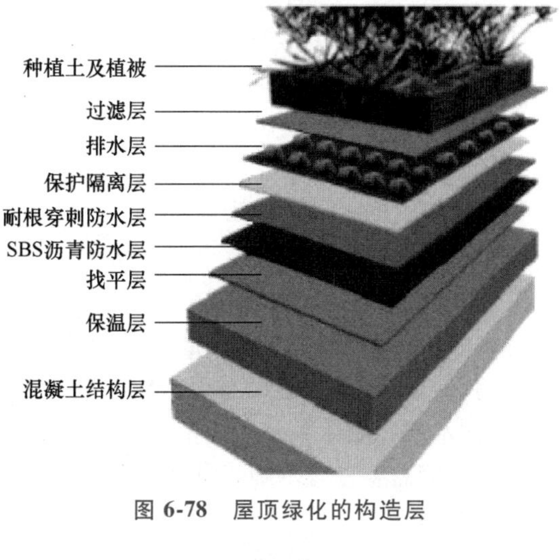

图 6-78 屋顶绿化的构造层

根据种植床实现方式来划分，可分为覆土型和容器型屋顶绿化。覆土型是最常见的，施工时，各构造层次现场安装。容器型屋顶绿化是将排水层、蓄水层、基质、植物整合成一个标准容器，便于移动，只需现场安放容器，可以实现屋顶的“一夜变绿”，成坪快，无污染，便于工业化大规模生产，但植物类型较单一。

覆土型屋顶绿化的构造要点如下：

1）选择适宜的种植介质。尽量选用轻质材料做栽培介质，常用的有谷壳、蛭石、陶粒、泥炭等，即所谓的无土栽培介质。栽培介质的厚度应满足屋顶所栽种植物正常生长的需要，但一般不宜小于100mm，见表6-8。

表6-8 栽培介质的厚度 （单位：mm）

种植土类型	种植土厚度			
	小乔木	大灌木	小灌木	地被植物
田园土	800~900	500~600	300~400	100~200
改良土	600~800	300~400	300~300	100~150
无机复合种植土	600~800	300~400	300~400	100~150

2）种植床的做法。种植床又称为苗床，可用砖或加气混凝土来砌筑床埂。床埂最好砌在下部的承重结构上，内外用1：3水泥砂浆抹面，高度宜大于种植层60mm左右。每个种植床应在其床埂的根部设不少于两个泄水孔，以防止种植床内积水过多造成植物烂根。为避免栽培介质的流失，泄水处也须设滤水网，滤水网可用塑料网或塑料多孔板、环氧树脂涂覆的钢丝网等制作。

3）种植屋面的排水和给水。一般种植屋面应有一定的排水坡度（1%~3%）。通常在靠屋面低侧的种植床与女儿墙间留出300~400mm的距离，利用所形成的天沟有组织排水，并在出水口处设挡水槛，以沉积泥沙，如图6-79所示。

4）种植屋面的防水层。种植屋面应做两道防水，其中必须有一道耐根穿刺的防水层（如钢筋混凝土刚性防水层），普通防水层在下，耐根穿刺防水层在上。防水层做法应满足Ⅰ级防水设防的要求。

5）注意安全防护问题。种植屋面是一种上人层面，护栏的净保护高度不宜小于1.1m。

种植屋面的构造做法，如图6-80所示。

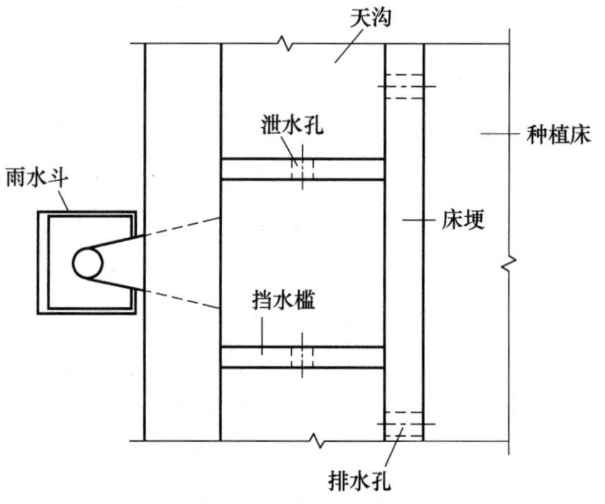

图6-79 种植屋面的挡水槛

4. 蓄水种植隔热屋面

蓄水种植隔热屋面（简称蓄水种植屋面）是将一般覆土种植屋面与蓄水屋面结合形成的一种隔热屋面，其构造要点如下：

1）防水层。蓄水种植屋面的防水层应根据防水等级选用相应的卷材、涂膜或复合防水做法。最上层需要设置等级不低于C25钢筋混凝土蓄水池，且蓄水池混凝土应一次浇筑完毕，以免渗漏。

2）蓄水层。种植床内的水层靠轻质多孔粗骨料蓄积，粗骨料的粒径不应小于25mm，蓄水层的深度不小于60mm。种植床以外的屋面也蓄水，深度与种植床内相同。

3）滤水层。在蓄水层上面铺60~80mm厚的细骨料滤水层。细骨料按5~20mm粒径级配，下粗上细地铺填。

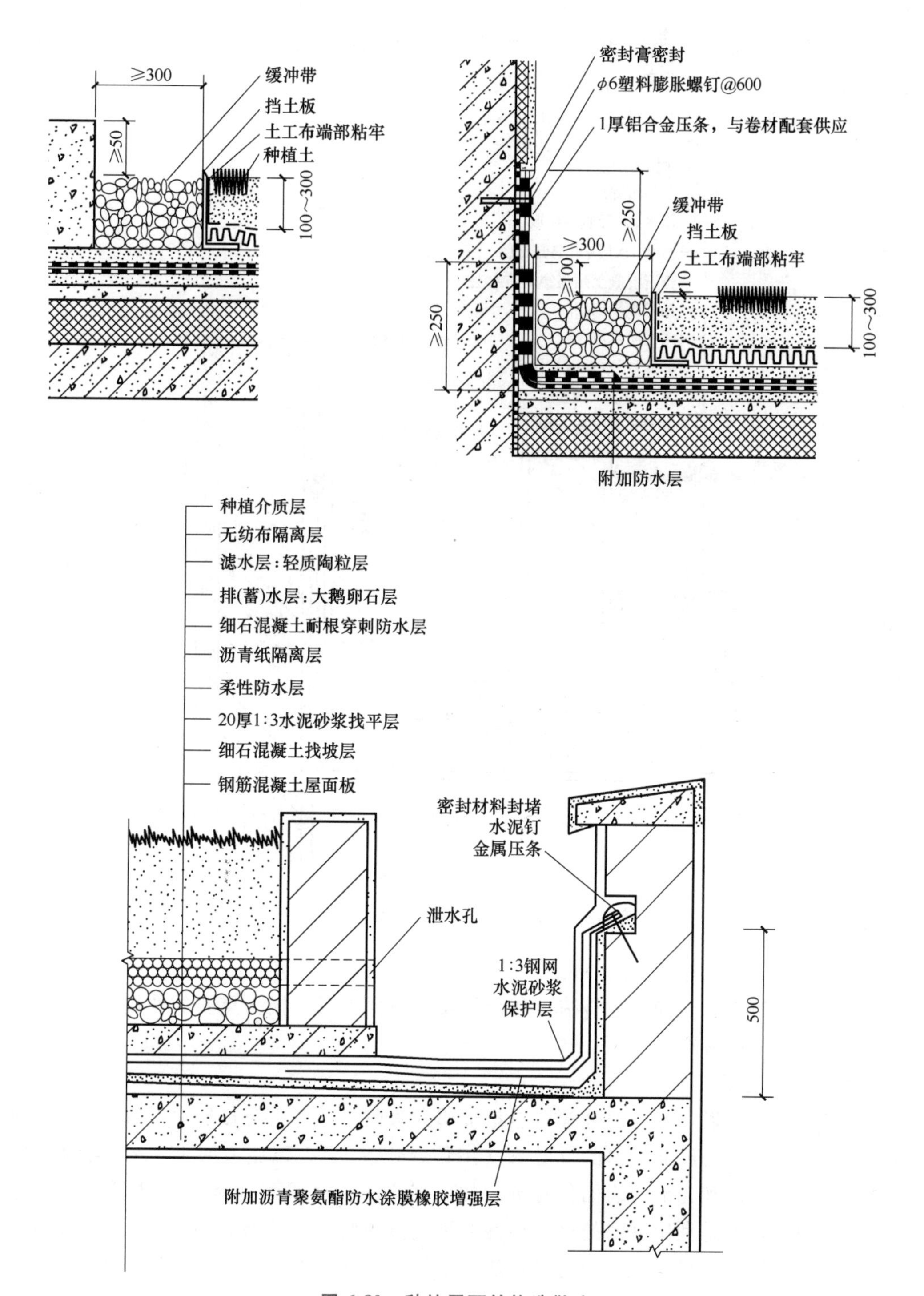

图 6-80　种植屋面的构造做法

4）种植层。栽培介质的堆积密度不宜大于 $10kN/m^3$。

5）种植床埂。蓄水种植屋面应根据屋盖绿化设计用床埂进行分区，每区面积不宜大于 $100m^2$。床埂宜高于种植层 60mm 左右，床埂底部每隔 1200~1500mm 设一个溢水孔，孔口下边与水平面持平。溢水孔处应铺设粗骨料或安设滤网以防止细骨料流失。

6）人行架空通道板。架空板设在蓄水层上、种植床之间，供人在屋面上活动和操作管理之用。架空通道板通常支承在两边的床埂上。

蓄水种植屋面的基本构造层次，如图 6-81 所示。

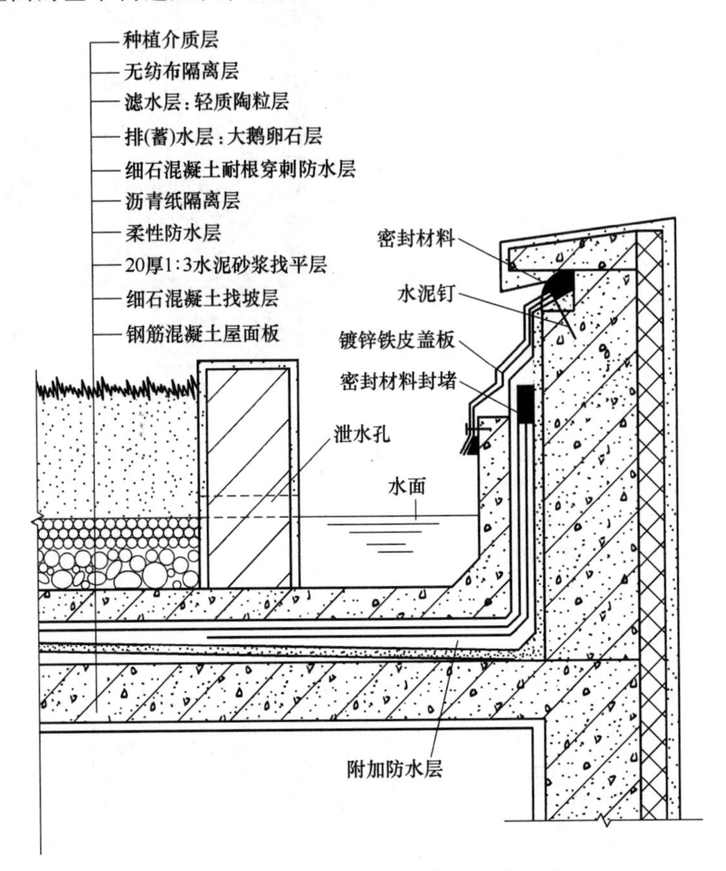

图 6-81　蓄水种植屋面的基本构造层次

蓄水种植屋面不但在降温隔热的效果方面优于所有其他隔热屋面，而且在净化空气、美化环境、改善城市生态、提高建筑综合利用效益等方面都具有极为重要的作用，是一种值得大力推广应用的屋面形式。

5. 反射隔热屋面

屋面受到太阳辐射后，一部分辐射热量被屋面吸收，另一部分被屋面反射出去，反射热量与入射热量之比称为屋面材料的反射率（用百分数表示），该比值取决于屋面材料的颜色和粗糙程度，颜色浅和光滑的表面具有更大的反射率。各种屋面材料的反射率见表 6-9。屋顶反射隔热的原理就是利用材料的这一特性，采用浅色混凝土或涂刷白色涂料等方式取得良好的降温隔热效果。如果在吊顶棚通风隔热层中加铺一层反射率很高的铝箔纸板，其隔热效果会更加显著。

表 6-9　各种屋面材料的反射率

屋面表面材料与颜色	反射率(%)	屋面表面材料与颜色	反射率(%)
沥青玛蹄脂	15	石灰刷白	80
油毡	15	砂	59

（续）

屋面表面材料与颜色	反射率(%)	屋面表面材料与颜色	反射率(%)
镀锌薄钢板	35	红	26
混凝土	35	黄	65
铝箔	89	石棉瓦	34

◉ 扩展阅读：屋顶的绿色应用——屋顶农场

建筑屋顶的绿色应用，也是党的二十大精神提出的“推动绿色发展，促进人与自然和谐共生”的举措之一，同时也是“积极稳妥推进碳达峰碳中和”的好做法。屋顶农场是屋顶绿化的延伸，各地也有一些小型屋顶菜园，都是很好地利用土地、集约化发展的典范。

美国、日本、新加坡的屋顶农场发展较好，国内一些城市也有较好的尝试。

陕西的屋顶农场：陕西建造的屋顶农场不仅在建筑物的屋顶，还延伸到建筑的外墙，让人们在城市中能享受一些田园之乐。并且陕西的屋顶农场除了正常的作物种植之外，还追求整个生态系统的统一，养殖了一些蜜蜂来增加生态的多样性。

深圳的屋顶农场：深圳的屋顶农场位于福田农产品批发市场的屋顶上，总面积有 1.3 万多 m^2，分为蔬菜区、草莓区、桑树区。它位于深圳的市中心，对市民免费开放，已经成为一道靓丽的风景。

屋顶农场的市场效益：可以作为屋顶的防水防漏设施，延长了建筑物的使用寿命；降低了屋顶的维护和保养费用；提高了建筑物的舒适度，节约了建筑物的能源消耗；净化了空气；降低了环境噪声；屋顶农场上种植的蔬菜水果比市面上售卖的蔬菜水果要更新鲜。

本章小结

1. 屋顶按外形分为平屋顶、坡屋顶和其他形式的屋顶。屋顶按屋面防水材料的不同分为柔性防水屋面、刚性防水屋面、涂膜防水屋面、瓦屋面、金属板屋面等。

2. 屋顶设计的主要任务是解决好防水、保温隔热、坚固耐久、造型美观等问题。

3. 屋顶排水设计的主要内容：确定屋面排水坡度的大小和坡度形成的方法；选择排水方式和屋面排水组织设计；绘制屋顶排水平面图。单坡排水的屋面宽度控制在 12m 以内。每根雨水管可排除 150~200m^2 面积内的屋面雨水，其间距宜控制在 24m 以内。钢筋混凝土檐沟、天沟的净宽不小于 300mm，分水线处最小深度不小于 100mm，沟内纵向坡度取 0.5%~1%。

4. 卷材防水屋面的基本构造层次（自下而上）分别为结构层、找平层、结合层、防水层、保护层。此外还有保温层、隔热层、隔汽层、找坡层、隔离层等辅助构造层次。卷材防水屋面的细部构造包括泛水、天沟、雨水口、檐口、变形缝等。

5. 混凝土刚性防水屋面主要适用于我国南方地区。为了防止开裂，应在防水层中加钢筋网片，设置分格缝，在防水层与结构层之间加铺隔离层。分格缝应设在屋面板的支承端、屋面坡度的转折处、泛水与立墙的交接处。分格缝之间的距离不应超过 6m。泛水、分格缝、变形缝、檐口、雨水口等细部的构造须有可靠的防水措施。

6. 涂膜防水屋面的构造要点与卷材防水屋面相似。

7. 坡屋面的结构形式和构造做法，平瓦屋面有冷摊瓦做法、木望板做法、挂瓦板做法。瓦屋面的屋脊、檐口、天沟等部位应做好细部构造处理。

8. 金属板屋面通常有压型金属板和金属面绝热夹芯板两种。金属面板本身具有良好的防水性能，但其连接和接缝构造是屋面防水的关键。金属板屋面的细部构造设计比较复杂，通常需要进行深化设计。

9. 屋面的保温通常采用导热系数不大于0.25W/(m·K) 的材料做保温层。平屋顶的保温层铺于结构之上，坡屋顶的保温层可铺在檩条之间或顶棚上面。屋顶隔热降温的主要方法有通风隔热、蓄水隔热、种植隔热、反射隔热。

思考与练习题

1. 屋顶按外形划分有哪些形式？各种形式屋顶的特点及适用范围分别是什么？

2. 设计屋顶应满足哪些要求？

3. 影响屋顶坡度的因素有哪些？各种屋顶的坡度值分别是多少？屋顶坡度的形成方法有哪些？比较各种方法的优缺点。

4. 什么叫作无组织排水和有组织排水？它们的优缺点和适用范围各自是什么？

5. 常见的有组织排水方案有哪几种？各适用于何种条件？

6. 屋顶排水组织设计的内容和要求是什么？

7. 如何确定屋面排水坡面的数目？如何确定天沟（或檐沟）断面的大小和天沟纵坡值？如何确定雨水管和雨水口的数量及尺寸规划？

8. 卷材防水屋面的构造层次有哪些？卷材防水层下面的找平层为何要设分格缝？上人和不上人的卷材防水屋面在构造层次及做法上有什么不同？

9. 卷材防水屋面的泛水、天沟、檐口、雨水口等细部构造的要点分别是什么？

10. 何谓刚性防水屋面？刚性防水屋面有哪些构造层次？各层做法如何？为什么要设隔离层？

11. 为什么要在刚性防水屋面的防水层中设分格缝？分格缝应设在哪些部位？

12. 什么叫作涂膜防水屋面？

13. 简述平瓦屋面的檐口、天沟、泛水、屋脊等细部构造的要点，并图示。

14. 平屋顶和坡屋顶的保温有哪些构造做法（用构造图表示）？

15. 平屋顶和坡屋顶的隔热有哪些构造做法（用构造图表示）？

CHAPTER 7 第 7 章

门 和 窗

学习目标

通过本章学习，掌握门窗的作用与要求，门的分类、一般尺寸、组成与构造，窗的分类、一般尺寸、组成与构造；了解门窗五金和玻璃镶嵌；掌握门窗的形式与尺度；掌握木门窗的构造；了解铝合金门窗的构造；理解遮阳形式与方案创作的关系；重点掌握木门窗的构造和安装。

7.1 门窗的类型和设计要求

门窗按其制作的材料可分为木门窗、钢门窗、铝合金门窗、塑料门窗、彩板门窗等。

设计门窗时，必须根据有关规范和建筑的使用要求决定其形式及尺寸大小，还需满足建筑造型的需要。门窗构造需坚固、耐久，开启灵活，关闭紧严，便于维修和清洁，规格类型应尽量统一，并符合 GB/T 50002—2013《建筑模数协调标准》的要求，以降低成本和适应建筑工业化生产的需要。建筑门窗设计应满足以下要求。

7.1.1 功能要求

外墙上的门窗属于外围护构件，内墙上的门窗分隔室内空间。门主要起交通联系作用，窗主要起通风采光之用。

门窗应满足的功能：良好的密闭性能和热工性能；良好的安全性能；良好的视觉效果。

不同的建筑功能，建筑门窗的设置位置、大小、数量都各不相同，要满足不同建筑正常的功能使用，如幼儿园建筑的门窗大小和一般的建筑不同。

7.1.2 疏散和防火要求

门的设计应满足疏散要求，特别是对大量性人流，疏散门的开启方向也有专门规定，还应通过计算疏散宽度来设置门的数量和大小，如影剧院门的宽度需要计算得出，并满足规范规定的最小宽度的要求。窗的设置除了满足通风采光要求外，不同的建筑要满足排烟等要求，如库房外窗的设计，需要满足最小排烟的要求。

在建筑的一些部位需要设置隔热防火门窗，防火门窗的耐火完整性和隔热性应满足规范要求。防火门窗分为甲、乙、丙三个等级，甲级应满足 1.5h，乙级应满足 1.0h，丙级应满足 0.5h。防火墙上的门窗应采用能自动启闭的甲级防火门窗。

7.1.3 窗户采光和通风要求

设计外窗是为获得良好的自然采光，保证房间的照度，由不同建筑、不同房间要求的窗地比来确定，另外还和外窗的高宽比例、窗外遮阳和外窗本身的采光性能有关。根据外窗安装后，在室内表面测得的透过外窗的照度与外窗安装前的照度之比（称为透光折减系数 T_r）来划分，外窗自身的采光性能分为 5 级，见表 7-1。自然通风是保证室内空气质量的最重要因素，设计时应保证外窗的可开启面积，使房间形成空气对流。

表 7-1 建筑外窗采光性能分级

分级	采光性能分级指标值	分级	采光性能分级指标值
1	$0.20 \leqslant T_r < 0.30$	4	$0.50 \leqslant T_r < 0.60$
2	$0.30 \leqslant T_r < 0.40$	5	$T_r \geqslant 0.60$
3	$0.40 \leqslant T_r < 0.50$		

7.1.4 气密性、水密性和抗风压性能要求

门窗开启频繁，构件间缝隙较多，尤其是外门窗，如密闭不好则可能渗水和导致室外空气渗入。根据 GB/T 31433—2015《建筑幕墙、门窗通用技术条件》，采用在标准状态下，气压差为 10Pa 时的单位开启缝长空气渗透量 q_1 和单位面积空气渗透量 q_2 作为分级指标，将建筑外门窗气密性能分 8 级，1 级气密性最差，8 级最好。具体分级指标见表 7-2。

表 7-2 建筑外门窗气密性能分级

分级	1	2	3	4	5	6	7	8
分级指标值 $q_1/[m^2/(m \cdot h)]$	$4.0 \geqslant q_1 > 3.5$	$3.5 \geqslant q_1 > 3.0$	$3.0 \geqslant q_1 > 2.5$	$2.5 \geqslant q_1 > 2.0$	$2.0 \geqslant q_1 > 1.5$	$1.5 \geqslant q_1 > 1.0$	$1.0 \geqslant q_1 > 0.5$	$q_1 \leqslant 0.5$
分级指标值 $q_2/[m^3/(m^2 \cdot h)]$	$12 \geqslant q_2 > 10.5$	$10.5 \geqslant q_2 > 9.0$	$9.0 \geqslant q_2 > 7.5$	$7.5 \geqslant q_2 > 6.0$	$6.0 \geqslant q_2 > 4.5$	$4.5 \geqslant q_2 > 3.0$	$3.0 \geqslant q_2 > 1.5$	$q_2 \leqslant 1.5$

据严重渗漏压力差值的前一级压力差值为水密性分级指标，外门窗水密性分为 6 级，1 级最差，6 级最好。具体分级指标见表 7-3。

表 7-3 建筑外门窗水密性能分级

分级	1	2	3	4	5	6
分级指标 ΔP/Pa	$100 \leqslant \Delta P < 150$	$150 \leqslant \Delta P < 250$	$250 \leqslant \Delta P < 350$	$350 \leqslant \Delta P < 500$	$500 \leqslant \Delta P < 700$	$\Delta P \geqslant 700$

外门窗抗风压性能是指外门窗正常关闭状态时在风压作用下不发生损坏（如开裂、面板破损、局部屈服、黏结失效等）和五金件松动、开启困难等功能障碍的能力，该性能分为 9 级。分级指标见表 7-4。

表 7-4 建筑外门窗抗风压性能分级

分级	1	2	3	4	5	6	7	8	9
分级指标 P_3/kPa	$1.0 \leqslant P_3 < 1.5$	$1.5 \leqslant P_3 < 2.0$	$2.0 \leqslant P_3 < 2.5$	$2.5 \leqslant P_3 < 3.0$	$3.0 \leqslant P_3 < 3.5$	$3.5 \leqslant P_3 < 4.0$	$4.0 \leqslant P_3 < 4.5$	$4.5 \leqslant P_3 < 5.0$	$P_3 \geqslant 5.0$

7.1.5 保温性能要求

外门窗是建筑外围护结构主要的散热部位，因此它是建筑外围护结构保温、隔热设计的重点。改善门窗保温性能主要选择热阻大的材料和合理的门窗构造方式。根据建筑外门窗传热系数和玻璃门、外窗抗结露的能力，将保温性能分为 10 级。1 级保温性能最差，10 级保温性能最好，见表 7-5。

表 7-5 外门窗传热系数分级

分级	1	2	3	4	5
分级指标值 $K/[W/(m^2 \cdot K)]$	$K \geqslant 5.0$	$5.0 > K \geqslant 4.0$	$4.0 > K \geqslant 3.5$	$3.5 > K \geqslant 3.0$	$3.0 > K \geqslant 2.5$
分级	6	7	8	9	10
分级指标值 $K/[W/(m^2 \cdot K)]$	$2.5 > K \geqslant 2.0$	$2.0 > K \geqslant 1.6$	$1.6 > K \geqslant 1.3$	$1.3 > K \geqslant 1.1$	$K < 1.1$

7.1.6 空气声隔声性能要求

建筑门窗空气声隔声性能是指门窗阻隔声音通过空气传播的能力，通常用 dB 表示，外门、外窗主要按中低频噪声分级，内门、内窗主要按中高频噪声分级，根据建筑门窗空气声隔声性能的分级标准分为 6 级，1 级隔声性能最差，6 级最好。

7.2 门窗的形式与尺度

门窗的形式主要取决于门窗的开启方式，不论其材料如何，开启方式均大致相同。本节所举例子主要是木门窗。

7.2.1 门的形式与尺度

1. 门的形式

门按其开启方式通常有平开门、弹簧门、推拉门、折叠门、转门、卷帘门等。

(1) 平开门　平开门是水平开启的门，它的铰链装于门扇的一侧与门框相连，使门扇围绕铰链轴转动。平开门构造简单，开启灵活，加工制作简便，易于维修，是建筑中使用最广泛的门。

(2) 弹簧门　弹簧门的开启方式与普通平开门相同，所不同之处是以弹簧铰链代替普通铰链。借助弹簧的力量使门扇能向内、向外开启，并可经常保持关闭状态。为避免人流相撞，门扇或门扇上部应镶嵌玻璃（图 7-1）。弹簧门广泛用于商店、学校、医院、办公和商业大厦等建筑的主入口外门。

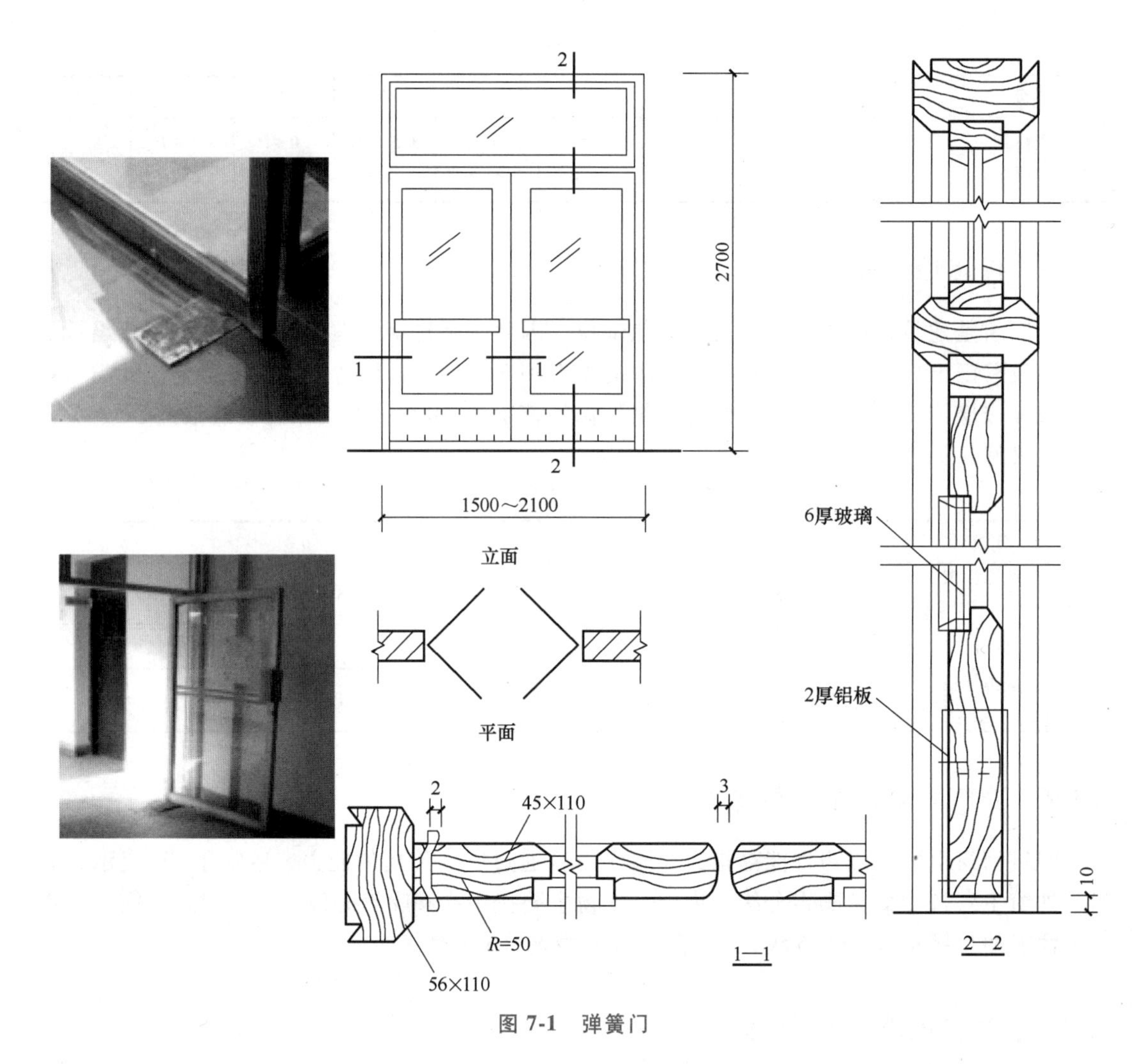

图 7-1 弹簧门

（3）推拉门 推拉门开启时门扇沿轨道向左右滑行，通常为单扇和双扇。推拉门有上挂式和下滑式。当门扇高度小于 4m 时，一般采用上挂式；当门扇高度大于 4m 时，一般采用下滑式。推拉门开启时不占空间，受力合理，不易变形；但在关闭时难于严密，构造也较复杂（图 7-2）。推拉门多用在工业建筑中，用作仓库和车间大门。

（4）折叠门 折叠门可分为侧挂式折叠门和推拉式折叠门两种。由一扇或多扇门构成，每扇门宽度为 500～1000mm。侧挂式折叠门与普通平开门相似，只是门扇之间用铰链相连而成。侧挂门扇超过两扇时，则需使用特制铰链。推拉式折叠门与推拉门构造相似，在门顶或门底装滑轮及导向装置，每扇门之间连以铰链，开启时门扇通过滑轮沿着导向装置移动

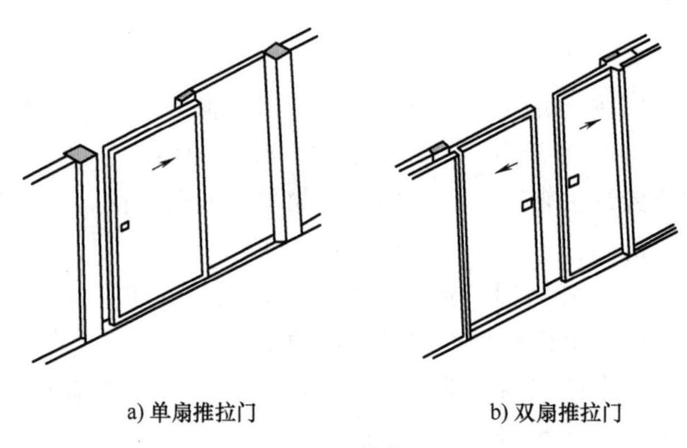

图 7-2 推拉门

（图 7-3）。折叠门开启时占空间少，但构造较复杂，一般用作商业建筑的门，或在公共建筑中用于灵活分隔空间。

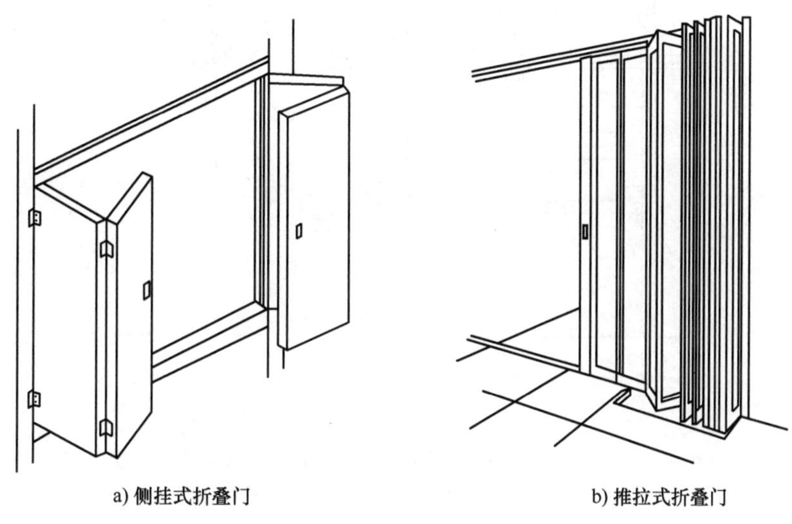

a) 侧挂式折叠门　　b) 推拉式折叠门

图 7-3　折叠门

（5）转门　转门是由两个固定的弧形门套和垂直旋转的门扇构成（图 7-4）。转门对隔绝室外气流有一定作用，可作为寒冷地区公共建筑的外门，但不能作为疏散门，当设置在疏散口时，需在转门两旁另设疏散用门。

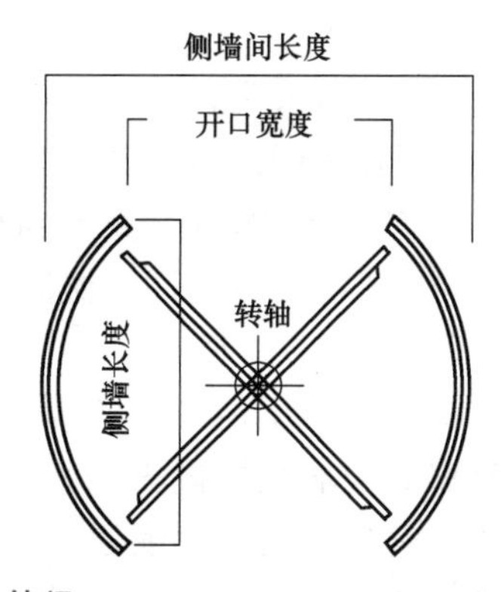

图 7-4　转门

（6）卷帘门　卷帘门是由多关节活动的门片串联而成，在固定的滑道内，以门上方卷轴为中心上下转动的门，如图 7-5 所示。卷帘门由导轨、卷轴、卷帘及驱动装置等组成。卷帘有手动卷帘和电动卷帘。有防火要求的称为防火卷帘。

2. 门的尺度

门的尺度通常是指门洞的高宽尺寸，应符合 GB/T 50002—2013《建筑模数协调标准》的规定。一般民用建筑门的高度不宜小于 2100mm。门的宽度：单扇门为 700~1000mm，双扇门为 1200~1800mm。当宽度在 2100mm 以上时，则多做成三扇门、四扇门或双扇带固定扇的门，因为门扇过宽易产生翘曲变形，同时也不利于开启。辅助房间（如浴厕、储藏室等）门的宽度可稍窄些，一般为 700~800mm。门设有亮子时，亮子高度一般为 300~

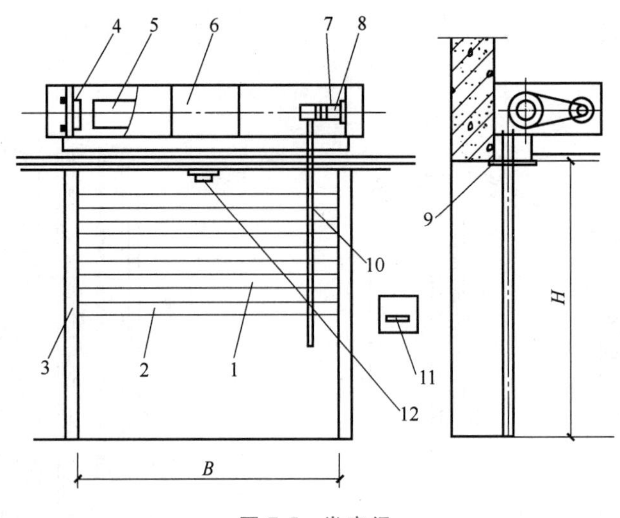

图 7-5　卷帘门

1—卷面　2—座板　3—导轨　4—支座　5—卷轴　6—箱体　7—限位器　8—卷门机　9—门楣　10—手动拉链　11—控制箱　12—感温、感烟探测器

600mm。公共建筑大门高度可视需要适当提高。门洞高度包括门扇高度、亮子高度、门框高度、门框与墙间的缝隙宽度。

7.2.2　窗的形式与尺度

1. 窗的形式

窗的形式一般按开启方式定，开启方式主要取决于窗扇铰链安装的位置和转动方式。按其开启方式通常有平开窗、固定窗、悬窗、推拉窗。

（1）平开窗　铰链安装在窗扇一侧与窗框相连，向外或向内水平开启。有单扇、双扇、多扇，以及向内开与向外开之分。平开窗的构造简单，开启灵活，制作维修方便，是民用建筑中使用最广泛的窗，如图 7-6 所示。

（2）固定窗　无窗扇、不能开启的窗为固定窗。固定窗的玻璃直接嵌固在窗框上，可供采光和眺望之用，不能通风。固定窗的构造简单，密闭性好，多与门亮子和开启窗配合使用。

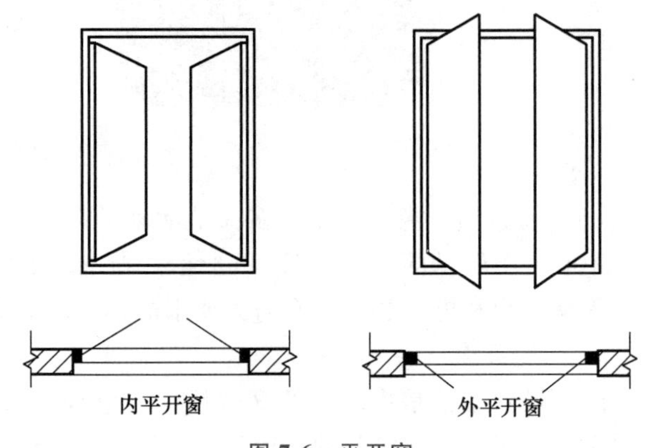

图 7-6　平开窗

（3）悬窗　根据铰链和转轴位置的不同，可分为上悬窗、中悬窗和下悬窗，如图 7-7 所示。上悬窗（铰链按在窗扇的上边）一般向外开防雨好，多用作外门和窗上的亮子；下悬窗向内开，通风较好，不防雨，一般用于内门上的亮子；中悬窗开启时窗扇上部向内，下部向外，对挡雨、通风有利。

（4）推拉窗　推拉窗分水平推拉和上下推拉两种（图 7-8a、b），水平推拉一般是在窗扇上下设滑槽，上下推拉需要升降及制约措施。推拉窗因开启时不占室内空间，窗扇受力状态好，窗扇及玻璃尺寸可较平开窗大，但通风面积受限。

此外，窗的形式还有立转窗（图 7-8c）、折叠窗等。

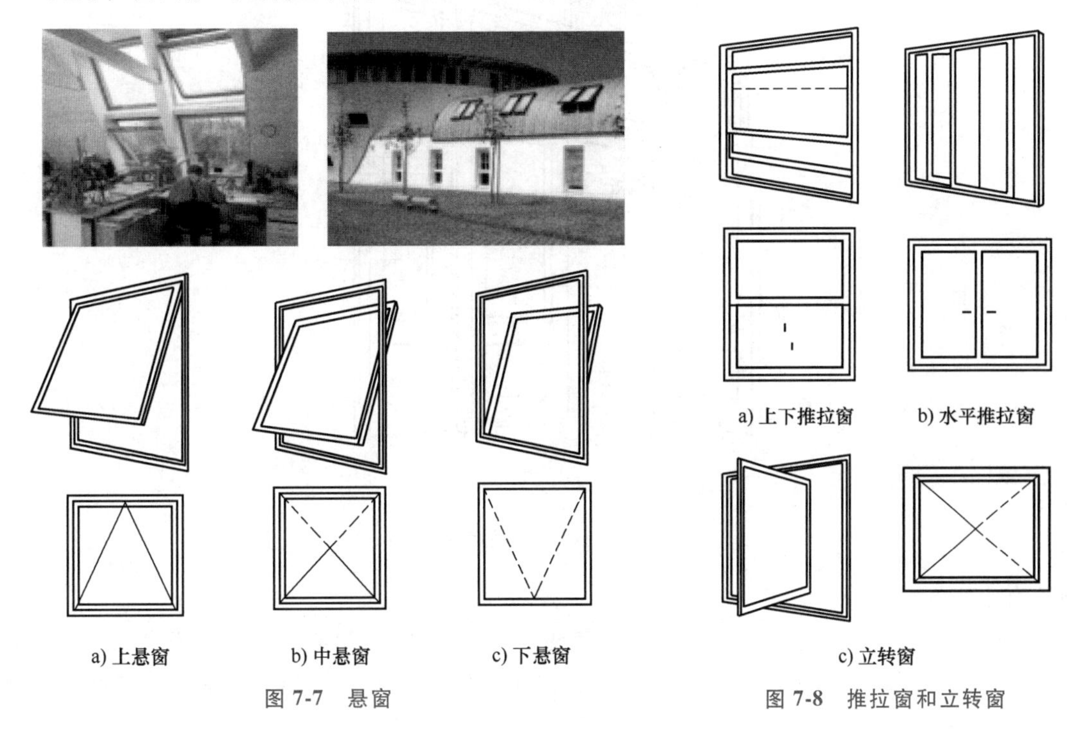

图 7-7　悬窗

图 7-8　推拉窗和立转窗

2. 窗的尺度

窗的尺度主要取决于房间的采光、通风、构造做法和建筑造型等要求，并要符合 GB/T 50002—2013《建筑模数协调标准》的规定。一般平开木窗的窗扇高度为 800~1200mm；上、下悬窗的窗扇高度为 300~600mm；中悬窗的窗扇高不宜大于 1200mm，宽度不宜大于 1000mm；推拉窗高宽均不宜大于 1500mm。对一般民用建筑的用窗，各地均有通用窗可直接选用，各类窗的高宽尺寸通常采用 3M 模数数列。

7.3 木门窗构造

7.3.1 平开木门构造

门一般由门框、门扇、亮子、五金零件及其附件组成（图 7-9）。

1. 平开门

门扇按其构造方式的不同，有镶板门、夹板门、拼板门、玻璃门和纱门等。亮子在门上方，为辅助采光和通风之用，有平开、固定及上、中、下悬之分。

门窗框是门窗与建筑墙体、柱、梁等构件连接的部分，起固定作用，还能控制门窗扇启闭的角度。五金零件一般有铰链、插销、门锁、拉手、门碰头等。附件有贴脸板、筒子板等。

2. 门框

门框又称门樘，由两根竖直的边框和上框组成，当门带有亮子时，还有中横框，多扇门

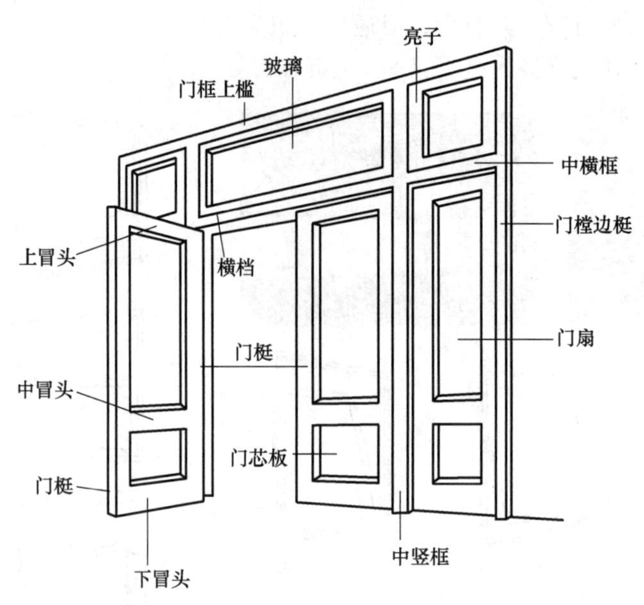

图 7-9　木门的组成

则还有中竖框。

为便于门扇密闭，门框上要有裁口和背槽（图 7-10）。裁口有单裁口和双裁口，单裁口用于单层门，双裁口用于双层门或弹簧门。由于门框靠墙一面易受潮变形，故常在该面开 1~2 道背槽，以免产生翘曲变形，同时也利于门框的嵌固。裁口的宽度要比门扇宽度大 1~2mm，以利于安装和门扇开启；裁口深度为 8~10mm。

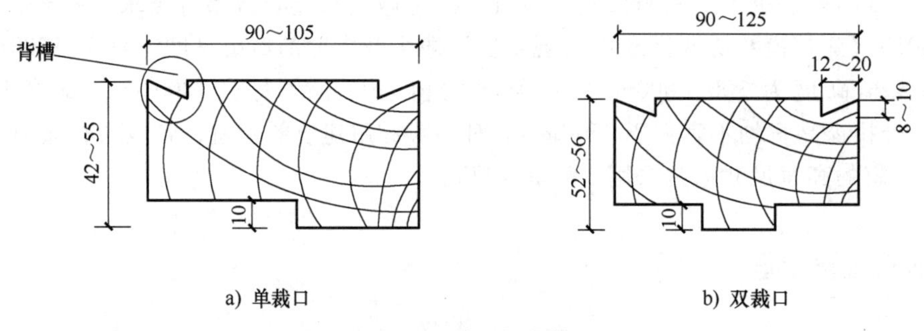

图 7-10　裁口与背槽

木门框的安装根据施工方式分为塞口和立口两种（图 7-11）。

塞口（又称为塞樘子）是先在墙砌好后再安装门框。采用此法时，洞口的宽度应比门框大 20~30mm，高度比门框大 10~20mm。门洞两侧砖墙上每隔 500~600mm 预埋木砖或预留缺口，以便用圆钉或水泥砂浆将门框固定。框与墙间的缝隙需用沥青麻丝嵌填（图 7-12）。

立口（又称为立樘子）是在砌墙前即用支撑先立门框再砌墙。框与墙的结合紧密，但是立口与砌墙工序交叉，施工不方便。

门框在墙中的位置，可在墙的中间或与墙的一边平齐。在门框与墙结合处应做贴脸板和木压条盖缝，还可在门洞两侧和上方设筒子板（图 7-13）。

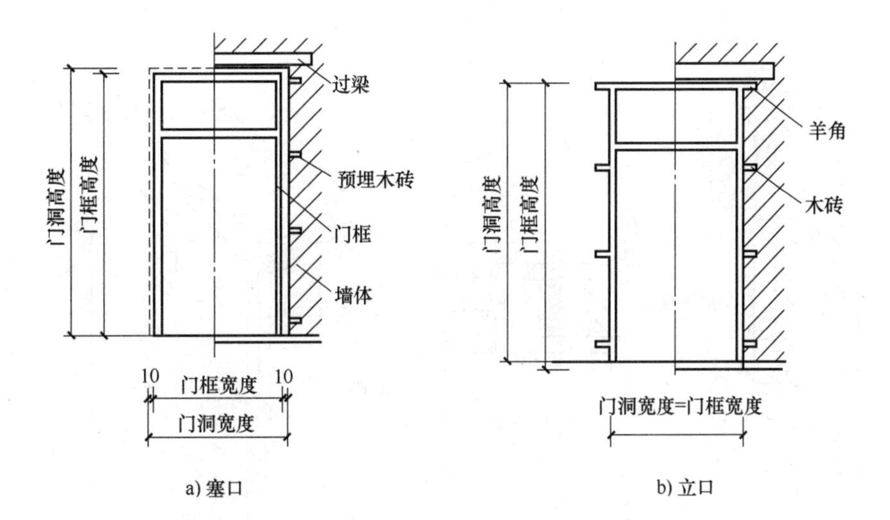

图 7-11 门框的安装

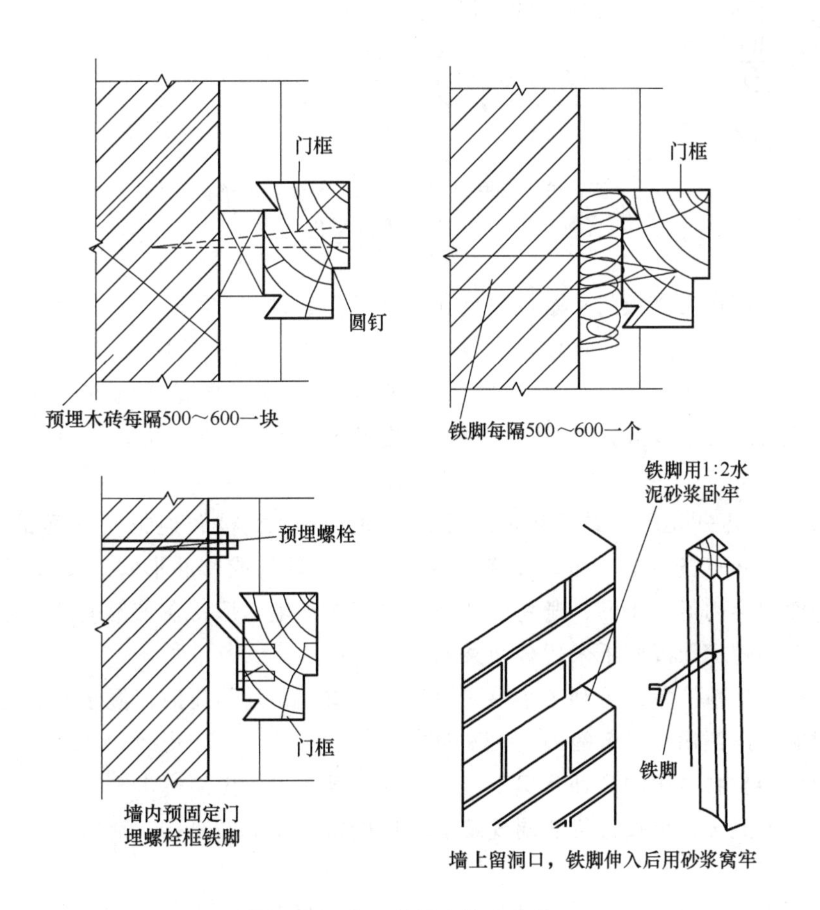

图 7-12 塞口门框在墙上安装

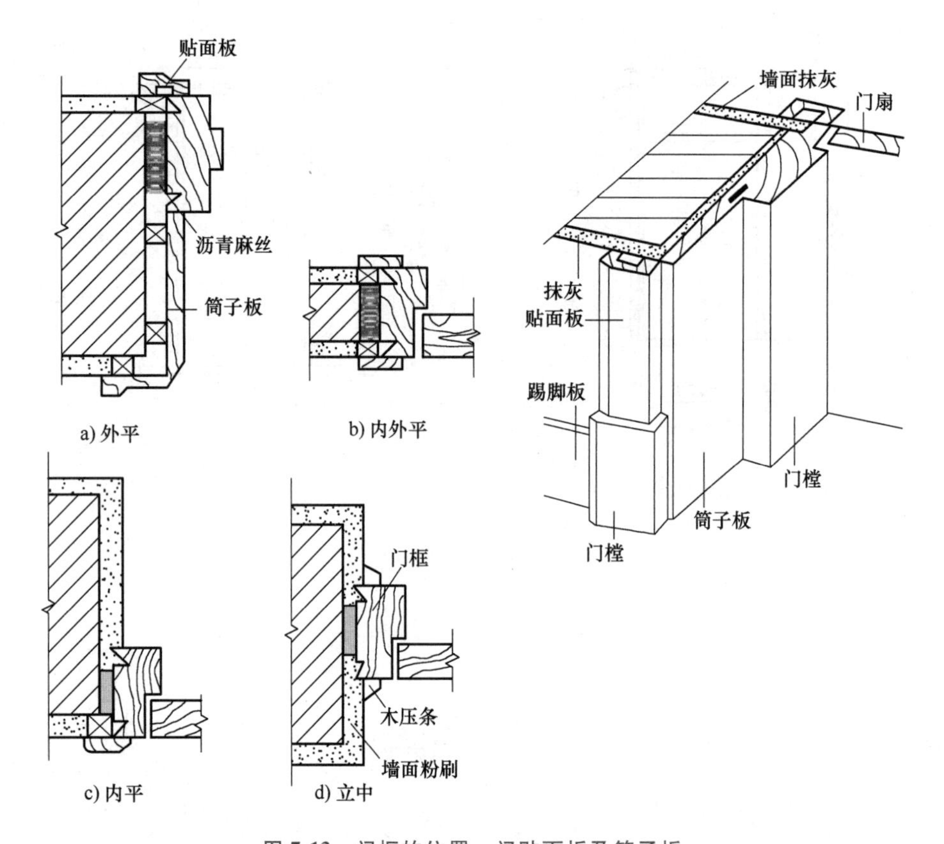

图 7-13　门框的位置、门贴面板及筒子板

3. 门扇

常用的木门门扇有夹板门和镶板门（包括玻璃门、纱门）。

（1）夹板门　它是用断面较小的方木做成骨架，两面粘贴面板而成（图 7-14）。门扇面板可用胶合板、塑料面板和硬质纤维板。面板不再是骨架的负担，而是和骨架形成一个整体，共同抵抗变形。夹板门的形式可以是全夹板门、带玻璃或带百叶夹板门。

夹板门的骨架一般用厚约 30mm、宽 30～60mm 的木料做边框，中间的肋条用厚约 30mm、宽 10～25mm 的木条，可以是单向排列、双向排列或密肋形式，安装门锁处需另加上锁木。为使门扇内通风干燥，避免因内外温湿度差产生变形，在骨架上需设通气孔。为节约木材，也有用蜂窝形浸塑纸来代替肋条的。

由于夹板门构造简单，可利用小料、短料，自重轻，外形简洁，便于工业化生产，故在一般民用建筑中广泛用作建筑的内门。

夹板门所用材料常用的品种有枫木、红橡木、樱桃木、黑胡桃木等。门配套用铰链、锁具、滑轨、门上五金，可按订货合同规定由工厂提供，相关的锁孔、滑轨开槽均可在工厂预制加工。

（2）镶板门　镶板门的门扇由边梃、上冒头、中冒头和下冒头组成骨架，内装门芯板

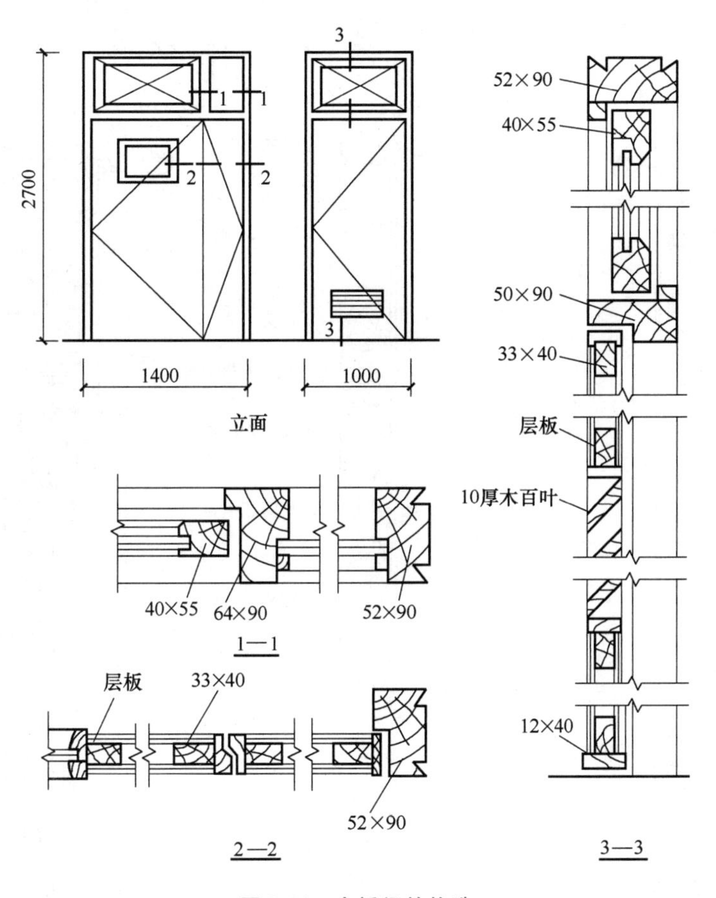

图 7-14　夹板门的构造

而构成，如图 7-15 所示。镶板门适用于一般民用建筑做内门和外门。门芯板一般采用 10~12mm 厚的木板拼成，也可采用胶合板、硬质纤维板、塑料板、玻璃和塑料纱等。当采用玻璃时，即为玻璃门，可以是半玻璃门或全玻璃门。若门芯板换成塑料纱（或铁纱），即纱门。

7.3.2　成品装饰木门

在酒店、宾馆、办公大楼、中高档住宅等民用建筑中广泛采用成品装饰木门窗，该门窗采用标准化、工厂化生产，现场组装成型，同时有很好的装饰效果。

成品木门为无钉胶接固定施工，工期短，施工现场无噪声、无垃圾、无污染等。木门的木材为松木、榉木或其他优良材种，内框骨架采用指接工艺，榫接胶合严密填充芯料选用电热拉伸定型蜂窝芯。

门套基材一般选用优质密度板，背面覆防潮层。面层饰面选用 0.6mm 优质天然实木单板或仿真饰面膜。成品木门分为三大类，即平板门、装板门、玻璃门。平板门共三种门型，即普通平板门、拼花平板门、百叶平板门。装板门共三种门型，即平板装板门、鼓子板装板门、混合装板门。玻璃门共七种门型，即全玻璃门、半玻璃门、条形玻璃门、花格玻璃门、百叶玻璃门、装板玻璃门、铁艺玻璃门。

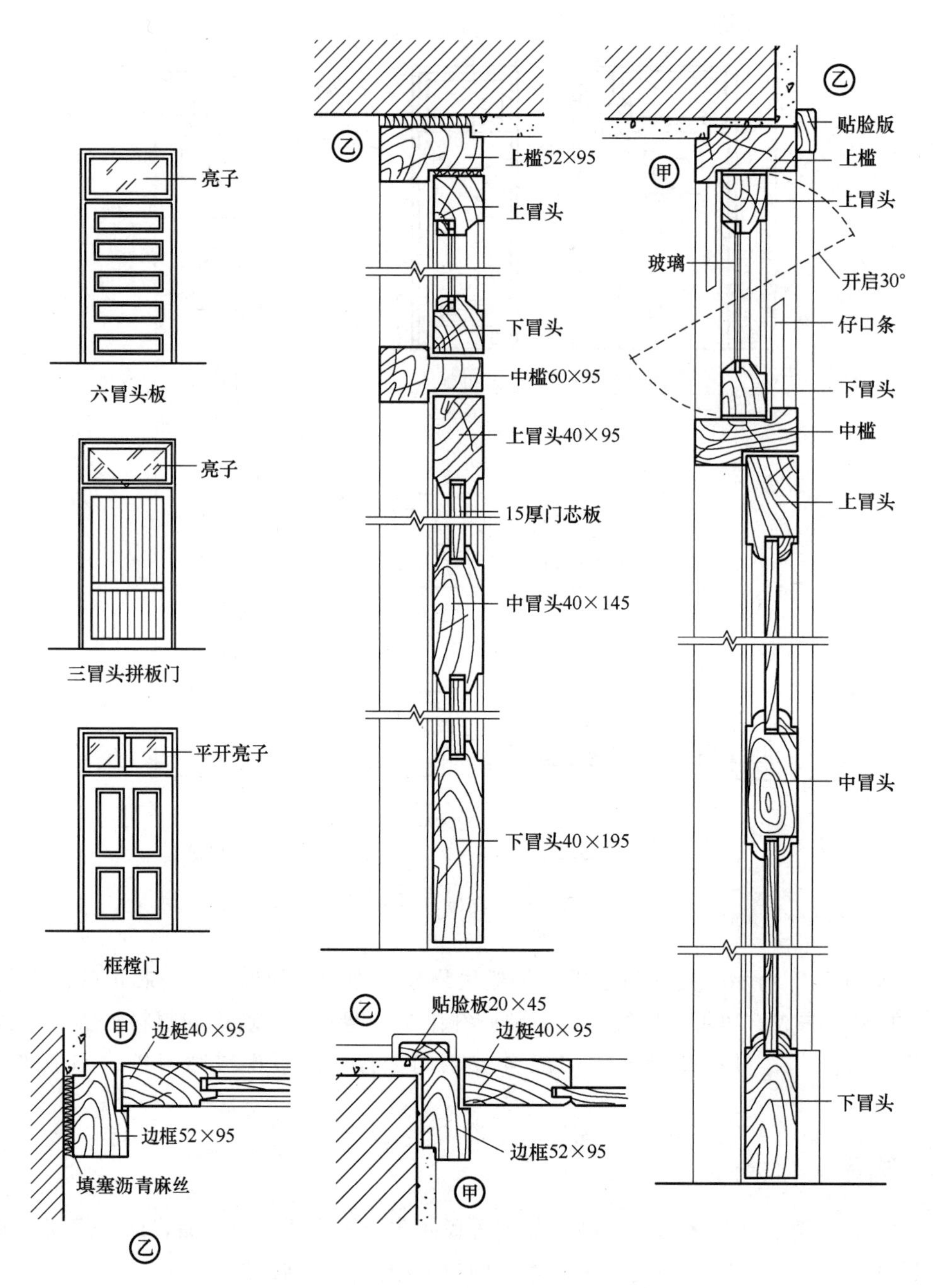

图 7-15　镶板门的构造

7.3.3　平开木窗构造

窗的组成：窗框、窗扇（玻璃扇、纱扇）、五金（铰链、风钩、插销）、附件（窗帘盒、窗台板、贴脸板）。

1. 窗框

最简单的窗框由边框及上下框所组成。在垂直方向上有两个以上窗扇时，应增加中横框；在水平方向上有 3 个以上的窗扇时，应增加中竖框。窗框的构造与门框一样：在构造上应有裁口及背槽的处理；裁口有单裁口与双裁口之分。窗框的安装与门框一样：塞口；立口。塞口时，洞口的高宽尺寸应比窗框尺寸大 10~20mm。

2. 窗扇

常见的木窗扇有玻璃扇和纱窗扇。窗扇是由上、下冒头和边梃榫接而成，有的还用窗芯（又叫作窗棂）分格，如图 7-16 所示。

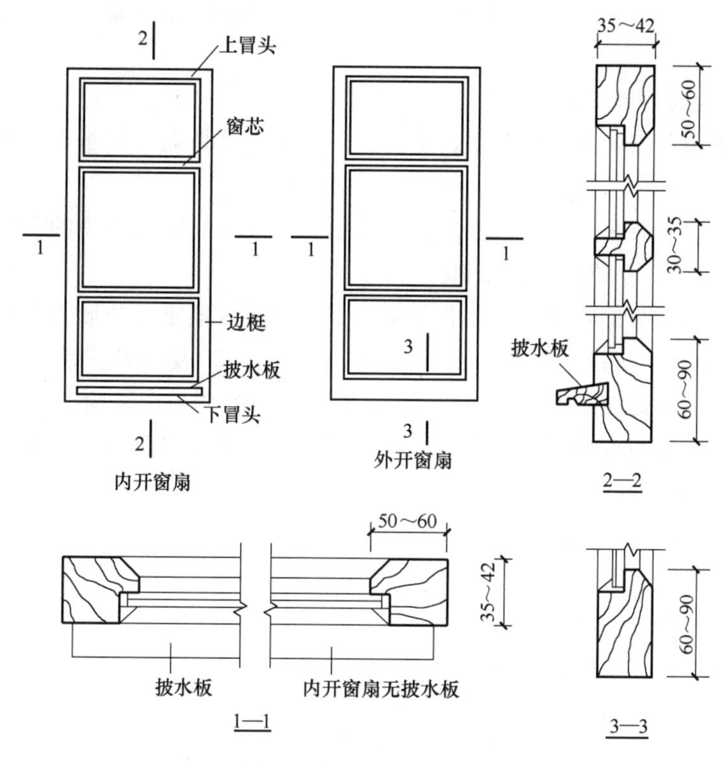

图 7-16 平开木窗扇构造

玻璃的选择与安装：建筑用玻璃按其性能有普通平板玻璃、磨砂玻璃、压花玻璃、吸热玻璃、反射玻璃、中空玻璃、钢化玻璃、夹层玻璃等。玻璃的安装，一般用油灰（桐油灰）或木压条嵌固。

7.4 铝合金及彩板门窗

随着建筑的发展，木门窗、钢门窗已不能满足现代建筑对门窗的要求，铝合金门窗、塑料门窗以其用料省、质量轻、密闭性好、耐腐蚀、坚固耐用、色泽美观、维修费用低而得到广泛的应用。

7.4.1 铝合金门窗

1. 铝合金门窗的特点

（1）质量轻　铝合金门窗用料省、质量轻，较钢门窗轻 50%左右。

（2）性能好　密封性好，气密性、水密性、隔声性、隔热性都较钢门窗、木门窗有显著的提高。铝合金门窗适用于多台风、多暴雨、多风沙地区的建筑中。

(3) 耐腐蚀、坚固耐用 铝合金门窗不需要涂涂料，氧化层不褪色、不脱落，表面不需要维修，铝合金门窗的强度高，刚性好，坚固耐用，开闭轻便灵活，无噪声，安装速度快。

(4) 色泽美观 铝合金门窗框料型材的表面经过氧化着色处理，既可保持铝材的银白色，也可以制成各种柔和的颜色或带色的花纹；还可以在铝材表面涂刷一层聚丙烯酸树脂保护装饰膜。

2. 铝合金门窗的设计要求

1）应根据使用和安全要求确定铝合金门窗的风压强度性能、雨水渗漏性能、空气渗透性能等综合指标。

2）组合门窗设计宜采用定型产品门窗作为组合单元，非定型产品的设计应考虑洞口最大尺寸和开启扇最大尺寸的选择和控制。

3）外墙铝合金门窗的安装高度应有限制。如广东地区规定，外墙铝合金门窗的安装高度小于或等于60m（不包括玻璃幕墙）、层数小于或等于20层，若安装高度大于60m或层数多于20层则应进行更细致的设计。必要时，尚应进行风洞模型试验。

4）铝合金门窗框料的传热系数大，一般不能单独作为节能门窗的框料，应采取表面喷塑或断热处理技术来提高热阻。

3. 铝合金门窗系列

系列名称是以铝合金门窗框的厚度构造尺寸来区别各种铝合金门窗的称谓。如推拉窗框厚度的构造尺寸为50mm（图7-17），称为50系列铝合金推拉窗；推拉窗框厚度的构造尺寸为90mm，称为90系列铝合金推拉窗等。其中，90系列是常用的铝合金推拉窗。

铝合金门窗设计通常采用定型产品，选用时应根据不同地区、不同气候、不同环境、不同建筑物的不同使用要求，选用不同的门窗系列。

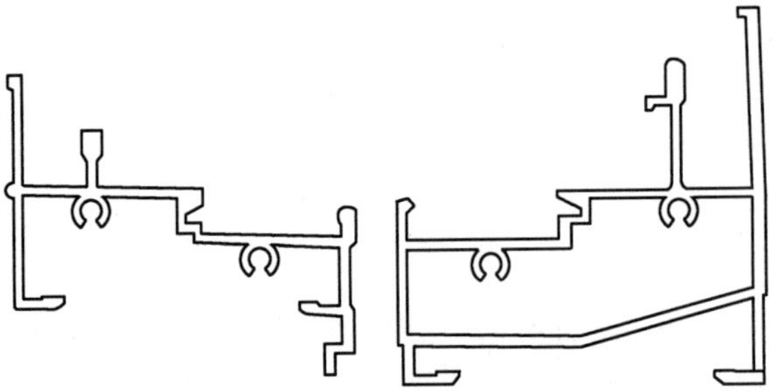

a) Ⅰ型　b) Ⅱ型

图7-17 50系列推拉窗下滑道

4. 铝合金门窗的安装

铝合金门窗是表面处理过的铝材经下料、打孔、铣槽、攻螺纹等工序，制作成门窗框的构件，并与连接件、密封件、开闭五金件一起组合装配成门窗。

门窗安装时，首先将门窗框在抹灰前立于门窗洞处，与墙内预埋件对正，然后用木楔将三边固定。经检验确定门窗框水平、垂直、无翘曲后，用连接件将窗框固定在墙（柱、梁）上，连接件固定可采用焊接、膨胀螺栓或射钉方法。铝合金门窗安装的构造节点如图7-18所示。

门窗框固定好后与门窗洞四周的缝隙，一般采用软质保温材料填塞，如泡沫塑料条、泡沫聚氨酯条、矿棉毡条和玻璃丝毡条等，分层填实，外表留5~8mm深的槽口用密封膏密封。这种做法主要是为了防止门框、窗框四周形成冷热交换区产生结露，影响防寒、防风的正常功能和墙体的寿命，也影响建筑物的隔声、保温等功能。同时，避免门窗框直接与混凝土、水泥砂浆的接触，消除碱对门窗框的腐蚀。

铝合金门窗装入洞口应横平竖直，外框与洞口应弹性连接牢固，不得将门窗外框直接埋入墙体，防止碱对门窗框的腐蚀。门窗框与墙体等的连接固定点，每边不得少于两点，且间距不得大于 0.7m；在基本风压值大于或等于 0.7kPa 的地区，间距不得大于 0.5m；边框端部的第一固定点与端部的距离不得大于 0.2m。

寒冷地区或有特殊要求的房间，宜采用双层窗，双层窗有不同的开启方式，图 7-19 所示。

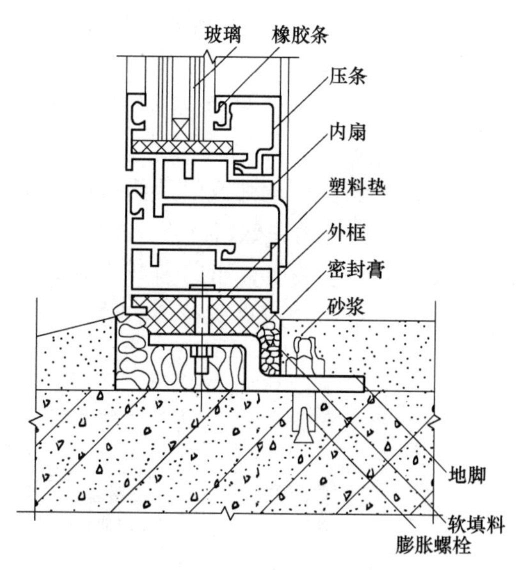

图 7-18　铝合金门窗安装的构造节点

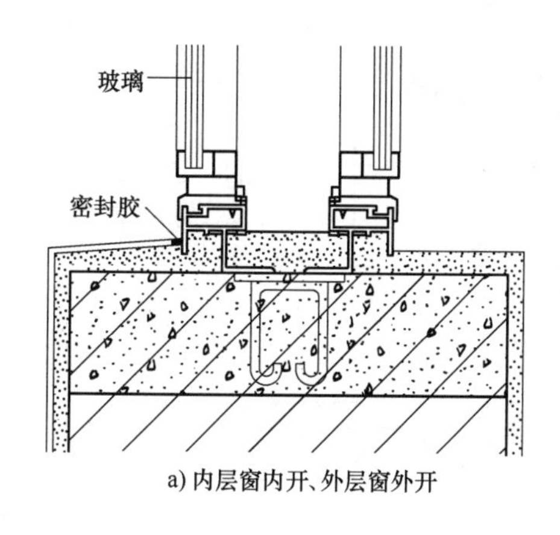

a) 内层窗内开、外层窗外开

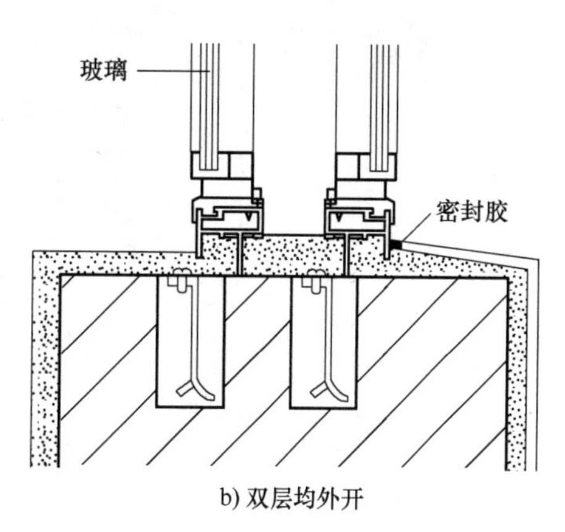

b) 双层均外开

图 7-19　双层窗

5. 常用铝合金门窗构造

（1）平开窗　平开窗的铰链安装于窗侧面。平开窗的玻璃镶嵌可采用干式装配、湿式装配或混合装配。干式装配是采用密封条嵌入玻璃与槽壁的空隙将玻璃固定。湿式装配是在玻璃与槽壁的空腔内注入密封胶填缝，密封胶固化后将玻璃固定，并将缝隙密封起来。混合装配是一侧空腔嵌密封条，另一侧空腔注入密封胶填缝密封固定。混合装配又分为从外侧安装玻璃和从内侧安装玻璃两种。从内侧安装玻璃时，外侧先固定密封条，玻璃定位后，对内侧空腔注入密封胶填缝固定。湿式装配的水密、气密性能优于干式装配，而且当使用的密封胶为硅酮密封胶时，其寿命远较密封条长。平开窗开启后，应用撑档固定。撑档有外开启上撑档、内开启下撑档。平开窗关闭后应用执手固定。

（2）推拉窗　铝合金推拉窗有沿水平方向左右推拉和沿垂直方向上下推拉两种形式。沿垂直方向推拉的窗用得较少。推拉窗可组合成其他形式的窗或门连窗。推拉窗可装配各种形式的内外纱窗，纱窗可拆卸，也可固定（外装）。推拉窗在下框或中横框两端，或在中间开设其他形式的排水孔，使雨水及时排除。

常用的推拉窗有 90 系列、70 系列、60 系列、50 系列等。其中 90 系列是目前广泛采用的品种，其特点是框四周外露部分均等，造型较好，边框内设内套，断面呈“已”形。

（3）地弹簧门　地弹簧门是使用地弹簧做开关装置的平开门，门可以向内或向外开启。地弹簧门分为有框地弹簧门（图 7-20）和无框地弹簧门。地弹簧门向内或向外开启不到 90°时，能使门扇自动关闭；当门扇开启到 90°时，门扇可固定不动。门扇玻璃应采用 6mm 或 6mm 以上的钢化玻璃或夹层玻璃。地弹簧门常用 70 系列和 100 系列。

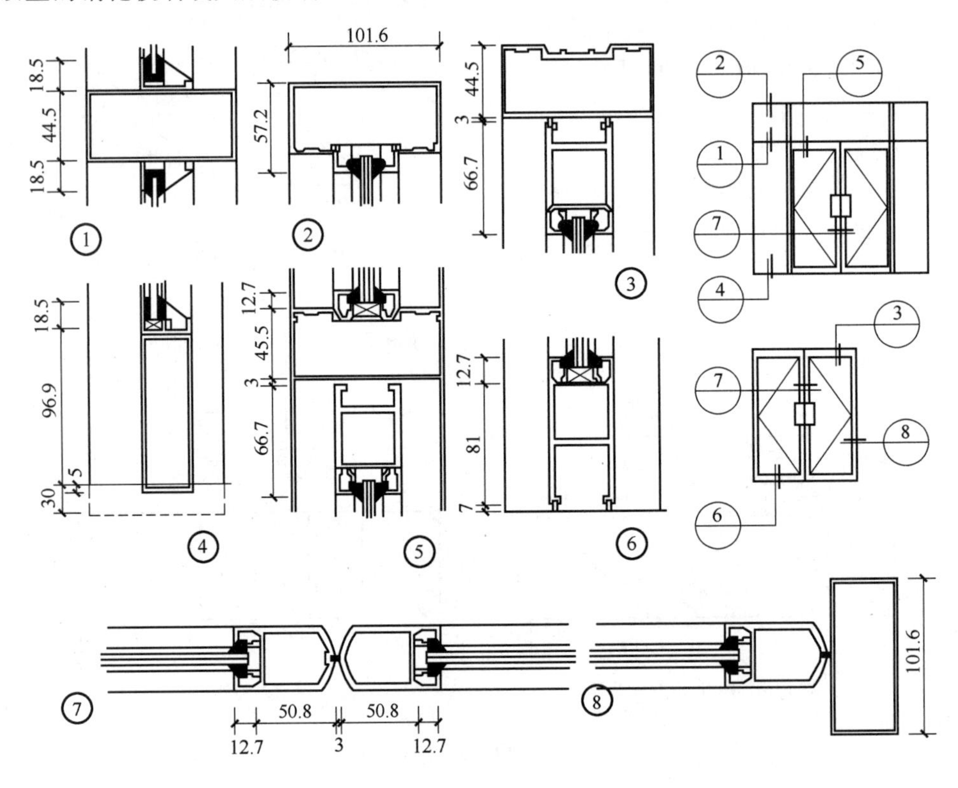

图 7-20　100 系列有框地弹簧门

7.4.2　彩板门窗

彩板门窗是以彩色镀锌钢板经机械加工而成的门窗。它具有质量轻、硬度高、采光面积大、防尘、隔声、保温、密封性好、造型美观、色彩绚丽、耐腐蚀等特点。彩板门窗断面形式复杂，种类较多，通常在出厂前就已将玻璃装好，在施工现场进行成品安装。

彩板门窗目前有带副框和不带副框两种类型。当外墙面为花岗石、大理石等贴面材料时，常采用带副框的门窗。安装时，先用自攻螺钉将连接件固定在副框上，并用密封胶将洞口与副框及副框与窗樘之间的缝隙进行密封。当外墙装修为普通粉刷时，常用不带副框的做法，即直接用膨胀螺钉将门窗樘子固定在墙上，如图 7-21 所示。

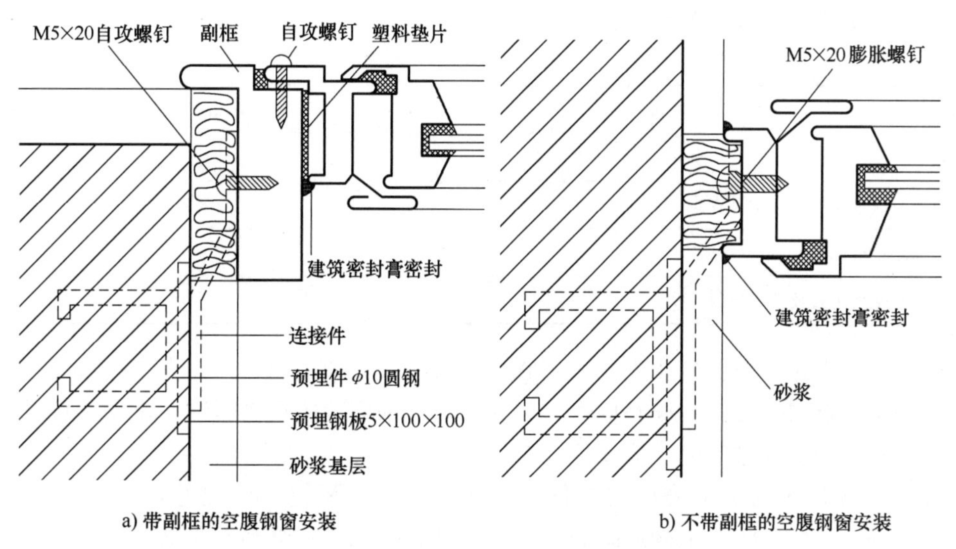

图 7-21　彩钢门窗的安装工艺

7.5　塑料门窗

塑料门窗是以聚氯乙烯、改性聚氯乙烯或其他树脂为主要原料，轻质碳酸钙为填料，添加适量助剂和改性剂，经挤压机挤成各种截面的空腹门窗异型材料，再根据不同的品种规格选用不同截面异型材料组装而成。由于塑料的变形大、刚度差，一般在型材内腔加入钢或铝等，以增加抗弯能力，即所谓的塑钢门窗。较之全塑门窗刚度更好，质量更轻。

塑料门窗线条清晰、挺拔，造型美观，表面光洁细腻，不但具有良好的装饰性，而且有良好的隔热性和密封性。其气密性为木窗的 3 倍，铝窗的 1.5 倍；热损耗为金属窗的 1/1000；隔声效果比铝窗高 30dB 以上。同时，塑料本身具有耐腐蚀等功能，不用涂涂料，可节约施工时间及费用。因此，塑料门窗在建筑上得到大量应用。

7.5.1　塑料门窗系列

塑料门窗按塑料门窗型材断面分为若干系列，常用的有 60 系列、80 系列、88 系列推拉窗和 60 系列平开窗（平开门）系列（表 7-6）。

表 7-6　塑料门窗系列

系列名称	适用范围及选用要点
60 系列	主型材为三腔，可制作固定窗、普通内外平开窗、内开下悬窗、外开下悬窗、单窗，可安装纱窗，内开可用于高层，外开不适用于高层
80 系列	主型材为三腔，可安装纱窗，窗型不宜过大，适合用于 7~8 层住宅
88 系列	主型材为三腔，可安装纱窗，适用于 7~8 层以下建筑。只有单玻璃设计，适用于南方地区

7.5.2　塑料门窗的安装

塑料门窗的构造尺寸应包括预留洞口与待安装门窗框的间隙及墙体饰面材料的厚度。

洞口与窗框间隙应符合表 7-7 的规定。

表 7-7　洞口与窗框间隙　　（单位：mm）

墙体饰面层材料	洞口与窗框间隙
清水墙	10
墙体外饰面抹水泥砂浆或贴马赛克	15~20
墙体外饰面贴釉面瓷砖	20~25
墙体外饰面贴大理石或花岗岩板	40~50

塑料门窗应采用预留洞口法安装，不宜采用边安装边砌口或先安装后砌口的施工方法。对加气混凝土墙洞口，应预埋胶粘圆木。门窗及玻璃的安装应在墙体湿作业完工且硬化后进行，当需要在湿作业前进行时，应采取保护措施。

当窗与墙体固定时，应先固定上框，后固定边框，固定方法应符合下列要求：混凝土墙洞口应采用射钉或塑料膨胀螺钉固定；砖墙洞口应采用塑料膨胀螺钉或水泥钉固定，不得固定在砖缝处；加气混凝土洞口，应采用木螺钉将其固定在胶粘圆木上；设有预埋件的洞口应采用焊接的方法固定，也可先在预埋件上按紧固件规格打基孔，然后用紧固件固定。

窗框与洞口之间的伸缩缝内腔应采用闭孔泡沫塑料、发泡聚苯乙烯等弹性材料分层填充，填塞不宜过紧。对于保温、隔声等级要求较高的工程，应采用相应的隔热、隔声材料填塞。

在玻璃安装时，玻璃不得与玻璃槽直接接触，应在玻璃四边垫上垫块。边框上的垫块，宜采用聚氯乙烯胶加以固定，如图 7-22 所示。塑料门窗的安装构造如图 7-23 所示。

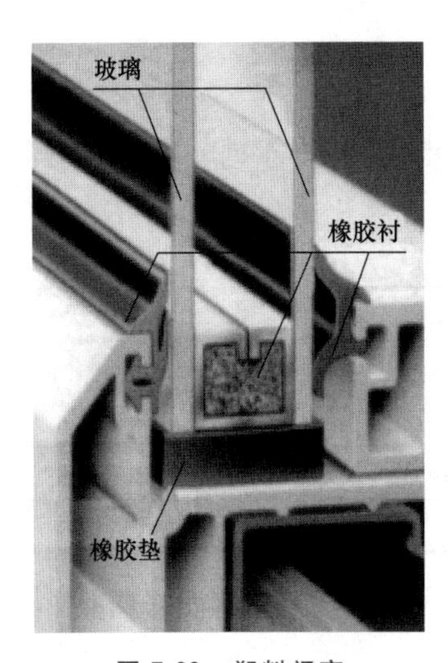

图 7-22　塑料门窗

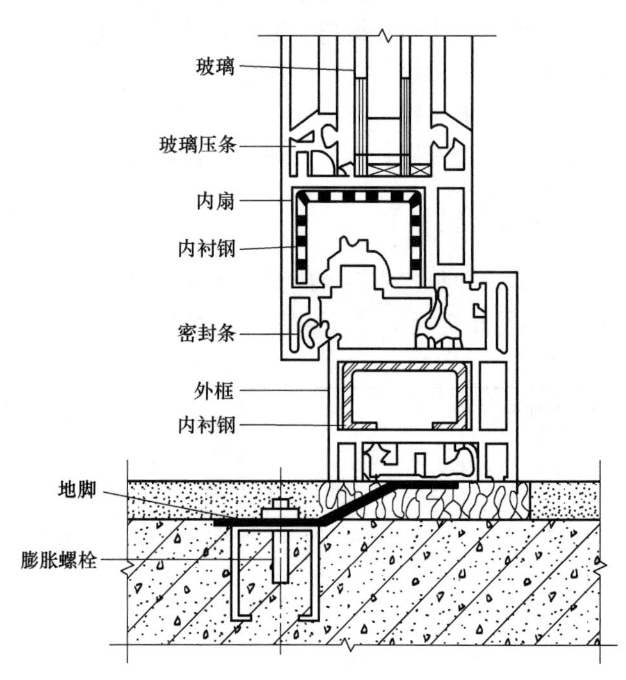

图 7-23　塑料门窗的安装构造

7.6 中庭天窗

天窗是设在屋顶上的窗。进深或跨度大的建筑物，室内光线差，空气不畅通，设置天窗可以增强采光和通风，改善室内环境。天窗的运用在单层厂房中比较普遍，在大型公共建筑中设置中庭天窗的方式比较盛行，在民用建筑中也日渐增多。

7.6.1 中庭天窗的形式

按进光的途径不同分为顶部进光的天窗（用于气候温和或阴天较多的地区）和侧面进光的天窗（用于炎热地区）。

中庭天窗的形式应根据中庭的规模大小、中庭的屋顶结构形式、建筑造型要求等因素确定。常见中庭天窗的形式有棱锥形天窗、斜坡式天窗、穹形天窗、拱形天窗等，如图 7-24 所示。

图 7-24　中庭天窗的形式

7.6.2 中庭天窗的构造

中庭天窗由屋顶承重结构和玻璃采光面两部分构成。

1. 屋顶承重结构

屋顶承重结构常选用金属结构，用铝合金型材或钢型材制成，常用的结构形式有梁结构、拱结构、桁架结构、网架结构等。屋顶的结构断面应尽可能设计得小一些，否则遮挡天窗光线。

2. 玻璃采光面

玻璃采光面的组成有两种形式：采光罩直接安装在屋顶承重结构上；玻璃先装在骨架上构成天窗标准单元，再将标准单元安装在承重结构上。跨度小的屋顶可将骨架与承重结构合二为一。

骨架一般采用铝合金或钢制作，骨架的断面形式应适合玻璃的安装固定，要便于进行密缝防水处理，要考虑积存和排除玻璃表面的凝结水，如图 7-25 所示。

图 7-25　天窗的玻璃及其骨架

3. 玻璃顶构造实例

某建筑玻璃顶构造如图 7-26 所示，采用双坡式玻璃顶天窗。屋顶承重结构与天窗骨架合一，用铝型材制作，主要受力构件为顺水流方向的纵向型铝，它是断面较大的空心构件；垂直于水流方向的横向型铝通过连接件支承在纵向型铝上；透光材料采用双层空心丙烯酸酯有机玻璃，先将它搁在纵横型铝上，再用型铝盖板卡紧，所有缝隙均嵌填密封胶条。

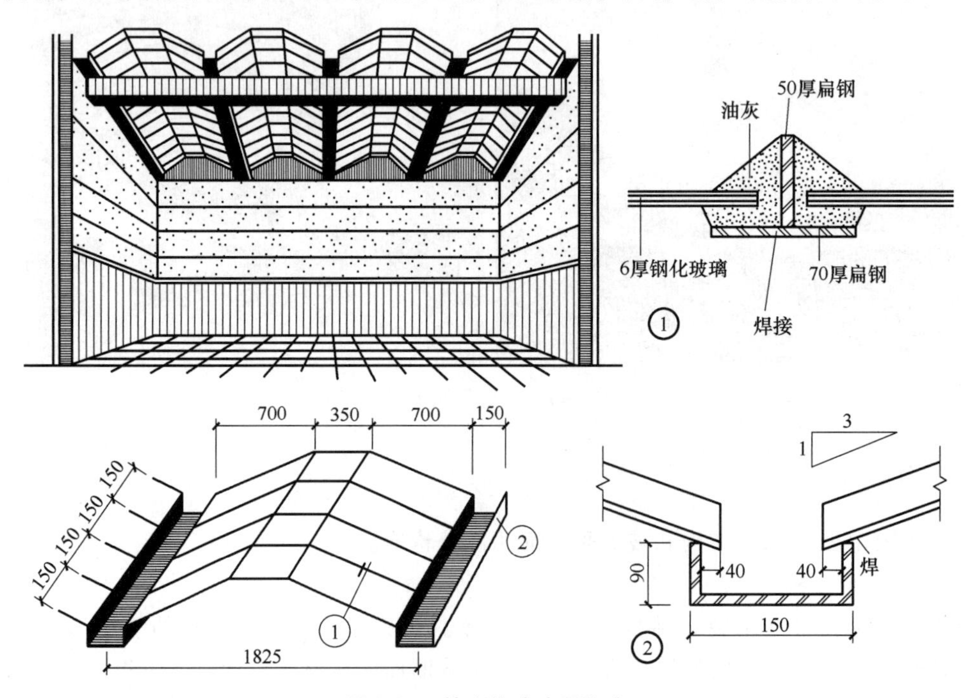

图 7-26　某建筑玻璃顶构造

7.7 门窗节能设计

建筑门窗的能耗占建筑围护结构总能耗的 40%～50%，但同时太阳光通过门窗透射入室内而使建筑获得太阳能。

门窗的选择应根据当地的气候条件、功能要求、建筑形式等因素综合考虑，恰当地选择门窗材料和构造方式，满足国家节能设计标准对门窗设计指标的要求。

7.7.1 门窗节能设计规定指标

1. 窗墙比

窗墙比是窗户面积与窗户所在墙面面积的比值。不同地区、不同朝向的太阳辐射强度和日照率不同，窗户所获得的太阳热能也不相同。各地区节能设计标准对不同建筑功能和各朝向的窗墙比限值都有详细的规定。

2. 传热系数

不同建筑根据不同的外门窗材料、构造方法，其传热系数也不相同，外门窗传热系数应根据经计量认证质检机构提供的检测值采用。常见的外门窗传热系数见表 7-8。

表 7-8 常见的外门窗传热系数

类型		建筑户门、外窗及阳台门名称	传热系数 K /[W/(m²·K)]	综合遮阳(遮蔽)系数 SC
门		多功能户门(具有保温、隔声、防盗等功能)	1.5	
		夹板门或蜂窝夹板门	2.5	
		双层玻璃门	2.5	
窗	铝合金	单层普通玻璃窗	6.0～6.5	0.8～0.9
		单框普通中空玻璃窗	3.6～4.2	0.75～0.85
		单框低辐射中空玻璃	2.7～3.4	0.4～0.44
		双层普通玻璃窗	3.0	0.75～0.85
	断热铝合金	单框普通中空玻璃窗	3.3～3.5	0.75～0.85
		单框低辐射中空玻璃窗	2.3～3.0	0.4～0.55
	塑料	单层普通玻璃窗	4.5～4.9	0.8～0.9
		单框普通中空玻璃窗	2.7～3.0	0.75～0.85
		单框低辐射中空玻璃窗	2.0～2.4	0.4～0.55
		双层普通玻璃窗	2.3	0.75～0.85

3. 综合遮阳系数

对南方炎热地区，在强烈的太阳辐射下，阳光直射室内，严重影响建筑室内热环境，外窗应采取适当遮阳措施，以降低建筑空调能耗。外窗的遮阳效果用综合遮阳系数 SC 来衡量，其影响因素有外窗本身的遮阳性能和外遮阳的遮阳性能。

有外遮阳时，综合遮阳系数 SC＝外窗遮阳系数 SC_C×外遮阳系数 SD。

无外遮阳时，综合遮阳系数 SC＝外窗遮阳系数 SC_C。

外窗遮阳系数 SC_C = 玻璃遮阳系数 SC_B ×(1-窗框面积 F_K/窗面积 F_C)。

4. 可见光投射比

可见光投射比是指可见光透过透明材质的光通量与投射在其表面的光通量之比，表明透光材质透光性能的好坏。对于公共建筑，当建筑窗墙比小于 0.4 时，玻璃（或其他透明材质）的可见光投射比不应小于 0.4。

5. 气密性

门窗气密性按照分级标准分为 8 级（表 7-2），其选择应根据当地气候条件，如夏热冬冷地区的居住建筑：1~6 层外窗及阳台门的气密性不应低于 4 级，7 层及以上的外窗和阳台门的气密性不应低于 6 级。

7.7.2　门窗节能设计

1. 选择适宜的窗墙比

仅从节约建筑能耗方面，窗墙比越小越好，但窗墙比过小又会影响窗户的正常采光、通风和太阳能的利用，因此应根据建筑所处的气候分区，建筑的类型、使用功能，门窗方位等选择适宜的窗墙比，达到既满足建筑造型的需要，又能符合建筑节能的要求。

2. 加强门窗的保温隔热性能

改善门窗的保温性能主要是提高门窗的热阻，选用导热系数小的门窗框、玻璃材料，从门窗的制作、安装方面提高其气密性能。

门窗的隔热性能在南方炎热地区尤其重要。提高隔热性能主要靠两个方面的途径：一是采用合理的建筑外遮阳，设计挑檐、遮阳板、活动遮阳等措施；二是选择玻璃时，选用合适的综合遮阳系数，也可以采用对太阳红外线反射能力强的热反射材料贴膜。

3. 门窗遮阳

（1）建筑遮阳的类型　遮阳的种类很多，有构件遮阳和绿化遮阳；按位置分为内遮阳、外遮阳和中间遮阳；按构件类型通常分为水平式遮阳、垂直式遮阳、综合式遮阳和挡板式遮阳等，如图 7-27 所示；按活动方式分为固定式遮阳和活动式遮阳。近年来在国内外大量运用的各种活动轻型遮阳，常用不锈钢、铝合金及塑料等材料制作。

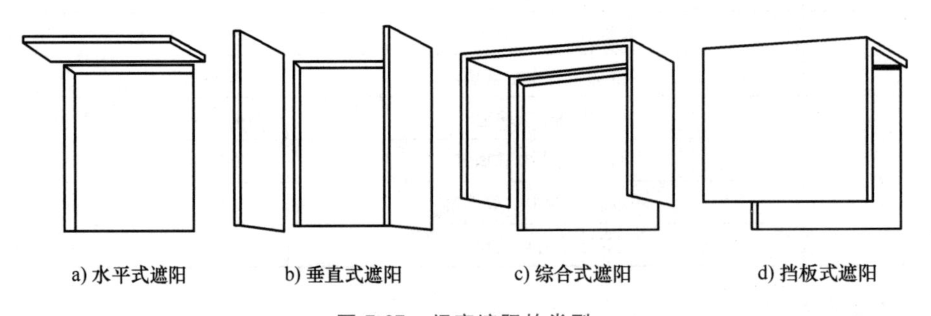

图 7-27　门窗遮阳的类型

1）水平式遮阳。能够遮挡高度角较大的、从窗口上方射来的阳光，适用于南向窗口和北回归线以南的低纬度地区的北向窗口。

2）垂直式遮阳。能够遮挡高度角小的、从窗口两侧斜射来的阳光，适用于偏东、偏西的南向或北向窗口。

3）综合式遮阳。水平式和垂直式的综合形式，能遮挡窗口上方和左右两侧射来的阳光，适用于南、东南、西南的窗口以及北回归线以南低纬度地区的北向窗口。

4）挡板式遮阳。能够遮挡高度角较小的、正射窗口的阳光，适用于东西向窗口。

5）活动式遮阳。由于建筑室内对阳光的需求是随时间、季节变化的，而太阳高度角度也是随气候、时间不同而不同，因而采用便于拆卸的活动遮阳和可调节角度的活动式遮阳，对于建筑节能和满足使用要求均较好。

（2）固定式遮阳　在生态建筑设计中，夏季的遮阳措施不能阻挡冬季对太阳热能的利用，特别是对于夏热冬冷地区，南向采用水平固定遮阳时，最好根据建筑所处的地理纬度、经度，以及遮阳时日的太阳高度角、方位角等因素计算确定 L 与 H 的关系，以确保夏季遮阳和冬季被动采暖。任意朝向建筑的水平遮阳板挑出长度（图 7-28），按下式计算

$$L=H\coth_{s}\cos\gamma_{s,w} \tag{7-1}$$

式中　L——水平遮阳板挑出长度；

H——水平遮阳板下沿至下一水平遮阳板的距离；

h_s——太阳高度角（deg）；

$\gamma_{s,w}$——太阳方位角与墙方位角之差（deg），$\gamma_{s,w}=A_s-A_w$，A_s 为太阳方位角，A_w 为墙方向角。

实际应用中，将水平遮阳板做成百叶式，或部分做成百叶式，或中间做成百叶式。这样便于热空气的逸散，并减少对通风、采光的影响。固定遮阳百叶安装时，板面应离开墙面一定距离，以使大部分热空气沿墙排走。在遮阳板材料的选择上，则要求轻质、坚固耐久。为了加强表面的反射，减少太阳热量的吸收，遮阳板朝向阳光的一面，应涂以浅色发亮的材料。但是，在许多地区，固定遮阳板的水平设计长度并不能保证夏季全部遮挡住阳光进入室内，冬季完全进入室内。因此，可动遮阳百叶成为新的发展趋势。

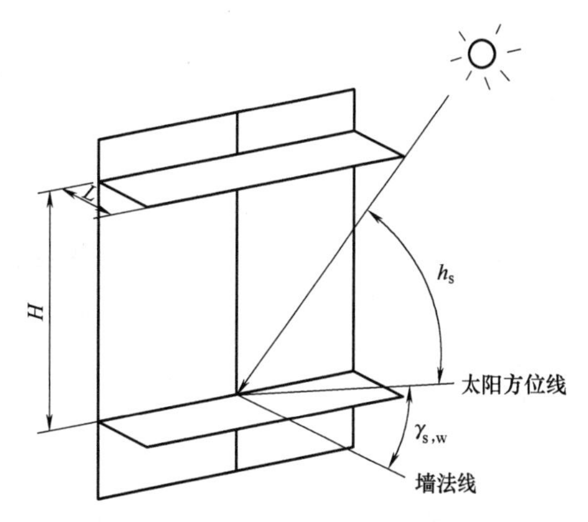

图 7-28　水平遮阳板挑出长度计算

（3）可动遮阳百叶的应用

1）百叶置于窗外。百叶置于窗外，通过旋转百叶的角度来调整进光量，冬季可将百叶收起，让更多的阳光进入室内；夏季将百叶散开，阻止阳光进入室内。这种做法与内遮阳相比，可以阻止太阳辐射热进入室内，同时美化了建筑造型。它适用于对隔热和防护要求较高的场所。一些金属百叶片还可以设计成包裹有机玻璃或其他保温材料的复合结构，成为集遮阳、防护、保温、防盗为一体的多功能百叶窗，如图 7-29 所示。

以轻巧的金属板设计成遮阳形式可成为建筑造型有趣的一部分。因此，有的建筑已经把遮阳系统作为一种活动的立面元素加以利用，甚至称之为双层立面形式。一层是建筑物本身的立面，另一层是动态的遮阳状态的立面形式。例如，奥地利布雷根茨郊区管理墓地的办公楼，窗口外设计为带形花台，斜向支撑。冬季，可动的遮阳板向上旋转，与花台的斜向支撑合为一体，以便让更多的阳光进入室内；夏季，遮阳板向下旋转，以阻止阳光进入室内，遮

阳板内置百叶，在保证室内凉爽的同时，保持室内自然采光与自然通风效果。这种可动水平遮阳板为平淡的立面增加一行行水平的韵律。这是一座优美的、绿色的、受外界温度变化干扰较少的宜人建筑，也是遮阳板与建筑造型完美结合的典范，如图 7-30 所示。

2）百叶置于两层玻璃中间。将百叶置于两层玻璃中间，称为可呼吸外墙的做法。双层幕墙之间有 600mm 的中间层，内部幕墙窗开启的状态下，室外空气首先经过外层幕墙底部的百叶、过滤设施进到中间层，在室内循环后，通过外层幕墙顶部的百叶逸出。另外，双层幕墙之间安装可随阳光照射自动调节的百叶，适时地起到遮阳作用，如图 7-31 所示。

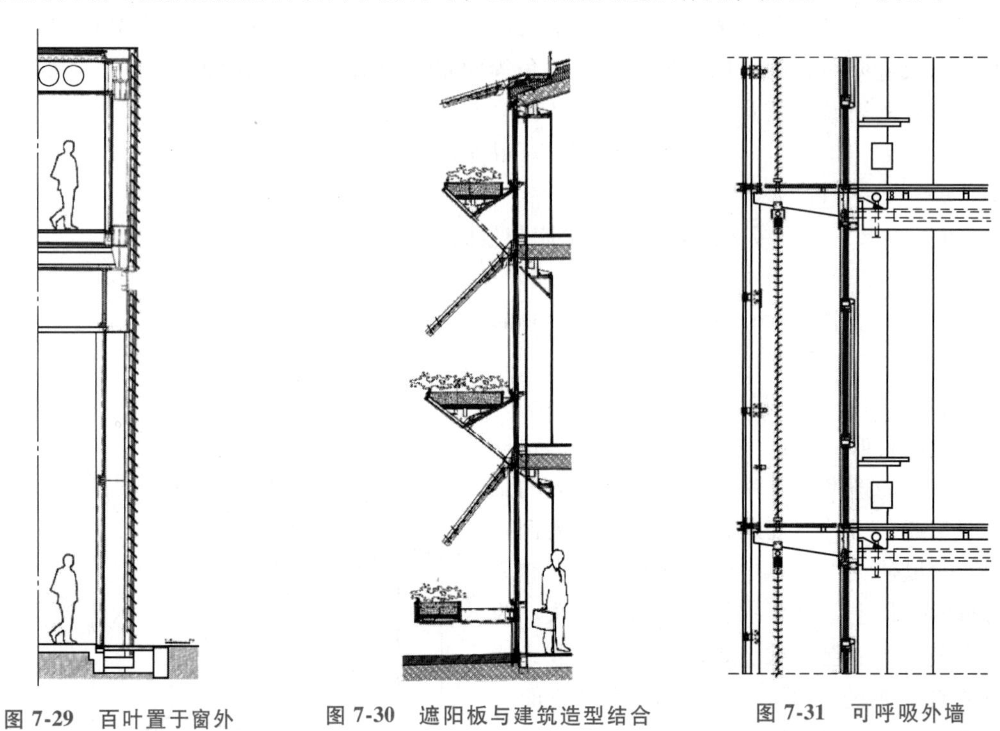

图 7-29　百叶置于窗外　　图 7-30　遮阳板与建筑造型结合　　图 7-31　可呼吸外墙

◉ 扩展阅读：智能型呼吸式幕墙的应用

呼吸式幕墙是建筑的“双层绿色外套”。该幕墙系统由内外两道幕墙组成，内外幕墙之间形成一个相对封闭的空间，大大提高了幕墙的保温、隔热、隔声功能。采用双层幕墙系统可以降低建筑综合能源消耗的 30%~50%。

在外层幕墙和内层幕墙各设有一个进风口，并在热通道底部设置一个与内外层幕墙进风口相连的密封箱，通过控制密封箱的工作状态，实现外通风和内通风之间的相互转换。在双层幕墙之间设置智能遮阳百叶，冬季将百叶收起，让阳光充分进入室内；夏季将百叶放下，调整智能百叶的角度，可将百叶垂直，形成“铜墙铁壁”，热空气从外层幕墙每层顶部的旁通口排出，阻挡百叶和外层玻璃之间的热空气进入室内，同时也起到良好的遮阳效果。

目前高层建筑的能耗占比较大，冬季采暖和夏季制冷主要利用空调解决。国内一些高层建筑中有应用双层幕墙的成功案例。在以前幕墙玻璃节能的基础上，进一步应用智能型呼吸式幕墙进行节能。对于一般中低层建筑外窗的节能，从窗的构造方面、窗框和玻璃的材料上进行节能，进一步降低建筑能耗。

本章小结

1. 门按其开启方式通常有平开门、弹簧门、推拉门、折叠门、转门、卷帘门等。平开门是最常见的门。门洞的高宽尺寸应符合现行 GB/T 50002—2013《建筑模数协调标准》的规定。

2. 窗按开启方式的不同分为平开窗、固定窗、推拉窗、悬窗等。窗洞尺寸通常采用 3M 模数数列作为标志尺寸。

3. 平开门由门框、门扇等组成。木门扇有镶板门和夹板门两种构造。平开窗是由窗框、窗扇、五金及附件组成。木门窗的安装方法有塞口和立口两种。

4. 铝合金门窗系列有 50 系列、90 系列。铝合金门窗是表面处理过的铝材首先经下料、打孔、铣槽、攻螺纹等加工，制作成门窗框的构件，然后与连接件、密封件、开闭五金件一起组合装配成门窗。

5. 彩板门窗是以彩色镀锌钢板经机械加工而成的门窗。彩板门窗目前有带副框和不带副框两种类型。

6. 塑料门窗是以聚氯乙烯、改性聚氯乙烯或其他树脂为主要原料，根据不同的品种规格选用不同截面异型材料组装而成。一般在型材内腔加入钢或铝等，以增加抗弯能力，即所谓的塑钢门窗。塑料门窗应采用预留洞口法安装。

7. 中庭天窗的形式有棱锥形天窗、斜坡式天窗、穹形天窗、拱形天窗等。中庭天窗由屋顶承重结构和玻璃顶两部分构成。

8. 门窗的节能通过控制窗墙比、传热系数、遮阳系数、可见光透射比、门窗气密性等指标来控制。节能设计通过选择适宜的窗墙比、门窗保温、遮阳来实现。

思考与练习题

1. 门窗的作用和要求是什么？
2. 门的形式有哪几种？各自的特点和适应范围是什么？
3. 窗的形式有哪几种？各自的特点和适应范围是什么？
4. 铝合金门窗的特点是什么？各种铝合金门窗系列的称谓是如何确定的？
5. 简述铝合金门窗的安装要点。
6. 简述塑料门窗的优点。
7. 简述塑钢门窗的安装要点。
8. 门窗的固定遮阳形式有哪些？分别适合于什么方向的开窗？

第 8 章 CHAPTER 8

地基与基础

学习目标

通过本章学习，了解基础的种类、各自的特点，以及与地基的关系；了解天然地基的类型和特点；掌握基础的宽度、基础的深度；掌握人工地基的加固方法；掌握常用刚性基础的构造和基础沉降缝的构造。

8.1 地基与基础的基本概念

1. 基础

基础是建筑物的墙或柱等承重构件向地面以下的延伸扩大部分。基础是建筑物的重要组成部分，其作用是承受上部结构的全部荷载，并通过自身的调整把荷载传给地基。基础是建筑物的主要承重构件，处在建筑物地面以下，属于隐蔽工程。基础质量的好坏，关系着建筑物的安全问题。建筑设计中合理地选择基础极为重要。直接支承基础，具有一定的地耐力与承载能力的土层称为持力层。持力层以下的土层称为下卧层（图 8-1）。

大放脚是基础墙加大加厚的部分，用砖、混凝土、灰土等材料制作的基础均应做大放脚。基础的埋深是室外设计地面至基础底面的深度，由勘测部门根据地基情况决定。

2. 地基

在建筑工程中支承建筑物重力的土层叫作地基。地基不是建筑物的组成部分，它只是承受建筑物荷载的土壤层。地基土层在荷载作用下产生变形，变形量随着土层深度的增加而减少，到了一定深度则可忽略不计。

地基土具有压缩与沉降、抗剪与滑坡等特性。作为地基的岩石和土体

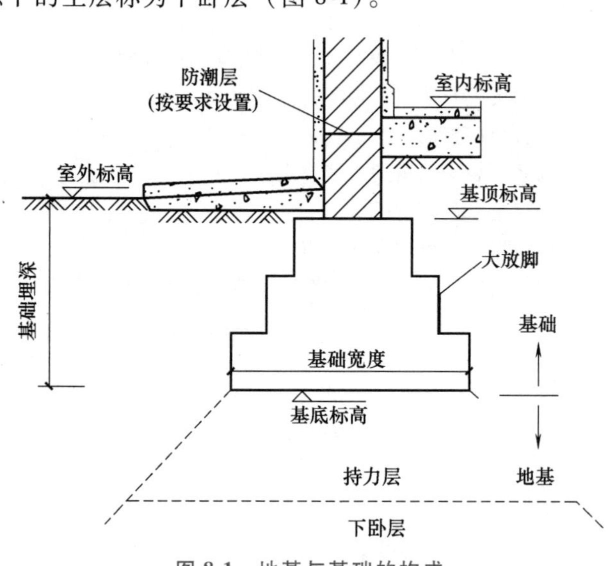

图 8-1 地基与基础的构成

主要以其强度（地基承载力）和抗变形能力保证建筑物的正常使用和整体稳定性，并且使地基在防止整体破坏方面有足够的安全储备。为了保证建筑物的稳定和安全，必须满足建筑物基础底面的平均压力不超过地基承载力的要求。

基础宽度，又称为基槽宽度，即基础底面的宽度，基础宽度由计算决定。地基上所承受的全部荷载是通过基础传递的，因此当荷载一定时，可通过加大基础底面面积来减少单位面积上地基上所受到的压力。基础底面面积 A 可通过下式来确定

$$A \geqslant (F_k + G_k)/f_a \tag{8-1}$$

式中 F_k——相应于荷载效应标准组合时，作用于基础上的轴向力值；

G_k——基础及其上方土的重力；

f_a——修正后的地基承载力特征值。

从式（8-1）可以看出，当地基承载力 f_a 不变时，建筑总荷载越大，基础底面面积也越大。当建筑物总荷载不变时，地基承载力越小，基础底面面积越大。

8.2 地基的相关问题

1. 土层的分类

（1）岩石　岩石是天然产出的具有稳定外形的矿物或玻璃集合体，按照一定的方式结合而成。岩石按成因分为岩浆岩、沉积岩和变质岩。其中岩浆岩是由高温熔融的岩浆在地表或地下冷凝所形成的岩石，也称为火成岩或喷出岩。沉积岩是在地表条件下由风化作用、生物作用和火山作用的产物，经水、空气和冰川等外力的搬运、沉积和成岩固结而形成的岩石。变质岩是由岩浆岩、沉积岩或变质岩随其所处地质环境改变经变质作用而形成的岩石。地壳深处和地幔的上部主要由火成岩和变质岩组成。地壳表面以沉积岩为主，它们约占大陆面积的 75%。岩石根据其坚固性又分为坚硬岩石（如花岗岩、玄武石等）和软质岩石（如页岩、黏土岩等）。

（2）碎石土　天然碎石土是指粒径大于 2mm 且颗粒质量超过全重 50%的土，根据颗粒形状及大小，由大到小，包括漂石、块石、卵石、碎石、圆砾、角砾。与之相应的人工碎石土是指在天然土里掺入漂石、块石或卵石、碎石或圆砾、角砾，使得粒径在 20~200mm 的颗粒含量不低于 50%。

（3）砂土　砂土是粒径大于 2mm 的颗粒且含量小于 50%的土，或粒径大于 0.075mm 的颗粒且含量大于 50%的土，分砾砂、粗砂、中砂、细砂四种。砂土可以促进有机质分解，有机质矿质化加快。

（4）粉土　粉土是粒径大于 0.075mm 且颗粒质量不超过总质量 50%的土。工程性质为密实的粉土为良好地基；饱和稍密的粉土，地震时易产生液化，为不良地基。粉土具有土粒粗、级配好、密度大、排水条件好、静载大、振动时间短、振动强度低等优点，有利于增强抗液化的性能。

（5）人工填土　人工填土是由于人类活动而形成的堆积土。它的物质成分较杂乱，均匀性差。根据组成物质或堆积方式的不同，又可分为素填土（如碎石、砂土、黏性土等）、杂填土（含大量建筑垃圾及工业、生活废料）、冲填土（水力充填形成的土）及压实填土

（分层压实的土）等。人工填土的堆积时间越长，土的密实度越好，地基的强度越高。判断土体的均匀程度，应结合当地建筑经验，采取与地基不均匀沉降相适应的结构和措施。

2. 地基应满足的要求

基础是建筑物的主要承重构件，应满足强度、变形、稳定等方面的要求。地基承受着建筑的全部荷载，应具有足够的强度和刚度。

尽量选择地基承载力较高且土质均匀的地段，如岩石、碎石等，避免因地基处理不当造成建筑物的不均匀沉降，引起墙体开裂，甚至影响建筑物的正常使用。

3. 天然地基与人工地基

按土层性质的不同，地基分为天然地基和人工地基两大类。

（1）天然地基　天然地基是指天然状态下土层具有足够的承载力，不需经人工改良或加固即可在上面建造房屋的地基。天然地基的岩石土层分布及承载力大小由勘测部门实测提供。作为建筑天然地基的岩土分为未经风化的岩石、微风化岩石、碎石土、砂土、粉土、黏性土和人工填土。

（2）人工地基　当建筑物上部的荷载较大或地基土层的承载能力较弱，地基缺乏足够的稳定性，必须经过人工加固和处理才能在上面建造房屋的地基称为人工地基。人工加固地基通常采用压实法、换土法、桩基等方法。压实法是指在建筑基础施工前，对地基土预先进行加载预压，使地基土被预先压实，从而提高地基土强度和抵抗沉降的能力；利用强大的夯击力，迫使深层土固结而密实。强夯对地基土有加密作用、固结作用和预加变形作用，从而提高地基承载力，降低压缩性。换土法是指用砂石、素土、灰土、工业废渣等强度较高的材料置换地基浅层软弱土，并在回填土的同时，采用机械逐层压实。

8.3　基础的相关问题

8.3.1　基础的埋置深度

由室外设计地面到基础底面的深度，称为基础的埋置深度（简称基础埋深）。当基础埋深大于或等于5m，或基础埋深大于或等于基础宽度的4倍时，为深基础；当基础埋深小于5m，或基础埋深小于基础宽度的4倍时，为浅基础。在满足地基稳定和变形要求的前提下，基础宜浅埋，除岩石地基外，基础埋深不得浅于500mm。

在保证安全使用的前提下，基础尽量浅埋，可降低工程造价。但当基础埋深过小时，有可能在地基受到压力后，会把基础四周的土挤出，使基础产生滑移而失稳，同时埋深过浅也容易受到自然因素的侵蚀和影响，使基础破坏。因此，一般情况下基础的埋深不应小于0.5m。

如浅层土质不良，需要加大基础埋深，可采用特殊的施工手段和相应的基础形式，如桩基、沉箱、地下连续墙等。

基础埋深的确定原则及影响因素如下：

（1）与地基的关系　基础应埋在坚实可靠的地基上。对于土层均匀、承载力较好的坚实土层，基础宜浅埋，但埋深大于或等于0.5m。当土层不均匀时，基础埋深与地基的关系分为以下四种情况（图8-2）：

1）坚实土层距地面小于 2m，土方量不大时，挖去软弱土层，埋在坚实土层上。

2）坚实土层距地面大于或等于 2m，且小于 5m，分情况处理。

3）坚实土层距地面大于或等于 5m 时，地基应加固处理。

4）坚实土层和软弱土层交替，荷载又大时，则可用桩基。

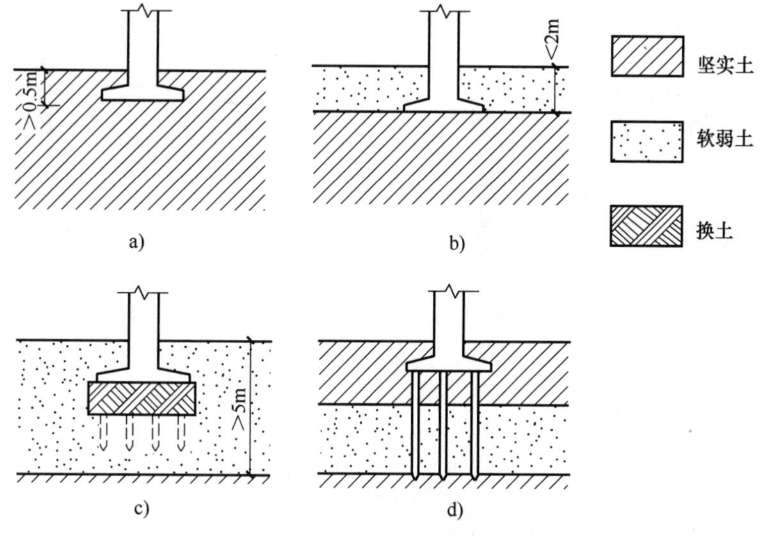

图 8-2 基础埋深与地基的关系

（2）建筑物自身构造　不同类型的建筑物，基础埋深不同。一般情况下，砖混结构基础埋深较浅；高层建筑的基础埋深一般为地面以上建筑物总高度的 1/15。当建筑物设置地下室、设备基础或地下设施时，基础埋深应满足其使用要求；高层建筑基础埋深随建筑高度的增加适当加大；荷载的大小和性质也影响基础埋深，一般荷载较大时应加大埋深；受向上拔力的基础应有较大埋深以满足抗拔要求。

（3）与地下水位的关系　基础宜埋置在地下常年水位和最高地下水位之上；地下水位高时，基础埋深在最低地下水位以下 200mm，如图 8-3 所示。当必须埋置在地下水位以下时，应采取地基土在施工时不受扰动的措施。

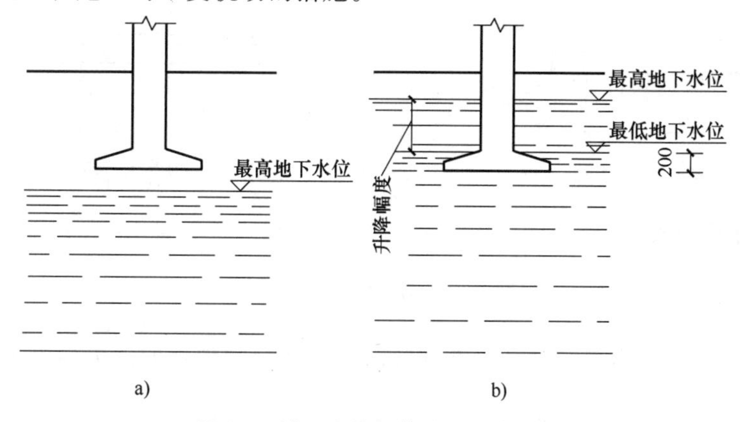

图 8-3 地下水位与基础埋深的关系

（4）与冰冻线的关系　位于地面以下，冻结土与不冻结土的分界线称为冰冻线。冰冻线的深度称为冻结深度。土壤冻胀时产生冻胀力将基础向上拱起，天气转暖，冻土解冻，冻胀力消失，基础又下沉，这种冻融循环容易造成基础变形，严重时使基础开裂破坏。因此，一般应根据当地的气候条件了解土层冻结深度，将基础埋置在冻结深度以下 200mm，如图 8-4 所示。

（5）其他因素影响　一般情况下新基础不宜大于相邻既有基础。当新基础深于既有基础时，两基础间应保持一定的距离 L，如图 8-5 所示。

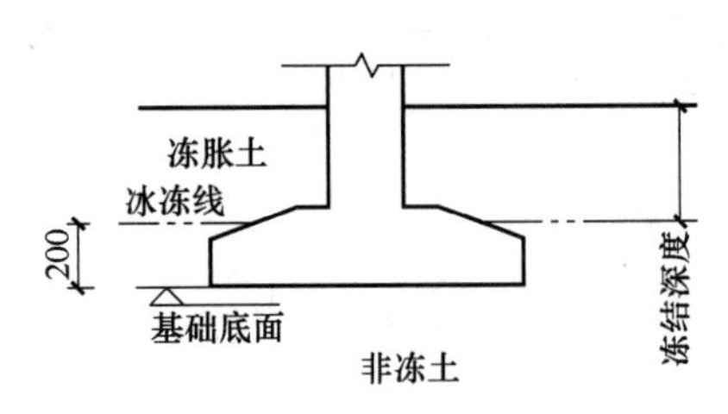

图 8-4　冻土深度对基础埋深的影响

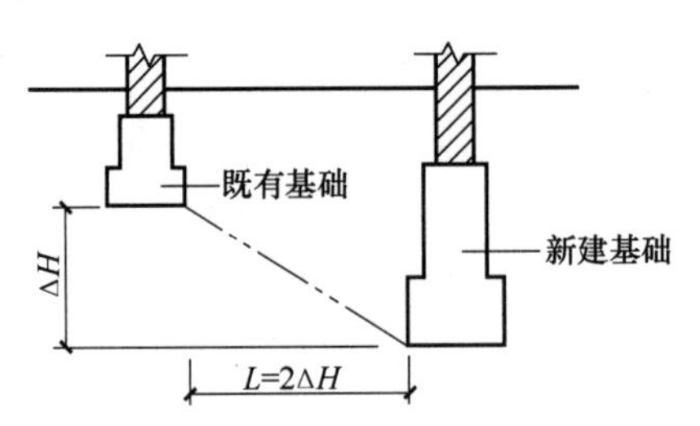

图 8-5　相邻基础埋深的影响

8.3.2　基础的类型

1. 按基础的材料及受力分类

基础按材料及受力，可分为刚性基础和柔性基础。

凡受刚性角限制的基础均为刚性基础。刚性角是基础放宽的引线与墙体垂直线之间的夹角，如砖、石、混凝土、灰土等做成的基础，抗压强度好，但抗弯、抗剪等强度很低，这类基础属于刚性基础（图 8-6）。用钢筋混凝土建造的基础，能承受拉应力和压应力，不受材料刚性角的限制，称为柔性基础（图 8-7）。

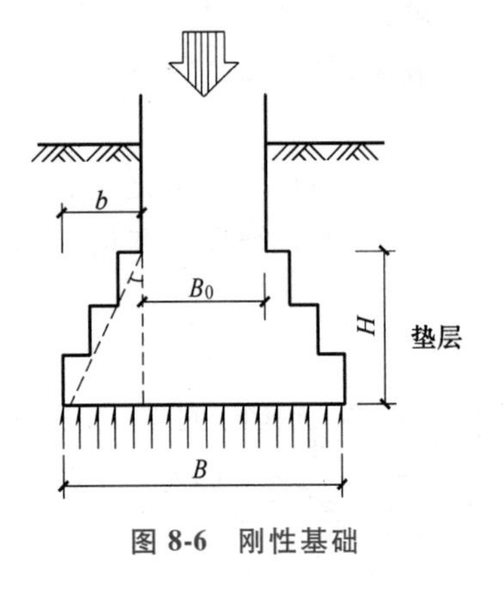

图 8-6　刚性基础

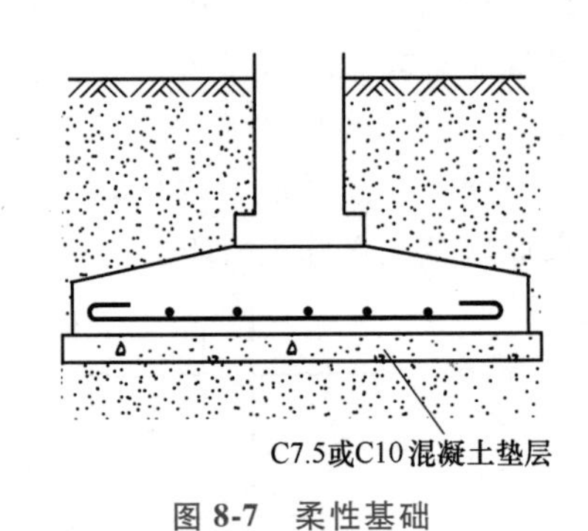

图 8-7　柔性基础

刚性角的计算公式为

$$\tan\alpha \geqslant \frac{b}{H} \tag{8-2}$$

式中　b——基础放宽的引线宽度，即基础底面的宽度与基础顶面的墙体宽度或柱脚宽度之差（$2b=B-B_0$）；

H——基础的高度。

（1）刚性基础　刚性基础主要包括：灰土基础、三合土基础、毛石混凝土基础、砖基础、毛石基础、混凝土基础六种类型。

1）灰土基础。灰土基础所采用的材料是石灰∶黏性土=3∶7，俗称“三七”灰土。夯实后的灰土厚度每150mm称“一步”，300mm可称为“两步”灰土。灰土基础在夯实、碳化后坚硬如石，强度高，故广泛采用；但灰土基础的抗冻性差，不宜用作地面，适用于五层及以下、地下水位较低的砌体结构房屋和墙体承重的工业厂房的基础。

2）三合土基础。三合土基础由石灰、砂、碎砖组成，体积比为1∶2∶4或1∶3∶6，适用于三层以下普通砖房的基础垫层，如图8-8所示。

3）毛石混凝土基础。为了节省混凝土用量和减缓大体积混凝土在凝固过程中产生大量热量不易散发而引起开裂，在混凝土中加入毛石，称为毛石混凝土基础。加入的石块尺寸不大于基础宽度的1/3，同时石块任一边不大于300mm，填入石块的总体积不大于30%，如图8-9所示。

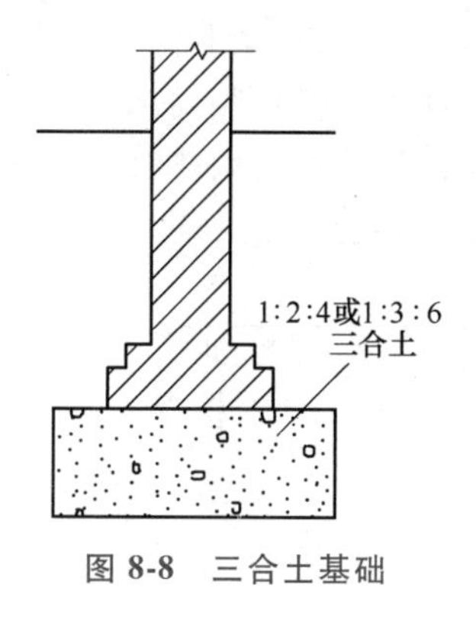

图 8-8　三合土基础

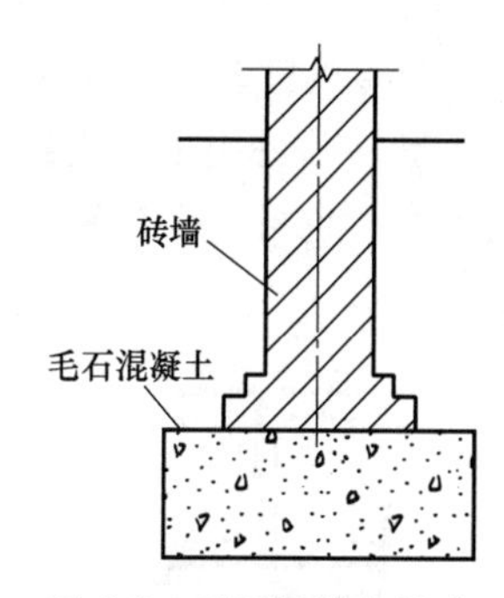

图 8-9　毛石混凝土基础

4）砖基础。砖基础有间隔式做法和等高式做法，分为条形基础和独立基础。用于地质条件好、地下水位低的五层以下砖混结构建筑，如图8-10所示。

5）毛石基础。毛石基础用于地下水位较高、冻结深度较大的单层民用建筑，如图8-11所示。

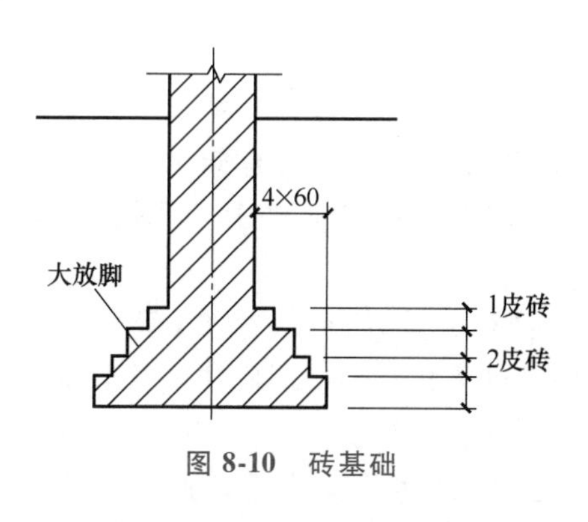

图 8-10　砖基础

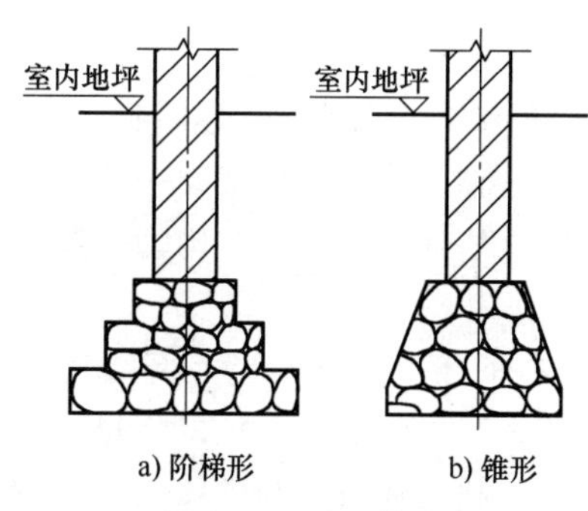

图 8-11　毛石基础

6）混凝土基础。混凝土基础用于潮湿的地基或有水的基槽、地下水位较高或有冰冻的情况。梯形混凝土基础节省材料，但斜面支模板较困难，浇筑时极易拱起。阶梯形混凝土基础施工方便，但混凝土用量大，如图8-12所示。多采用C10混凝土浇筑而成，找平和保护钢筋。混凝土基础的刚性角为45°，宽高比应小于1∶1或1∶1.5。混凝土基础底面应设置的垫层厚度不小于70mm。

（2）柔性基础　柔性基础采用钢筋混凝土材料，做法是在基础底板下均匀浇筑一层素混凝土垫层以防止长锈，垫层一般采用不低于 C10 的素混凝土，常用厚度为 100mm。

钢筋混凝土基础由底板及基础墙组成。基础底板的类型包括锥形和阶梯形，锥形基础可节约混凝土，但浇筑时不如阶梯形方便。独立基础与柱子的连接方法：钢筋混凝土柱下独立基础与柱子一起浇筑；也可以做成杯口形，将预制柱插入。

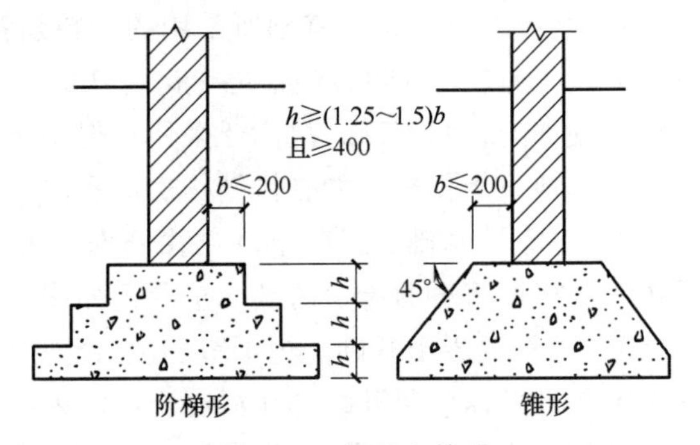

图 8-12　混凝土基础

2. 按基础的构造形式分类

基础按构造形式分为条形基础、独立基础、井格基础、筏片基础、箱式基础、桩基础。

（1）条形基础　条形基础是连续带形，也称为带形基础，可分为墙下条形基础和柱下条形基础，设置在连续的墙下或密集的柱下。它纵向整体性好，可减缓局部不均匀沉降；但土方量大。条形基础适用于采用砖、石、混凝土等材料建造的砖混结构建筑。当地基承载力较小、荷载较大时也可以采用钢筋混凝土条形基础，如图 8-13 所示。

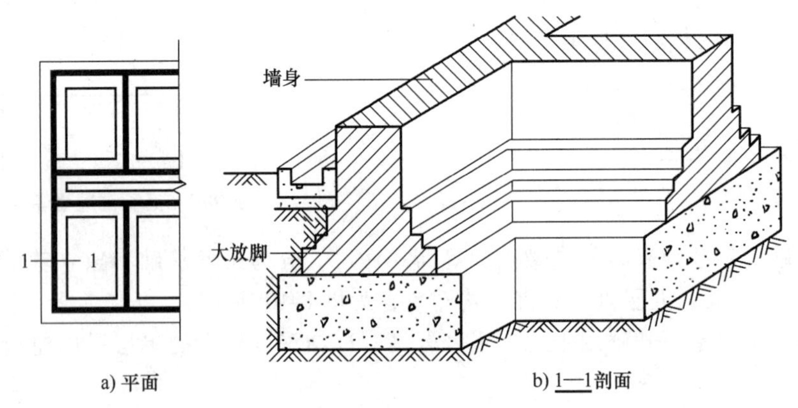

图 8-13　条形基础

1）墙下条形基础。当建筑物上部结构采用墙承重时，基础沿墙身设置，这类基础称为墙下条形基础。墙下条形基础一般用于多层混合结构建筑，低层或小型建筑常用砖、混凝土等刚性条形基础。当上部结构为钢筋混凝土墙，或地基较差、荷载较大时，可采用钢筋混凝土墙下条形基础。

2）柱下条形基础。当上部结构采用框架或排架结构，并且荷载较大或荷载分布不均匀、地基承载力较低时，可以将每列柱下单独基础用基础梁相互连接形成柱下条形基础，能有效增强基础的承载力和整体性，减少不均匀沉降。

（2）独立基础　独立基础的材料通常采用钢筋混凝土或素混凝土等。独立基础呈独立的块状，常用的断面形式有阶梯形、锥形和杯形。建筑物为柱子承重且柱间距较大，柱之间的墙支撑在基础梁上，土方量少，施工简单。独立基础适用于地质均匀、荷载均匀和装配式框架结构的建筑基础。

当建筑物上部结构采用框架结构或单层排架结构承重时，基础常采用方形或矩形的单独基础，这类基础称为单独基础或独立基础（图 8-14）。独立基础是柱下基础的基本形式。当采用预制柱时，先将基础做成杯口形，再将柱子插入并嵌固在杯口内，故称为杯形基础（图 8-15）。

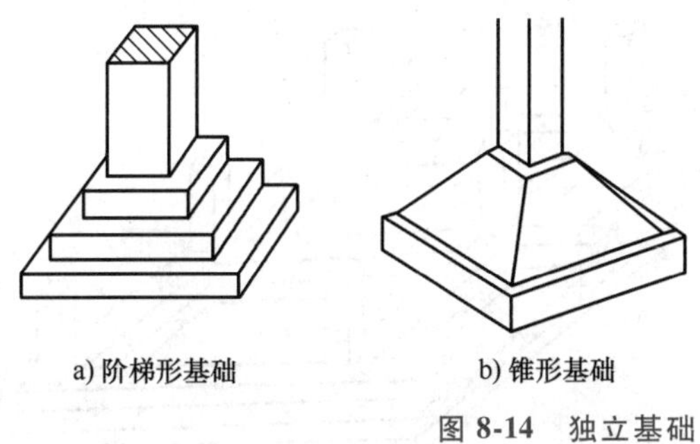
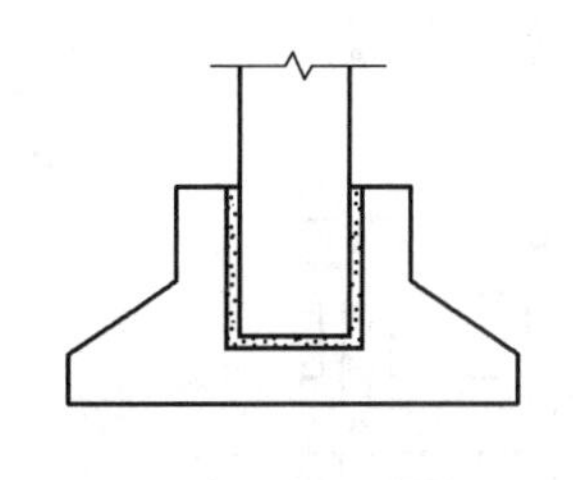

a) 阶梯形基础　　b) 锥形基础　　c) 预制式杯形基础

图 8-14　独立基础

(3) 井格基础　当地基条件较差时，为提高建筑物的整体稳定性，防止柱子之间产生不均匀沉降，常将柱下基础沿纵横两个方向连接起来，做成十字交叉的井格基础（图 8-16），可以克服独立基础下沉不均、造价高、施工复杂的缺点。井格基础适用于荷载较复杂、地质情况较差的高层建筑。

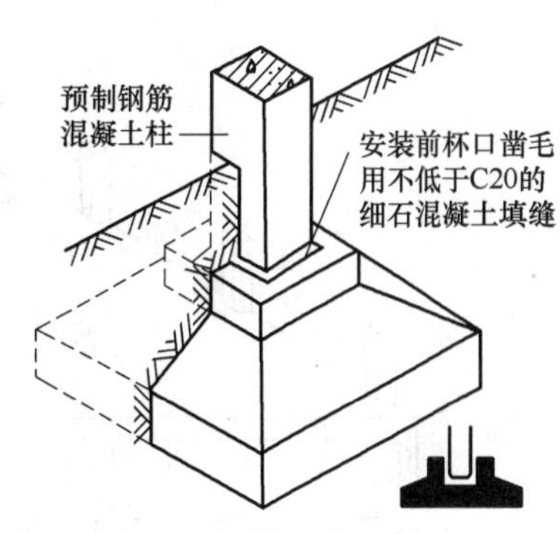

图 8-15　杯形基础

(4) 筏片基础　当建筑物上部荷载大，而地基又较弱时，采用简单的条形基础或井格基础已不能适应地基变形的需要，通常将墙或柱下基础连成一片钢筋混凝土板，使建筑物的荷载承受在一块整板上，这种形式的基础称为筏片基础。筏片基础的整体性好，常用于地基软弱的多层砌体结构、框架结构、剪力墙结构建筑等，以及建筑上部结构荷载较大且不均匀时的建筑。筏片基础有平板式和梁板式两种：平板式片筏基础为柱子直接支承在钢筋混凝土底板上；如在钢筋混凝土底板上设基础梁，将柱支承在梁上的为梁板式筏片基础，如图 8-17 所示。

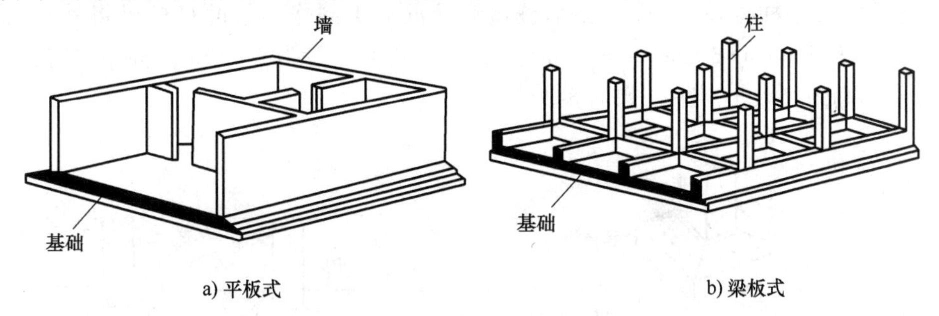

a) 平板式　　b) 梁板式

图 8-16　井格基础

(5) 箱式基础　它是将筏片基础的四周和顶部用钢筋混凝土浇筑成盒状的整体基础，箱式基础既可提高建筑物和基础的刚度，又可利用基础的空间用作地下室，并且避免了大体积土方的回填。箱式基础适用于总荷载很大，浅层地质情况较差需要大幅度的深埋，并需设一层或多层地下室的高层或超高层建筑。箱式基础由底板、壁板和顶板构成，顶板的结构形式可分为板式和梁板式，如图 8-18 所示。

(6) 桩基础　当浅层地基不能满足建筑物对地基承载力和变形的要求，而由于某些原因，其他地基处理措施又不适用时，可以考虑采用桩基础，它以地基下较深处的坚实土层或岩层作为持力层。

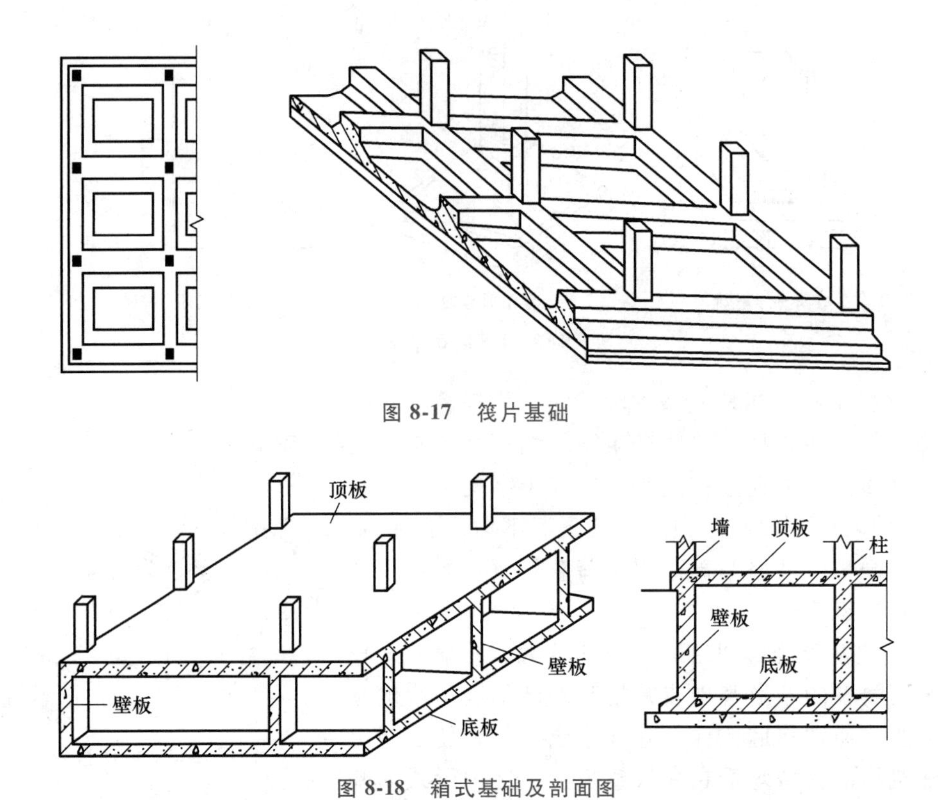

图 8-17　筏片基础

图 8-18　箱式基础及剖面图

桩基础由桩柱和承接上部结构的承台（梁或板）组成（图 8-19），桩基础是按设计的点位将桩柱置于土中，桩的上端浇筑钢筋混凝土承台梁或承台板，承台上接柱或墙体，以便使建筑荷载均匀地传递给桩基。桩基础主要包括四种类型：支承桩、钻孔桩、振动桩、爆扩桩。

1）支承桩（桩柱、预制桩）。支承桩由钢筋混凝土制作，借助打桩机将其打入土中，桩的断面尺寸为 300mm×300mm～600mm×600mm，长度一般为 6～12m，桩端应有桩靴，以保证桩体能顺利地打入土层中，如图 8-20 所示。

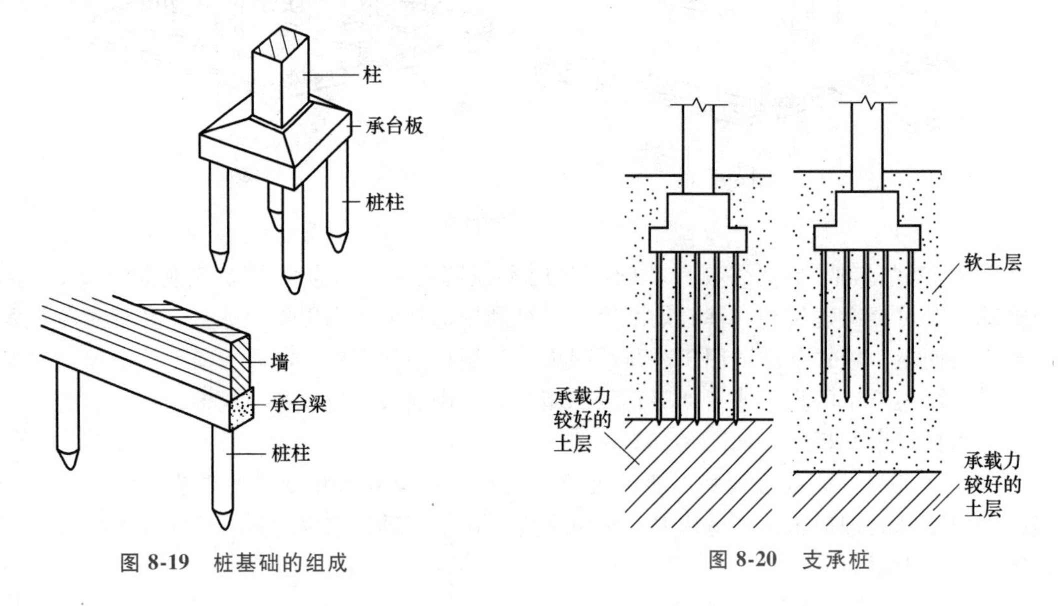

图 8-19　桩基础的组成

图 8-20　支承桩

2）钻孔桩。钻孔桩先利用钻孔机钻孔，放入钢筋骨架后，浇筑混凝土而成。钻孔直径一般为 300~500mm，桩长小于 12m，钻孔桩内可填灰土、砂石、砂子、碎石等材料。

3）振动桩。振动桩首先利用打桩机把钢管打入地下，然后将钢管取出，最后放入钢管骨架，并浇筑混凝土而成。振动桩的直径、桩长与钻孔桩相同。

4）爆扩桩。这种桩经过钻孔、引爆、浇筑混凝土而成。引爆是将桩端扩大，以提高承载力。爆扩桩的施工顺序：首先钻成直径约 50mm 的导孔，放下炸药管，爆扩成孔清除松土，然后放下炸药包，填入 50% 桩头混凝土，爆成桩头，最后放钢筋骨架浇筑混凝土，如图 8-21 所示。

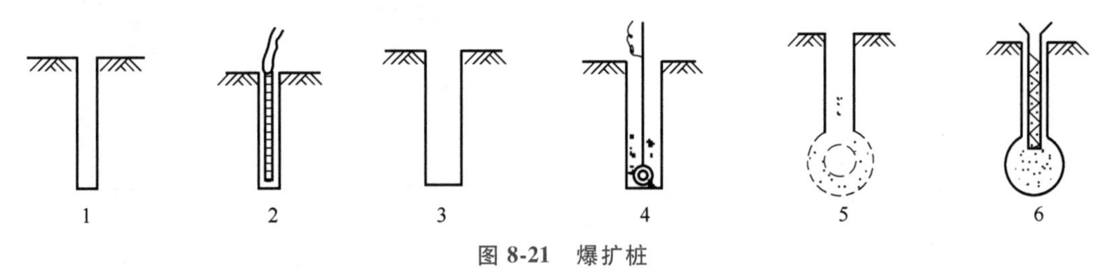

图 8-21　爆扩桩

8.4　基础中遇到的特殊问题

1. 相邻建筑的基础处理

同时新建房屋的相邻基础宜埋置在同一深度上，并设置沉降缝；新建建筑与既有建筑相邻时，新基础应浅于既有基础或持平，当新基础必须深于既有基础时，必须使新基础离开既有基础。

2. 不同埋深的基础处理

连续的基础出现不同的埋深时，高差处要做成踏步形逐台下跌的形式，每个踏步的高度应小于或等于 500mm，踏步的长度应大于或等于 1000mm，以防止在陡然高差处墙体断裂或发生不均匀下沉，如图 8-22 所示。

3. 基础沉降缝构造

基础沉降缝通常采用双墙式（图 8-23）、交叉式（图 8-24）、悬挑式等（图 8-25）处理方法。

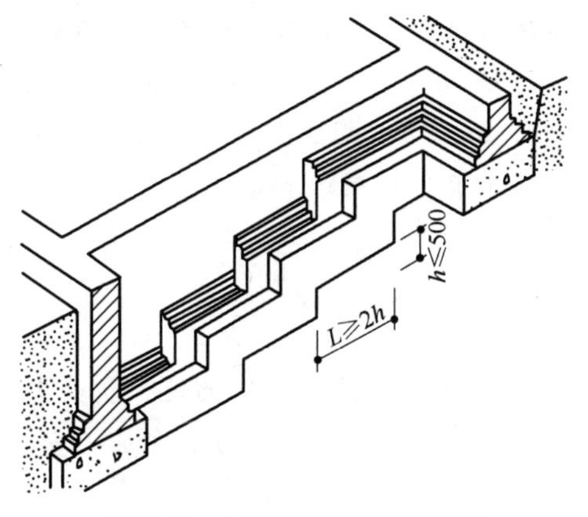

图 8-22　不同埋深的基础处理

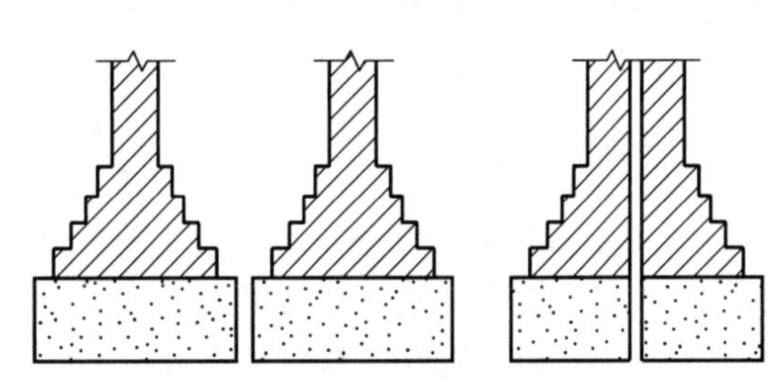

图 8-23　双墙式基础沉降缝

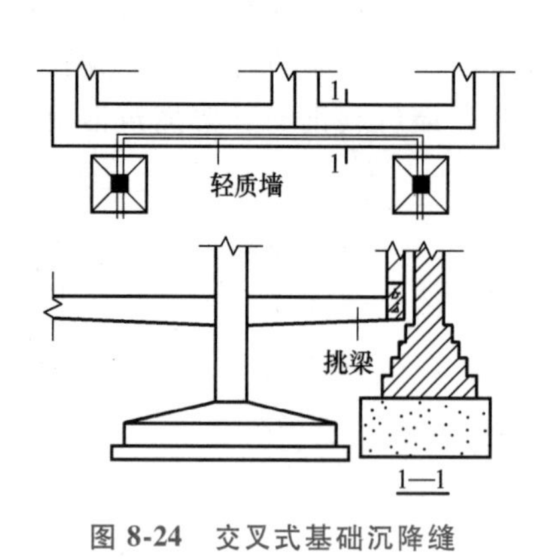

图 8-24　交叉式基础沉降缝

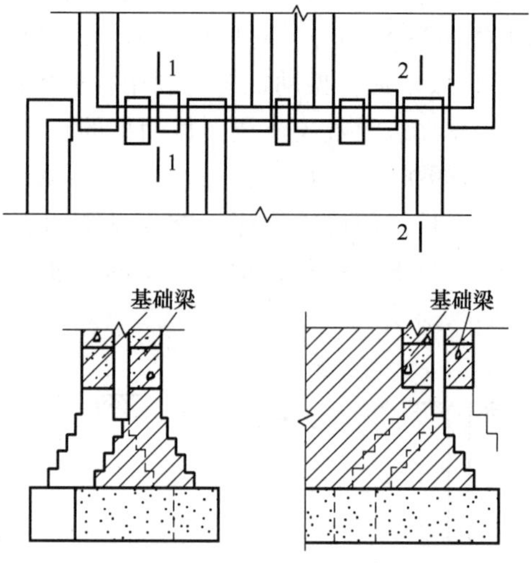

图 8-25　悬挑式基础沉降缝

◉ 扩展阅读：上海中心大厦主楼的基础施工

上海中心大厦位于上海市浦东新区陆家嘴金融中心区，基地总面积约为 30368m^2。上海中心大厦为超高层摩天大楼，主楼高度达 632m，地上 121 层，地下 5 层，总建筑面积约为 56.5 万 m^2。基坑开挖面积约为 34960m^2，塔楼区域开挖深度约为 31.10m，裙房区域开挖深度约为 26.30m。上海中心大厦主楼的桩基形式选用钻孔灌注桩，在上海民用超高层建筑中首次使用了桩径 ϕ1000mm、成孔深度超过 80m 的钻孔灌注桩，其施工工艺和质量控制要求极高。

主楼桩数 947 根。桩型分为 A、B 两种桩，单桩承载力特征值均为 10000kN。A 型桩成孔深度为 86.7m，有效长度为 56m，数量为 247 根；B 型桩成孔深度为 82.7m，有效长度为 52m，数量为 700 根。所有主楼桩均需进行桩端后注浆，设计单桩注浆量 4t 水泥，通过注浆压力和注浆量双控，当注浆量达到要求时，可终止注浆；当注浆压力大于 3MPa 并持荷 3min，且注浆量达到要求量的 80%时，也可终止注浆。桩端后注浆是工程主楼钻孔灌注桩的关键组成部分。试锚桩内均预埋桩侧注浆器，但不进行注浆，若桩端注浆的试桩静载试验承载无法满足要求，则进行桩侧注浆。桩侧注浆共 3 道断面，每道断面水泥用量为 1000kg。

主楼桩基的开工日期为 2008 年 12 月，完工日期为 2009 年 7 月，总计工期 236 日历天。该工程的钻孔桩无论从形式上还是工艺上都有很多前所未有的创新。

本章小结

1. 地基与基础的概念。基础是建筑物的墙或柱等承重构件向地面以下的延伸扩大部分。在建筑工程中支承建筑物重力的土层叫作地基。地基是承受建筑物荷载的土壤层。基础宽度，即基础底面的宽度，基础宽度由计算决定。

2. 地基可分为天然地基和人工地基。人工地基的加固方法通常采用压实法、换土法、桩基等。天然地基包括未经风化的岩石、微风化岩石、碎石土、砂土、粉土、黏性土和人工填土。

3. 基础的埋深。基础的埋深与地基状况、地下水位及冻土深度、相邻基础的位置以及设备布置等各方面因素有关。

4. 基础的分类。基础按构造形式可分为条形基础、独立基础、井格基础、筏片基础、箱式基础、桩基础；按材料和传力情况可分为刚性基础和柔性基础，受刚性角限制的基础为刚性基础，如砖基础、灰土基础、毛石混凝土基础、混凝土基础等，柔性基础一般是指钢筋混凝土基础。

5. 不同基础埋深的处理方法，连续的基础出现不同的埋深时，高差处要做成踏步形逐台下跌的形式。

6. 基础沉降缝通常采用双墙式、交叉式、悬挑式等处理方法。

思考与练习题

1. 什么叫作地基？什么叫作基础？天然地基有哪些？
2. 简述常用基础的分类。
3. 简述刚性基础和柔性基础的特点。
4. 相邻基础的处理手法是什么？
5. 不同埋深的基础处理方法有哪些？

第 9 章 CHAPTER 9

太阳能采暖技术与建筑一体化设计

学习目标

通过本章学习，了解太阳能在我国建筑中的应用情况；了解应用于建筑的被动式太阳能、主动式太阳能的应用形式；掌握太阳能为建筑采暖的技术构造，即太阳墙与建筑一体化设计的构造；掌握太阳墙技术的工作原理、几种应用形式的构造做法。

9.1 我国太阳能技术的发展现状

我国太阳能建筑的应用研究始于 20 世纪 70 年代末，20 世纪 80 年代，被动式太阳能采暖技术取得重大发展，建成数百座太阳能采暖示范建筑。20 世纪 90 年代，太阳能热水器得到了大力推广和全社会的普遍认可。如今，我国在太阳能技术综合应用上有了长足发展，建成了多座包含太阳能光热、光电转换技术的建筑。

太阳能建筑的发展大体可分为三个阶段：

第一阶段为被动式太阳房。它是通过建筑朝向和周围环境的合理布置，内部空间和外部形体的巧妙处理，以及建筑材料和结构、构造的恰当选择，使其在冬季能集取、储存、分布太阳热能，从而解决建筑物的采暖问题；同时在夏季又能遮蔽太阳辐射。其设计原则：要有有效的绝热外壳，有足够大的集热表面，室内布置有尽可能多的储热体，以及主次房间的平面位置合理。被动式太阳房的主要形式有太阳窗式、集热蓄热墙式、附加温室式、屋顶池式和对流回路式。

第二阶段为主动式太阳房。它是一种以太阳能集热器、管道、散热器、风机或水泵以及储热装置等组成的强制循环太阳能采暖系统，或与吸收式制冷机组成的空调和太阳能结合的采暖系统。主动式太阳房所采用的太阳能采暖系统主要有热风集热式供热系统、热水集热式地板辐射采暖系统、太阳能空调系统、地下蓄热式供冷暖系统等。主动式太阳能采暖是使用外部能源（通常是电）启动水泵或风机，将热水或热空气从太阳能集热器输送到与其分开的储热器或采暖房间，或在储热器或采暖房间进行传递。按照集热器与集热介质的不同，可以分为五种基本形式：液体平板型集热器式、空气平板型集热器式、集聚型集热器式、热泵式和太阳能热泵式。

第三阶段为零能耗建筑。即发展利用光伏板等光电转换方式，为建筑物提供所需的全部能源，完全利用太阳能就能满足建筑采暖、空调、照明、用电等一系列的功能要求。

在实际应用中，往往主动式和被动式两种方式混合使用，如在一栋建筑中，南向的房间采用被动式太阳能采暖，北向的房间采用主动式太阳能采暖。

9.2 适用于屋面的被动式太阳能采暖技术

9.2.1 直接受益式

所谓直接受益式，就是让阳光直接加热采暖房间，房间本身当作一个包括有太阳能集热器、储热器和分配器的集合体，冬季白天太阳光透过南向玻璃进入室内，地面和墙体吸收热量；夜晚被吸收的热量释放出来，维持室温。这就是冬季采暖期间太阳热能的集、储和放的全过程，如图 9-1 所示。

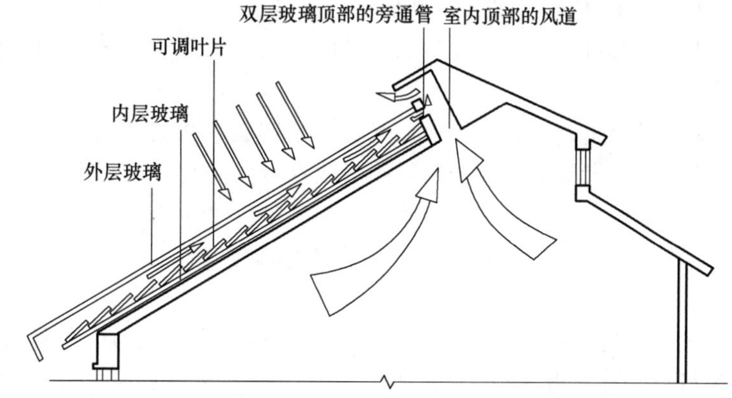

图 9-1 直接受益式玻璃屋面（冬季顶部旁通口关闭）

直接受益式太阳房在夏季也可以提供降温的作用，即使在炎热的夏季，如果夜间比较凉爽，热容量大的墙和地面也能够在白天使房间保持凉爽。原因在于，这些储热构件具有“时滞”性能，这就使厚实的墙体在白天能够阻止室外热量到达房间内部，直到夜晚室外气体变凉爽为止；夜间凉爽的室外空气进入房间，使室内储热体冷却。

直接受益式是应用最广的一种方式，构造简单，易于安装和日常维护；与建筑功能配合紧密，便于建筑立面的处理；室温上升快，但是室内温度波动较大。

采用直接受益式需要注意以下几点：建筑朝向在南偏东或偏西 30°以内，有利于冬季集热和避免夏季过热；根据具体的工程要求做好屋顶的遮阳设计，确保冬季夜晚和夏季的使用效果；在房间北面设置夏季通风口，以便组织夏季的穿堂风，解决降温通风的问题；在储热体的选择上，要选用热容量大且价廉易得的材料。

9.2.2 附加阳光间式

阳光间是直接受益式和集热蓄热式的组合（图 9-2、图 9-3）。阳光间可结合南廊、入口门厅、休息厅、封闭阳台等设置，其维护结构全部或部分由玻璃等透光材料构成，与房间之间的公共墙上开有门、窗。当太阳辐射热透过附加阳光间玻璃照射到墙面上时，墙面吸收热能温度升高，并通过对流方式将热量传给阳光间内的空气，使之温度升高，体积膨胀，空气密度变小，由上部开口进入室内。这时，阳光间内空气静压值逐渐降低，室内的低温空气便由下部开口流进阳光间，当下部开口的进气量与上部开口的排气量达到平衡，阳光间内空气静压力达到稳定。这样，进入阳光间的冷空气不断被加热，变轻，由上部开口流出，形成循环。通过这种不断循环流动的空气，改善了室内的热环境。

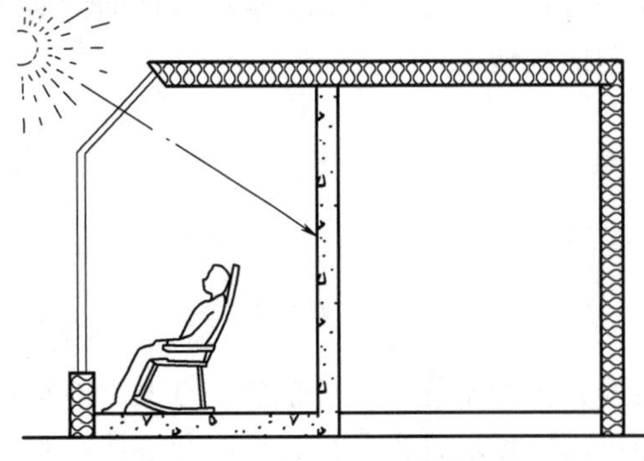

图 9-2　附加阳光间基本形式

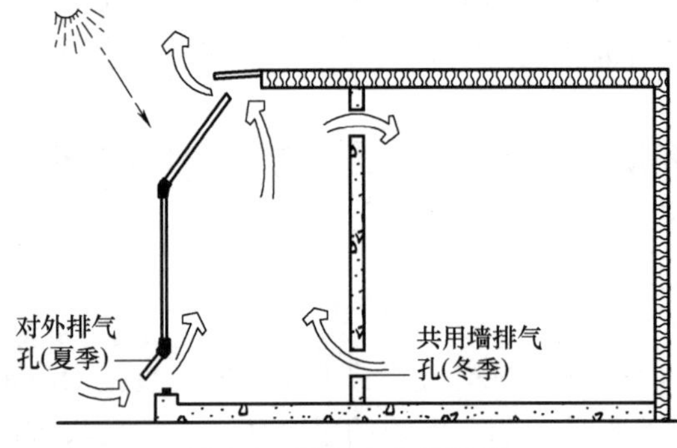

图 9-3　开设内外通风窗

应用这种方案应注意处理好以下问题：

1）阳光间朝向应选择当地日照时间长、太阳辐射强烈的方位，一般以东南、南、西南向为宜。

2）阳光间的玻璃应选择热光比大的玻璃，并应有较大的面积。

3）墙面应采用对太阳辐射热吸收系数大的材料，加强对太阳辐射热的吸收。

4）阳光间上下通风口尺寸应适当，过大过小都会影响采暖效果。

5）夜晚或无太阳辐射时，如果阳光间的气温低于室内气温，应关闭上下通风口，避免室内热量的损失。

该形式具有集热面积大、升温快的特点。阳光间内中午易过热，应该通过门窗或通风口合理组织气流，将热空气及时导入室内。夏季可以利用室外植物遮阳，或安装遮阳板、百叶帘，开启甚至拆除玻璃扇等方法。

9.2.3　屋顶池式

所谓屋顶池式，是指在屋顶上放置有吸热和储热功能的储水塑料袋或相变材料，其上设置可开闭的盖板，冬夏兼顾。冬季白天打开盖板，水袋吸热，夜晚盖上盖板，水袋释放的热量以辐射和对流的形式传到室内。夏季工作情况与冬季相反。

该形式适合冬季不太寒冷且纬度低的地区。因为纬度高的地区冬季太阳高度角太低，水平面上集热效率也低，而且严寒地区冬季水易冻结。另外系统中的盖板热阻要大，储水容器密闭性要好。如果使用相变材料，热效率可相对提高。

9.3　适用于屋面的主动式太阳能采暖技术

主动式设计是以太阳能的集热器、管道、散热器、风机或水泵以及储热装置等组成强制循环的太阳能采暖系统。按照集热器与集热介质的不同，可以分为多种系统形式。

9.3.1　空气集热式

空气作为媒介源自被动式太阳能采暖技术的基本思路，但是因为增加了需要动力的风机和引导气流的风管，有的还包括了储热部分，所以将其归为主动式设计手法。

如把集热器放在坡屋面上、用储热地板作为蓄热体的系统。冬季，室外空气被屋面下的通气槽引入，被安装在屋顶上的玻璃集热板加热，上升到屋顶最高处，通过通气管和空气处理器进入垂直风道转入室内，加热室内的储热地板，部分热空气从房间通风口进入室内（图 9-4）。该系统也可在加热室外新鲜空气的同时加热室内冷空气，但是需要设置风机和风口。夏季夜晚系统运行与冬季白天相同，但送入室内的是凉空气，起到降温作用。夏季白天集聚的热空气能够加热水箱内的水，以提供洗浴用生活热水。

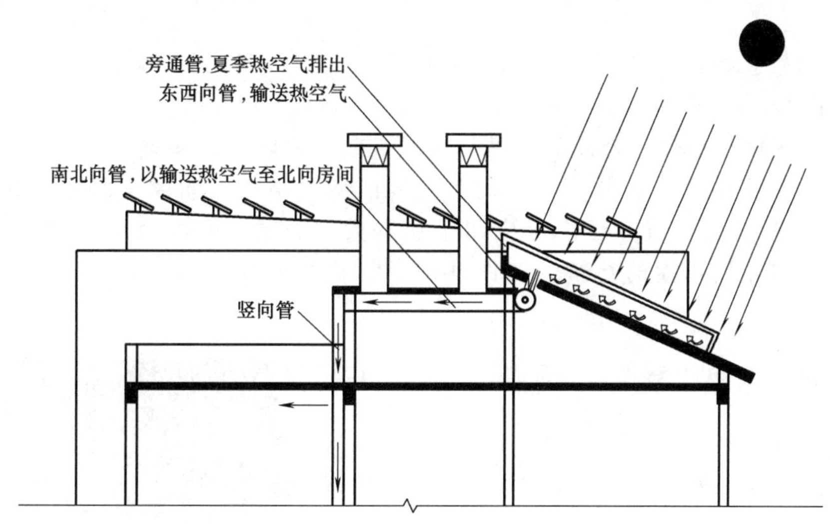

图 9-4　空气集热式采暖系统

9.3.2　液体集热式

如图 9-5 所示，液体集热式一般用水做介质，也可以使用高沸点油或防冻剂。在建筑顶

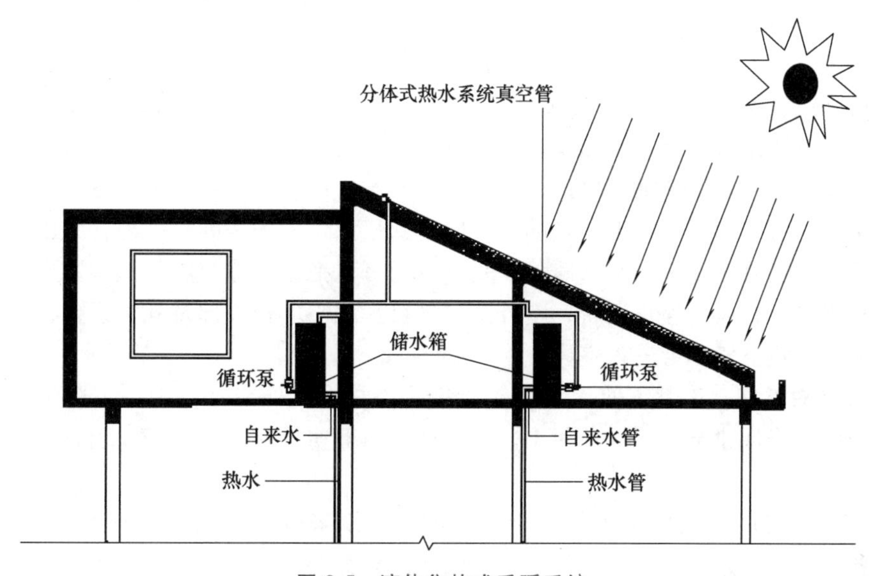

图 9-5　液体集热式采暖系统

层设置太阳能集热器，结合水泵、水箱，辅助热源供热、供水。其中供热的散热方式有多种：在地板或顶棚铺设盘管，进行低温辐射采暖；将热水先送入中央风机盘管（热交换器），变成管道热风后再送入房间；或利用房间的风机盘管散热器散热；或利用房间的移动单元式散热器散热。根据水温不同，该系统可以起到采暖和降温的不同作用。作为供应生活热水系统，该方式已经得到了普遍推广。

9.4　太阳墙技术

太阳墙系统（又称为太阳能全新风采暖系统）是近年来欧美国家开始使用的一种新型太阳能建筑技术，原则上属于主动式太阳能采暖系统。

太阳墙系统就是加热室外新鲜空气后由风机输入室内，置换室内污浊的空气，起到采暖和换气的双重功效。它分为两种类型：墙面型太阳能全新风采暖系统和屋顶型太阳能全新风采暖系统。前者已广泛应用于加拿大、美国、欧洲及日本的住宅、厂房、学校、办公楼等不同用途的建筑上（图 9-6），国内也有极少数厂家生产太阳墙，并且有应用。

9.4.1　太阳墙系统的特点

太阳墙使用多孔波形金属板集热，并与风机结合，与用传统的被动式玻璃集热的做法相比，有自己独特的优势和特点。

图 9-6　使用太阳墙的住宅

1. 太阳墙系统的优势

（1）热效率高　多孔金属板能捕获可利用太阳能的 80%，晴天时能把空气加热到 30℃ 以上，阴天时能吸收漫射光所产生的热量。

（2）良好的新风系统　太阳墙可以把预热的新鲜空气通过送风系统送入室内，实现合理通风与采暖有机结合。通风换气不受外界环境的影响，能够通过风机和气阀控制新风流量、流速及温度，气流宜人。

（3）不受房间朝向与时间的约束　太阳墙系统与通风系统结合，可以利用管道把加热的空气输送到任意位置的房间。另外，太阳墙系统在智能控制下可以冬夏兼顾。除冬季采暖外，夏季夜间可以把室外凉爽空气送入室内，起到降温的作用。夏季白天，风扇停止运转，室外热空气可从太阳墙板底部及孔洞进入，从上部和周围的孔洞流出，热空气不会进入室内。

（4）经济效益好　该系统使用金属薄板集热，与建筑外墙合二为一，造价低；能减少空调运行费用；降低建筑对环境的污染。太阳墙集热器初投资回收期短，而且使用中不需要过多的维护。

（5）应用范围广　太阳墙不仅用于任何需要辅助采暖、通风或补充新鲜空气的建筑，也适用于各种类型的建筑，还可以用来烘干农产品。另外，该系统安装简便，能安装在任何不燃墙体的外侧及墙体现有开口的周围，也适用于既有建筑的节能改造。

2. 屋顶型太阳能全新风供暖系统的突出优点

1）低能耗高舒适度。这种采暖方式可以在室内空气被加热的同时，不断补充新鲜的空气，以置换室内污浊的空气。

2）有除尘功能。当空气进入孔洞时，一部分污浊物会被阻挡；当空气进入房间时，管道中的过滤网又会进行净化，使进入房间的空气既新鲜又干净。

3）无须维护。集热板的面材是钢板或铝板，且做成波浪形进一步提高其刚度；可用支架、膨胀螺栓将其固定在屋面上；使用寿命在 30 年以上。

4）热效率高。该采暖系统可将 50%~80%的太阳辐射能量转化为可用的热能，并可将空气加热至高于环境温度 15~35℃，具体设计的实际效果会有所不同。

5）适合各种建筑。

9.4.2 太阳墙系统的性能、材料、构造和工作原理

太阳墙采暖板材为钢材或铝材，外侧涂层一般为黑色或深色，也可有多种色彩选择，它的表面有许多小孔（图 9-7)，允许外面空气通过它的表面。室外空气通过太阳能集热板上的小孔进入室内，并且在这个过程中空气被加热，被加热的空气通过太阳能集热板和墙体之间的空腔上升，利用风机和分配热量的风管进入房间。太阳能采暖板的类型，如图 9-8 所示。孔洞的大小、间距和数量根据建筑物的使用功能、特点、所在地理位置、太阳能资源、太阳辐射量进行计算和试验确定，一般情况下小孔的直径为 1cm 左右。通过孔洞流入的空气量要与风机的吸入量相一致。

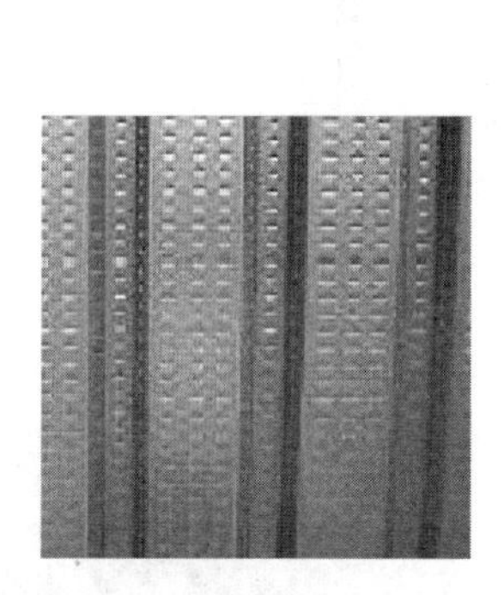

图 9-7 穿孔集热板大样

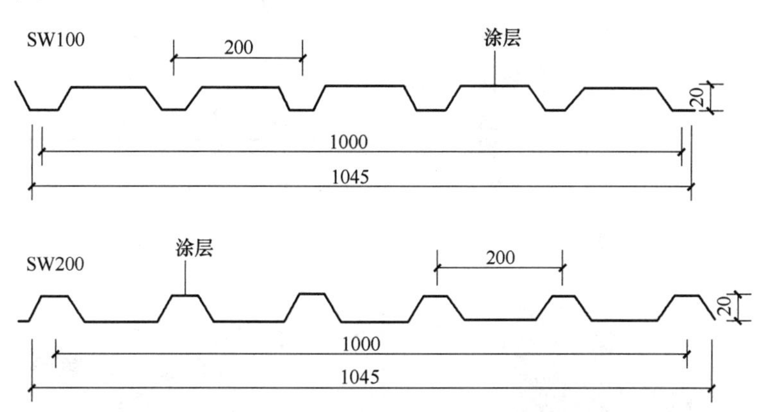

图 9-8 两种太阳能采暖板类型的断面

太阳墙系统由集热和气流输送两部分系统组成，房间是储热器。集热系统包括垂直墙板、遮雨板和支撑框架。气流输送系统包括风机和管道。太阳墙板材覆于建筑外墙的外侧，上面开有小孔，与墙体的间距由计算决定，一般在 200mm 左右，形成的空腔与建筑内部通风系统的管道相连，管道中设置风机，用于抽取空腔内的热空气。

风扇的个数需要根据建筑面积计算决定。风扇由建筑内供电系统或屋面安装的太阳能光电板提供电能，根据气温的需要，智能或人工控制风机的运转。屋面的通风管道要做好保温和防水。

太阳墙板在太阳辐射作用下升到较高温度，太阳墙与墙体之间的空气间层在风机作用下形成负压，室外冷空气在负压作用下通过太阳墙板上的孔洞进入空气间层，同时被加热，在

上升过程中再不断被太阳墙板加热，到达太阳墙顶部的热空气被送至房间（图 9-9～图 9-11）。与传统集热方式不同的是，空气主要在通过墙板表面孔缝的过程中获取热量。太阳墙板外表面为深色（吸收太阳辐射热），内表面为浅色（减少热损失）。夜晚，墙体向外散失的热量被空腔内的空气吸收，在风扇运转的情况下被重新带回室内。这样既保持了新风量，又补充了热量，使墙体起到了热交换器的作用。

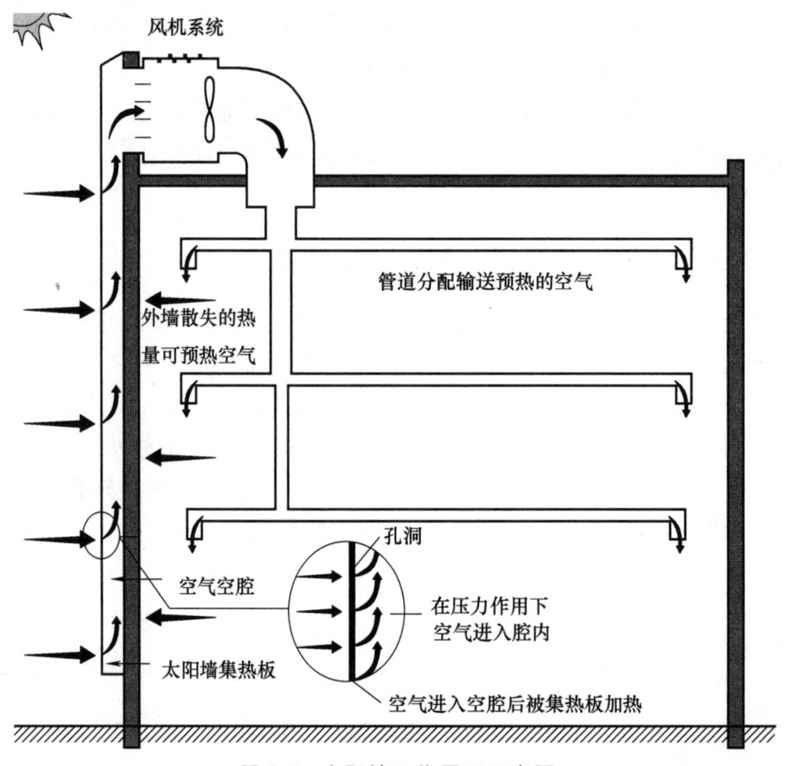

图 9-9　太阳墙工作原理示意图

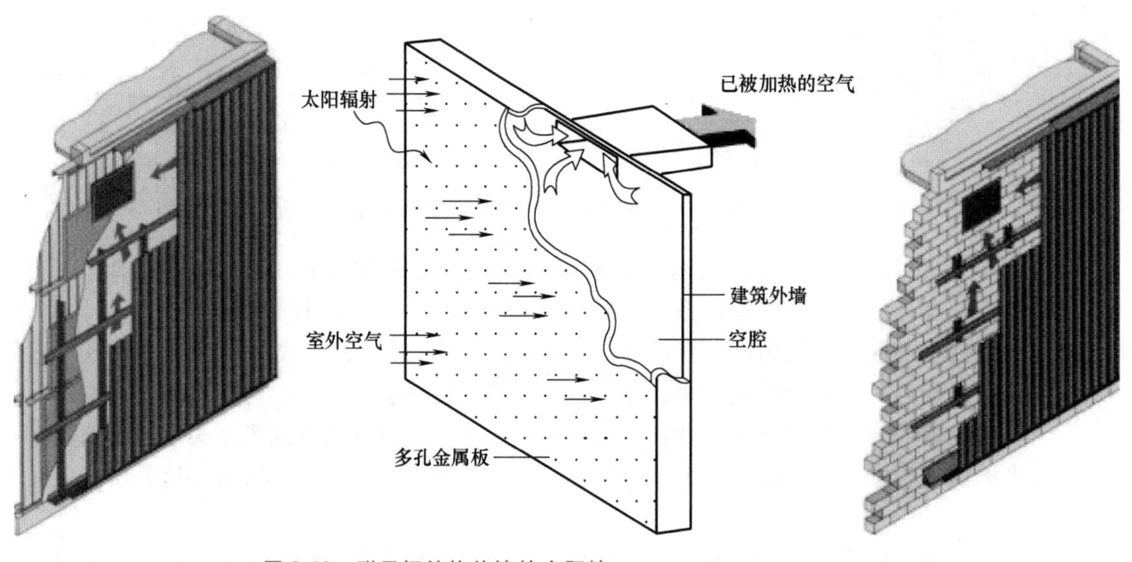

图 9-10　附于钢结构外墙的太阳墙

图 9-11　附于砖结构外墙的太阳墙

根据建筑设计要求来确定所需的新风量。一般情况下，每平方米的太阳墙空气流量可达到 22~44m^3/h。太阳墙理想的安装方位是南向及南偏东或偏西 20°以内，也可以考虑在东西墙面上安装。坡屋顶也是设置太阳墙的理想位置，如图 9-12 所示。

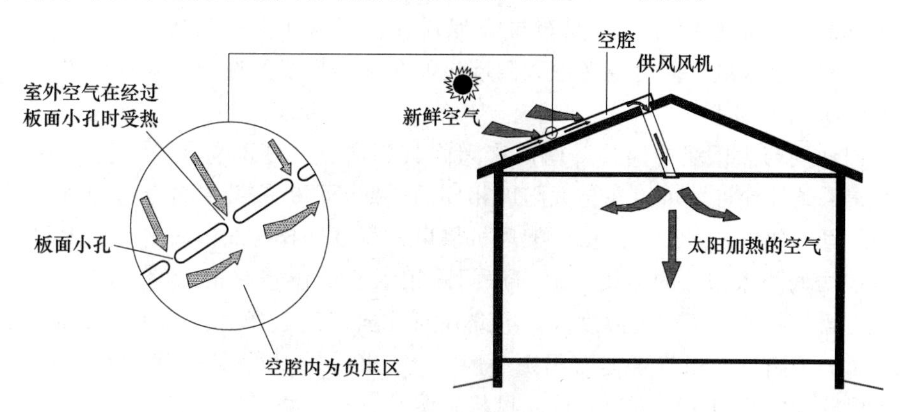

图 9-12　屋顶型太阳能全新风采暖系统示意图

9.4.3　系统运行与控制

在太阳墙顶部和典型房间各装一个温度传感器。冬季工况以太阳墙顶部传感器的设定温度为风机启动温度（即送风温度），房间设定温度为风机关闭温度。当太阳墙内空气温度达到设定送风温度且室内温度低于设定室温时，风机启动向室内送风；当室内温度达到设定室温或太阳墙内空气温度低于设定送风温度时，风机关闭停止送风。夏季工况，当太阳墙中的空气温度低于传感器设定温度且室温高于设定室温时，风机启动向室内送风；当室温低于设定室温或室外温度高于设定送风温度时，风机停止工作。

当太阳墙系统与其他采暖系统结合同时为房间供热时，除在太阳墙顶部和典型房间中安装温度传感器外，在其他采暖系统（如热水散热器上）安装温控阀。太阳墙提供的热量不够的部分由其他采暖系统补足。常规能源系统在温控阀的控制下根据室内温度变换供热量的大小，达到节能效果。

9.4.4　屋顶型太阳能全新风采暖系统和建筑一体化设计

在坡屋顶的建筑中，太阳墙集热板可以安装在屋顶上，并与屋顶坡面一体化设计，使集热板成为建筑屋顶的一部分，如图 9-13 所示。在既有建筑的改造应用中，太阳墙集热板不会破坏既有建筑的风格和建筑营造的氛围。

图 9-13　在坡屋顶上的太阳墙集热板

9.4.5　太阳墙的设计应用

1. 设计思路

(1) 区域划分　根据图样和房间布局合理划分区域，北向房间尽量划分为一个区域，南向房间划分为一个区域。同时要考虑太阳墙板的分配、风机的选型及安装位置、风道的走向及风口的布置。

(2) 南向房间与太阳墙的连接　南向房间因其朝向、温度不易散失、比较易于与太阳墙板连接。如果条件允许，可以在与太阳墙相邻的墙壁开洞，安装一台合适的风机直接将热风泵入室内即可。如果是多个房间由一架风机供风，可以选择比北向房间小的太阳墙板。

(3) 北向房间与太阳墙的连接　北向房间采用太阳墙供暖有很多的不利因素，如离太阳墙较远、北墙与北窗易于散失温度等，因此在对北向房间选择太阳墙板面积时要大一些，南向房间选择的太阳墙面积与采暖面积比一般为 1 : 20~1 : 17，北向房间则选择 1 : 17 以上。对于面积较大的北向房间可单独设立风机采暖。

(4) 大面积房间与太阳墙的连接　一般情况下，较大的空间最好独立设置一套采暖系统，单独使用某一面积的太阳墙板，单独配用风道和风机，使用独立的控制系统。如果是南向房间，可以根据所需风量设置几部小型风机与太阳墙板直接相连。北向房间可以采用一个主风道、一部主风机，分出多条支风道分别送入房间内。如果某一面积的太阳墙板不足使用，可使用多处的太阳墙板，用多部风机对某一大的空间送风。

(5) 走廊、卫生间等小面积空间的采暖　对于走廊、卫生间及其他小空间，太阳墙采暖系统一般不刻意为其采暖，除非有特殊要求。因为太阳墙板一般采用渗透式回风，各个房间的回风温度基本可以满足走道的采暖要求；太阳墙板也不刻意为卫生间送风，因为卫生间多有异味外泄，太阳墙系统是正压送风。在具体设计太阳墙采暖系统时，可以考虑尽量使各房间的回风经过走廊、卫生间，此举既可以基本解决走廊、卫生间的采暖问题，又可以防止卫生间的异味外泄。

2. 太阳墙板的安装位置

一般选择南向的墙面和屋顶安装太阳墙板：当太阳墙板面向南向 20°方向时可以获得最多的太阳辐射热。如果没有合适的南向墙面和屋顶，可以考虑西向的墙面和屋顶，如果要加热的空气比较多，东、南、西三个方向都可以利用。三个朝向上只有太阳能收益不同，但是通过墙面或屋顶的传热回收收益都是相同的。太阳墙板最好的安装位置是没有被遮挡的南向墙面（图 9-14）和屋顶。安装在屋顶上的坡度应在 20°以上；经常下雪的地区，安装坡度应不小于 45°，以便于积雪滑落。

3. 太阳墙面积的确定

一定面积的太阳墙板经风机控制可以处理不同的空气量，空气升高的温度取决于每平方米太阳墙通过的空气量。通常设计的被太阳墙系统加热的空气温度高于环境温度 17~35℃，单位面积流量一般在 $20 \sim 130m^3/(h \cdot m^2)$。

空气穿过太阳墙板孔缝时的压降为 25Pa，通过太阳墙板进入风机的总压降为 50~100Pa。设计时对空气通过太阳墙板与墙体间层以及风管、通风系统的阻力损失都要用常规计算法进行计算。

空气在太阳墙板背后到达顶部的上升风速最好不要超过 3m/s，顶部允许的最大水平风

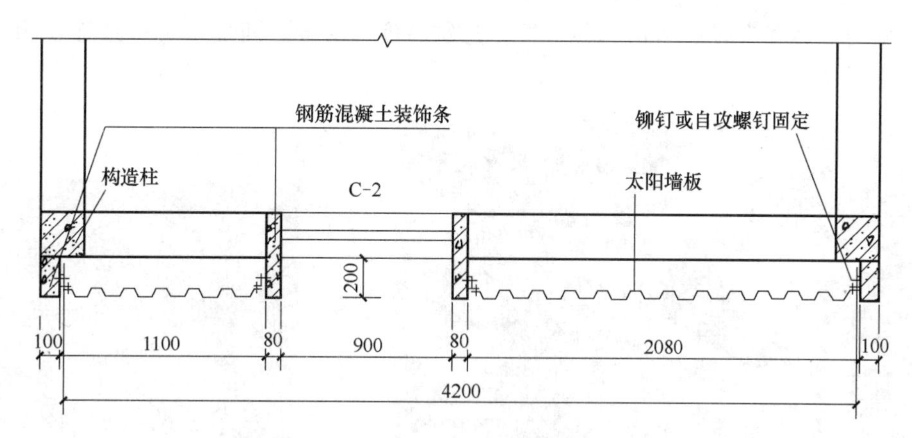

图 9-14 太阳墙板镶入建筑墙面的节点图样

速为 5m/s。

具体步骤如下：

1）确定需要加热的空气量，即所需供暖建筑物的空间体积。一般为每 1~2h 换一次空气。按每 2h 换一次空气计算，则需要加热的空气量=使用面积×净高/2h。如果建筑物的使用面积为 $100m^2$、净高为 3m，则它需要加热的空气量为 $100m^2×3m/2h=150m^3/h$

2）确定单位面积太阳墙板通过的空气量和温度升高的范围，一般取 $30\sim50m^3/(h\cdot m^2)$，尽量做到既保证太阳墙系统初投资的经济性，又能获得尽量高的加热温度。

3）确定太阳墙板的使用面积。

需要加热的空气量/单位面积太阳墙板通过的空气量=所需太阳墙板的使用面积

若需要加热的空气量为 $150m^3/h$，单位面积太阳墙板通过的空气量为 $30\sim50m^3/(h\cdot m^2)$，由此得出：$150m^3/h/30m^3/(h\cdot m^2)=5m^2$，$150m^3/h/50m^3/(h\cdot m^2)=3m^2$，即太阳墙板的选择范围为 $3\sim5m^2$。同时考虑当地的地理位置、气候条件、建筑物的使用性质等。对于一些对空气质量要求较高、人群较密集的场所，换气量可以加大，所需的太阳墙板使用面积也要相应增加。

4. 模拟计算软件

可以利用 SWIFT99 和 RETScreen 两个节能模拟软件对太阳墙系统进行模拟分析。这两款软件都是加拿大自然资源部开发的，软件开发所依据的数据来源于实验数据及工程现场追踪测试数据，具有很高的可靠性。SWIFT99 是太阳墙国际应用分析工具，主要用来模拟使用太阳墙系统后的节能量，使用当地逐时或逐月的气象参数进行模拟。RETScreen 是使用 Excel 宏工具开发的太阳墙相关特性分析软件，需要使用月平均气象参数。

9.5 太阳能采暖技术应用案例分析

9.5.1 太阳墙在绿色学生公寓中的应用

这是国内首次应用太阳墙的案例。图 9-15 和图 9-16 所示是山东建筑大学绿色学生公寓梅园 1 号西翼利用太阳墙的实例。2003 年，受加拿大国家工业部和自然资源部资助，山东建筑大学与加拿大国际可持续发展中心合作。2003 年 12 月，梅园 1 号动工，2004 年 9 月，竣工交付使用。公寓为砖混结构，共六层，建筑高度为 21m。西翼部分占地面积为 $390m^2$，建筑面积为 $2300m^2$，长 22m，进深 18m。

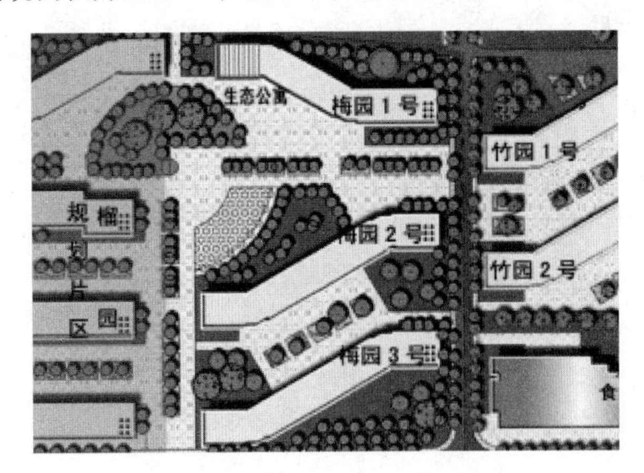

图 9-15　梅园 1 号生态公寓区位图

图 9-16　梅园 1 号生态公寓西翼实景

1. 有利于利用太阳能的建筑设计

梅园 1 号建筑平面采用内廊式，南北房间的卫生间布置在房间外侧的封闭阳台上。盥洗、晾晒、活动等功能集阳台于一身，与卧室完全分离。

2. 利用太阳墙系统采暖

建筑南向墙面在窗间墙和女儿墙的位置安装了 $157m^2$ 的深棕色太阳墙（图 9-17 和图 9-18）。太阳墙系统由墙板、风机和风管组成。窗间墙位置的纵向太阳墙高度为 16.8m、宽度为 2.05m，从二层位置开始安装，保证太阳墙获得的太阳辐射更为有效，而且经过计算，太阳墙的面积能够满足供热需求。墙板借助钢框架固定在墙体上，与墙体之间形成 200mm 厚空气间层。女儿墙位置集热部分的墙板呈 36°倾角，高 2.4m、长 21m，与女儿墙围合成了三棱柱状空间（图 9-19）。该空间在屋面位置东西两端各开了一个 500mm×600mm 的散热口，供夏季散热；中间开有一个 1000mm×400mm 的出风口，供冬季送暖风（图 9-20）。出风口通过屋面上的风机与送风管道连接，风管穿越各层走廊通向所有北向房间供室内采暖。

图 9-17　太阳墙板

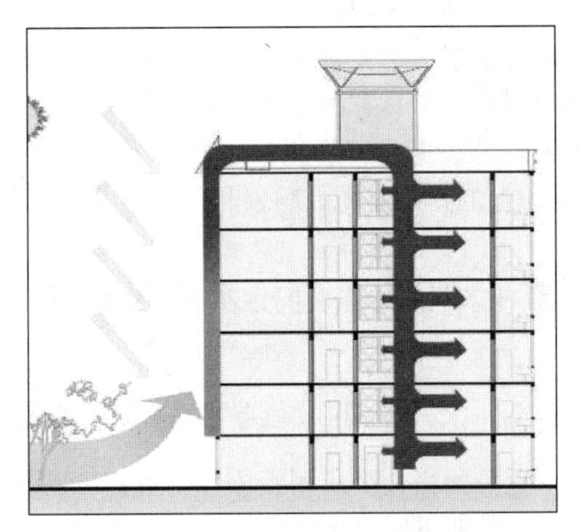
图 9-18　太阳墙冬季采暖示意图

风机由加拿大进口，功率为 2.2kW，耗电量约为 3200kW · h/年（图 9-21）。风管材料是有保温夹层的玻璃钢。垂直风管的管径根据空气流量从六层到一层逐渐变小；各层水平风管管径均为 200mm×200mm（图 9-22）。房间内的送风口位于分户门的斜上方，距地面 2.4m（图 9-23）。送风口安装了方形铝合金格栅，尺寸为 300mm×300mm，最大送风量为 $120m^3/h$，可手动调节风叶角度（图 9-24）。

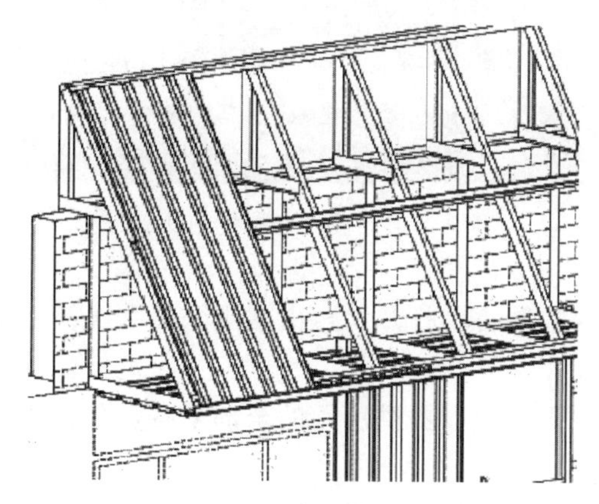

图 9-19 女儿墙位置的斜向集热部分

图 9-20 集热部分屋面位置两端的散热口和中间的出风口

图 9-21 太阳墙出风口通过风机与风管相连

图 9-22 走廊内的太阳墙风管

图 9-23 室内太阳墙系统送风口位置

图 9-24 室内太阳墙系统送风口格栅

太阳墙系统风机的启停由一台温度控制器控制，其传感器位于集热部分屋面位置的出风口（图 9-25）。当太阳墙内空气温度超过设定温度 2℃时，风机启动向室内送风；空气温度低于设定温度 1℃时，风机关闭。允许空气温度在-1～2℃范围内波动，可以避免风机频繁启停。

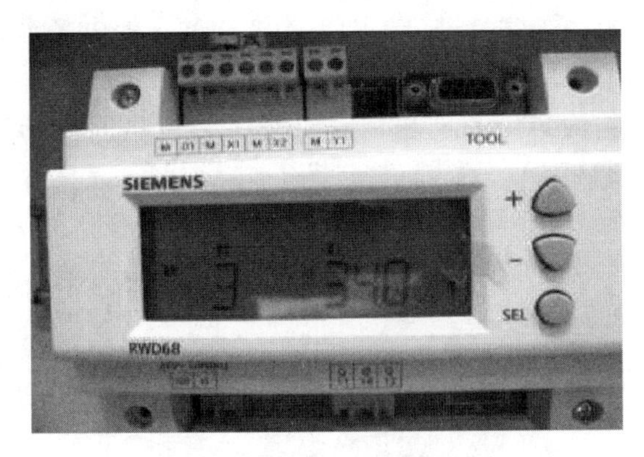

图 9-25　温度传感器控制仪

冬季，设定送风温度为 20℃，即太阳墙加热的空气达到 22℃时风机启动，保证送入室内的是暖风。将温控阀设置在室内舒适温度 18℃，先充分利用太阳墙提供的热能，如果仅靠太阳墙系统室内达不到设定温度，温控阀自动打开，再由常规采暖系统补上所需热量，达到节约常规能源的目的。

在过渡季节尤其是集中采暖前后一段时间，太阳墙可以提供房间的全部采暖负荷，使室内达到较舒适的温度。

太阳墙系统对北向房间的总供风量为 $6500m^3/h$，最高送风温度达 34℃，可将室外空气温度平均提高 7.9℃。经计算，生态公寓的太阳墙每年可产生 212GJ 的热量，9 月到第二年 5 月可产生 182GJ 的热量。

9.5.2　太阳墙在某办公楼节能改造中的应用

该办公楼原有建筑面积为 $900m^2$，加建单层建筑面积为 $60m^2$。原有办公楼三层，与厂房以走廊相分隔，如图 9-26 所示。设置太阳墙板的部分是加建的单层办公部分，其他是既有的三层办公空间。

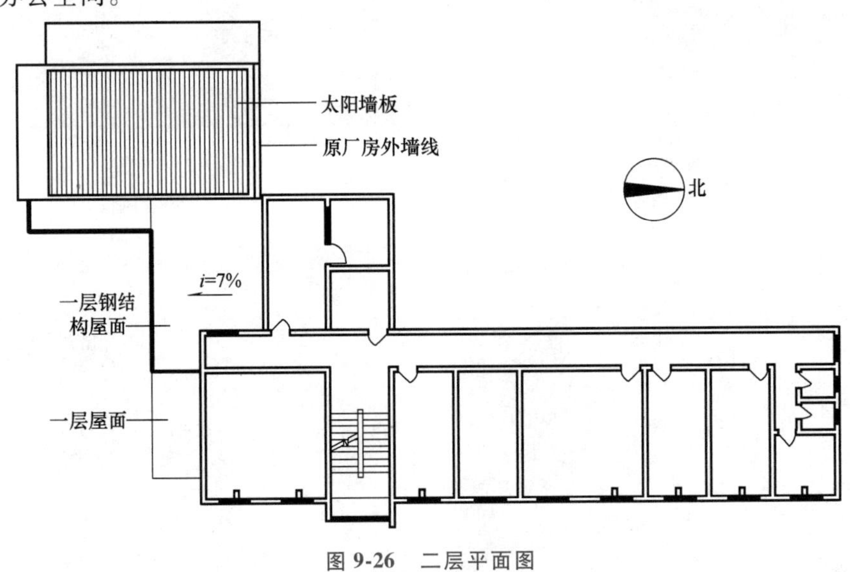

图 9-26　二层平面图

该办公楼的节能改造措施：屋顶采用 60mm 厚硬泡聚氨酯保温板；外墙采用 45mm 厚硬泡聚氨酯保温板；外窗采用双层中空塑钢窗。

经过测试，每平方米太阳墙板在冬季日照正常情况下可向建筑物内提供 $40m^3/h$、高于室外空气 17~35℃的新鲜空气，每年可以减少标准煤耗 150kg。太阳墙系统在夏季可以为建筑起到遮阳的作用，比没有太阳墙遮盖的墙面低 5℃左右，间接地为空调节约了能源。同时太阳墙板也增加了墙面的隔热系数，可使室内冬暖夏凉。

1. 太阳墙集热板在该项目中的改进与优化

为了进一步提高太阳墙板的利用率，对现有的太阳墙系统进行进一步改进。改造后的太阳墙的工作原理如图 9-27 所示。部分太阳墙板的吸热板外面罩有玻璃，吸热板分为上下两部分，下半部分直接与进入的冷空气接触，上半部分倾斜一个小角度。冬季，外界的冷空气从下半部分吸入空气间层，同时被加热，热空气上升到上半部分后再一次经过上部的太阳墙板，被二次加热后进入室内。经过两次加热的空气能够到达比较高的温度。

在该项目中，太阳墙板放置在新加建一层的屋顶上，风机放置在阁楼内，水平送风管布置在走廊的吊顶上面，各房间的送风口布置在房间吊顶上。

系统采用正压送风方式，热空气在正压作用下通过门缝将部分热量散失到走廊及卫生间内，最后逸出建筑物。此做法有两个优点：其一，正压送风系统在建筑外围护结构的缝隙处，能够有效地阻挡冷气流的侵入；其二，采暖房间内保持正压，使得卫生间处于负压状态，有效抑制了卫生间内的异味逸入建筑物的走廊和各房间内。

太阳墙板在该项目中的应用面积为 $80m^2$，办公楼需要采暖的房间面积约为 $650m^2$（去除走廊、卫生间、储藏室等辅助用房）。

2. 太阳墙系统与辅助电加热联动设计

辅助电加热装置布置在走廊吊顶的上面，主要由电热管组成，送风与回风分开，由不同的风口与房间联系，风口布置在房间墙的上部。太阳墙的设定温度是 18℃，在太阳墙的出风口有温控探头，其数据显示在阁楼内的温度控制器上。当出风口的温度低于 18℃时，太阳墙送风风机停止运转，自动开启辅助电加热装置（可以人工关闭）。该采暖系统采用一次回风，采暖季的阴雨天气，回风经由房间内风机盘管内的电热管加热后，与新风一同送入房间，电辅助功率根据房间面积按 $100W/m^2$进行配置。该系统能够提供的新风量为 $2400m^3/h$，使得各房间新风量的换气次数为 2h/次。太阳墙在青岛地区的最佳日照条件下的平均功率是 $700W/m^2$，则 $80m^2$ 太阳墙的总平均功率是 56kW。

太阳墙系统在每个房间配有温度自控装置，以便对室内温度进行恒温控制，从而满足室内的采暖要求，其系统图如图 9-28 所示。

3. 太阳墙集热板与建筑的一体化设计

该办公楼中，将太阳墙集热板与建筑屋顶一体化设计，将太阳墙集热板设置在加建的一层屋面上，风机放置在加建部分的阁楼内，风机将被加热的热空气输送到各个房间。该技术适用于办公性质的建筑，冬季白天应用太阳能采暖，夜晚人走楼空。

建筑屋面的颜色与太阳墙集热板的色彩一致，屋顶造型稍有层次，整体屋顶外观富有现代气息，如图 9-29~图 9-31 所示。

4. 屋顶施工的构造要点

在该项目中，如图 9-32 所示的屋顶构造，由下向上依次是钢筋混凝土板；20mm 厚 1∶3 水泥砂浆面层；50mm 厚保温层；15mm 厚 1∶3 水泥砂浆保护层；防水卷材一道；20mm 厚 1∶3 水泥砂浆保护层；30mm 厚 C20 附加 5%防水剂的细石混凝土内配Φ 6@ 200 双向钢筋网片；

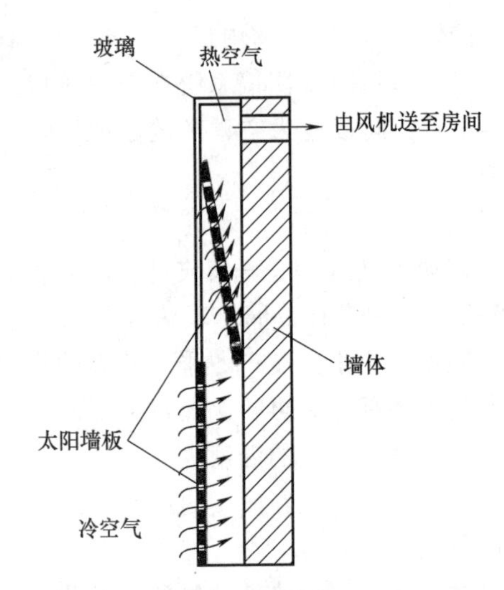

图 9-27　改进后的新型太阳墙的工作原理

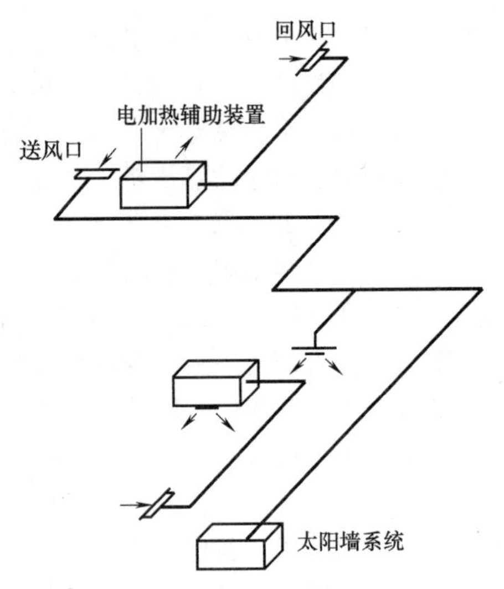

图 9-28　联动设计系统

图 9-29　改造前外观

图 9-30　改造后外观

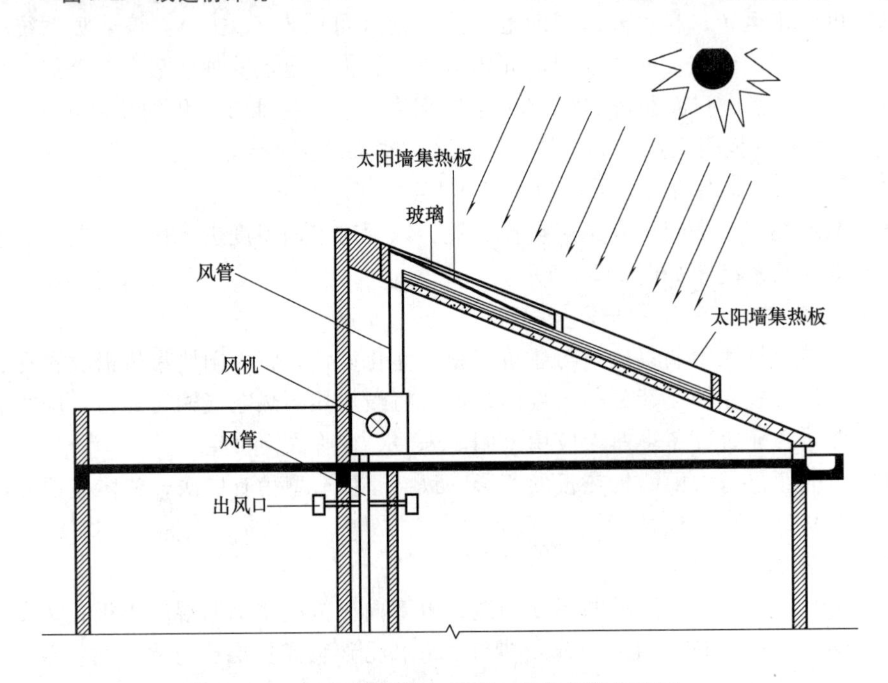

图 9-31　太阳墙系统与屋顶一体化设计示意图

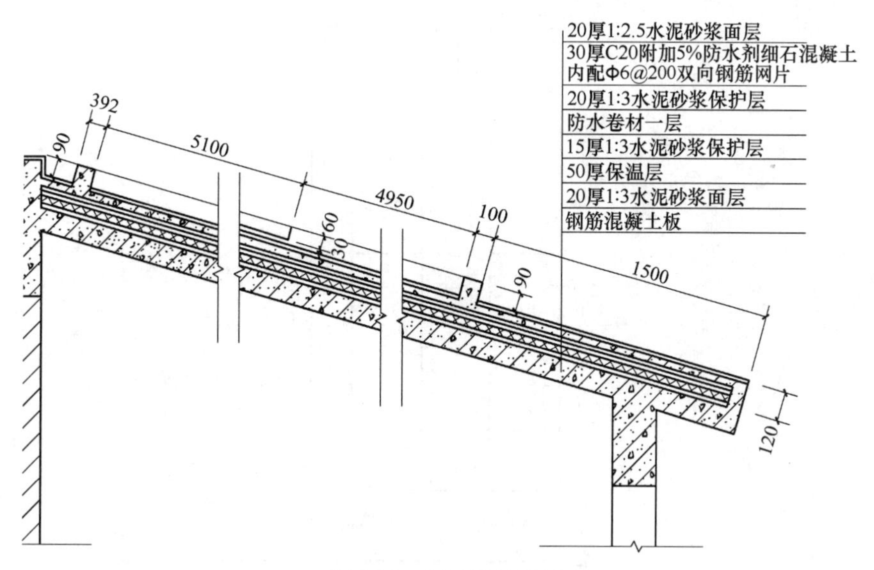

图 9-32 屋顶做法详图

20mm 厚 1∶2. 5 水泥砂浆面层。也就是说，在该项目中，防水层采用两道：先用油毡做一层柔性防水，再做一层刚性防水。同时，在集热板的下面留排水口，以便防止从集热板的小孔中飘进的雨水对屋顶产生损害。

5. 太阳墙板的安装

太阳墙的施工图如图 9-33~图 9-35 所示。首先沿坡屋面倾斜方向设置两道封闭的地垄

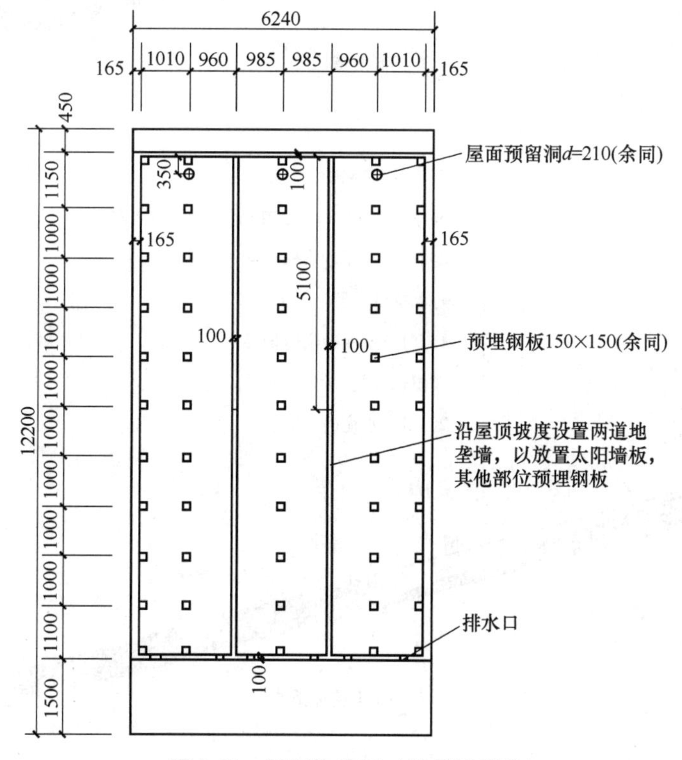

图 9-33 屋面构件图（坡屋面平放）

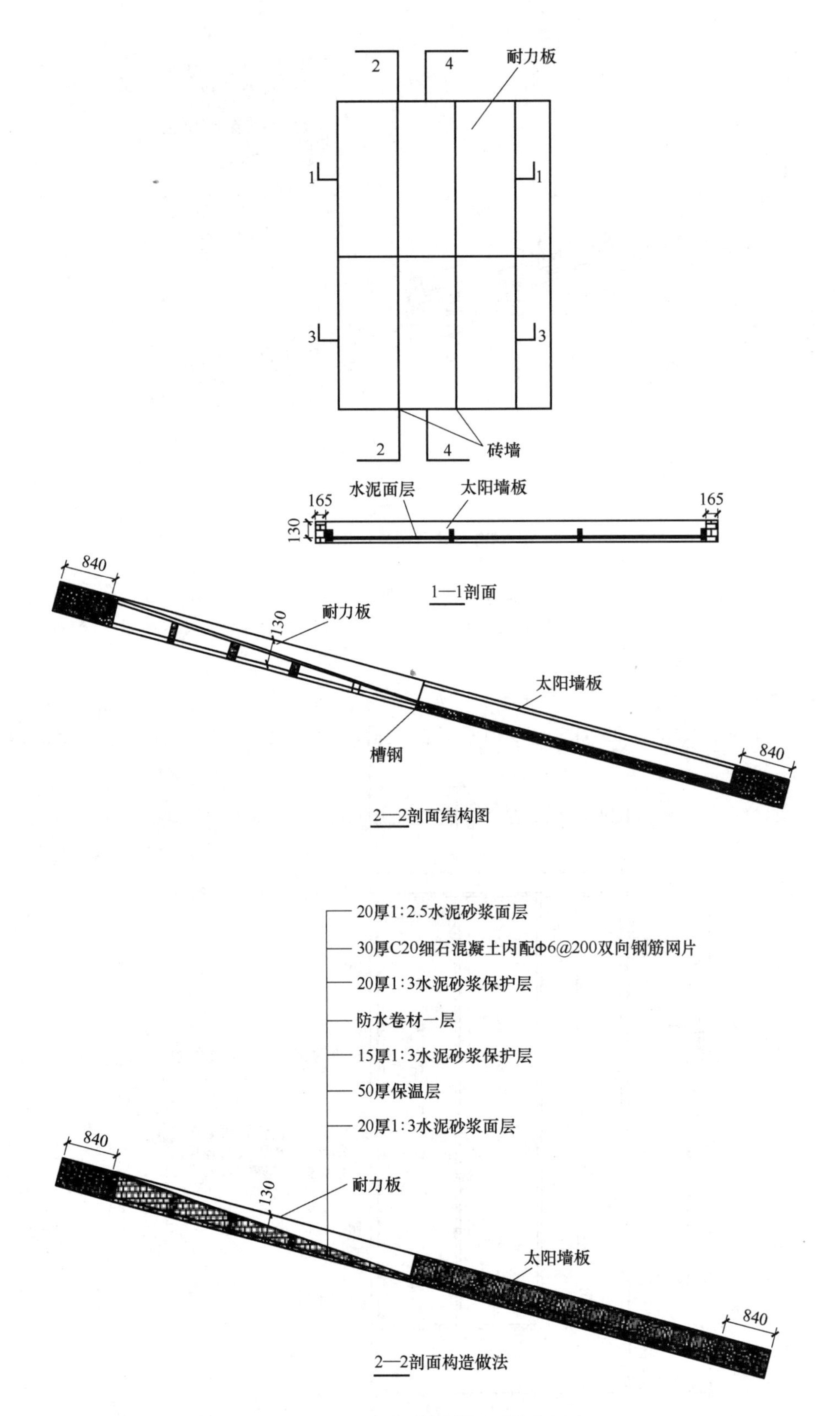

图 9-34 太阳墙在屋面的布置

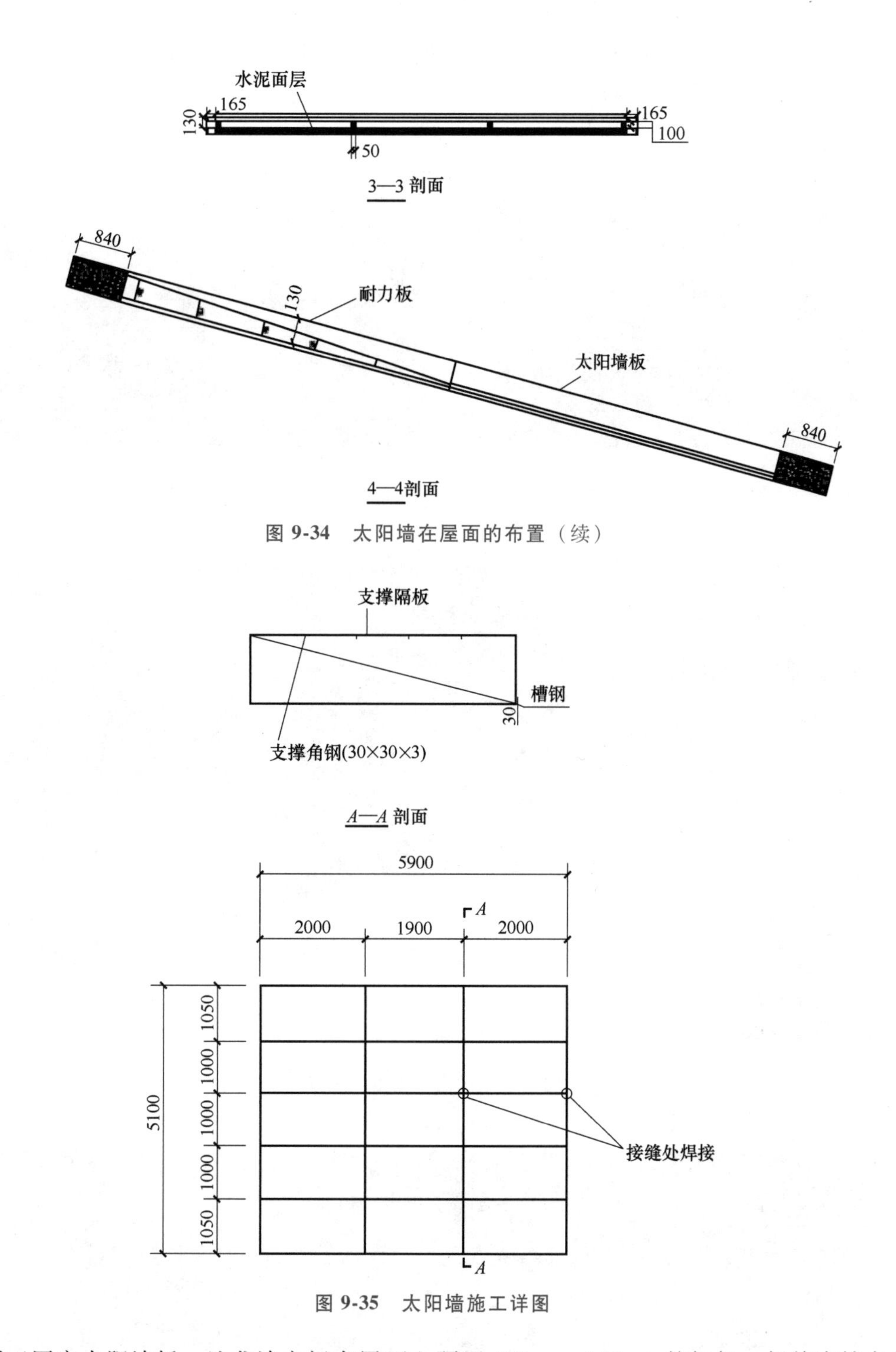

图 9-34　太阳墙在屋面的布置（续）

图 9-35　太阳墙施工详图

墙，用于固定太阳墙板，地垄墙之间在屋面上预埋 150mm×150mm 的钢板，焊接支撑角钢，然后铆接太阳墙板。上半部分先将太阳墙板固定好后，再用铆钉将耐力玻璃板覆盖在下半部分倾斜的太阳墙板上。

太阳墙板的框架需要将槽钢、Z 型钢、不等边角钢等多种型钢按要求组合搭配，结合现场尺寸磨合、固定。太阳墙板的宽度为 1080mm，其长度以整体宽度来定，根据现场情况搭配使用，计算好墙板尺寸和用量后，从上到下安装。墙板先用螺栓固定在框架上，螺母刷防锈漆后再刷一层深棕色漆，与墙板色彩统一。外部太阳墙板的安装，如图 9-36 ~ 图 9-41 所示。

图 9-36　基础上做保温加强筋预埋件

图 9-37　屋面抹灰

图 9-38　做围挡支点龙骨架

图 9-39　太阳墙被覆玻璃安装

图 9-40　四周收口打密封胶

图 9-41　太阳墙板安装完毕

最后密封不应有的缝隙。将墙板之间的叠合处以及墙板平边与钢框架的交接处用透明密封胶密封，墙板凹凸的一边与钢框架交接时用相同槽型尺寸的深色密封条密封，由此可以保证外界空气都经太阳墙板上的小孔进入空腔。

6. 太阳墙送风系统的安装

每道地垄墙顶部屋顶上留直径为 400mm 的圆洞口，用于安装管道，分别与阁楼内 3 个风机相连，3 个风机的出风口汇为一个较大的风管，将统一的总风管安装在既有建筑的门厅上部，后根据各个房间的面积分配各送风支管。各层的总管布置在走廊内的顶棚上，各个房间的送风口布置在房间的上部，与回风口相邻（较大房间对角布置），与联动辅助加热的送风口相邻。

太阳墙系统的送风量随着楼层的降低而减小，所以走廊内竖向送风主管道的管径由 400mm×400mm 逐渐减小为 250mm×300mm，而各层连通房间的横向风管管径均为 200mm，因此送风系统的施工重点是预制不同管径的铝管，并做好管表面的保温，按照要求安装，如图 9-42 所示。

9.5.3　装配式建筑中太阳墙复合墙板的设计应用

目前国家提倡大力发展装配式建筑，太阳能与装配式建筑有机结合，有利于促进建筑的低碳发展。在此研究中改进的复合墙板，就是将太阳能与装配式墙板结合的做法，将太阳能复合墙板应用于装配式建筑中的具体内容如下：

1. 太阳墙集热板的改进

为了有效提高太阳墙板的利用率，在普通太阳墙板的基础上对其结构形式进行了改进，如图 9-43 所示。

改进的新型太阳墙的构造做法：将太阳墙分为两部分，下面 1/3 部分裸露在外，上面 2/3 部分稍微向外倾斜，外面用玻璃封住。其构造层次由外向内：3mm 厚的玻璃板；太阳墙集热板；60mm 厚热空气输送管道；30mm 厚的聚苯板保温层；100mm 厚的加气混凝土板。每块太阳墙单元由两部分组成：下部高度 0.5m 左右裸露在外，上部 1m 高的部分被玻璃封住。室外冷空气经下部的太阳墙加热，进入上部的空腔进行二次加热，同时上部分的太阳墙板也同样吸收太阳辐射热。在多层或高层建筑中，可将上面的单元以此向上组合。每个单元块由管道将热空气送到建筑物的顶部与上面的单元合并，顶部水平风管先将各个竖管中的热空气集中收集，再由风机送入各个房间，太阳墙出风口设置在屋顶部位。冬季，新鲜的热风由风机直接送入室内；夏季，将热风送入屋顶水箱内的盘管中，与水箱内的水进行充分的热交换。

图 9-42 风管的安装

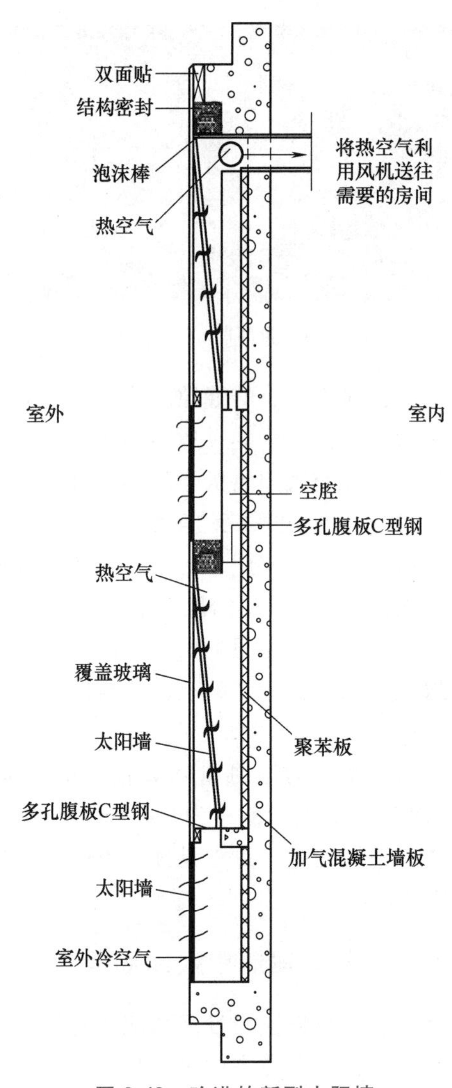

图 9-43 改进的新型太阳墙

2. 复合墙板在装配式建筑中的设计应用

在装配式建筑中应用这种复合墙板，在中低层建筑中，将墙板与结构柱和结构梁连接，可以在建筑南立面中单独应用，也可以与其他类型的窗相连接应用；在高层建筑，这种新设计的复合墙板可以和玻璃幕墙结合应用。将新型墙体做成单元式模块，其大小和形状依据计算所需提供的供热面积和立面的造型需要确定。图 9-44 所示是假设的部分建筑外墙南立面，该建筑立面示意图中包含了复合墙板与其他外墙材料及门窗构件的组合应用，立面中采用该墙板，结合整体的立面设计调整墙板的大小。复合墙板的安装方式采用构件安装法。

复合墙板与其他墙板的连接做法，如图 9-44 所示的大样图①。先利用连接角码将铝合金横梁与铝合金立柱连接，再将复合墙板与横梁用自攻螺钉或螺栓连接，同时复合墙板顶端内预埋件与横梁焊接，接缝处采用结构密封胶密封，外侧采用耐候密封胶后衬泡沫棒的做法。在楼板的外侧、楼层交界处，用岩棉阻火材料进行隔断，其外墙面部分可以采用金属板、大理石板等进行外立面装修，与整体墙面外装修的材料、质感、色彩效果相协调。

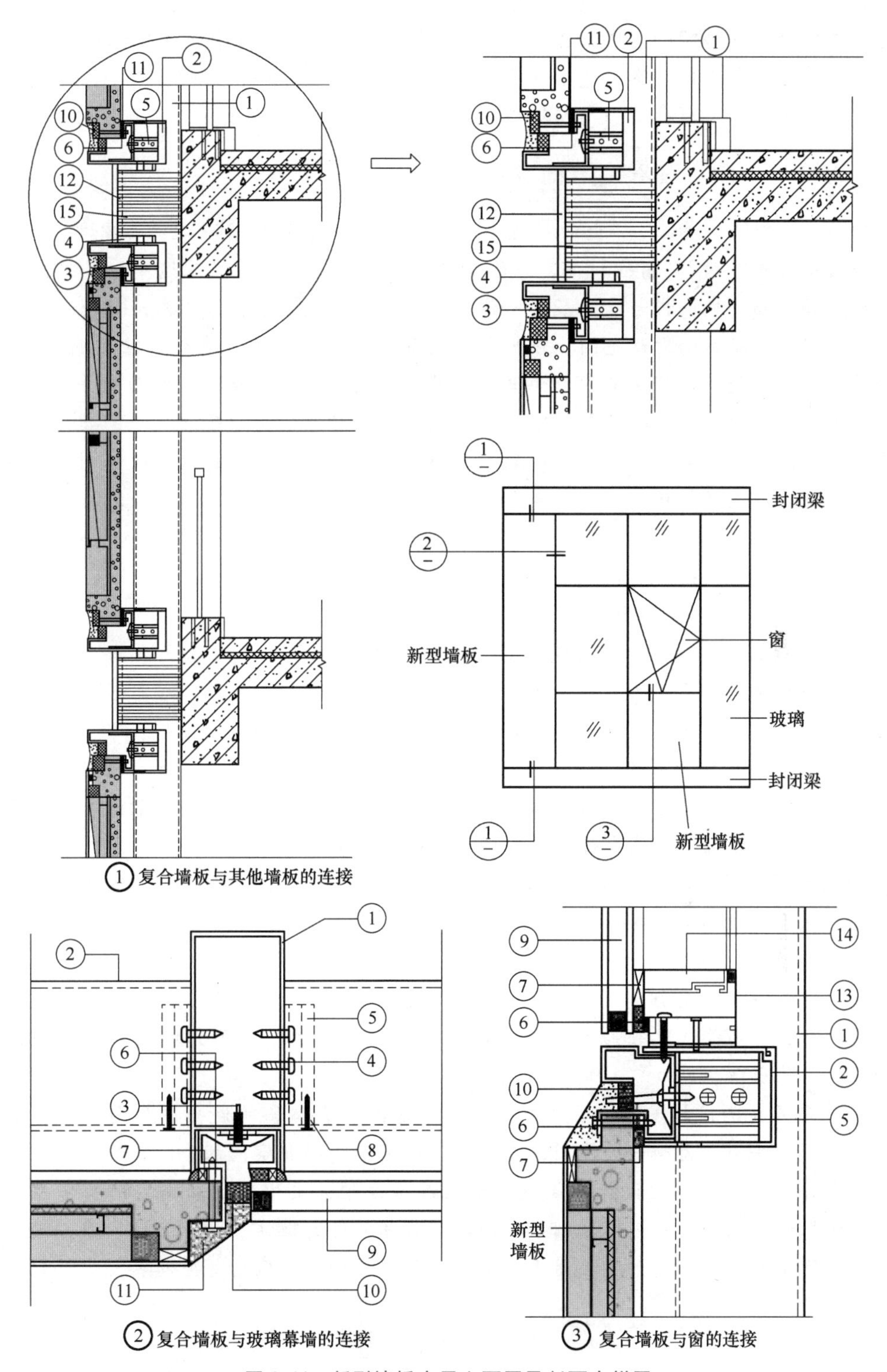

图 9-44 新型墙板应用立面图及剖面大样图

①—铝合金立柱（竖向龙骨） ②—铝合金横梁（横向龙骨） ③—自攻螺钉 1 ④—自攻螺钉 2 ⑤—连接角码 ⑥—结构密封胶 ⑦—双面贴 ⑧—自攻螺钉 3 ⑨—钢化中空玻璃 ⑩—耐候密封胶后衬泡沫棒 ⑪—耐候密封胶 ⑫—夹心岩棉板（或贴面大理石板或铝合金） ⑬—窗框 ⑭—窗扇 ⑮—岩棉防火阻隔材料

复合墙板与玻璃幕墙的连接如图 9-44 所示的大样图②，先采用连接角码连接立柱和横梁，再将复合墙板利用自攻螺钉连接在横梁上。接缝处采用结构密封胶，外侧采用耐候密封胶内衬泡沫棒的做法。复合墙板与窗的连接也是如此，如图 9-44 所示的大样图③。

◉ 扩展阅读：太阳能在农宅节能改造中的应用

党的二十大报告中指出，“全面推进乡村振兴”“统筹乡村基础设施和公共服务布局，建设宜居宜业和美乡村”。留住村庄，绿色改造村庄。在农宅的节能改造中，尽可能地采用节能技术，如太阳能光伏板与农宅屋面一体化设计，太阳能热水，采用本地建材、外墙附加保温材料，农宅加扩建南向阳光间，应用保温窗等。光伏板产生的电能，除了白天应用外，将剩余的电能进行储存，将农宅设计为储能建筑，或储热墙体，或储热地面，并应用低温辐射地面，解决农宅的冬季采暖问题，减少燃烧木材、秸秆、煤为建筑取暖等的碳排放量；采用本地秸秆作为保温材料，将保温材料和承重墙体一体化设计。同时生态改造村庄风貌和周围环境，建设美丽宜居村庄。

本章小结

1. 太阳能建筑的发展大体可分为三个阶段：被动式太阳房、主动式太阳房、零能耗建筑。这三个阶段是逐步深入的过程，实际的应用往往是被动式和主动式相结合的方式。目前研究的零能耗建筑，与光伏板相结合，融合被动式和主动式太阳能的应用。

2. 适用于屋面的被动式太阳能采暖技术的形式：直接受益式，附加阳光间式，屋顶池式。应用最多的是直接受益式。附加阳光间式是直接受益式和集热蓄热式的组合。所谓屋顶池式，是在屋顶上放置有吸热和储热功能的储水塑料袋或相变材料。

3. 适用于屋面的主动式太阳能采暖技术的基本形式有空气集热式和液体集热式。两种方式的区别在于输送热量的媒体介质不同。

4. 太阳墙系统（又称为太阳能全新风采暖系统）属于主动式太阳能采暖系统，它分为两种类型：墙面型太阳能全新风采暖系统和屋顶型太阳能全新风采暖系统。其优点有低能耗高舒适度、有除尘功能、无须维护、热效率高等。文中具体介绍了太阳墙系统的性能、材料、构造和工作原理。

5. 太阳墙系统的设计思路：区域划分；南向房间与太阳墙的连接；北向房间与太阳墙的连接；大面积房间与太阳墙的连接；走廊、卫生间等小面积空间的采暖。

6. 太阳墙与建筑一体化设计的构造、优化改造方法，文中通过两个实际应用案例，介绍最初的应用和优化后的应用，介绍了其与建筑具体结合的做法、控制方法。在以前应用的基础上，将优化后的太阳墙系统应用于装配式建筑，并介绍了两者的连接构造做法。

思考与练习题

1. 适用于屋面的被动式太阳能采暖技术的形式有哪些？各自的特点是什么？
2. 太阳墙的设计原理是什么？
3. 图示太阳墙的优化构造做法。

参 考 文 献

[1] 李必瑜，魏宏杨，覃琳．建筑构造：上册［M］．6版．北京：中国建筑工业出版社，2019.

[2] 王雪松，李必瑜．房屋建筑学［M］．6版．武汉：武汉理工大学出版社，2021.

[3] 中国建筑工业出版社，中国建筑学会．建筑设计资料集［M］．3版．北京：中国建筑工业出版社，2017.

[4]《注册建筑师考试辅导教材》编委会　一级注册建筑师考试辅导教材：第四分册　建筑材料与构造［M］．9版．北京：中国建筑工业出版社，2012.

[5] 中华人民共和国住房和城乡建设部．民用建筑通用规范：GB 55031—2022［S］．北京：中国建筑工业出版社，2023.

[6] 中华人民共和国住房和城乡建设部．建筑模数协调标准：GB/T 50002—2013［S］．北京：中国建筑工业出版社，2014.

[7] 中华人民共和国公安部．建筑设计防火规范（2018年版）：GB 50016—2014［S］．北京：中国计划出版社，2018.

[8] 中华人民共和国住房和城乡建设部．建筑内部装修设计防火规范：GB 50222—2017［S］．北京：中国计划出版社，2018.

[9] 中华人民共和国住房和城乡建设部．无障碍设计规范：GB 50763—2012［S］．北京：中国建筑工业出版社，2012.

[10] 中华人民共和国住房和城乡建设部．建筑节能与可再生能源利用通用规范：GB 55015—2021［S］．北京：中国建筑工业出版社，2022.

[11] 中华人民共和国住房和城乡建设部．建筑与市政工程防水通用规范：GB 55030—2022［S］．北京：中国建筑工业出版社，2023.